COURS COMPLET D'ENSEIGNEMENT PRIMAIRE
rédigé conformément aux programmes du 27 juillet 1882

COURS
D'ARITHMÉTIQUE
ET DE GÉOMÉTRIE

A L'USAGE DES ÉCOLES PRIMAIRES
ET DES ÉCOLES PRIMAIRES SUPÉRIEURES

PAR

F. VINTÉJOUX

Ancien élève de l'École normale supérieure
Professeur de mathématiques spéciales au lycée Saint-Louis
Ancien membre du Conseil supérieur de l'Instruction publique

COURS SUPÉRIEUR
Rédigé conformément aux Programmes du 27 juillet 1882
ET RÉPONDANT AU PROGRAMME DU CERTIFICAT D'ÉTUDES

PARIS
LIBRAIRIE HACHETTE ET Cie
79, BOULEVARD SAINT-GERMAIN, 79

1886

8°V
8606

COURS
D'ARITHMÉTIQUE
ET DE GÉOMÉTRIE

COURS SUPÉRIEUR

11645. — IMPRIMERIE A. LAHURE
Rue de Fleurus, 9, à Paris.

COURS
D'ARITHMÉTIQUE
ET DE GÉOMÉTRIE

A L'USAGE DES ÉCOLES PRIMAIRES

ET DES ÉCOLES PRIMAIRES SUPÉRIEURES

PAR

F. VINTÉJOUX

Ancien élève de l'École normale supérieure
Professeur de mathématiques spéciales au lycée Saint-Louis
Ancien membre du Conseil supérieur de l'Instruction publique

COURS SUPÉRIEUR

Rédigé conformément aux programmes du 27 juillet 1882

ET RÉPONDANT AU PROGRAMME DU CERTIFICAT D'ÉTUDES

PARIS

LIBRAIRIE HACHETTE ET Cie

79, BOULEVARD SAINT-GERMAIN, 79

1886

AVERTISSEMENT

Ce troisième volume est, comme les deux premiers, conforme aux programmes de 1882. Mais il renferme, outre les matières indiquées au programme du Cours supérieur des Écoles primaires, tout ce qui est enseigné dans les *Cours complémentaires* et dans les *Écoles primaires supérieures*. Nous citerons notamment les notions d'arithmétique commerciale et de comptabilité et, en géométrie, l'arpentage, le levé des plans et le nivellement.

Chaque leçon est suivie d'un grand nombre d'énoncés, d'applications numériques et de problèmes. Ces exercices ont été choisis et gradués avec soin, et pour quelques-uns d'entre eux, en général pour les plus difficiles, nous avons indiqué la solution à laquelle on doit arriver. Nous pensons toutefois qu'il ne faut faire cette concession aux élèves qu'avec beaucoup de réserve. Il y a, en effet, quelques inconvénients à ce qu'un enfant, lorsqu'il cherche un problème, ait sous les yeux le résultat final qu'il doit obtenir. L'élève a alors une tendance à ne pas assurer la marche du raisonnement, à se hâter de faire des calculs plus ou moins justifiés, avec l'espoir secret qu'il va peut-être *trouver juste*, et dans tous les cas avec une certaine impatience de voir s'il va obtenir le résultat voulu.

Nous nous sommes appliqué dans ce livre à donner aux élèves des explications aussi simples que possible, mais toujours exactes. Nous avons marqué d'un astérisque quelques démonstrations et quelques développements un peu trop difficiles pour les élèves du Cours supérieur et qui doivent être réservés aux *Cours complémentaires* ou aux *Écoles primaires supérieures*. A part ces quelques exceptions, on ne trouvera rien dans cet ouvrage qui ne soit accessible aux élèves de nos Écoles primaires proprement dites.

Qu'il nous soit permis, à ce propos, d'indiquer ici le point de vue auquel nous nous sommes placé en écrivant ces trois petits livres. Nous avons toujours pensé que dans l'enseignement primaire, comme dans l'enseignement secondaire, le but à atteindre était, avant tout, le développement de l'intelligence des enfants. Or, en ce qui concerne l'enseignement de l'arithmétique et de la géométrie, il n'y a, à notre avis, qu'un seul moyen de le faire servir à cette culture de l'esprit. Ce moyen consiste à réunir les élèves devant un tableau noir, à leur donner là, sur les opérations de l'arithmétique, sur les problèmes, sur les figures de géométrie, des explications simples, claires et rigoureuses, à les répéter jusqu'à ce qu'elles aient été comprises et à les faire répéter jusqu'à ce qu'elles aient été exactement et intelligemment reproduites. Quant à la méthode qui consiste à mettre entre les mains des élèves un livre renfermant des règles et des propositions énoncées, mais non démontrées ou à peine expliquées, à leur faire apprendre ces règles par cœur, à leur donner ensuite à faire par écrit les problèmes numérotés dont l'énoncé

AVERTISSEMENT.

suit dans le livre la règle en question, c'est une méthode qui peut avoir certains avantages au point de vue de la commodité pratique, mais dont il nous semble difficile que les élèves puissent retirer un grand profit. Nos livres ont été faits pour servir à l'application de la première méthode, mais non point de celle-ci. Nous avons voulu donner aux maîtres un texte pour leurs explications, et aux élèves un résumé de ces leçons des maîtres.

C'est aussi dans ce but que, pour la géométrie, nous avons rompu avec la coutume de l'enseignement primaire. Dans les ouvrages destinés à cet enseignement, la géométrie est réduite à une simple nomenclature de définitions et de propositions, nomenclature accompagnée de figures, mais sans aucune démonstration. Ce n'est plus, à proprement parler, de la géométrie; ce n'est pas non plus du dessin linéaire : c'est un enseignement sans caractère, sans portée et dont nous avouons ne pas très bien comprendre l'utilité.

Est-ce à dire que l'on puisse, dans les écoles primaires, même supérieures, enseigner la géométrie théorique, telle qu'on l'apprend dans nos lycées? Doit-on, en particulier, n'y rien admettre de ce qui peut être démontré, réduire au minimum le nombre des vérités admises comme évidentes? Telle n'est pas notre pensée. Mais il nous semble qu'on peut, dans les cours supérieurs de l'enseignement primaire, où les élèves ont déjà acquis, par l'étude de l'arithmétique, une certaine habitude du raisonnement, donner quelques démonstrations simples, en choisissant pour cela les propositions les plus élémentaires et les plus importantes. C'est ce que nous avons voulu faire, et nous sommes persuadé que ce serait un grand bienfait que d'initier ainsi les élèves les plus avancés de nos Écoles primaires aux abstractions de la géométrie et à ses déductions rigoureuses. C'est là, à notre avis, une tentative plus louable que celle qui consiste à introduire dans nos Écoles cette nouveauté un peu étrange qu'on a appelée la *géométrie expérimentale*.

Telles sont les idées qui nous ont guidé; nous les avions déjà sommairement exposées dans notre Cours élémentaire. Le succès qu'ont obtenu nos deux premiers volumes nous a montré que ces idées sont bien celles qui tendent à prévaloir dans nos écoles. Nous espérons qu'elles vaudront à ce troisième volume le même accueil bienveillant qui a été fait aux deux premiers.

Mai 1886.

F. Vintéjoux.

COURS D'ARITHMÉTIQUE
ET DE GÉOMÉTRIE

PREMIÈRE PARTIE
ARITHMÉTIQUE

CHAPITRE PREMIER
REVISION ET COMPLÉMENT DE LA NUMÉRATION ET DES QUATRE RÈGLES

1re LEÇON.
NOMBRES ENTIERS. — NUMÉRATION.

1. Nombres entiers. — Lorsque nous avons sous les yeux une collection d'objets distincts et de même espèce, chacun d'eux, considéré isolément, est une *unité*. La réunion de ces unités est un *nombre entier*.

2. Formation de la suite naturelle des nombres entiers. — Le premier de tous les nombres entiers, le plus petit, est l'unité ou le nombre *un*. En ajoutant l'unité à elle-même ou au nombre un, on forme un nouveau nombre, *deux*. En ajoutant l'unité au nombre deux, on obtient un autre nombre, *trois*. En continuant de la sorte, on formera la suite naturelle des nombres entiers.

Cette suite est d'ailleurs illimitée; car, si grand que soit un nombre, on peut toujours concevoir qu'on lui ajoute une unité, ce qui donne un nombre nouveau, plus grand que le précédent.

3. Numération parlée. — La numération parlée est un ensemble de conventions au moyen desquelles on nomme tous les nombres dont on peut avoir besoin, en combinant entre eux un petit nombre de mots.

On donne d'abord des noms particuliers aux premiers nombres : *un, deux, trois, quatre, cinq, six, sept, huit, neuf* et *dix*.

On convient ensuite que le nombre *dix* ou la collection de *dix* unités formera une unité nouvelle ou unité du *deuxième ordre*, appelée *dizaine*; que la collection de dix dizaines formera de même une unité nouvelle ou unité du *troisième ordre*, appelée *centaine*; que la collection de dix centaines formera une unité du *quatrième ordre*, appelée *mille*; et ainsi de suite.

De plus, afin de réduire encore le nombre des mots à créer, on convient que la collection de dix mille s'appellera simplement *dizaine de mille*, et que la collection de dix dizaines de mille s'appellera de même *centaine de mille*. Cela revient à faire de l'unité de mille une nouvelle unité primaire, ayant ses dizaines et ses centaines, comme l'unité simple.

La collection de dix centaines de mille forme de même une nouvelle unité primaire, qui s'appelle *million*. La collection de dix centaines de millions forme une autre unité primaire, appelée *billion;* et ainsi de suite indéfiniment.

Cela posé, il est facile de comprendre comment on peut nommer un nombre quelconque. Groupons dix par dix les unités qui le composent : nous formerons un certain nombre de dizaines, et, s'il reste des unités, il en restera au plus neuf. Groupons ensuite dix par dix les dizaines ainsi obtenues : nous formerons un certain nombre de centaines, et, s'il reste des dizaines, il en restera moins de dix. Groupons de même ces centaines dix par dix : nous formerons un certain nombre de mille, et il restera moins de dix centaines; et ainsi de suite.

On voit par là qu'un nombre entier quelconque peut toujours être décomposé en unités, dizaines, centaines, mille, etc., chacun de ces ordres renfermant moins de dix unités. On pourra donc nommer ce nombre en indiquant combien il renferme d'unités, combien de dizaines, combien de centaines, etc. ; il suffira pour cela d'employer les noms des neuf premiers nombres combinés avec ceux des divers ordres d'unités.

EXEMPLE. — Le nombre formé de trois unités, cinq dizaines, deux centaines et sept mille se nommera : *sept mille deux cent cinq dix trois*.

REMARQUE. — L'usage a conservé certaines dénominations particulières qui font exception : *vingt* au lieu de *deux dix*, *trente* au lieu de *trois dix*, etc., *onze* au lieu de *dix un*, *douze* au lieu de *dix deux*, etc.

4. Numération écrite. — C'est un ensemble de conventions au moyen desquelles on peut écrire tous les nombres qu'on peut avoir à considérer, en combinant entre eux un petit nombre de signes.

On représente d'abord les neuf premiers nombres par des signes particuliers; ce sont les *chiffres* : 1, 2, 3, 4, 5, 6, 7, 8, 9.

On convient ensuite que lorsque plusieurs chiffres seront écrits à côté les uns des autres, le premier à droite représentera des unités, le second des dizaines, le troisième des centaines, et ainsi de suite.

Cela posé, considérons un nombre quelconque. Nous venons de voir qu'il se compose d'unités, de dizaines, de centaines, etc., chacun de ces ordres renfermant au plus neuf unités. On pourra donc écrire les unités de chaque ordre avec l'un des neuf chiffres, et, en plaçant ces chiffres conformément à la convention précédente, on aura écrit le nombre donné.

NOMBRES ENTIERS. — NUMÉRATION.

Exemple. — Cinquante-quatre mille huit cent vingt-sept renferme 7 unités, 2 dizaines, 8 centaines, 4 mille et 5 dizaines de mille. Il s'écrira donc : 54 827.

Du zéro. — Le zéro est un signe qui sert à tenir dans un nombre écrit la place des unités qui manquent, de manière à conserver à chaque chiffre le rang qu'il doit occuper. Par exemple, pour écrire cinq cent huit, il faut mettre un zéro à la place des dizaines qui manquent, afin de conserver au chiffre 5 le rang des centaines : 508.

5. **Règle pour écrire les nombres.** — 1° Pour écrire un nombre moindre que mille, *on écrit successivement, en allant de gauche à droite, les centaines, dizaines et unités de ce nombre.* Par exemple, sept cent soixante-trois s'écrit, en allant de gauche à droite : 763.

2° Pour écrire un nombre plus grand que mille, *on écrit successivement, de gauche à droite et tels qu'ils sont énoncés, les nombres moindres que mille qui représentent les diverses classes d'unités du nombre proposé.* Par exemple, pour écrire trente-deux millions six cent quatre mille neuf cent dix-huit, on écrira 32, puis 604, puis 918, ce qui donnera : 32 604 918.

Remarque. — Il faut avoir soin de remplacer par des zéros les classes d'unités qui manquent et, dans chaque classe, les ordres qui font défaut. Par exemple, cent vingt-huit millions trente-sept unités s'écrira : 128 000 037.

6. **Règle pour lire un nombre écrit.** — *On le partage en tranches de trois chiffres à partir de la droite, la dernière tranche à gauche pouvant n'avoir qu'un ou deux chiffres. Ces tranches correspondent aux diverses classes d'unités. Commençant alors par la gauche, on énonce chaque tranche comme si c'était un nombre isolé, et l'on fait suivre cet énoncé du nom de la classe d'unités que cette tranche représente.* Par exemple, 3 804 057 698 s'énoncera: trois billions huit cent quatre millions cinquante-sept mille six cent quatre-vingt-dix-huit.

NOMBRES ENTIERS. — NUMÉRATION.

7. Base d'un système de numération. — La numération parlée et par suite la numération écrite reposent, comme on le voit, sur le principe fondamental suivant :

Dix unités simples forment une unité nouvelle ou unité du deuxième ordre, et dix unités d'un ordre quelconque forment une unité d'un ordre immédiatement supérieur.

Le nombre *dix* s'appelle à cause de cela la *base* de notre système de numération, et cette numération s'appelle la numération *décimale*. On pourrait adopter un nombre autre que dix pour base d'un système de numération ; le nombre *douze*, par exemple, présenterait certains avantages. Il est probable que le choix du nombre *dix* tient à ce que dix est le nombre des doigts de nos deux mains.

8. Chiffres romains. — Les caractères que nous employons pour représenter les neuf premiers nombres nous viennent de l'Inde, par l'intermédiaire des Arabes ; on les appelle chiffres arabes. Les Romains se servaient de lettres pour écrire les nombres, et cette manière de les écrire est encore usitée dans diverses circonstances.

On représente alors par des lettres les sept nombres suivants :

1	5	10	50	100	500	1000
I	V	X	L	C	D	M

On écrit ensuite les autres nombres au moyen des deux conventions suivantes :

1° *Lorsqu'une lettre est écrite deux fois, trois fois, quatre fois, etc., à côté d'elle-même, sa valeur se répète deux fois, trois fois, quatre fois, etc.*

EXEMPLES :

II	III	XX	CCCC	MM
2	3	20	400	2000

2° *Lorsqu'une lettre plus faible qu'une autre est placée à gauche de celle-ci, sa valeur se soustrait de celle de cette autre lettre. Si, au contraire, elle est écrite à sa droite, sa valeur s'ajoute à celle de cette même lettre.*

EXEMPLES :

IV	VI	IX	XII	XXIII	XXXIV	CM	MCC
4	6	9	12	23	34	900	1200

C'est ainsi que l'on écrit : chapitre IV, chapitre XXVII, Louis XIII, VII heures, XI heures, l'an MCCXV, l'an MDCCCLXXXV.

2ᵉ LEÇON.

RÉVISION ET COMPLÉMENT DE L'ADDITION DES NOMBRES ENTIERS.

9. Définition. — L'addition des nombres entiers est une opération par laquelle on réunit en un seul nombre appelé *somme* toutes les unités contenues dans plusieurs nombres donnés.

10. Cas élémentaire. — *On additionne ensemble deux nombres d'un seul chiffre en ajoutant successivement au premier toutes les unités du deuxième.* Les résultats de ces additions élémentaires doivent être sus par cœur.

11. Deuxième cas. — *On ajoute un nombre d'un seul chiffre à un autre nombre quelconque en ajoutant le premier aux unités du deuxième.*

Par exemple, 32 et 6 font 38, parce que 2 et 6 font 8. De même, 45 et 7 font 52. En effet, 5 et 7 font 12; donc 45 et 7 font autant que 40 et 12, ou 52.

12. Principes sur l'addition. — 1° Pour additionner plusieurs nombres entiers, on peut ajouter le deuxième au premier, le troisième au résultat obtenu, le quatrième à cette nouvelle somme, et ainsi de suite. La somme est toujours la même, quel que soit l'ordre dans lequel les nombres proposés ont été additionnés.

2° L'addition de plusieurs nombres entiers peut encore se faire en ajoutant séparément leurs unités simples, leurs dizaines, leurs centaines, etc., et en formant un seul nombre de tous les résultats obtenus.

13. Cas général de l'addition. — La règle générale de l'addition découle du principe précédent :

On écrit les nombres les uns au-dessous des autres de manière que les unités de même ordre se correspondent. On fait alors successivement l'addition des nombres contenus dans chaque colonne verticale, en commençant par la droite. Au-dessous de chaque colonne on écrit les unités de la somme obtenue et l'on retient les dizaines, s'il y en a, pour les ajouter aux nombres de la colonne suivante. Sous la dernière colonne de gauche on écrit le dernier résultat tel qu'il a été obtenu.

14. Preuve de l'addition. — On recommence l'opération en additionnant les nombres de chaque colonne de bas en haut, si dans l'opération on les a additionnés de haut en bas, et inversement. La somme trouvée doit être la même, en vertu du premier principe. Si cette vérification se produit, il est extrêmement probable, mais non rigoureusement certain, que l'opération est exacte.

QUESTIONNAIRE ET EXERCICES SUR LA 2ᵉ LEÇON.

1. Définir l'addition. — Quel est le cas élémentaire de l'addition ?
2. Expliquer comment on ajoute un nombre d'un seul chiffre à un nombre quelconque. — Exercices oraux.
3. Expliquer la règle de l'addition. — Quels sont les principes sur lesquels elle repose ? — Exercices d'addition.
4. Comment fait-on la preuve de l'addition ? — Sur quel principe repose-t-elle ?
5. Exercices d'addition mentale. — Addition mentale de deux nombres formés chacun d'un chiffre significatif suivi d'un zéro. — Addition mentale d'un nombre de deux chiffres et d'un nombre exact de dizaines. — Addition mentale de deux nombres de deux chiffres. — Ajouter à un nombre quelconque un nombre formé de chiffres 9.
6. Comment construit-on la table suivante, qui renferme toutes les sommes obtenues en ajoutant l'un à l'autre deux nombres d'un seul

EXERCICES SUR L'ADDITION.

chiffre? Comment peut-on s'en servir pour trouver ces diverses sommes?

TABLE D'ADDITION

0	1	2	3	4	5	6	7	8	9
1	2	3	4	5	6	7	8	9	10
2	3	4	5	6	7	8	9	10	11
3	4	5	6	7	8	9	10	11	12
4	5	6	7	8	9	10	11	12	13
5	6	7	8	9	10	11	12	13	14
6	7	8	9	10	11	12	13	14	15
7	8	9	10	11	12	13	14	15	16
8	9	10	11	12	13	14	15	16	17
9	10	11	12	13	14	15	16	17	18

7. Faire la somme des nombres contenus dans la première ligne horizontale de ce tableau. Expliquer pourquoi lorsqu'on passe d'une ligne à la suivante, la somme des nombres de la ligne augmente toujours de 10. Dire, d'après cela, quelle doit être la somme de tous les nombres qui figurent dans cette table.

8. Quels sont les nombres qui ne figurent qu'une fois dans cette table? — Quels sont ceux qui y figurent deux fois, trois fois, etc.? — Quel est le nombre qui y figure le plus de fois?

9. Si l'on trace dans la table d'addition les lignes transversales telles que AB, CD, EF, GH, etc., la somme des deux nombres extrêmes contenus dans chacune des bandes ainsi formées est égale à 18; expliquer pourquoi.

3ᵉ LEÇON.

RÉVISION ET COMPLÉMENT DE LA SOUSTRACTION
DES NOMBRES ENTIERS.

15. Définition. — La soustraction est une opération qui a pour but, étant donnés deux nombres, d'en trouver un troisième qui, ajouté au plus petit, reproduise le plus grand.

Le résultat de cette opération, qui s'appelle *reste*, indique par conséquent de combien le plus grand nombre surpasse le plus petit, ou encore ce qu'il faut ôter du plus grand pour avoir le plus petit. On l'appelle aussi la *différence* entre les deux nombres, ou encore l'*excès* du plus grand sur le plus petit.

16. Cas élémentaire de la soustraction. — *Le nombre à soustraire ne surpasse pas neuf, et le reste lui-même doit être inférieur à dix.* (Le reste sera inférieur à dix, lorsque, en ajoutant dix au plus petit nombre, on aura une somme supérieure au plus grand.) On pourrait effectuer une pareille opération en ôtant successivement du plus grand nombre toutes les unités du plus petit. Mais les résultats de ces soustractions élémentaires, auxquelles se ramènent toutes les autres, doivent être sus par cœur, et pour cela il suffit de bien savoir par cœur la table d'addition. Par exemple, on dit immédiatement que la différence entre 14 et 6 est 8 lorsqu'on sait bien que 8 et 6 font 14.

17. Principes relatifs à la soustraction. — 1° *Pour retrancher deux nombres entiers l'un de l'autre, on peut soustraire séparément les unités, dizaines, centaines, etc., du plus petit, des unités, dizaines, centaines, etc., du plus grand.* Il est clair, en effet, qu'on aura ainsi ôté du plus grand nombre autant d'unités simples qu'il y en a dans le plus petit.

2° *La différence de deux nombres ne change pas lors-*

qu'on les augmente ou qu'on les diminue tous les deux d'un même nombre. Soit, par exemple, la différence 12 — 7. Concevons une longueur de 12 centimètres, par exemple, et à côté d'elle une autre longueur de 7 centimètres, ayant la même extrémité A. La différence sera représentée par la longueur CB. Si nous augmentons ces deux longueurs de la même quantité, AD, on voit clairement que leur diffé-

D   A   E   C   B

rence sera toujours CB. Il en serait de même si l'on diminuait les deux longueurs de AE.

18. Cas général de la soustraction. — La règle générale de la soustraction de deux nombres entiers est fondée sur les deux principes précédents.

Règle pratique. — *On écrit le plus petit nombre sous le plus grand, en plaçant les unités sous les unités, les dizaines sous les dizaines, etc. Commençant alors par la droite, on soustrait chaque chiffre inférieur du chiffre supérieur correspondant et l'on écrit le reste au-dessous. Dans le cas où l'une de ces soustractions partielles est impossible, on augmente de 10 le chiffre supérieur. A la colonne suivante, on augmente alors de 1 le chiffre inférieur : ce qui revient à ajouter au plus petit nombre une quantité égale à celle qu'on vient d'ajouter au plus grand.*

19. Preuve de la soustraction. — On ajoute le reste au plus petit nombre, et l'on doit retrouver le plus grand.

20. Principes sur l'addition et la soustraction. — 1° *Pour ajouter une différence à un nombre, on ajoute à ce nombre le premier terme de la différence, et l'on retranche le deuxième terme du résultat obtenu.*

Par exemple, pour ajouter à 20 la différence 12—7, on ajoute 12 à 20, ce qui donne 32, et l'on retranche 7 de cette somme, ce qui donne 25. En effet, en ajoutant 12 à

20, nous ajoutons 7 de plus qu'en ajoutant la différence 12 — 7 ; nous avons donc une somme trop forte de 7. Mais en retranchant ensuite 7 de la somme obtenue, nous ramenons cette somme à la valeur qu'elle doit avoir.

2° *Pour retrancher d'un nombre une différence, il suffit d'ajouter à ce nombre le second terme de la différence et de retrancher de la somme ainsi obtenue le premier terme de cette même différence.*

Par exemple, pour retrancher de 20 la différence 12 — 7, nous ajoutons 7 à 20, ce qui fait 27, et nous retranchons 12 de 27, ce qui fait 15. En effet, la différence entre 20 et (12 — 7) ne changera pas si nous augmentons de 7 ces deux nombres. Nous avons donc à retrancher de 20 + 7 la somme de (12 — 7) et de 7, c'est-à-dire 12, ce qui donne 20 + 7 — 12.

21. Conséquences des principes précédents. — 1° *Si l'on ajoute la somme de deux nombres et leur différence, le résultat est égal au double du plus grand.* Par exemple, soit à ajouter à la somme 15 + 8 la différence 15 — 8. D'après ce qui précède, il faudra ajouter 15 à 15 + 8, ce qui donnera deux fois 15 plus 8. Il faudra ensuite retrancher 8 de ce résultat, ce qui donnera deux fois 15.

2° *Si l'on retranche de la somme de deux nombres la différence de ces mêmes nombres, le résultat est égal au double du plus petit.* Par exemple, soit à retrancher de 15 + 8 la différence 15 — 8. Il faut ajouter 8 à 15 + 8, ce qui fait 15 plus 2 fois 8 ; puis il faut retrancher 15 de ce résultat, ce qui fait 2 fois 8.

Application. — *Trouver deux nombres, connaissant leur somme et leur différence.* Soit à trouver deux nombres dont la somme est 28 et la différence 12. En ajoutant 28 à 12, on a 40, qui représente le double du plus grand, et en retranchant 12 de 28 on a 16, qui est le double du plus petit. Le plus grand nombre est donc 20 et le deuxième 8.

EXERCICES SUR LA SOUSTRACTION.

QUESTIONNAIRE ET EXERCICES SUR LA 3° LEÇON.

1. Définir la soustraction. — Montrer que si du plus grand nombre on retranche le reste, on trouve le plus petit.

2. Quel est le cas élémentaire de la soustraction ?

3. Quels sont les principes sur lesquels repose la règle générale de la soustraction ? Expliquer cette règle sur un exemple.

4. Pourrait-on effectuer une soustraction en commençant par la gauche ?

5. Comment fait-on la preuve de la soustraction ? Pourrait-on la faire autrement qu'en ajoutant le reste au plus petit nombre ?

6. Comment peut-on ajouter une différence à un nombre ? Retrancher une différence d'un nombre.

7. Expliquer comment on trouve deux nombres, connaissant leur somme et leur différence.

8. Si, après avoir fait une soustraction, on additionne le plus grand nombre, le plus petit et le reste, que représentera le résultat ?

9. Quels sont les deux nombres dont la somme vaut 2627 et la différence 659 ?

10. Un père avait 32 ans lorsque son fils est né. L'âge actuel du père et celui du fils valent ensemble 48 ans; quel est l'âge actuel du père et quel est celui du fils ? — R. 40 ans et 8 ans.

11. Deux personnes ont hérité ensemble de 26 000 francs, et la première a eu 7 500 francs de plus que la deuxième; combien a eu chacune d'elles ? — R. 16 750 et 9 250.

12. Un tonneau contient 130 litres de vin de plus qu'un autre. On verse dans ce dernier autant de litres de vin qu'il y en avait déjà, et il contient alors seulement 12 litres de moins que le premier. Combien de litres y avait-il primitivement dans chaque tonneau et combien y en a-t-il maintenant ? — R. 248 et 118, 248 et 236.

13. Une personne a acheté 3 chevaux qui lui coûtent ensemble 2 390 francs. Le troisième coûte 530 francs de moins que le premier et le second réunis, et le premier coûte 170 francs de plus que le deuxième. Combien coûte chaque cheval ? — R. 930^f, 815^f et 645^f.

14. Trois fontaines coulent dans un bassin et y versent ensemble 356 litres par minute. La première fournit par minute autant que les deux autres ensemble, et la deuxième 18 litres de moins que la troisième. Combien de litres fournit chaque fontaine ? — R. 178^l, 98^l et 80^l.

15. Quel nombre faut-il ajouter à un nombre donné, par exemple à 326 574, pour que le reste soit un nombre uniquement formé de chiffres 1, ou de chiffres 2, etc. ?

16. Quel nombre faut-il retrancher d'un nombre donné, par exemple de 47 928, pour que la différence soit uniquement formée de chiffres 1, de chiffres 2, etc. ?

17. Considérons un nombre de deux chiffres, dont le chiffre des dizaines est l'unité, par exemple 14, et retranchons-en un nombre

quelconque d'un seul chiffre, supérieur au chiffre des unités, par exemple 6. Si l'on retranche ensuite de ce nombre 6 le chiffre 4 des unités du premier nombre, la somme des deux restes sera toujours 10. Expliquer ce résultat.

18. Soit un nombre de trois chiffres, 528. Renversons l'ordre de ces chiffres, ce qui donne 825. La différence du nombre ainsi obtenu et du nombre donné sera un nombre dans lequel le chiffre des dizaines sera toujours un 9, et dans lequel la somme du chiffre des unités et du chiffre des centaines vaudra toujours 9. Expliquer ce résultat. (On s'appuiera sur l'exercice précédent.)

4ᵉ LEÇON.

REVISION ET COMPLÉMENT DE LA MULTIPLICATION DES NOMBRES ENTIERS.

22. Définition. — La multiplication des nombres entiers est une opération qui a pour but de répéter un nombre appelé *multiplicande* autant de fois qu'il y a d'unités dans un autre nombre appelé *multiplicateur*. Le résultat s'appelle le *produit* des deux nombres donnés, et ces deux nombres s'appellent ensemble les *facteurs* du produit.

On fait une multiplication lorsqu'il s'agit de répéter plusieurs fois une certaine quantité. Ainsi, quand on connaît le prix d'un mètre, d'un kilogramme, d'un litre d'une certaine marchandise et qu'on veut trouver le prix de plusieurs mètres, de plusieurs kilogrammes, de plusieurs litres de la même marchandise, il faut répéter le prix d'un mètre autant de fois qu'il y a de mètres, le prix d'un kilogramme autant de fois qu'il y a de kilogrammes, etc.; il faut donc faire une multiplication.

Il est à remarquer que le multiplicateur est toujours un nombre abstrait, et que le produit représente des unités de même nature que le multiplicande.

23. Cas élémentaire. — Le cas élémentaire de la

multiplication, celui auquel on ramène les autres, est le cas où le multiplicande et le multiplicateur n'ont qu'un seul chiffre. Les produits de ce genre se trouvent dans la table de Pythagore, qu'il faut savoir par cœur.

24. Théorème I. — *Pour multiplier une somme par un nombre, il suffit de multiplier par ce nombre toutes les parties de la somme et d'ajouter les résultats.*

Par exemple, pour multiplier par 7 la somme (5+30+12), il faut multiplier séparément par 7 les nombres 5, 30 et 12, et ajouter les produits. Il est évident en effet qu'en répétant 7 fois les parties d'une somme, on répète 7 fois la somme elle-même.

25. Deuxième cas de la multiplication. — Le multiplicande a plusieurs chiffres et le multiplicateur est un nombre d'un seul chiffre. La règle à suivre résulte du principe précédent.

Règle. — *On multiplie successivement les unités, les dizaines, les centaines, etc., du multiplicande par le multiplicateur, et l'on réunit ces produits en un seul nombre.* Pour cela on écrit le chiffre des unités de chacun de ces produits au-dessous du chiffre correspondant du multiplicande, et l'on retient le chiffre des dizaines pour l'ajouter au produit suivant; le dernier résultat s'écrit tel qu'il a été obtenu.

Exemple : 5837×6.

$$\begin{array}{r} 5837 \\ 6 \\ \hline 35022 \end{array}$$

Nous dirons (Cours moyen, page 34) : 42, et je retiens 4; 4 et 18,... 22, et je retiens 2; 2 et 48,... 50, et je retiens 5; 5 et 30,... 55, que j'écris tout entier à la gauche du 0.

26. Théorème II. — *Le produit de deux facteurs ne change pas lorsqu'on intervertit l'ordre des facteurs.*

Je dis, par exemple, que $5 \times 3 = 3 \times 5$. Écrivons 5 unités sur une ligne horizontale et plaçons sous cette ligne deux autres lignes semblables, de manière à former le tableau suivant :

$$\begin{array}{ccccc} 1 & 1 & 1 & 1 & 1 \\ 1 & 1 & 1 & 1 & 1 \\ 1 & 1 & 1 & 1 & 1 \end{array}$$

Il y a dans ce tableau 5 unités répétées 3 fois ; mais en comptant par lignes verticales on y trouve aussi 3 unités répétées 5 fois ; 3 fois 5 ou bien 5 fois 3 donnent donc bien le même produit, qui est le nombre d'unités contenues dans ce tableau.

27. **Théorème III.** — *Pour multiplier un nombre par 10, par 100, par 1000, etc., il suffit d'écrire un zéro, deux zéros, trois zéros, etc., à la droite de ce nombre.* Par exemple, le produit de 28 par 100 est 2800. En effet, le produit de 28 par 100 est égal au produit de 100 par 28, c'est-à-dire à 28 fois 100 ou encore à 28 centaines, c'est-à-dire à 2800.

28. **Théorème IV.** — *Pour multiplier un nombre par un produit de deux facteurs, il suffit de le multiplier successivement par ces deux facteurs, c'est-à-dire de le multiplier par le premier, puis de multiplier le produit obtenu par le deuxième facteur.*

Par exemple, pour multiplier 58 par 35, qui est le produit de 7 par 5, il suffit de multiplier 58 par 7 et le produit ainsi obtenu par 5. En effet, multiplier 58 par 35, c'est répéter 35 fois 58, ou bien additionner ensemble 35 nombres égaux à 58. Or, pour faire cette addition, on peut partager les nombres en groupes de 7 nombres chacun, et il y aura 5 de ces groupes. Mais chaque groupe renfermant 7 fois 58 représentera le produit de 58 par 7 ; et comme il y a 5 groupes, la somme totale sera bien égale à 5 fois le produit de 58 par 7.

29. **Cas général de la multiplication.** — Soit à multiplier l'un par l'autre deux nombres quelconques, par

exemple 674 par 298. Il faut répéter 298 fois 674, ce qui revient à répéter 8 fois ce nombre, puis 90 fois, puis 200 fois, et à ajouter les résultats obtenus. Multiplions d'abord 674 par 8, ce qui est une multiplication du second cas : le produit est 5392. Pour multiplier ensuite 674 par 90, qui est le produit 9 par 10, nous multiplierons, en vertu du principe précédent, 674 par 9, puis le produit obtenu par 10. Or $674 \times 9 = 6066$, et pour multiplier ce résultat par 10 il faudra, en vertu du théorème III,

```
    674
    298
   ────
   5392
   6066
   1348
   ──────
  200852
```

le faire suivre d'un zéro, ou bien, ce qui revient au même, lui faire représenter des dizaines : c'est ce que nous ferons en plaçant son premier chiffre de droite au rang des dizaines. Enfin, nous avons à répéter 200 fois 674. En vertu des mêmes principes, il suffira pour cela de multiplier 674 par 2 et de placer le premier chiffre de droite du résultat au rang des centaines, ainsi que le montre l'opération. En additionnant alors les trois produits partiels ainsi disposés, nous aurons le produit total de 674 par 298.

Règle. — *On place le multiplicateur au-dessous du multiplicande. Commençant ensuite par la droite, on multiplie le multiplicande successivement par chaque chiffre du multiplicateur, en ayant soin de placer le premier chiffre de droite de chacun de ces produits partiels au-dessous du chiffre du multiplicateur qui a donné naissance à ce produit. On ajoute ensuite les produits ainsi disposés, et l'on a le produit cherché.*

30. **Preuve de la multiplication.** — On peut vérifier l'opération en la recommençant, après avoir changé l'ordre des facteurs.

31. Remarque I. — Lorsqu'on a à multiplier l'un par l'autre deux nombres de deux chiffres, il convient d'écrire immédiatement le produit de la manière suivante :

PRODUIT DE PLUSIEURS FACTEURS.

Soit 76 × 48. 8 fois 6.... 48. Écrivons les 8 unités et retenons les 4 dizaines, qui, ajoutées à 8 fois 7 dizaines, donnent 60 dizaines. Nous avons ensuite le produit de 6 par 4, qui doit représenter des dizaines, ce qui fait 24 dizaines. Ces 24 dizaines, jointes aux 60 qui ont été retenues, donnent 84 dizaines. Écrivons les 4 dizaines et retenons les 8 centaines, qui, ajoutées aux 28 centaines du produit de 7 par 4, donnent 36 centaines. Le produit est donc 3648. En résumé, l'opération s'effectuera ainsi qu'il suit :

76 × 48 = 3648. 8 fois 6.... 48, et je retiens 4; 4 et 56.... 60; 60 et 24.... 84; je pose 4 et je retiens 8; 8 et 28.... 36; j'écris 36, et j'ai 3648, qui est le produit.

AUTRE EXEMPLE : 83 × 59 = 4897. Nous dirons : 27, et je retiens 2; 2 et 72.... 74, et 15.... 89, et je retiens 8; 8 et 40.... 48.

32. REMARQUE II. — *Produit de deux facteurs terminés par des zéros.* Soit 58 700 × 40. Ce produit est le même que celui de 58 700 par le produit effectué de 4 par 10. On l'obtiendra donc en multipliant 58 700 par 4, puis le produit obtenu par 10. Or le produit de 58 700 par 4 s'obtient en multipliant 587 par 4 et faisant suivre le produit de deux zéros. Le produit de 58 700 par 40 s'obtiendra donc en multipliant 587 par 4 et faisant suivre le produit d'autant de zéros qu'il y en a dans les deux facteurs.

5ᵉ LEÇON

PRODUIT DE PLUSIEURS FACTEURS. — PRINCIPES SUR LES PRODUITS. NOTIONS SUR LES PUISSANCES.

33. **Définition.** — On appelle produit de plusieurs facteurs le résultat qu'on obtient en multipliant le premier facteur par le deuxième, le produit ainsi obtenu par le troisième, et ainsi de suite jusqu'à ce qu'on ait épuisé tous

les facteurs. Par exemple, le produit $16 \times 3 \times 5$ est le résultat obtenu en multipliant 16 par 3, ce qui fait 48, puis 48 par 5, ce qui donne 240.

34. Théorème I. — *Un produit de plusieurs facteurs ne change pas lorsqu'on y change d'une manière quelconque l'ordre des facteurs.*

1° Un produit de trois facteurs ne change pas lorsqu'on intervertit l'ordre des deux derniers. Soit le produit $7 \times 3 \times 5$. Formons le tableau suivant :

$$\begin{array}{ccc} 7 & 7 & 7 \\ 7 & 7 & 7 \\ 7 & 7 & 7 \\ 7 & 7 & 7 \\ 7 & 7 & 7 \end{array}$$

Ce tableau contient 5 lignes horizontales renfermant chacune 3 fois 7, c'est-à-dire qu'il contient 5 fois le produit 7×3, ou encore qu'il représente le produit $7 \times 3 \times 5$. Mais il contient aussi 3 lignes verticales renfermant chacune 5 fois 7, c'est-à-dire qu'il contient 3 fois le produit 7×5, ou encore qu'il représente le produit $7 \times 5 \times 3$. Donc les deux produits $7 \times 3 \times 5$ et $7 \times 5 \times 3$ sont égaux.

2° Le produit de quatre facteurs ne change pas lorsqu'on intervertit l'ordre des deux derniers. Soit le produit $6 \times 7 \times 5 \times 3$. Formons le tableau suivant :

$$\begin{array}{ccccc} 6 \times 7 & 6 \times 7 & 6 \times 7 & 6 \times 7 & 6 \times 7 \\ 6 \times 7 & 6 \times 7 & 6 \times 7 & 6 \times 7 & 6 \times 7 \\ 6 \times 7 & 6 \times 7 & 6 \times 7 & 6 \times 7 & 6 \times 7 \end{array}$$

Chaque ligne horizontale renferme 5 fois le produit 6×7, c'est-à-dire le produit $6 \times 7 \times 5$; et, comme il y a 3 lignes, cela fait 3 fois le produit $6 \times 7 \times 5$, ou bien $6 \times 7 \times 5 \times 3$.

Mais chaque ligne verticale renferme 3 fois le produit 6×7, ce qui fait $6 \times 7 \times 3$; et, comme il y a 5 lignes verticales, le tableau renferme aussi le produit de $6 \times 7 \times 3 \times 5$. Les deux produits $6 \times 7 \times 5 \times 3$ et $6 \times 7 \times 3 \times 5$ sont donc égaux.

3° On démontrerait d'une manière analogue qu'un produit d'un nombre quelconque de facteurs ne change pas lorsqu'on intervertit l'ordre des deux derniers.

4° Dans un produit d'un nombre quelconque de facteurs, on peut, sans changer le produit, intervertir l'ordre de deux facteurs consécutifs quelconques. Je dis, par exemple, que $5 \times 4 \times 7 \times 12 \times 8 = 5 \times 7 \times 4 \times 12 \times 8$.

En effet, $5 \times 4 \times 7 = 5 \times 7 \times 4$; donc ces deux produits multipliés par 12 et par 8 resteront encore égaux entre eux, c'est-à-dire que $5 \times 4 \times 7 \times 12 \times 8 = 5 \times 7 \times 4 \times 12 \times 8$.

5° Un produit d'un nombre quelconque de facteurs ne change pas lorsqu'on intervertit d'une manière quelconque l'ordre des facteurs. Soit le produit $3 \times 7 \times 2 \times 8 \times 12 \times 5$. Je dis qu'on y peut mettre un facteur désigné à une place déterminée, par exemple le facteur 7 au quatrième rang. En effet, par un changement de deux facteurs consécutifs, nous pouvons amener 7 au troisième rang, ce qui donne $5 \times 2 \times 7 \times 8 \times 12 \times 5$. Mais, en changeant encore les facteurs consécutifs 7 et 8, nous ferons occuper à 7 le quatrième rang, ce qui donnera $3 \times 2 \times 8 \times 7 \times 12 \times 5$, et ainsi de suite. On peut donc amener successivement chaque facteur à occuper une place déterminée : ce qui revient à dire qu'on peut ranger les facteurs dans un ordre quelconque, sans que le produit soit altéré.

35. Théorème II. — *Pour multiplier un produit de plusieurs facteurs par un nombre, il suffit de multiplier l'un des facteurs par ce nombre.* Soit à multiplier par 8 le produit $6 \times 3 \times 5$. Le résultat sera $6 \times 3 \times 5 \times 8$. Mais ce dernier produit est égal à $3 \times 8 \times 6 \times 5$ ou à $24 \times 6 \times 5$, ou encore à $6 \times 24 \times 5$, ce qui montre que, pour multiplier par 8 le produit $6 \times 3 \times 5$, il a suffi de multiplier par 8 le facteur 3, qui est l'un quelconque des facteurs.

36. Puissance d'un nombre. — On appelle *puissance* d'un nombre un produit de plusieurs facteurs égaux à ce nombre. Ainsi $6 \times 6 \times 6 \times 6$ est une puissance de 6.

Le produit de deux facteurs égaux à un nombre s'appelle la deuxième puissance ou le *carré* de ce nombre. Ainsi 7×7, que l'on écrit 7^2, est la deuxième puissance ou le carré de 7.

Le produit de trois facteurs égaux à un nombre est la troisième puissance ou le *cube* de ce nombre. Ainsi $8 \times 8 \times 8$, que l'on écrit 8^3, est la troisième puissance ou le cube de 8.

Le produit de quatre facteurs égaux à un nombre s'appelle la *quatrième puissance* de ce nombre; le produit de cinq facteurs égaux à un nombre s'appelle la *cinquième puissance de ce nombre*, et ainsi de suite. Ainsi $3 \times 3 \times 3 \times 3 \times 3$, qui s'écrit 3^5, est la cinquième puissance de 3. Le chiffre 5 s'appelle l'*exposant*.

Remarque. — Les puissances successives de 10 ne sont autre chose que les unités des divers ordres. 10 est la première puissance de 10; 100 est la deuxième puissance de 10, car $10 \times 10 = 100$; 1000 est la troisième puissance de 10, car $10 \times 10 \times 10 = 1000$, etc.

QUESTIONNAIRE ET EXERCICES SUR LA 4ᵉ ET LA 5ᵉ LEÇON.

1. Définir la multiplication. — A quoi sert cette opération?
2. Quel est le cas élémentaire de la multiplication? Comment construit-on une table de Pythagore? Comment s'en sert-on?
3. Expliquer la règle de la multiplication d'un nombre de plusieurs chiffres par un nombre d'un seul chiffre.
4. Expliquer comment un produit de deux facteurs ne change pas lorsqu'on intervertit l'ordre des facteurs.
5. Comment multiplie-t-on un nombre par 10, par 100, par 1000, etc.?
6. Comment multiplie-t-on un nombre par un produit de deux facteurs? L'expliquer sur un exemple.
7. Enoncer et démontrer la règle générale de la multiplication.
8. Comment fait-on la preuve de la multiplication?

EXERCICES SUR LA MULTIPLICATION.

9. Expliquer sur l'exemple suivant, 85×76, comment on fait rapidement le produit de deux nombres de deux chiffres.

10. Qu'est-ce que le produit de plusieurs nombres?

11. Démontrer qu'un produit de plusieurs facteurs ne change pas lorsqu'on intervertit d'une manière quelconque l'ordre des facteurs.

12. Qu'appelle-t-on carré, cube d'un nombre? Qu'est-ce que la sixième puissance d'un nombre, et comment l'indique-t-on?

13. Faire la dixième puissance de 2, la quatrième puissance de 5, le carré de 12, le cube de 25.

14. Un joueur vient de gagner 6 francs. Il joue *quitte ou double* et gagne encore. Il continue à jouer quitte ou double et gagne encore huit fois de suite. Combien a-t-il gagné?

15. La somme des neuf premiers nombres entiers est 45. Trouver immédiatement, d'après cela, la somme des nombres contenus dans la table de Pythagore.

16. Combien y a-t-il de nombres *différents* écrits dans la table de Pythagore? Combien y a-t-il de nombres pairs, de nombres impairs, dans cette même table?

17. Si l'on augmente de 142 l'un des facteurs du produit 3847×528, de combien est augmenté le produit?

18. La distance de Paris à Brest vaut sept fois la distance de Paris à Chartres, et cette dernière est de 87 kilomètres; quelle est la distance de Chartres à Brest?

19. Un train rapide, qui fait 58 kilomètres à l'heure, part de Paris à 8 heures du matin pour aller à Bordeaux. A la même heure, un train express, qui fait 45 kilomètres à l'heure, part de Bordeaux pour aller à Paris. A 2 heures de l'après-midi, le rapide est à Poitiers et l'express à Châtellerault et, par conséquent, ils se sont déjà croisés. Sachant que la distance de Poitiers à Châtellerault est de 55 kilomètres, on demande la distance de Paris à Bordeaux. — R. 585 kil.

20. Un train express, qui fait 57 kilomètres à l'heure, part de Paris à 7 heures du matin, se dirigeant sur la ligne de Toulouse. Un train omnibus, qui fait 34 kilomètres à l'heure, part de Châteauroux à 10 heures du matin, se dirigeant vers Toulouse. L'express atteint le train omnibus à 2 heures de l'après-midi. Quelle est la distance de Paris à Châteauroux? — R. 265 kil.

21. Faire voir que, pour obtenir la somme de tous les nombres entiers, à partir de l'unité jusqu'à un nombre donné, il suffit de prendre la moitié du produit du dernier nombre par le suivant. Par exemple, la somme $1+2+3+4+5+6+7 = \dfrac{7 \times 8}{2} = 28$.

NOTA. — On démontre facilement cette proposition en se servant du tableau placé au commencement de la page 22.

Le tableau renfermant des points noirs représente la somme des 7 premiers nombres. Le tableau contenant des petits ronds est le même que le précédent, mais disposé en sens inverse. On voit facilement sur ces tableaux que la somme des points noirs est aussi grande que celle des petits ronds et que les deux réunies valent 7 fois 8, ce qui établit la proposition.

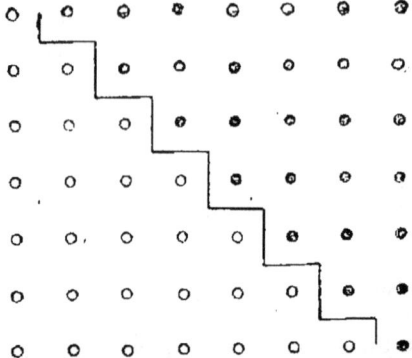

22. Faire voir que la somme des nombres impairs, depuis l'unité, jusqu'à un certain nombre, est égale au carré de ce nombre.

On le montre facilement au moyen du tableau suivant :

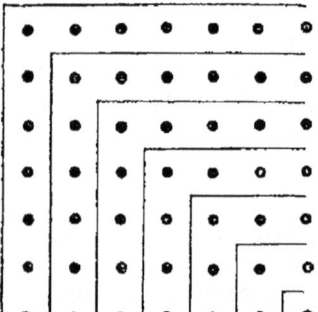

23. Montrer, à l'aide du tableau précédent, que les différences successives entre les carrés des nombres entiers consécutifs reproduisent la suite des nombres impairs.

24. Un dictionnaire a 1258 pages ; combien a-t-il fallu de caractères pour la pagination ?

6ᵉ LEÇON

RÉVISION ET COMPLÉMENT DE LA DIVISION DES NOMBRES ENTIERS.

37. Définitions. — La *division* a pour but, étant donnés deux nombres, l'un appelé *dividende* et l'autre *diviseur*, d'en trouver un troisième appelé *quotient*, dont le produit par le diviseur reproduise le dividende.

Il résulte de cette définition que le quotient indique combien de fois il faut répéter le diviseur pour avoir le dividende, et par conséquent combien de fois le diviseur est contenu dans le dividende.

Il en résulte encore que le dividende contient autant de fois le quotient, c'est-à-dire autant de parties égales au quotient, qu'il y a d'unités dans le diviseur. La division sert donc à trouver la valeur de chaque partie, lorsqu'on partage le dividende en autant de parties égales qu'il y a d'unités dans le diviseur.

38. Quotient entier. Reste. — Il n'existe pas toujours un nombre entier qui, multiplié par le diviseur, reproduise exactement le dividende. Par exemple, si l'on veut diviser 62 par 8, on voit qu'aucun nombre entier multiplié par 8 ne donne 62. On appelle *quotient entier* le plus grand nombre entier dont le produit par le diviseur soit contenu dans le dividende. Ainsi le quotient entier de 62 par 8 est 7, parce que 7 fois 8 font 56, nombre inférieur à 62, et que 8 fois 8 font 64, nombre plus grand que 62.

La différence entre le dividende et le produit du diviseur par le quotient entier s'appelle le *reste* de la division. Ainsi le reste de la division de 62 par 8 est 6, différence entre 62 et 8×7.

Il s'ensuit que dans une division le dividende est égal au produit du diviseur par le quotient, augmenté du reste. Ainsi, dans ce même exemple, $62 = 8 \times 7 + 6$.

39. Nombre des chiffres du quotient. — On peut

déterminer d'avance le nombre de chiffres qu'aura le quotient. Il suffit pour cela d'écrire un, deux, trois,... zéros à la droite du diviseur, en s'arrêtant dès que le nombre ainsi formé surpasse le dividende. Le nombre des zéros qu'on a écrits représente le nombre des chiffres du quotient. Soit, par exemple, 52837 à diviser par 781. Si nous écrivons un zéro à la droite de 781, nous avons 7810, nombre inférieur à 52837 ; le dividende contient donc 10 fois 781, et par suite le quotient, égal ou supérieur à 10, a deux chiffres. Mais si l'on écrit deux zéros à la droite de 781, on forme le nombre 78100, supérieur au dividende. Le diviseur n'est donc pas contenu 100 fois dans le dividende, et par conséquent le quotient, inférieur à 100, n'a pas trois chiffres. Le quotient a donc *deux* chiffres, autant qu'il a fallu écrire de zéros à la droite du diviseur pour le rendre supérieur au dividende.

40. Cas élémentaire de la division. — *Le diviseur n'a qu'un chiffre, et le quotient doit aussi n'en avoir qu'un seul.*

Le quotient se trouve dans la table de Pythagore ; les quotients de ce genre doivent être sus par cœur.

41. Deuxième cas. — *Le dividende et le diviseur sont quelconques et le quotient ne doit avoir qu'un seul chiffre.*

Soit à diviser 4872 par 761. Divisons les 48 centaines du dividende par les 7 centaines du diviseur : le quotient est 6. En supprimant ainsi les deux derniers chiffres du dividende et du diviseur, nous pouvons avoir altéré le quotient. Mais nous allons démontrer que, si le quotient de 4872 par 761 n'est pas le même que celui de 48 par 7, il ne peut être qu'inférieur à ce dernier.

En effet, le quotient de 48 centaines par 7 centaines étant seulement 6, 48 centaines ne contiennent pas 7 fois 7 centaines ; il s'en faut au moins d'une centaine. Donc 4872 ne contient pas non plus 7 fois 700, et à plus forte raison ne contient pas 7 fois 761. Donc le quotient de 4872 par 761 ne surpasse pas celui de 48 par 7.

Il s'ensuit que, si la division de 48 par 7 ne donne pas tout justement le quotient cherché, elle ne pourra fournir qu'un chiffre trop fort et non pas un chiffre trop faible. Or il est aisé de voir si le quotient de 48 par 7, qui est 6, n'est pas trop fort. Il suffit en effet de faire le produit du diviseur par le quotient; si ce produit peut se retrancher du dividende, 6 est le quotient cherché.

$$\begin{array}{r|l} 4872 & 761 \\ 306 & \overline{6} \end{array}$$

Dans le cas contraire, on diminuera de 1 le chiffre trouvé, et l'on essayera le nouveau chiffre de la même manière. Et ainsi de suite, jusqu'à ce que la soustraction puisse s'effectuer. De là la règle suivante :

RÈGLE. — *On sépare sur la gauche du dividende les unités de même ordre que les plus hautes unités du diviseur, et l'on divise le nombre ainsi formé par le premier chiffre de gauche du diviseur. On multiplie le diviseur par le chiffre ainsi obtenu au quotient. Si le produit peut se retrancher du dividende, le chiffre trouvé au quotient est bon. Dans le cas contraire, on le diminue de un et l'on recommence l'essai ; et ainsi de suite.*

42. **Troisième cas ou cas général.** — *Le dividende et le diviseur sont quelconques et le quotient doit avoir plusieurs chiffres.*

Soit à diviser 23 847 par 46. Cette opération revient à partager 23 847 en 46 parties égales. Soit, par exemple, 23 847 francs à partager également entre 46 personnes.

Nous ne pouvons donner à chaque personne ni une dizaine de mille francs, puisqu'il n'y a pas 2 dizaines de mille francs dans le dividende, ni même mille francs, puisqu'il n'y a que 23 unités de mille. Mais le nombre des centaines, 238, étant supérieur à 46, nous pouvons donner à chaque personne une ou plusieurs centaines de francs.

Divisons donc 238 par 46, ce qui est une division du deuxième cas : le quotient est 5 et le reste 8. Nous pourrons donc donner à chaque personne 5 fois 100 fr., et il restera 8 centaines de francs, qui, jointes aux 47 fr. du dividende, formeront un reste total de 847 fr.

$$\begin{array}{r|l} 23847 & 46 \\ 847 & \overline{518} \\ 387 & \\ 19 & \end{array}$$

Prenons les 84 dizaines de ce reste. Leur nombre étant supérieur à 46, on peut donner à chaque personne une ou plusieurs dizaines de francs. En divisant 84 par 46, nous voyons qu'on peut attribuer 1 dizaine de francs à chaque part et qu'il reste 38 de ces dizaines. Joignons à ces 38 dizaines les 7 unités du premier reste, et nous avons un reste total de 387 unités.

Partageons enfin ces 387 francs entre les 46 personnes, ce qui fait 8 francs pour chacune, et il reste 19 francs.

Le partage est terminé : le quotient est 518, et il y a un reste qui est 19. De là la règle suivante :

RÈGLE. — *On sépare sur la gauche du dividende autant de chiffres qu'il en faut pour former un nombre qui contienne le diviseur au moins une fois et au plus neuf fois. On divise ce premier dividende partiel par le diviseur d'après la règle du deuxième cas, et on a le premier chiffre de gauche du quotient. On multiplie le diviseur par ce premier chiffre de gauche et l'on soustrait le produit du premier dividende partiel. On abaisse à la droite du reste le chiffre du dividende qui suit le premier dividende partiel ; on a ainsi le deuxième dividende partiel, que l'on divise par le diviseur, ce qui fournit le deuxième chiffre du quotient. On continue ainsi, jusqu'à ce qu'on ait abaissé successivement tous les chiffres du dividende.*

43. **Preuve de la division.** — On peut la faire en vérifiant que le produit du diviseur par le quotient, augmenté du reste, donne le dividende (38).

7ᵉ LEÇON.

PRINCIPES RELATIFS A LA DIVISION.

44. Théorème I. — *Pour diviser un produit par un nombre il suffit de diviser un des facteurs du produit par ce nombre.*

Soit le produit $5 \times 12 \times 18$ à diviser par 4. Divisons le facteur 12 par 4; le produit devient $5 \times 3 \times 18$. Il a été divisé par 4; car si on le multiplie par 4, ce qui peut se faire en multipliant par 4 l'un de ses facteurs (35), et si l'on choisit le facteur 3, on obtiendra $5 \times 12 \times 18$, qui est bien le produit proposé.

REMARQUE. — Pour diviser un produit par l'un des facteurs qui le composent, il suffit de supprimer ce facteur; car pour diviser, par exemple, $3 \times 7 \times 12$ par 7, il suffit de diviser 7 par lui-même, ce qui donne 1, et le produit devient $3 \times 1 \times 12$ ou bien 3×12.

45. Définition. — On dit qu'un nombre en *divise* un autre lorsqu'il est contenu un nombre exact de fois dans cet autre. Par exemple, 6 *divise* 42, parce que 6 est contenu exactement 7 fois dans 42. On dit aussi que 6 est un *diviseur* de 42, ou bien encore que 42 est un *multiple* de 6.

46. Théorème II. — *Tout nombre qui divise le dividende et le diviseur d'une division divise le reste.* Soit 7, qui divise 224 et 63; je dis qu'il divise 35, qui est le reste de

$$\begin{array}{r|l} 224 & 63 \\ 35 & 3 \end{array}$$

leur division, car $224 = 63 \times 3 + 35$. Or, 7 étant exactement contenu dans 63, est aussi contenu un nombre exact de fois dans 3 fois 63. Et comme il est en même temps contenu exactement dans 224, il doit être contenu un nombre exact de fois dans 35, qui est la différence entre 224 et 3 fois 63.

47. Théorème III. — *Si l'on divise deux nombres par un troisième qui les divise exactement, le quotient de la division de ces deux nombres l'un par l'autre ne change pas, mais le reste est divisé par ce troisième nombre.*

Soit 224 et 63, tous les deux divisibles par 7. Si on les divise l'un par l'autre, on trouve 3 pour quotient et 35 pour reste. Par conséquent, $224 = 63 \times 3 + 35$. Divisons ces deux quantités égales par 7; les résultats devront encore être égaux. 224 divisé par 7 donne pour quotient 32. Quant à la somme $63 \times 3 + 35$, pour la diviser par 7 il faut diviser par 7 ses deux parties 63×3 et 35. Pour diviser par 7 le produit 63×3, divisons le facteur 63 par 7 (44), ce qui donne 9×3. 35 divisé par 7 donne 5; on a donc $32 = 9 \times 3 + 5$; et, comme 5 est moindre que 9, cette égalité montre que le quotient de 32 par 9 est encore 3, et que le reste est 5, ce qui démontre le théorème.

48. Théorème IV. — *Si l'on multiplie deux nombres par un troisième, le quotient de leur division ne change pas et le reste est multiplié par ce troisième nombre.* Ce principe se démontre d'une manière analogue au précédent.

QUESTIONNAIRE ET EXERCICES SUR LA DIVISION.

1. Définir la division et déduire de la définition les divers usages de cette opération.

2. Qu'appelle-t-on quotient entier, ou quotient *à une unité près* de deux nombres entiers? Qu'est-ce que le *reste* d'une division?

3. Comment peut-on déterminer *a priori* le nombre des chiffres du quotient?

4. Quel est le cas élémentaire de la division? Comment se fait une pareille division?

5. Énoncer et démontrer la règle de la division lorsque le quotient n'a qu'un seul chiffre.

6. Énoncer et démontrer la règle de la division dans le cas général.

7. Comment fait-on la preuve d'une division?

8. Comment divise-t-on un produit par un nombre lorsque l'un de ses facteurs est exactement divisible par ce nombre? Comment divise-t-on un produit par l'un de ses facteurs? Exemple.

9. Qu'arrive-t-il lorsqu'on divise le dividende et le diviseur d'une division par un même nombre qui les divise exactement? Exemple.

PROBLÈMES SUR LES QUATRE RÈGLES.

10. Qu'arrive-t-il lorsqu'on multiplie le dividende et le diviseur d'une division par un même nombre? Exemple.

11. Comment dispose-t-on la division dans le cas où le diviseur n'a qu'un seul chiffre?

12. Si l'on multiplie par un certain nombre le dividende d'une division qui ne donne pas de reste, quel changement subit le quotient? Cela est-il encore vrai lorsque la division donne un reste?

13. Si l'on augmente d'une unité le quotient entier de deux nombres, on obtient ce que l'on appelle le *quotient à une unité près par excès* des deux nombres donnés. Le produit du diviseur par ce quotient surpasse le dividende d'un certain reste, qu'on appelle le *reste par excès*. Expliquer sur un exemple pourquoi la somme de ce reste par excès et du reste par défaut est égale au diviseur.

14. Quel est le nombre dont le produit par 48 est inférieur de 6 à 822?

15. Quel est le nombre dont le produit par 48 est supérieur de 6 à 810?

16. Trouver deux nombres, sachant que leur somme est 192 et que le premier vaut 24 fois le second.

17. Trouver deux nombres, sachant que leur différence est 385 et que le premier vaut 12 fois le second.

18. Trouver deux nombres, sachant que leur somme est 639, et qu'en divisant le plus grand par le plus petit on trouve 7 pour quotient et 39 pour reste. — R. 564 et 75.

19. Trouver deux nombres, sachant que leur différence est 194, et qu'en divisant le premier par le second on trouve 5 pour quotient et 26 pour reste. — R. 236 et 42.

20. Trouver deux nombres, sachant qu'en divisant le premier par le second on a trouvé 30 pour quotient et 64 pour reste, et qu'en prenant leur quotient par excès on a obtenu 179 pour reste correspondant. — R. 7 354 et 245.

21. Montrer que si dans une division le diviseur est plus grand que la moitié du dividende, le reste est moindre que cette même moitié.

22. Si dans une division le quotient est moindre que le diviseur, le dividende est supérieur au carré du diviseur.

23. Trouver trois nombres, sachant que la somme des deux premiers est 450, celle du second et du troisième 513, et celle du premier et du troisième 711.

PROBLÈMES SUR LES QUATRE RÈGLES.

1. Une personne achète pour 28 540 francs un pré et un champ. Le pré coûte 12 650 francs de plus que le champ. On demande ce que coûte le champ et ce que coûte le pré.

2. Une personne achète pour 870 francs un cheval et un âne. L'âne coûte 460 francs de moins que le cheval. Combien coûte chacune de ces bêtes?

3. Une personne a acheté une maison, un jardin et un pré qui ont coûté ensemble 53 910 francs. La maison coûte 7840 francs de plus que le jardin, et le jardin coûte 3580 francs de plus que le pré. Combien coûte chacun de ces trois immeubles ?

4. Partager 693 francs entre trois personnes, de manière que la première ait 147 francs de plus que la deuxième, et la deuxième 72 francs de moins que la troisième. — R. 305^f, 158^f et 230^f.

5. Un fermier a vendu pour 4508 francs sa récolte en blé, en avoine et en betteraves. L'avoine a été vendue 542 francs de moins que les betteraves, et le blé a été vendu autant que les deux autres récoltes ensemble. Combien chaque récolte a-t-elle été vendue ? — R. 2254^f. 1378^f et 856^f.

6. Un oncle a laissé 45 800 francs à ses deux neveux, en donnant à l'un d'eux trois fois autant qu'à l'autre. Combien revient-il à chacun ?

7. Une personne lègue 26 400 francs à deux héritiers. Le premier doit avoir quatre fois autant que l'autre ; mais il doit prélever sur sa part un legs de 5200 francs fait à un hospice et payer les droits de succession et les frais de liquidation, qui s'élèvent ensemble à 4250 fr. Combien aura chaque héritier ? — R. 11 690^f et 5280^f.

8. Une personne a laissé 348 630 francs à deux héritiers et a ordonné par son testament que la part du premier serait inférieure de 72 690 francs au double de celle du second. Quelles doivent être les deux parts ? — R. 208 190^f et 140 440^f.

9. Partager 3740 francs entre trois personnes de manière que la première ait deux fois autant que la deuxième, et la deuxième trois fois autant que la troisième. — R. 2244^f, 1122^f et 374^f.

10. Un père et son fils ont ensemble 46 ans, et dans 22 ans l'âge du père sera double de celui du fils ; trouver l'âge actuel de ces deux personnes. — R. 58 ans et 8 ans.

11. Un père a 56 ans et son fils en a 24. Combien y a-t-il d'années que l'âge du père valait 5 fois celui du fils ? — R. 8 ans.

12. Les fortunes de deux personnes sont respectivement de 124 000 fr. et de 36 000 francs. Chacune d'elles économise 2000 francs par an. Au bout de combien d'années la fortune de la deuxième atteindra-t-elle le tiers de celle de la première ? — R. 4 ans.

13. Deux personnes possèdent actuellement, l'une 3500 francs et l'autre 2500 francs. La première met de côté chaque année 1500 fr. et l'autre 3500 francs. Au bout de combien de temps les deux fortunes seront-elles égales ? — R. 6 ans.

14. L'aîné de trois enfants a 15 ans de plus que le troisième ; le second a 3 ans de moins que l'aîné, et son âge vaut 3 fois celui du troisième. Quels sont les âges de ces trois frères ? — R. 21 ans, 18 ans et 6 ans.

15. Il y a en tout 542 enfants dans les écoles primaires d'une commune. S'il y avait 17 garçons de moins et 9 filles de plus, il y aurait autant de garçons que de filles dans ces écoles. Combien y a-t-il de garçons et combien de filles ? — R. 284 et 258.

PROBLÈMES SUR LES QUATRE RÈGLES.

16. Un propriétaire, qui vient d'acheter un champ, dit : « Si je vendais ma récolte de blé 22 francs l'hectolitre, j'aurais de quoi payer mon champ et il me resterait 1220 francs. Mais si je ne la vends que 18 francs l'hectolitre, il me manquera 940 francs. » Combien d'hectolitres a-t-il récoltés et quel est le prix du champ qu'il a acheté ? — R. 540ʰ et 10 660ᶠ.

17. Un cultivateur n'a de fourrages que pour nourrir pendant 45 jours son troupeau de moutons. Sachant que ce troupeau se compose de 240 moutons, on demande combien le cultivateur devra en vendre pour pouvoir nourrir ceux qui resteront pendant 72 jours, en continuant à leur donner toujours la même ration.

18. Un cultivateur a 240 moutons, qu'il peut nourrir pendant 45 jours. Il en achète 50 autres. Combien de temps pourra-t-il nourrir son troupeau ainsi augmenté, sans acheter de fourrage et en donnant toujours la même ration à chaque bête ?

19. Un navire de guerre a des vivres pour 54 jours. Il rencontre en mer et recueille 29 naufragés, et alors il n'a plus que pour 45 jours de vivres. Combien y avait-il d'hommes à bord de ce navire avant cette rencontre ? — R. 145.

20. Deux familles qui vivent ensemble ont consommé en 264 jours 6 pièces de vin de 220 litres chacune. Si la première famille eût vécu seule, cette provision de vin lui aurait duré 440 jours ; combien durerait-elle à la deuxième famille vivant seule ? — R. 660 jours.

21. Deux robinets amènent dans une baignoire, l'un de l'eau chaude et l'autre de l'eau froide. Le deuxième donne, dans le même temps, deux fois plus d'eau que le premier, et celui-ci fournit 240 litres par heure. On les ouvre tous les deux à la fois ; combien mettront-ils de temps pour remplir à moitié une baignoire de 430 litres ?

22. Un train express part de Paris pour Calais avec 118 voyageurs, les uns de 1ʳᵉ classe et les autres de 2ᵉ, qui ont payé ensemble 3575 francs. Le billet de 1ʳᵉ classe coûte 36 francs et celui de 2ᵉ classe 27 francs. Combien y a-t-il de voyageurs de 1ʳᵉ classe et combien de 2ᵉ ? — R. 43 et 75.

23. Un train omnibus, qui fait 28 kilomètres à l'heure, part de Nantes à midi, se dirigeant sur Paris. Un train express qui fait 45 kilomètres à l'heure, est parti de Paris le même jour à 9 heures du matin, se dirigeant sur Nantes. Sachant que la distance de Paris à Nantes est de 427 kilomètres, trouver à quelle heure et à quelle distance de Nantes aura lieu la rencontre de ces deux trains. — R. 4ʰ, 112ᵏᵐ.

24. Une voiture, qui fait 10 kilomètres à l'heure, part 3 heures après un piéton qui fait 5 kilomètres à l'heure, et va sur la même route et dans le même sens que lui. Au bout de combien de temps l'atteindra-t-elle ? — R. 3ʰ.

25. Un train express part de Cherbourg à 9 heures du matin pour aller à Paris, où il arrive à 6 heures du soir. Le même jour un train omnibus part de Caen à 11 heures du matin et arrive à Paris à

PROBLÈMES SUR LES QUATRE RÈGLES.

7 heures du soir. La distance de Cherbourg à Caen est de 129 kilomètres et celle de Caen à Paris de 240 kilomètres. On demande à quelle heure et à quelle distance de Caen les deux trains se rencontreront. — R. $3^h 16^m$, 128^k.

26. Un marchand de vin a acheté 60 pièces, les unes de vin de Bordeaux, les autres de vin de Bourgogne, qui lui ont coûté en tout 10 950 francs. Il y a trois fois autant de pièces de vin de Bordeaux que de pièces de vin de Bourgogne, et chaque pièce de Bordeaux coûte 30 francs de plus qu'une pièce de Bourgogne. Combien y a-t-il de pièces de chaque espèce et quel est le prix de chacune d'elles ? — R. 15, 45, 160^f et 190^f.

27. On a payé une somme de 154 francs avec 35 pièces, les unes de 5 francs et les autres de 2 francs. Combien y avait-il de pièces de 5 francs et combien de pièces de 2 francs ? — R. 28 et 7.

28. Le diamètre de la pièce de 5 francs en argent est de 37 millimètres, et celui de la pièce de 1 franc de 23 millimètres. En plaçant 31 pièces, les unes de 5 francs, les autres de 1 franc, à côté les unes des autres, de manière qu'elles se touchent, on a formé une longueur de 965 millimètres. Combien y a-t-il de pièces de 5 francs et combien de pièces de 1 franc ? — R. 18 et 13.

29. Une personne entre dans une librairie et voit trois ouvrages qu'elle voudrait acheter ; mais elle n'a que 50 francs, et les trois ouvrages coûtent ensemble plus de 50 francs. Si elle ne prend que le premier et le deuxième, il lui restera 7 francs ; si elle prend le premier et le troisième, il lui restera seulement 4 francs ; si elle prend le deuxième et le troisième, il lui manquera 5 francs. Quels sont les prix de ces trois ouvrages ? — R. 17^f, 26^f, 29^f.

30. Une personne emploie trois ouvriers maçons pour faire un mur de clôture. Pendant les trois premiers jours, l'un d'eux est malade, et les deux autres font ensemble 18 mètres du mur. Pendant les trois jours suivants, le premier vient travailler, mais le second s'absente, et le premier et le troisième réunis font ensemble 15 mètres seulement. Enfin pendant les trois jours qui suivent, le troisième ouvrier ne travaille pas et les deux premiers font ensemble 21 mètres. Combien les trois ouvriers mettront-ils ensuite de jours pour terminer le mur, dont la longueur totale doit être de 162 mètres ? — R. 12^j.

CHAPITRE II

CARACTÈRES DE DIVISIBILITÉ. — PREUVE PAR 9

8ᵉ LEÇON.

CARACTÈRES DE DIVISIBILITÉ LES PLUS SIMPLES.

49. Définitions. — Nous avons vu (45) qu'un nombre entier est *divisible* par un autre, lorsque la division du premier par le deuxième ne donne pas de reste. On dit aussi que le deuxième nombre est un *diviseur* du premier, ou encore que le premier est un *multiple* du second.

50. Principes sur la divisibilité. — 1° *Lorsqu'un nombre en divise plusieurs autres, il divise leur somme.* Soit 5, qui divise à la fois 15, 25 et 40. Chacun de ces nombres contenant 5 un nombre exact de fois, leur somme 80 le contient aussi un nombre exact de fois.

CONSÉQUENCE. — *Lorsqu'un nombre en divise un autre, il divise tous ses multiples.* Par exemple, 7 divisant 21 divisera 2 fois 21, 3 fois 21, etc. Car chacun de ces multiples de 7 est une somme de nombres divisibles par 7.

REMARQUE. — Lorsqu'un nombre divise toutes les parties d'une somme, à l'exception de l'une d'elles, il ne divise pas la somme, et le reste est le même que celui qui est fourni par cette dernière partie. Par exemple, 4 divise 12, 28, 32, et ne divise pas 45. La somme $12+28+32+45$ n'est donc pas divisible par 4, et le reste est 1, qui est le reste fourni par 45.

2° *Lorsqu'un nombre en divise deux autres, il divise leur différence.* Car si 12, par exemple, est contenu exactement dans 72 et dans 48, il est clair qu'il sera aussi exactement contenu dans $72-48$.

51. Reste de la division d'un nombre entier par 2.

— *Le reste de la division d'un nombre par 2 est le même que celui qu'on obtient en divisant par 2 son dernier chiffre de droite.* Soit un nombre entier quelconque, 6847 par exemple. On peut le décomposer en 684 dizaines et 7 unités. Les dizaines sont toujours divisibles par 2, puisque 10 est un multiple de 2. Le reste proviendra donc uniquement du dernier chiffre de droite, c'est-à-dire de 7.

Conséquence. — *Un nombre est divisible par 2, lorsque son dernier chiffre de droite est divisible par 2, c'est-à-dire est un des chiffres* 0, 2, 4, 6, 8, *appelés chiffres pairs.*

Exemples : 14, 38, 286, 7934, sont divisibles par 2.

52. Reste de la division d'un nombre entier par 5.
— *Le reste de la division d'un nombre par 5 est le même que celui qu'on obtient en divisant par 5 son dernier chiffre de droite.* En effet, tout nombre peut se décomposer en deux parties, l'une formée de ses dizaines et l'autre de ses unités. La première est toujours divisible par 5, puisqu'elle est un multiple de 10, nombre que divise 5. Le reste proviendra donc uniquement des unités.

Conséquence. — *Un nombre est divisible par 5, lorsque le chiffre de ses unités est un zéro ou un 5.* Car la division de ce chiffre par 5 donne alors pour reste zéro.

Exemples : 356 divisé par 5 donne le même reste que 6 divisé par 5, c'est-à-dire 1. De même, le reste de 8473 divisé par 5 est 3. 645 est divisible par 5; il en est de même de 80, de 175.

53. Reste de la division d'un nombre entier par 4.
— *Le reste de la division d'un nombre par 4 est le même que celui qu'on obtient en divisant par 4 le nombre formé par ses deux derniers chiffres de droite.* On peut toujours décomposer un nombre en deux parties, l'une formée par les centaines de ce nombre, l'autre par ses dizaines et ses unités. La première est toujours divisible par 4, parce qu'elle est un multiple de 100, qui est divisible par 4. La deuxième seule fournira donc le reste. Soit, par exemple, le nombre 7982. Il est formé de 79 centaines, nombre divi-

CARACTÈRES DE DIVISIBILITÉ LES PLUS SIMPLES. 35

sible par 4, puisque 4 divise 100, et de 82 unités. Le reste de la division de 7982 par 4 sera donc le même que celui de la division de 82 par 4; ce reste sera 2.

CONSÉQUENCE. — *Un nombre entier est divisible par 4, lorsque le nombre formé par ses deux derniers chiffres de droite est divisible par 4.* Ainsi, 756 est divisible par 4, parce que 56 est divisible par 4. De même 92728 est divisible par 4.

54. Reste de la division d'un nombre entier par 9. — *Le reste de la division d'un nombre par 9 est le même que le reste obtenu en divisant par 9 la somme de ses chiffres pris en valeur absolue.* Ainsi le reste de la division de 6594 par 9 est 6, parce que 6 est le reste obtenu en divisant par 9 la somme $6+5+9+4$.

Pour démontrer cette proposition, nous remarquerons :

1° Que si l'on divise par 9 l'unité suivie d'un nombre quelconque de zéros, le reste est 1.

```
10000 . . | 9
   10     | 1111. . .
   10
   10
    1
```

2° Que si l'on divise par 9 un nombre formé par un chiffre quelconque suivi de zéros, le reste est égal à ce chiffre. Ainsi, 700 divisé par 9 donne pour reste 7. Car, puisque 100 donne pour reste 1, 7 fois 100 donnera pour reste 7 fois 1 ou 7.

Considérons maintenant un nombre quelconque; soit 75836. Ce nombre est égal à

$$70000 + 5000 + 800 + 30 + 6.$$

Or :

70000 contient un certain nombre de fois 9, plus 7;
5000 . . . . plus 5;
800 . . . . plus 8;
30 . . . . plus 3;

Donc $70000 + 5000 + 800 + 30 + 6$, ou bien le nombre

75 836, renferme un nombre exact de fois 9, plus la somme des chiffres $7+5+8+3+6$. Le reste de la division de 75 836 par 9 sera donc fourni uniquement par la somme des chiffres de ce nombre. Ce reste sera 2.

CONSÉQUENCE. — *Un nombre est divisible par 9, lorsque la somme de ses chiffres, pris en valeur absolue, est elle-même divisible par* 9. Par exemple, 84357 est divisible par 9; car car la somme $8+4+3+5+7=27$ est divisible par 9.

REMARQUE I. — Lorsqu'on cherche le reste de la division d'un nombre par 9, on abrège le calcul en supprimant 9 dans la somme toutes les fois que la somme atteint ou dépasse 9.

Exemple : Soit à trouver le reste de la division de 53843 par 9. Nous dirons : 5 et 3, 8; et 8, 16. Retranchons 9, il reste 7. Puis 7 et 4, 11; ôtons 9, il reste 2. Puis 2 et 3, 5. Le reste cherché est donc 5.

REMARQUE II. — Enfin, pour ôter ainsi 9 de la somme toutes les fois qu'elle atteint ou dépasse 9, il suffit d'additionner les chiffres de cette somme, ce qui fournit le reste. Il est inutile aussi de s'occuper des chiffres 9 que l'on rencontre.

Exemple : Trouver le reste de la division de 674 329 878 par 9. Nous dirons : 6 et 7, 13, reste 4 (4 étant la somme des chiffres de 13); puis 4 et 3, 7; et 2, 9; reste 0 ; puis 8 et 7, 15, reste 6 (6 étant la somme des chiffres 1 et 5); enfin, 6 et 8, 14, reste 5 (somme de 1 et 4).

Autre exemple : 7 134 894. 7 et 1... 8, et 3... 11, reste 2; et 4... 6, et 8... 14, reste 5; et 4,.. 9, reste 0. Ce nombre est divisible par 9.

55. Reste de la division d'un nombre entier par 3.
— *Le reste de la division d'un nombre par* 3 *est le même que celui qu'on obtient en divisant par* 3 *la somme de ses chiffres pris en valeur absolue.* En effet, tout nombre est un multiple de 9, plus la somme de ses chiffres. Comme 9 est lui-même divisible par 3, tout nombre est un multiple de 3, plus la somme de ses chiffres. Le reste de la division d'un nombre par 3 sera donc le même que celui de la somme de ses chiffres.

Exemple : Soit à trouver le reste de la division de 5372

CARACTÈRES DE DIVISIBILITÉ LES PLUS SIMPLES. 37

par 3. Nous dirons, en procédant comme pour 9 : 5 et 3....
8, reste 2 ; et 7.... 9, reste 0 ; et 2... reste 2.

CONSÉQUENCE. — *Un nombre est divisible par 3, lorsque la somme de ses chiffres est divisible par 3.*

Exemple : 51834. 5 et 1.... 6, reste 0 ; 8, reste 2 ; et 3... 5, reste 2 ; et 1... 3, reste 0.

* 56. **Reste de la division d'un nombre entier par 11**. — *Le reste de la division d'un nombre par 11 s'obtient en divisant par 11 la différence entre la somme des chiffres de rang impair et la somme des chiffres de rang pair à partir de la droite.*

1° Si l'on divise par 11 l'unité suivie d'un certain nombre de zéros, le reste est 1 ou 10, suivant que le nombre de zéros est pair ou impair.

$$\begin{array}{r|l} 1000000 & 11 \\ 100 & \overline{90909} \\ 100 & \end{array}$$

2° Un nombre formé d'un chiffre significatif suivi de zéros est un multiple de 11 augmenté ou diminué de la valeur de ce chiffre, suivant que le nombre de zéros est pair ou impair. Par exemple, 500 est un multiple de 11, plus 5. En effet, 100 est un multiple de 11, plus 1 : donc 5 fois 100 donne un multiple de 11, plus 5. Au contraire, 7000 est un multiple de 11 diminué de 7, parce que 1000 est un multiple de 11 augmenté de 10, ou bien, ce qui revient au même, un multiple de 11, moins 1.

3° Prenons maintenant un nombre quelconque, 673 842 par exemple. On a :

$$\begin{aligned}
2 &= 2 \\
40 &= m^e\,11 - 4 \\
800 &= m^e\,11 + 8 \\
3000 &= m^e\,11 - 3 \\
70\,000 &= m^e\,11 + 7 \\
600\,000 &= m^e\,11 - 6 \\
\hline
673\,842 &= m^e\,11 + 2 + 8 + 7 - 4 - 3 - 6
\end{aligned}$$

Le nombre proposé est donc un multiple de 11, augmenté de la différence entre la somme de 2, 8 et 7, chiffres de rang impair, et la somme de 4, 3 et 6, chiffres de rang pair à partir de la droite.

Remarque. — Si la somme des chiffres de rang impair est moindre que celle des chiffres de rang pair, on lui ajoute un multiple de 11 assez grand pour que la soustraction devienne possible. Soit, par exemple, le nombre 27 938 461. La somme des chiffres de rang impair est 15; celle des chiffres de rang pair est 25. Ajoutons 11 à la première, ce qui donne 26; 26 moins 25 = 1; le reste de la division du nombre par 11 est 1.

Conséquence. — *Un nombre est divisible par 11, lorsque la différence entre la somme de ses chiffres de rang impair et la somme de ses chiffres de rang pair est divisible par 11.*

Exemple : 285 934. $4+9+8=21$; $3+5+2=10$. $21-10=11$; donc ce nombre est divisible par 11.

QUESTIONNAIRE ET EXERCICES SUR LA 8ᵉ LEÇON.

1. Qu'est-ce qu'un multiple d'un nombre? Un diviseur? Quand dit-on qu'un nombre en divise un autre?

2. Si un nombre en divise plusieurs autres, divise-t-il leur somme? Si deux nombres sont multiples d'un troisième, en est-il de même de leur différence?

3. A quel caractère reconnaît-on qu'un nombre est divisible par 2? par 5?

4. Comment trouve-t-on le reste de la division d'un nombre par 4? Appliquer la règle aux nombres 675, 7834, 956, 85 781, 130 654.

5. Expliquer pourquoi le reste de la division d'un nombre par 9 est le même que celui de la somme de ses chiffres.

6. Comment reconnaît-on qu'un nombre est divisible par 3?

7. Trouver les restes de la division des nombres suivants par 9 : 23, 79, 236, 758, 9654, 11 432, 86 737, 120 307, 274 625, 2 732 890.

8. Examiner si les nombres suivants sont divisibles par 3 et donner les restes fournis par ceux qui ne le sont pas : 28, 137, 324, 6938, 7245, 9812, 74 143, 81 012, 352 871, 5 615 405.

9. En raisonnant comme nous l'avons fait pour 4, montrer qu'un nombre est divisible par 25, lorsque le nombre formé par ses deux derniers chiffres de droite est divisible par 25, c'est-à-dire lorsque ce nombre est 0, ou 25, ou 50, ou 75. Applications : 175, 2850, 63 900, 127 625, 2 543 000, 7 538 475 sont des nombres divisibles par 25. —

Trouver les restes qu'on obtient en divisant par 25 les nombres suivants : 37, 428, 3459, 62 830, 786 981.

10. En se fondant sur ce que 1000 est un multiple de 8, montrer que le reste de la division d'un nombre par 8 est le même que celui qu'on obtient en divisant par 8 le nombre formé par les trois derniers chiffres de droite du nombre proposé. En conclure un caractère de divisibilité par 8 et l'appliquer aux nombres suivants : 176, 2320, 6488, 52 056, 884 944, 2 753 408.

11. Un nombre peut-il diviser une somme sans diviser toutes ses parties? Oui, si la somme des restes est divisible par ce nombre. Exemple : $34 + 225 + 623 + 7514 + 856$ est divisible par 9, bien que 9 ne divise pas toutes les parties de cette somme. Donner d'autres exemples.

12. Un nombre peut-il diviser une différence sans diviser les deux termes de cette différence? Oui, si les deux restes sont égaux. Exemple : 674 et 29 ne sont pas divisibles par 5, et leur différence est divisible par 5. Donner d'autres exemples.

13. Faire voir que le produit de deux nombres entiers consécutifs est divisible par 2, que celui de trois nombres entiers consécutifs est divisible par 3, et ainsi de suite. Vérifier ce principe sur les exemples suivants : 53×54, $628 \times 629 \times 630$, $31 \times 52 \times 33 \times 34$, $11 \times 12 \times 13 \times 14 \times 15$.

9ᵉ LEÇON.

PREUVES PAR 9 DE LA MULTIPLICATION ET DE LA DIVISION.

57. Preuve par 9 de la multiplication. — Elle est fondée sur le principe suivant :

Si l'on divise par 9 un produit de deux facteurs et chacun de ces facteurs, le reste fourni par le produit est égal à celui qu'on obtient en divisant par 9 le produit des deux autres restes. Soit le produit 673×76. Les deux facteurs divisés par 9 fournissent pour restes 7 et 4, dont le produit est 28 qui, divisé lui-même par 9, donne pour reste 1. Il faut montrer que le produit 673×76, ou bien 51 148, doit aussi donner 1 pour reste.

En effet, $76 =$ multiple de $9 + 4$. Le produit s'obtiendra donc en multipliant 673 d'abord par un multiple de 9, puis par 4, et ajoutant les deux produits. Le premier produit, celui de 673 par un multiple de 9, est évidemment lui-même un multiple de 9. Quant au deuxième, celui de 673 par 4, si l'on remarque que 673 = multiple de 9 + 7, on verra qu'il se compose de 4 fois un multiple de 9, ce qui donne encore un multiple de 9, plus 4 fois 7. Donc, en définitive, le produit 673 × 76 se compose d'une somme de deux multiples de 9, qui contient elle-même un nombre exact de fois 9, et du produit des deux restes, 4 et 7, obtenus en divisant les deux facteurs par 9. Le reste fourni par le produit sera donc le même que celui qu'on obtient en divisant par 9 le produit 28 de ces deux restes. Or 28 divisé par 9 donne pour reste 1.

Règle pour faire la preuve par 9 d'une multiplication. — *On cherche les restes des divisions par 9 du multiplicande, du multiplicateur et du produit. Si la multiplication est exacte, le reste fourni par le produit est égal à celui qu'on obtient en divisant par 9 le produit des restes du multiplicande et du multiplicateur.*

Exemple :

```
    647. . . .   8                5
     58. . . .   4              
    ─────      ─────          8 ╳ 4
    5176        32. . 5        
    3235                          5
   ──────
   37526. . . .        5
```

Le multiplicande 647, divisé par 9, donne pour reste 8, et le multiplicateur 58 donne pour reste 4. Le produit de 8 par 4 est 32, qui, divisé par 9, donne pour reste 5. Si l'opération est exacte, le produit 37 526, divisé par 9, doit aussi donner 5 pour reste. Si cela n'a pas lieu, l'opération est inexacte.

Remarque I. — Lorsque la preuve par 9 réussit, il faut bien se garder d'affirmer que l'opération est exacte. On conçoit en effet que la preuve, ne portant que sur les restes, ne puisse pas nous avertir qu'il y a une erreur, lorsque cette erreur est d'un multiple de 9. Par exemple, si le produit précédent était trop fort ou trop faible de 9, de 18, de 27, ou en général d'un multiple de 9, ce produit n'en donnerait pas moins 5 pour reste, et la preuve réussirait encore, bien que l'opération ne fût pas exacte.

Ainsi, en résumé, lorsque la preuve ne réussit pas, l'opération est certainement inexacte; quand elle réussit, on peut seulement affirmer que l'opération est exacte ou bien que, s'il y a une erreur, elle est d'un multiple de 9.

REMARQUE II. — On dispose d'ordinaire les restes du multiplicande et du multiplicateur dans deux angles opposés par le sommet, et les deux autres restes, qui doivent être égaux, dans les deux autres angles formés par les mêmes droites. Cette disposition est figurée plus haut.

58. Preuve par 9 de la division. — Soit la division de 327 981 par 754.

```
3. . . . . .   327 981 | 754. . . 7
                2638   | 434. . . 2
                3761   | ‾‾‾‾‾‾‾‾‾
7. .            745              14. . . 5
                         5 + 7 = 12. . . . 3
```

nous savons (38) que

$$327\,981 = 754 \times 434 + 745.$$

Cherchons les restes de la division par 9 du dividende, du diviseur, du quotient et du reste de cette opération. Ces restes sont : 3, 7, 2 et 7. L'égalité précédente nous montre que le reste de 327 981 devra être égal à la somme des restes du produit 754×434 et du nombre 745. Mais le reste du produit 754×434 est le même que celui de 7×2, produit des deux restes (57), c'est-à-dire est égal à 5. Donc, si l'opération est exacte, le reste 3 du dividende devra être le même que celui qu'on obtient en divisant par 9 la somme de ce reste 5 et de celui de 745, qui est 7. Or $7 + 5 = 12$, qui donne en effet 3 pour reste.

PREUVE PAR 9 DE LA DIVISION.

RÈGLE. — *On cherche les restes de la division par* 9 : 1° *du dividende;* 2° *du diviseur;* 3° *du quotient;* 4° *du reste. On multiplie le second par le troisième, on cherche le reste fourni par le produit ainsi obtenu et on l'ajoute au quatrième reste. La somme ainsi formée doit donner pour reste le premier des restes considérés.*

REMARQUE. — Il est facile de voir qu'on pourrait employer, pour les preuves précédentes, un diviseur quelconque. Les raisonnements que nous avons faits s'appliquent en effet à un nombre quelconque. Mais on choisit de préférence les diviseurs 9 et 11, parce que les restes des divisions par 9 et par 11 sont faciles à former, et aussi parce que tous les chiffres des résultats qu'il s'agit de vérifier concourent à former ces restes, en sorte que la vérification porte sur tous ces chiffres.

QUESTIONNAIRE ET EXERCICES SUR LA 9° LEÇON.

1. Énoncer et expliquer le principe sur lequel repose la preuve par 9 de la multiplication.
2. Énoncer la règle pratique pour faire cette preuve.
3. Appliquer la preuve par 9 aux multiplications suivantes :
532×475; 6325×970; $80\,453 \times 28$; $75\,936 \times 875$; $23\,230 \times 6720$; 963×854; $63\,752 \times 1193$; $459\,728 \times 609$; $72\,324 \times 70\,131$; $87\,300 \times 975\,000$; $7\,364\,601 \times 8040$.
4. Comment fait-on la preuve par 9 d'une division? Expliquer la règle sur un exemple.
5. Faire la preuve par 9 des divisions suivantes :
$5748 : 29$; $63\,075 : 97$; $128\,357 : 187$; $55\,971 : 693$; $28\,913 : 901$; $547\,623 : 9234$; $852\,408 : 845$; $6\,311\,542 : 2733$.
6. Pourrait-on faire la preuve de la multiplication et de la division en employant un diviseur quelconque? Quels avantages présente 9? Quels inconvénients?
7. Faire la preuve par 11 des opérations indiquées dans les exercices 3 et 5.
8. Montrer que le reste obtenu en divisant par 9 le carré d'un nombre entier est le même que celui qu'on obtient en divisant par 9 le carré du reste fourni par ce nombre. Par exemple, le reste obtenu en divisant par 9 le carré de 12, ou 144, est le même que celui qu'on obtient en divisant par 9 le carré du reste fourni par 12, c'est-à-dire le carré de 3.
9. Le principe précédent s'applique à un diviseur quelconque. En

déduire que le carré d'un nombre entier quelconque est toujours un multiple de 5, ou bien un multiple de 5 augmenté ou diminué de 1.

10. Faire voir que si, dans une multiplication, on avance un produit partiel de un ou plusieurs rangs de trop vers la droite ou vers la gauche, la preuve par 9 n'accusera pas cette erreur.

CHAPITRE III

PLUS GRAND COMMUN DIVISEUR. — NOMBRES PREMIERS

10ᵉ LEÇON.

PLUS GRAND COMMUN DIVISEUR DE DEUX NOMBRES.

59. Définition. — Le *plus grand commun diviseur* de deux nombres entiers est le plus grand nombre qui les divise exactement tous les deux.

60. Recherche du plus grand commun diviseur de deux nombres. — Elle est fondée sur les deux principes suivants :

PRINCIPE I. — *Tout nombre qui en divise deux autres divise le reste de leur division.* Soit 7, qui divise 336 et 105 ; je dis que 7 divise le reste de leur division, qui est 21.

$$\begin{array}{c|c} 336 & 105 \\ 21 & 3 \end{array}$$

En effet, $336 = 105 \times 3 + 21$. Or, 7 divisant 105, divise son multiple 105×3. Divisant la somme 336 et l'une des deux parties, 105×3, 7 doit diviser l'autre partie, 21.

PRINCIPE II. — *Tout nombre qui divise le diviseur et le reste d'une division, divise le dividende.* Soit 9, qui divise 126 et 56,

$$\begin{array}{c|c} 918 & 126 \\ 56 & 7 \end{array}$$

diviseur et reste de la division de 918 par 126. On a
$918 = 126 \times 7 + 56$. 9 divisant 126, divise 126×7; divisant 126×7 et 56, il divise les deux parties de la somme 918; donc il divise cette somme.

Proposons-nous maintenant de trouver le plus grand commun diviseur de deux nombres. Soient 5634 et 792.

Ce plus grand commun diviseur ne peut pas surpasser 792, puisqu'il doit le diviser; si donc 792 divise 5634, il sera lui-même le plus grand commun diviseur cherché. Nous sommes ainsi conduits à diviser 5634 par 792. La division donne un reste, 90.

Cela posé, le plus grand commun diviseur cherché, devant diviser 5634 et 792, doit aussi diviser 90 (principe I). Il ne peut donc pas surpasser 90, et si 90 divise à la fois les deux nombres proposés, c'est lui qui sera leur plus grand commun diviseur. Or, pour que 90 divise 5634 et 792, il suffit qu'il divise 792; car 90 est le reste de la division de 5634 par 792, et, comme il se divise lui-même, s'il divise le diviseur 792, il divisera aussi le dividende 5634 (principe II). Divisons donc 792 par 90; il y a un reste, 72.

Le plus grand commun diviseur cherché, devant diviser 792 et 90, doit diviser 72; il ne peut donc pas le surpasser. D'ailleurs, si 72 divise 90, il divisera 792, puis 5634; il sera donc le plus grand commun diviseur cherché. La division de 90 par 72 donne 18 pour reste.

En continuant le même raisonnement, nous sommes conduits à diviser 72 par 18. Le reste est nul, et 18 est le plus grand commun diviseur cherché.

RÈGLE. — *Pour trouver le plus grand commun diviseur de deux nombres, on divise le plus grand par le plus petit, celui-ci par le reste de cette première division, et ainsi de suite, jusqu'à ce qu'on trouve un reste nul, ce qui arrivera nécessairement, puisque ces restes sont des nombres entiers qui vont constamment en diminuant. Quand le reste sera nul, le diviseur correspondant sera le plus grand commun diviseur cherché.*

PLUS GRAND COMMUN DIVISEUR DE DEUX NOMBRES.   45

Remarque. — On écrit chaque quotient au-dessus du diviseur corrrespondant, ce qui permet d'enchaîner les opérations de la manière suivante :

	7	8	1	4
5634	792	90	72	18
90	72	18	0	

61. Définition. — On dit que deux nombres sont *premiers entre eux*, lorsqu'ils n'ont pas d'autre diviseur commun que l'unité. Ainsi, 8 et 15 sont premiers entre eux.

Lorsque deux nombres sont premiers entre eux, si on leur applique la règle du plus grand commun diviseur, on est conduit à l'unité comme dernier diviseur. Exemple : 654 et 233.

	2	1	4	5	1	1	1	2
654	233	188	45	8	5	3	2	1
188	45	8	5	3	2	1	0	

Remarque. — Lorsque, dans une pareille opération, on sera arrivé à deux restes consécutifs qui seront manifestement premiers entre eux, il est clair que les nombres proposés le seront aussi, et l'on pourra arrêter l'opération. Ainsi, dans l'exemple précédent, lorsqu'on a obtenu les deux restes consécutifs 45 et 8, qui n'admettent évidemment aucun diviseur commun autre que 1, il n'est pas nécessaire d'aller plus loin.

* **62. Théorèmes sur le plus grand commun diviseur.** — 1° *Tout nombre qui en divise deux autres divise leur plus grand commun diviseur.* Soit 6 qui divise 2460 et 252, dont le plus grand commun diviseur est 12.

	9	1	3	5
2460	252	192	60	12
192	60	12	0	

6 divisant 2460 et 252 divise 192 (principe I); divisant

252 et 192, il divise 60 (principe 1), et ainsi de suite; divisant ainsi tous les restes successifs, il divise le dernier, qui est le plus grand commun diviseur.

2° *Si l'on divise deux nombres par un troisième qui les divise exactement, leur plus grand commun diviseur est divisé par ce troisième nombre.* Supposons, par exemple, que l'on divise 2460 et 252 par 6, qui les divise exactement. Le reste de leur division sera divisé par 6 (47). Si donc on cherche le plus grand commun diviseur de 2460 divisé par 6 et de 252 divisé par 6, le premier reste sera 192 divisé par 6. Le deuxième reste sera alors 60 divisé par 6, et ainsi de suite. Donc le dernier reste, qui est le plus grand commun diviseur, sera lui-même divisé par 6. C'est ce que montre le tableau suivant :

	9	1	3	5
410	42	32	10	2
32	10	2	0	

Conséquence. — *Lorsqu'on divise deux nombres par leur plus grand commun diviseur, les quotients obtenus sont premiers entre eux.* — En effet, leur plus grand commun diviseur est alors divisé par lui-même et devient l'unité.

Exemple : 2460 et 252 ont 12 pour plus grand commun diviseur. Divisons-les par 12; les quotients 205 et 21 auront pour plus grand commun diviseur 12 : 12, ou bien 1.

3° *Lorsqu'on multiplie deux nombres par un troisième, leur plus grand commun diviseur est multiplié par ce troisième nombre.* Ce théorème se démontre comme le précédent.

* 63. **Théorème.** — *Lorsqu'un nombre divise un produit de deux facteurs et qu'il est premier avec l'un d'eux, il divise l'autre.* Soit 15, qui divise le produit 8×105 et qui est premier avec 8; je dis qu'il divise 105. En effet, 15 et 8 étant premiers entre eux, leur plus grand commun diviseur est 1; donc 15×105 et 8×105 ont pour plus grand commun diviseur 1×105 ou 105 (3°). Or 15 divise évidem-

ment 15×105 ; il divise aussi 8×105, par hypothèse ; donc il divise leur plus grand commun diviseur 105 (62,2°) ce que nous voulions démontrer.

QUESTIONNAIRE ET EXERCICES SUR LA 10° LEÇON.

1. Énoncer et démontrer les deux principes sur lesquels est fondée la recherche du plus grand commun diviseur.
2. Expliquer la recherche du plus grand commun diviseur.
3. Énoncer la règle pour trouver le plus grand commun diviseur. L'appliquer aux exemples suivants :
128 et 92; 635 et 295; 2862 et 396; 5975 et 655; 78304 et 9836; 246 846 et 96 342; 620 475 et 75 945.
4. Qu'est-ce que deux nombres premiers entre eux?
5. 58 et 27 sont-ils premiers entre eux? Même question pour les nombres suivants : 136 et 45; 875 et 136; 2937 et 423; 6279 et 4357; 74 920 et 6543; 220 651 et 130 728.
6. On cherche le plus grand commun diviseur de deux nombres, par exemple de 642 et 78. Déduire des opérations les quotients de ces deux nombres par leur plus grand commun diviseur.
7. Énoncer et démontrer les trois principes fondamentaux sur le plus grand commun diviseur.

11e LEÇON

NOMBRES PREMIERS.

64. Définition. — On appelle *nombre premier* un nombre qui n'est divisible que par lui-même ou par l'unité. 2, 3, 5, 7, 11, 13, 17, 19, 23 sont des nombres premiers.

Théorème. — *Tout nombre qui n'est pas premier admet au moins un diviseur premier.* Soit, par exemple, le nombre 357. S'il n'est pas premier, il admet un ou plusieurs diviseurs. Or parmi ces diviseurs il y en a au moins un, savoir le plus petit, qui est premier. Car s'il ne l'était pas, il admettrait un diviseur plus petit que lui-même et qui, le divisant, diviserait son multiple 357. Donc il y aurait un diviseur de 357 qui serait moindre que le plus petit, ce qui est absurde.

48   NOMBRES PREMIERS.

Conséquence. — Il résulte de là que si un nombre n'admet aucun diviseur premier, il est lui-même un nombre premier.

65. Construction d'une table des nombres premiers depuis l'unité jusqu'à une limite donnée.

Écrivons la suite naturelle des nombres entiers depuis *un* jusqu'à la limite donnée, jusqu'à 100 par exemple.

1 2 3 4 5 6 7 8 9 10 11 12 13 14 15 16
17 18 19 20 21 22 23 24 25 26 27 28. . . .
. . . . 96 97 98 99 100.

2 est un nombre premier; mais ses multiples ne le sont pas. On peut donc barrer tous les multiples de 2, et on les obtiendra en comptant de deux en deux à partir de 2 exclusivement.

De même 3 est premier; mais ses multiples ne l'étant pas, on peut barrer tous les nombres en comptant de trois en trois, à partir de 3 exclusivement.

On barre de même les multiples de 5, de 7, etc.,...

Cela posé, remarquons que, lorsque nous voulons effacer les multiples d'un nombre premier, ceux de 7 par exemple, le premier qui se présente non encore effacé est le carré de 7. En effet, un multiple de 7 moindre que 7×7 est le produit de 7 par un nombre inférieur à 7; il a donc été barré parmi les multiples des nombres premiers inférieurs à 7.

Il suit de là que lorsqu'on sera arrivé à un nombre premier dont le carré surpasse la limite de la table, il n'y aura plus aucun nombre à effacer; tous les nombres qui resteront seront premiers. Ainsi, dans la table précédente qui doit se terminer à 100, dès qu'on est arrivé à 11, il faut arrêter l'opération; la table des nombres premiers depuis 1 jusqu'à 100 se trouve construite.

* **66. Comment on reconnaît si un nombre entier donné est premier.** — Pour reconnaître si un nombre donné, 233 par exemple, est premier, il n'est pas nécessaire d'avoir à sa disposition une table des nombres premiers depuis 1 jusqu'à 233. Essayons les divisions de ce nombre par les nombres premiers, 2, 3, 5, 7, 11, etc. Si aucune d'elles ne réussit avant qu'on tombe sur un quotient inférieur au diviseur essayé, le nombre donné est premier. Ainsi, dans l'exemple actuel, on voit aisément que 233 n'est divisible par aucun nombre premier jusqu'à 17, et comme le quotient de la division de 233 par 17 est 13, nombre inférieur à 17, 233 est premier. En effet, si 233 admettait un diviseur premier supérieur à 17, il admettrait aussi comme diviseur le quotient correspondant; il aurait donc un diviseur premier inférieur à 17, savoir ce quotient lui-même, si ce quotient était premier, et, dans le cas contraire, un diviseur premier de ce quotient. Nous aurions dû, par conséquent, trouver déjà un diviseur premier, ce qui est contre notre hypothèse.

RÈGLE. — *Pour reconnaître si un nombre donné est premier, on le divise successivement par les nombres premiers 2, 3, 5, 7, 11, 13, etc. Si aucune division ne réussit avant qu'on soit arrivé à un quotient inférieur au diviseur essayé, le nombre donné est premier.*

QUESTIONNAIRE ET EXERCICES SUR LA 11ᵉ LEÇON.

1. Qu'est-ce qu'un nombre premier?
2. Expliquer la construction d'une table de nombres premiers depuis 1 jusqu'à une limite donnée.
En construire une depuis 1 jusqu'à 200.
3. Comment fait-on pour reconnaître si un nombre donné est premier? Appliquer la règle aux nombres suivants : 89, 277, 331, 479, 613, 751, 863, 907, 991.
4. Faire voir qu'un nombre premier (2 et 3 exceptés) est toujours un multiple de 6 augmenté ou diminué de 1.

12ᵉ LEÇON.

DÉCOMPOSITION D'UN NOMBRE EN FACTEURS PREMIERS.

67. Définition. — Décomposer un nombre en *facteurs premiers*, c'est trouver un produit de nombres premiers qui soit égal au nombre donné.

68. Décomposition d'un nombre en facteurs premiers. — Soit le nombre 1224. Essayons sur ce nombre les diviseurs premiers, en commençant par les plus petits. Ce nombre est d'abord divisible par 2. Le quotient est 612, et alors $1224 = 612 \times 2$.

```
1224 | 2
 612 | 2
 306 | 2
 153 | 3
  51 | 3
  17 |
```

Si 612 était premier, le nombre 1224 serait égal à un produit de facteurs premiers, et la décomposition serait terminée. Tirons un trait vertical et plaçons 2 à droite et 612 au-dessous. Essayons de même sur 612 les diviseurs premiers, en commençant par les plus petits. 612 est encore divisible par 2; le quotient est 306. Si 306 était un nombre premier, la décomposition serait terminée et 1224 serait égal à $2 \times 2 \times 306$.

Opérons de même sur 306. 2 divise encore 306, et le quotient est 153. Donc $1224 = 2 \times 2 \times 2 \times 153$.

153 n'est plus divisible par 2. Essayons le diviseur 3; 3 divise 153 : le quotient est 51, et $1224 = 2 \times 2 \times 2 \times 3 \times 51$. 51 est encore divisible par 3; le quotient est 17, et $1224 = 2 \times 2 \times 2 \times 3 \times 3 \times 17$. 17 est premier. Le nombre 1224 est donc égal à un produit de nombres premiers : $1224 = 2 \times 2 \times 2 \times 3 \times 3 \times 17$.

On conclut de ce qui précède la règle suivante :

RÈGLE. — *Pour décomposer un nombre en facteurs premiers, on essaye successivement sur ce nombre les diviseurs premiers, 2, 3, 5, 7, 11, etc. Lorsqu'une de ces divisions réussit, on écrit le diviseur à droite et le quotient au-dessous. On divise alors le quotient par ce même diviseur. Si*

DÉCOMPOSITION EN FACTEURS PREMIERS

la division réussit, on écrit encore le diviseur à droite et le quotient au-dessous. On continue à employer le même diviseur jusqu'à ce qu'il ne réussisse plus, et on passe alors au nombre premier qui suit.

On opère avec ce nouveau diviseur comme avec le précédent, et l'on continue de la sorte jusqu'à ce qu'on obtienne un quotient qui soit premier. L'opération est alors terminée; les facteurs premiers du nombre donné sont les diviseurs que l'on a écrits à la droite du trait vertical et, en outre, le dernier quotient, celui qui est premier.

REMARQUE I. — Les quotients successifs sur lesquels on tombe vont toujours en diminuant. On finira donc par obtenir un quotient premier, et l'opération se terminera toujours.

*REMARQUE II. — Il faut remarquer en outre que les diviseurs successifs vont en augmentant, et que les quotients correspondants vont par conséquent en diminuant. On arrivera donc nécessairement à essayer un diviseur tel, que le quotient correspondant sera plus faible que le diviseur essayé. Mais alors le nombre sur lequel on opère sera premier. En effet, il ne sera divisible par aucun nombre premier jusqu'à celui qui donne un quotient inférieur au diviseur essayé (65).

EXEMPLE. — Décomposer 112 050 en ses facteurs premiers.

```
112050 | 2
 56025 | 3
 18675 | 3
  6225 | 3
  2075 | 5
   415 | 5
    83 | 83
```

Ce nombre est divisible par 2. Le quotient 56 025 n'est plus divisible par 2, mais l'est par 3. Le quotient de cette nouvelle division est 18 675, nombre encore divisible par 3. Le quotient 6225 est encore divisible par 3 et donne 2075, qui n'est plus multiple de 3, mais qui l'est de 5. Le quotient de 2075 par 5 est 415, nombre encore divisible par 5. Le quotient de cette dernière division est 83.

Ce nombre 83 n'est plus divisible par 5. Il ne l'est pas non plus par 7, ni par 11. Et comme le quotient entier de

83 par 11 est inférieur au diviseur essayé, 11, nous en devons en conclure que 83 est premier. Écrivons-le sous les autres diviseurs premiers. Le nombre 112 050 est alors égal au produit des nombres premiers contenus dans la colonne de droite, et l'on a

$$112\,050 = 2 \times 3 \times 3 \times 3 \times 5 \times 5 \times 83,$$

ou bien

$$112\,050 = 2 \times 3^3 \times 5^2 \times 83,$$

*Remarque III. — On voit par ce qui précède qu'il importe d'essayer les diviseurs premiers dans leur ordre croissant. C'est à cette condition seulement que l'on pourra affirmer que le dernier quotient est premier. Par exemple, dans la décomposition qui précède, nous disons que 83 est premier, parce qu'il n'est divisible ni par 7 ni par 11. C'est parce que nous savons que 83 n'est divisible par aucun des diviseurs qui ont été abandonnés.

Mais il faut bien remarquer que si l'on essayait les nombres premiers dans un ordre quelconque, la décomposition conduirait finalement au même résultat. On démontre en effet la proposition suivante, que nous regarderons comme établie :

Il n'existe qu'un seul produit de facteurs premiers qui soit égal à un nombre donné. En d'autres termes, un nombre ne peut être décomposé que d'une seule manière en facteurs premiers.

QUESTIONNAIRE ET EXERCICES SUR LA 12ᵉ LEÇON.

1. Qu'est-ce que décomposer un nombre en ses facteurs premiers ?
2. Expliquer cette décomposition sur un exemple.
3. Énoncer la règle pratique pour décomposer un nombre en ses facteurs premiers.
4. Appliquer cette règle aux exemples suivants : 276, 534, 1245, 2835, 4574, 8436, 12 720, 34 521, 86 805, 143 712, 733, 8901, 74 303, 9871, 456 093.
5. Décomposer 360 en ses facteurs premiers, en prenant les diviseurs premiers dans un ordre quelconque. Constater sur cet exemple que la décomposition conduit toujours au même résultat.

13ᵉ LEÇON.

APPLICATIONS DE LA DÉCOMPOSITION D'UN NOMBRE EN SES FACTEURS PREMIERS. PLUS GRAND COMMUN DIVISEUR ET PLUS PETIT MULTIPLE COMMUN A PLUSIEURS NOMBRES.

69. Théorème. — *Pour qu'un nombre en divise un autre, il est nécessaire et suffisant que tous les facteurs premiers du diviseur entrent dans le dividende et y entrent au moins autant de fois que dans le diviseur.*

Soit, par exemple, 18 qui divise 360. 360 est égal à 18 multiplié par un quotient entier, qui est 20. 360 est donc égal au produit des facteurs qui entrent dans 18 par ceux qui entrent dans 20. Comme d'ailleurs 360 ne peut être décomposé qu'en un seul système de facteurs premiers, on devra trouver, en décomposant 360, tous les facteurs de 18, et chacun d'eux au moins autant de fois qu'on le trouve dans 18. La condition est donc nécessaire.

Elle est suffisante. Car, si tous les facteurs de 18 entrent dans 360, 360 est égal à 18 multiplié par un nombre entier; donc il est divisible par 18.

CONSÉQUENCE. — Soit un nombre décomposé en ses facteurs premiers : $7875 = 3^2 \times 5^3 \times 7$. Si l'on forme un autre nombre avec un ou plusieurs des facteurs 3, 5 et 7, pris avec des exposants au plus égaux respectivement à 2, 3 et 1, ce deuxième nombre sera un diviseur du premier. Ainsi 3, 5×7, $3^2 \times 7$, $5^2 \times 7$, $3 \times 5^3 \times 7$, etc., sont des diviseurs de 7875.

70. Formation du plus grand commun diviseur de plusieurs nombres. — Décomposons ces nombres en leurs facteurs premiers. Soient les nombres

$$3528 = 2^3 \times 3^2 \times 7^2, \quad 5148 = 2^2 \times 3^2 \times 11 \times 13,$$
$$19\,656 = 2^3 \times 3^3 \times 7 \times 13.$$

Pour qu'un nombre les divise, il faut qu'il ne renferme

que les facteurs 2 et 3, qui seuls figurent à la fois dans ces trois nombres. D'ailleurs, un diviseur commun à ces trois nombres ne peut pas renfermer le facteur 2 avec un exposant supérieur à 2, puisqu'il doit diviser 5148, ni le facteur 3 avec un exposant supérieur à 2, puisqu'il doit diviser 3528 et 5148. Donc le plus grand diviseur commun que puissent avoir ces trois nombres sera $2^2 \times 3^2$.

Règle. — *Pour former le plus grand commun diviseur de plusieurs nombres, on les décompose en leurs facteurs premiers. On forme ensuite un produit où entrent les facteurs premiers communs à tous les nombres, chacun d'eux étant affecté du plus petit exposant qu'il ait dans les nombres proposés.*

Exemple. — Plus grand commun diviseur de 360, 4590, 7245 et 12510.

360	2	4590	2	7245	3	12510	2
180	2	2295	3	2415	3	6255	3
90	2	765	3	805	5	2085	3
45	3	255	3	161	7	695	5
15	3	85	5	23	23	139	139
5	5	17	17				

$$360 = 2^3 \times 3^2 \times 5, \quad 4590 = 2 \times 3^3 \times 5 \times 17,$$
$$7245 = 3^2 \times 5 \times 7 \times 23, \quad 12510 = 2 \times 3^2 \times 5 \times 139.$$

Le plus grand commun diviseur sera $3^2 \times 5 = 45$.

Remarque. — Pour obtenir les quotients des nombres proposés par leur plus grand commun diviseur, il suffit de supprimer dans chacun d'eux les facteurs premiers qui constituent ce plus grand commun diviseur. On obtiendra ainsi, dans l'exemple précédent :

$$360 : 45 = 2^3 = 8, \quad 4590 : 45 = 2 \times 3 \times 17 = 102,$$
$$7245 : 45 = 7 \times 23 = 161, \quad 12510 : 45 = 2 \times 139 = 278.$$

71. Formation du plus petit multiple commun à plusieurs nombres. — Le *plus petit multiple commun à* plusieurs nombres est le plus petit nombre divisible à la fois par tous les nombres donnés.

Soient 180, 690 et 1176. Décomposons-les en leurs facteurs premiers :

$$180 = 2^2 \times 3^2 \times 5, \quad 690 = 2 \times 3 \times 5 \times 23,$$
$$1176 = 2^3 \times 3 \times 7^2.$$

Tout nombre divisible à la fois par les trois nombres donnés devra contenir tous les facteurs premiers entrant dans chacun d'eux, et avec des exposants au moins égaux à ceux qu'ils ont dans ces nombres. Il devra donc renfermer au moins 3 fois le facteur 2, puisque ce facteur entre avec l'exposant 3 dans 1176. Il devra de même renfermer le facteur 3 au moins 2 fois, puisque ce facteur entre avec l'exposant 2 dans 180, et ainsi de suite. On obtiendra donc le plus petit nombre qu'on puisse ainsi former, si l'on prend les divers facteurs premiers qui figurent dans les nombres proposés, savoir 2, 3, 5, 7 et 23, et chacun avec le plus fort exposant qu'il ait dans ces nombres. On aura ainsi : $2^3 \times 3^2 \times 5 \times 7^2 \times 23$, ou bien 405 720.

RÈGLE. — *On décompose ces nombres en leurs facteurs premiers, et l'on forme un produit avec tous les divers facteurs qui entrent dans ces nombres, chacun d'eux étant pris avec son plus fort exposant.*

EXEMPLE I. — Soient les nombres 60, 90 et 150,

$$60 = 2^2 \times 3 \times 5, \quad 90 = 2 \times 3^2 \times 5, \quad 150 = 2 \times 3 \times 5^2.$$

Le plus petit multiple commun sera : $2^2 \times 3^2 \times 5^2 = 900$.

EXEMPLE II. — Soient aussi, 270, 510 et 2460.

$$270 = 2 \times 3^3 \times 5, \quad 510 = 2 \times 3 \times 5 \times 17,$$
$$2460 = 2^2 \times 3 \times 5 \times 41.$$

Le plus petit multiple commun sera

$$2^2 \times 3^3 \times 5 \times 17 \times 41 = 376\,380.$$

DÉCOMPOSITION EN FACTEURS PREMIERS.

Remarque. — Pour obtenir le quotient du plus petit multiple par chacun des nombres, il suffit de supprimer dans le plus petit multiple les facteurs qui entrent dans chacun des nombres.

Ainsi, dans l'exemple I, ces quotients seront

$$900:60 = 3 \times 5 = 15, \quad 900:90 = 2 \times 5 = 10,$$
$$900:150 = 2 \times 3 = 6.$$

Dans l'exemple II, on aura de même

$$125\,460:270 = 2 \times 17 \times 41 = 1394,$$
$$125\,460:510 = 2 \times 3^2 \times 41 = 738,$$
$$125\,460:2460 = 3^2 \times 17 = 153.$$

QUESTIONNAIRE ET EXERCICES SUR LA 13ᵉ LEÇON.

1. Énoncer et démontrer la condition pour qu'un nombre en divise un autre, lorsque ces nombres sont décomposés en leurs facteurs premiers.

2. Énoncer et démontrer la règle pour former le plus grand commun diviseur de plusieurs nombres.

3. Appliquer cette règle aux exemples suivants :

24, 78, 102 et 360. — 57, 306 et 918. — 348, 412, 568 et 656. — 375, 525, 1035 et 1275. — 1248, 3732, 4908 et 5396. — 4890, 6750 et 8160. — 3572, 7644, 8916, 12 642 et 23 904.

Dans chacun de ces exemples, trouver les quotients des nombres donnés par leur plus grand commun diviseur.

4. Chercher le plus grand commun diviseur de 56 et de 108. Trouver les quotients de ces nombres par leur plus grand commun diviseur, et vérifier que ces deux quotients sont premiers entre eux.

5. Mêmes questions pour les nombres suivants :
648 et 936, 435 et 285, 1236 et 3528, 4772 et 6988.

6. Qu'est-ce que le plus petit multiple commun à plusieurs nombres ?

7. Énoncer et démontrer la règle pour le former.

8. Appliquer cette règle aux exemples suivants :
32 et 58. — 654 et 728. — 370 et 820. — 24, 72, 112 et 178. — 205, 425 et 645. — 28, 56, 148, 232 et 324.

Trouver dans chaque exemple les quotients du plus petit multiple commun par chacun des nombres.

9. Trois bateaux à vapeur partent de Marseille, le premier tous les 15 jours, le deuxième tous les 20 jours et le troisième tous les 40 jours.

Ces trois bateaux partent aujourd'hui ensemble; on demande dans combien de jours il arrivera de nouveau pour la première fois que leurs départs coïncideront. Dans combien de jours cela arrivera-t-il pour la seconde fois? pour la troisième?

10. Une règle de 90 centimètres de longueur a été divisée en 5 parties égales. Une autre règle de 1^m,50 a été divisée en 50 parties égales. On place ces deux règles à côté l'une de l'autre, de manière que les traits de division portant le numéro 1 coïncident. Quels sont les autres traits de division qui coïncideront?

11. Quel est le plus grand nombre tel qu'en divisant 353, 520 et 915 par ce nombre on ait pour restes 5, 4 et 3?

12. Quel est le plus petit nombre tel qu'en le divisant par 35, 28 et 42 on ait toujours pour reste 10?

CHAPITRE IV

FRACTIONS ORDINAIRES

14e LEÇON.

REVISION DES PREMIÈRES NOTIONS SUR LES FRACTIONS. QUOTIENTS COMPLETS.

72. Définitions. — On appelle *fraction* ou *nombre fractionnaire* une partie ou la réunion de plusieurs parties de l'unité divisée en parties égales.

Pour exprimer une fraction, il faut deux nombres, qu'on appelle les *termes* de la fraction :

Le *dénominateur*, qui indique en combien de parties égales l'unité a été divisée, et le *numérateur*, qui indique combien on a pris de ces parties pour former la fraction.

EXEMPLE. — Si l'unité a été divisée en 7 parties égales et si l'on prend 4 de ces parties, on aura une fraction; 7 sera le dénominateur et 4 le numérateur.

73. Comment on écrit une fraction. — On place le dénominateur au-dessous du numérateur, en les séparant par un trait horizontal.

EXEMPLE. — La fraction obtenue en divisant l'unité en 7 parties égales et en prenant 4 de ces parties s'écrit $\frac{4}{7}$.

74. Comment on énonce une fraction. — On énonce d'abord le numérateur, puis le dénominateur, que l'on fait suivre de la terminaison *ième*.

EXEMPLES : $\frac{6}{7}$ se lit 6 *septièmes*; $\frac{12}{25}$ se lira 12 *vingt-cinquièmes*; $\frac{234}{351}$ se lit 234 *trois cent cinquante-unièmes*.

EXCEPTIONS. — Quand le dénominateur est 2, 3 ou 4, on dit *demi, tiers, quart*, au lieu de *deuxième, troisième, quatrième*. Ainsi $\frac{1}{2}, \frac{2}{3}, \frac{5}{4}$ se lisent : *un demi, deux tiers, cinq quarts*.

REMARQUE. — Si le numérateur d'une fraction est égal à son dénominateur, la fraction est égale à l'unité. Si le numérateur est moindre que le dénominateur, la fraction est moindre que l'unité. Si le contraire a lieu, la fraction est plus grande que l'unité.

EXEMPLES : $\frac{5}{5}$ est une fraction égale à l'unité ; $\frac{15}{28}$ est moindre que 1 ; $\frac{34}{18}$ est une fraction supérieure à 1.

Une fraction moindre que l'unité s'appelle souvent une *fraction proprement dite*. Lorsque nous dirons simplement *une fraction* ou un *nombre fractionnaire*, nous désignerons par là une fraction quelconque, inférieure, égale ou supérieure à l'unité.

75. Théorème. — *Une fraction représente le quotient exact de son numérateur par son dénominateur.* — Soit la fraction $\frac{5}{8}$. Je dis qu'elle représente le quotient de 5 par 8. En effet, ce quotient est le nombre qui, répété 8 fois, reproduit 5 ; il est donc la huitième partie de 5. Or le huitième de 5 unités est égal à cinq fois le huitième d'une unité ou bien à la fraction $\frac{5}{8}$. Cette fraction représente donc le quotient exact de 5 par 8.

Conséquence. — Lorsqu'on multiplie une fraction par son dénominateur, on obtient pour produit son numérateur. Ainsi $\frac{3}{7} \times 7 = 3$; $\frac{12}{9} \times 9 = 12$.

76. Quotient exact de deux nombres entiers quelconques. — Soit à diviser 58 par 7. D'après ce qui précède, le quotient est $\frac{58}{7}$. Mais ce nombre fractionnaire peut se mettre sous une autre forme : car, puisque 7 septièmes font une unité, 58 septièmes valent autant d'unités que 7 est contenu de fois dans 58, c'est-à-dire 8 unités, et il reste 2 septièmes. Par conséquent, $\frac{58}{7} = 8 + \frac{2}{7}$.

Règle. — *Le quotient exact de deux nombres entiers quelconques est égal à une fraction ayant pour numérateur le dividende et pour dénominateur le diviseur.*

Ou bien encore :

Le quotient exact de deux nombres entiers est égal à leur quotient entier augmenté d'une fraction ayant pour numérateur le reste et pour dénominateur le diviseur.

Exemples. — Le quotient de 38 par 5 est $\frac{38}{5}$, ou bien $7 + \frac{3}{5}$. Le quotient de 652 par 27 est $\frac{652}{27} = 24 + \frac{4}{27}$.

77. Extraire les entiers contenus dans un nombre fractionnaire plus grand que 1. — Soit $\frac{67}{12}$, fraction plus grande que l'unité. D'après ce qui précède, ce nombre est égal à $5 + \frac{7}{12}$. Lorsqu'on met ainsi un quotient exact sous la forme d'un nombre entier suivi d'une fraction complémentaire, on dit qu'on *extrait les entiers* du nombre fractionnaire.

Exemple. — Extraire les entiers de $\frac{4328}{392}$. Divisons 4328 par 392.

$$\begin{array}{r|l} 4328 & 392 \\ 408 & \overline{11} \\ 16 & \end{array}$$

Le quotient est 11 et le reste 16. Donc $\frac{4328}{392} = 11 + \frac{16}{392}$.

78. — Expressions fractionnaires. — La somme d'un nombre entier et d'une fraction se désigne souvent sous le nom d'*expression fractionnaire*. Ainsi $3 + \frac{2}{5}$, $42 + \frac{30}{21}$, $192 + \frac{6}{7}$ sont des *expressions fractionnaires*.

79. Mettre une expression fractionnaire sous la forme d'une fraction. — Une expression fractionnaire peut se mettre sous la forme d'une fraction plus grande que l'unité. L'opération est l'inverse de celle qui consiste à extraire les entiers d'un nombre fractionnaire. Soit $3 + \frac{5}{7}$. L'unité valant 7 septièmes, 3 unités valent 21 septièmes; et 3 unités plus $\frac{5}{7}$ valent 21 septièmes plus 5 septièmes, ou 26 septièmes, ou encore $\frac{26}{7}$.

Règle. — *On multiplie l'entier par le dénominateur de la fraction; on ajoute au produit le numérateur, et on donne comme dénominateur au résultat le dénominateur de la fraction.*

Exemples : $8 + \frac{7}{11} = \frac{8 \times 11 + 7}{11} = \frac{88 + 7}{11} = \frac{95}{11}$.

$$34 + \frac{22}{7} = \frac{238 + 22}{7} = \frac{260}{7}.$$

$$246 + \frac{72}{115} = \frac{246 \times 115 + 72}{115} = \frac{28290 + 72}{115} = \frac{28362}{115}.$$

EXERCICES SUR LES FRACTIONS.

QUESTIONNAIRE ET EXERCICES SUR LA 14° LEÇON.

1. Qu'est-ce qu'une fraction ? Qu'appelle-t-on dénominateur, numérateur d'une fraction ?

2. Comment écrit-on une fraction ? Écrire les fractions suivantes : 8 onzièmes, 13 huitièmes, 43 cinquantièmes, 92 trente-sixièmes, 125 deux cent vingtièmes, 642 cent soixante-quinzièmes, 779 deux mille cinq cent douzièmes, 1070 trois millièmes, 6455 onze mille huit cent soixante-troisièmes.

3. Comment lit-on une fraction ? Lire les fractions suivantes :

$$\frac{2}{7}, \frac{9}{11}, \frac{12}{120}, \frac{23}{4}, \frac{35}{152}, \frac{56}{80}, \frac{94}{250}, \frac{101}{210}, \frac{545}{350}, \frac{694}{327}, \frac{1075}{5200}, \frac{381}{2680},$$

$$\frac{2370}{582}, \frac{62472}{85300}, \frac{251004}{534521}, \frac{92307}{5648}, \frac{914205}{1002600}, \frac{236400}{800702}, \frac{5304}{10001}.$$

4. Une longueur a été partagée en 50 parties égales ; une autre longueur contient 12 de ces parties. Quelle est la fraction de la première longueur représentée par la seconde ?

5. Une personne partage également sa fortune entre deux héritiers. Ces deux héritiers, qui ont l'un 4 enfants et l'autre 7, viennent à mourir, et la fortune en question est partagée également entre leurs enfants. Quelle fraction de l'héritage revient à chaque enfant ?

6. Dans quel cas une fraction est-elle égale, inférieure, supérieure à l'unité ?

7. Si deux fractions ont le même dénominateur et des numérateurs différents, laquelle est la plus grande ? Exemples : $\frac{8}{12}$ et $\frac{5}{12}$, $\frac{30}{50}$ et $\frac{26}{50}$.

8. Si deux fractions ont le même numérateur et des dénominateurs différents, laquelle est la plus grande ? Exemples : $\frac{14}{20}$ et $\frac{14}{15}$.

9. Démontrer que la fraction $\frac{8}{15}$ représente le quotient exact de 8 par 15.

10. Comment fait-on pour compléter le quotient d'une division qui donne un reste ? Appliquer cette règle aux quotients suivants :

57 : 4, 68 : 6, 154 : 12, 275 : 30, 549 : 8, 774 : 26, 3840 : 75, 542 : 128, 5285 : 2 954, 6200 : 37, 284 537 : 8659, 2 746 997 : 8559, 600 420 : 205, 280 700 : 450.

11. Extraire les entiers contenus dans les nombres fractionnaires qui suivent :

$$\frac{22}{7}, \frac{33}{11}, \frac{48}{9}, \frac{74}{12}, \frac{86}{18}, \frac{238}{20}, \frac{572}{24}, \frac{743}{19}, \frac{8250}{620}, \frac{5285}{475}.$$

EXERCICES SUR LES FRACTIONS.

12. Qu'est-ce qu'une expression fractionnaire ? Transformer en fractions les expressions suivantes :

$2 + \frac{5}{3}$, $\quad 10 + \frac{4}{7}$, $\quad 23 + \frac{4}{11}$, $\quad 58 + \frac{13}{12}$, $\quad 86 + \frac{25}{72}$, $\quad 354 + \frac{18}{452}$,

$581 + \frac{278}{543}$, $\quad 293 + \frac{685}{587}$, $\quad 2500 + \frac{598}{3818}$, $\quad 658 + \frac{2 \times 652}{652}$,

$1 + \frac{1}{9}$, $\quad 1 + \frac{10}{99}$, $\quad 1 + \frac{100}{999}$.

13. Combien 5 unités valent-elles de douzièmes, de centièmes, de millièmes ?

14. Combien y a-t-il de treizièmes dans le nombre 48 ?

15. Peut-on toujours faire d'un nombre entier une fraction ayant pour dénominateur un nombre donné ? Par exemple, peut-on faire de 32 une fraction ayant 7 pour dénominateur ?

16. Faire d'un nombre entier une fraction ayant un numérateur donné. Par exemple, faire de 12 une fraction dont le numérateur soit 48. Ce problème est-il toujours possible ?

17. Quelle fraction d'angle droit représente l'angle du polygone régulier de 10 côtés ? On sait que la somme des angles de ce polygone vaut 16 droits.

18. L'heure se subdivise en 60 minutes et la minute en 60 secondes. Quelle fraction de l'heure représentent 2700 secondes ?

19. La plus haute montagne du monde est le Gaurisankar (Asie), qui est élevé de 8840 mètres au-dessus du niveau de la mer. Quelle fraction du rayon de la Terre représente cette élévation, si l'on admet que ce rayon soit de 6370 kilomètres ?

20. D'après le recensement de 1881, la population de la France est de 57 672 000 habitants et la population de Paris de 2 269 000 habitants. Quelle fraction de la population totale de la France représente la population de Paris ?

21. Un train express parcourt 65 kilomètres à l'heure. Exprimer en heures et fraction d'heure le temps qu'il mettra à faire un trajet de 647 kilomètres ?

22. Une personne avait fait 6 parts égales d'un gâteau, lorsque surviennent trois nouveaux convives. Elle divise alors chaque part en trois parties égales et enlève une de ces trois parties. Quelle fraction du gâteau représentera chaque part ainsi réduite ? Si chacun des trois nouveaux convives reçoit deux des parties enlevées, le gâteau sera-t-il entièrement et également partagé ?

15ᵉ LEÇON.

PRINCIPES SUR LES FRACTIONS.

80. Théorème I. — *Lorsqu'on multiplie le numérateur d'une fraction par un certain nombre, on la rend ce nombre de fois plus grande.*

Soit $\frac{4}{7}$. Si nous multiplions son numérateur par 5, nous avons la fraction $\frac{20}{7}$, qui est 5 fois plus grande que $\frac{4}{7}$; car les parties de l'unité sont toujours des septièmes, et l'on en prend 5 fois plus.

EXEMPLE : $\frac{6 \times 3}{11}$ est une fraction 3 fois plus grande que $\frac{6}{11}$; $\frac{28 \times 15}{16}$ est 15 fois plus grande que $\frac{28}{16}$.

81. Théorème II. — *Lorsqu'on divise le numérateur d'une fraction par un nombre qui le divise exactement, on rend la fraction ce nombre de fois plus petite.*

Soit $\frac{32}{45}$. Divisons 32 par 8, qui est un de ses diviseurs. La fraction $\frac{4}{45}$ ainsi obtenue est 8 fois moindre que $\frac{32}{45}$, car les parties de l'unité sont toujours des quarante-cinquièmes, et il y en a 8 fois moins.

EXEMPLE. — Soit $\frac{15}{8}$. Divisons 15 par 5; nous obtenons $\frac{3}{8}$, qui est 5 fois moindre que $\frac{15}{8}$.

82. Théorème III. — *Lorsqu'on multiplie le dénominateur d'une fraction par un nombre, on rend la fraction ce nombre de fois plus petite.*

Soit $\frac{5}{8}$, dont nous multiplions le dénominateur par 4, ce qui fait $\frac{5}{32}$. Cette fraction est 4 fois moindre que $\frac{5}{8}$.

En effet, elle renferme toujours 5 parties; mais ces parties sont des *trente-deuxièmes*. Or un *trente-deuxième* est 4 fois moindre qu'un *huitième*; car on obtient des *trente-deuxièmes* en partageant un *huitième* en 4 parties égales.

Exemples. $\frac{7}{4\times 3}$ ou $\frac{7}{12}$ est 3 fois moindre que $\frac{7}{4}$.

$\frac{25}{32\times 4}$ ou $\frac{25}{128}$ est 4 fois moindre que $\frac{25}{32}$.

83. Théorème IV. — *Lorsqu'on divise le dénominateur d'une fraction par un nombre qui le divise exactement, on rend la fraction ce nombre de fois plus grande.*

Soit $\frac{15}{28}$, dont nous divisons le dénominateur par 4. La fraction $\frac{15}{7}$ ainsi obtenue est 4 fois plus grande que $\frac{15}{28}$.

En effet, elle renferme le même nombre de parties; mais ces parties sont des *septièmes* et sont par conséquent chacune 4 fois plus grandes qu'un *vingt-huitième*.

Exemple. — Soit $\frac{13}{12}$, dont nous divisons le dénominateur par 4. La fraction $\frac{13}{3}$ est 4 fois plus grande que $\frac{13}{12}$.

84. Théorème V. — *On ne change pas la valeur d'une fraction en multipliant ses deux termes par un même nombre.*

Soit la fraction $\frac{5}{8}$, dont nous multiplions les deux termes par 3. La fraction $\frac{15}{24}$ est égale à $\frac{5}{8}$. En effet, en multipliant le numérateur de $\frac{5}{8}$ par 3, nous avons la fraction $\frac{15}{8}$, qui est 3 fois plus grande que $\frac{5}{8}$. Mais en multipliant le dénominateur de $\frac{15}{8}$ par 3, nous avons $\frac{15}{24}$, qui est trois fois moindre que $\frac{15}{8}$ et égale par conséquent à $\frac{5}{8}$.

Exemples :

$$\frac{4}{7} = \frac{4 \times 2}{7 \times 2} = \frac{8}{14}; \quad \frac{22}{7} = \frac{22 \times 5}{7 \times 5} = \frac{110}{35} = \frac{110 \times 6}{35 \times 6} = \frac{660}{210}.$$

85. Théorème VI. — *On ne change pas la valeur d'une fraction en divisant ses deux termes par un même nombre qui les divise exactement.*

Soit $\frac{12}{15}$. Divisons d'abord son numérateur par 3 ; nous avons $\frac{4}{15}$, fraction trois fois moindre que $\frac{12}{15}$. Divisons ensuite le dénominateur de $\frac{4}{15}$ par 3 ; nous avons $\frac{4}{5}$, fraction trois fois plus grande que $\frac{4}{15}$ et par conséquent égale à $\frac{12}{15}$.

Exemples :

$$\frac{35}{25} = \frac{35 : 5}{25 : 5} = \frac{7}{5}; \quad \frac{72}{96} = \frac{72 : 4}{96 : 4} = \frac{18}{24} = \frac{18 : 6}{24 : 6} = \frac{3}{4}.$$

Remarque. — Ces deux derniers principes, qui n'en font qu'un au fond, sont d'une grande importance et, comme nous le verrons, d'un usage continuel. Ils nous montrent qu'une fraction peut, sans changer de valeur, prendre une infinité de formes différentes. Ainsi la fraction $\frac{12}{18}$ peut se mettre sous les formes suivantes :

$$\frac{2}{3}, \quad \frac{4}{6}, \quad \frac{6}{9}, \quad \frac{24}{36}, \quad \frac{36}{54}, \quad \frac{48}{72}, \quad \text{etc.}$$

Cela revient à dire que, pour former une fraction, on peut prendre deux fois, trois fois,.. plus de parties, et que, si ces parties sont deux fois, trois fois,.. plus petites, le résultat est le même.

QUESTIONNAIRE ET EXERCICES SUR LA 15° LEÇON.

1. Quel changement subit une fraction lorsqu'on multiplie son dénominateur par un nombre entier quelconque? lorsqu'on le divise par un nombre entier qui en est un diviseur? Donner des exemples.

3. Quel changement subit une fraction lorsqu'on multiplie son numérateur par un nombre entier quelconque? lorsqu'on le divise par un nombre entier qui en est un diviseur? Donner des exemples.

3. Rendre la fraction $\frac{15}{16}$ trois fois plus grande, trois fois plus petite; la rendre deux fois plus grande, quatre fois plus grande.

4. Rendre la fraction $\frac{5}{6}$ trois fois plus grande, six fois plus grande, cinq fois moindre, douze fois plus grande.

5. Démontrer qu'une fraction ne change pas lorsqu'on multiplie ses deux termes par un même nombre, ou lorsqu'on les divise par un même diviseur commun.

6. Transformer la fraction $\frac{48}{64}$ de diverses manières, sans changer sa valeur. Transformer de même les fractions $\frac{28}{56}$, $\frac{35}{40}$, $\frac{21}{33}$, $\frac{39}{125}$, $\frac{459}{819}$, $\frac{1275}{2385}$, $\frac{6426}{5214}$, en divisant les deux termes de chacune d'elles par un diviseur commun.

7. Transformer la fraction $\frac{2}{7}$ en une autre équivalente et dont le dénominateur soit 28; en une autre dont le numérateur soit 6.

8. Transformer la fraction $\frac{12}{16}$ en une fraction équivalente et dont le dénominateur soit 4; en une autre dont le numérateur soit 6.

9. On veut partager également 6 pommes entre 8 enfants. Quelle fraction de pomme aura chaque enfant? Si chaque pomme a été partagée en 5 parties égales, combien de ces parties reviendra-t-il à chacun?

10. Trouver une fraction équivalente à $\frac{3}{8}$ et dont le dénominateur soit un nombre formé de l'unité suivie d'un nombre quelconque de zéros supérieur à trois.

11. Trouver une fraction équivalente à $\frac{2}{3}$ et dont le numérateur soit formé d'un nombre quelconque de chiffres 9.

PRINCIPES SUR LES FRACTIONS.

12. Trouver une fraction équivalente à $\frac{8}{11}$ et dont les deux termes aient pour somme 133. — R. $\frac{56}{77}$.

13. Trouver une fraction équivalente à $\frac{9}{14}$ et telle que la différence entre son dénominateur et son numérateur soit 40. — R. $\frac{72}{112}$.

14. Soit la fraction $\frac{4}{13}$, dont le dénominateur n'est pas divisible par le numérateur. Divisons ses deux termes par le numérateur, en prenant pour quotient de 13 par 4 le quotient entier de ces deux nombres : nous formons ainsi la fraction $\frac{1}{3}$, qui n'est pas égale à $\frac{4}{13}$. Est-elle plus grande ou plus petite?

15. Soit la même fraction $\frac{4}{13}$. Divisons ses deux termes par le numérateur, en prenant pour quotient de 13 par 4 le quotient entier par excès de ces deux nombres, qui est 4. La fraction $\frac{1}{4}$ ainsi obtenue est-elle plus petite ou plus grande que $\frac{4}{13}$?

16. Une personne a perdu 35 800 francs, et sa fortune s'élevait à 146 900 francs. Quelle fraction de sa fortune a-t-elle perdue? Trouver, en s'appuyant sur les deux problèmes précédents, deux fractions ayant l'unité pour numérateur et qui comprennent entre elles la fraction ainsi obtenue. — R. $\frac{1}{5}$ et $\frac{1}{4}$.

17. Une personne, en évaluant la superficie d'un champ de 243 ares, n'a trouvé que 226 ares. Quelle fraction de la contenance totale atteint l'erreur commise? Trouver deux fractions ayant pour numérateur l'unité et qui comprennent entre elles cette erreur. — R. $\frac{1}{15}$ et $\frac{1}{14}$.

18. La planète Vénus accomplit sa révolution autour du Soleil en 224 jours. Quelle fraction de cette révolution accomplit-elle en une année de 365 jours? en un mois de 30 jours? Simplifier ces fractions, si cela est possible, et comprendre chacune d'elles entre deux fractions ayant pour numérateurs l'unité et pour dénominateurs deux nombres entiers consécutifs.

19. Transformer le nombre entier 20 en un nombre fractionnaire dont le numérateur soit 540. — R. $\frac{540}{27}$.

20. A quelle condition peut-on transformer un nombre entier en un nombre fractionnaire dont le numérateur soit un entier donné?

16ᵉ LEÇON.

SIMPLIFICATION DES FRACTIONS. — FRACTIONS IRRÉDUCTIBLES.

86. **Définition.** — *Simplifier* une fraction, c'est la remplacer par une fraction équivalente dont les termes soient respectivement moindres que les siens.

EXEMPLES. — Lorsque nous remplaçons $\frac{12}{16}$ par $\frac{3}{4}$, fraction équivalente, nous simplifions $\frac{12}{16}$. Lorsque nous disons : $\frac{15}{120} = \frac{5}{40} = \frac{1}{8}$, nous simplifions la fraction $\frac{15}{120}$.

87. **Règle pour simplifier une fraction.** — *Pour simplifier une fraction, on divise ses deux termes par un même nombre qui les divise exactement.* En effet, la nouvelle fraction est équivalente à la première (85), et elle a des termes respectivement moindres.

EXEMPLES. — 1° Soit $\frac{28}{42}$. On la simplifiera en divisant ses deux termes par un diviseur commun, 2 par exemple, ce qui donnera $\frac{14}{21}$. On simplifiera encore celle-ci en divisant ses deux termes par 7, ce qui donnera $\frac{2}{3}$.

2° Soit $\frac{360}{570}$. Divisons ses deux termes par 10; nous aurons $\frac{36}{57}$. En divisant par 3 les deux termes de cette dernière fraction, nous aurons $\frac{12}{19}$, fraction encore plus simple que $\frac{36}{57}$ et toujours équivalente à $\frac{360}{570}$.

88. **Fractions irréductibles.** — On dit qu'une fraction est *irréductible* ou qu'elle est *réduite à sa plus simple*

SIMPLIFICATION DES FRACTIONS.

expression lorsqu'il n'existe pas de fraction qui lui soit équivalente et qui ait des termes respectivement moindres que les siens.

* 89. Théorème. — *Lorsque les deux termes d'une fraction sont premiers entre eux, toute fraction équivalente a des termes respectivement plus grands que les siens.*

Soit $\frac{5}{8}$ une fraction dont les termes sont premiers entre eux, et soit $\frac{30}{48}$ une fraction qui lui est équivalente. Ces fractions étant égales, leurs produits par 48 seront égaux. Or le produit de $\frac{30}{48}$ par 48 est 30 (75). Quant au produit de $\frac{5}{8}$ par 48, il vaut 48 fois 5 huitièmes ou bien 5×48 huitièmes, ou encore $\frac{5 \times 48}{8}$. Les deux nombres 30 et $\frac{5 \times 48}{8}$ étant égaux, il en résulte que le deuxième, qui représente le quotient de 5×48 par 8 (75) est entier, ou bien que 8 doit diviser 5×48. Mais 8 étant premier avec 5, 8 doit diviser 48 (63). Donc il est impossible que le dénominateur de la fraction équivalente à $\frac{5}{8}$ soit moindre que 8, puisque 8 doit le diviser. Il est clair alors que son numérateur doit à son tour être plus grand que 5, ce qui démontre le théorème.

90. Rendre une fraction irréductible ou la réduire à sa plus simple expression. — Soit la fraction $\frac{684}{972}$. Le plus grand commun diviseur des deux termes est 36. Divisons 684 et 972 par ce plus grand commun diviseur; les quotients sont 19 et 27. La fraction $\frac{19}{27}$, équivalente à la fraction proposée, est irréductible. En effet, ses deux termes sont premiers entre eux (64), et par conséquent on ne peut plus la simplifier en divisant ses deux termes par un même nombre. D'ailleurs le théorème précédent prouve que par aucune autre méthode on ne peut trouver une fraction qui lui soit équivalente et qui ait des termes respectivement moindres. La fraction $\frac{19}{27}$ est donc irréductible.

Règle. — *Pour réduire une fraction à sa plus simple expression, on divise ses deux termes par leur plus grand commun diviseur.*

Exemple. — $\frac{126}{492}$. En cherchant le plus grand commun diviseur de 126 et de 492, on trouve 6. $126 : 6 = 21$, et $492 : 6 = 82$. Donc $\frac{126}{492} = \frac{21}{82}$, fraction irréductible.

Remarque I. — Avant de chercher le plus grand commun diviseur des deux termes de la fraction, il convient de diviser les deux termes par les diviseurs communs que l'on aperçoit immédiatement.

Exemple. — Soit $\frac{1872}{9540}$. On voit immédiatement que les deux termes sont divisibles par 4 et par 9. En divisant par 4, on a $\frac{468}{2385}$; divisant ensuite par 9, on a $\frac{52}{265}$. Il faut maintenant chercher le plus grand commun diviseur entre 265 et 52. En leur appliquant la règle, on trouve que ces deux nombres sont premiers entre eux. La fraction proposée, réduite à sa plus simple expression, est donc $\frac{52}{265}$.

Remarque II. — En général il est plus commode de décomposer les deux termes de la fraction en leurs facteurs premiers. Les facteurs communs sont ainsi mis en évidence, et en les supprimant on divise les deux termes par leur plus grand commun diviseur.

SIMPLIFICATION DES FRACTIONS.

EXEMPLE I : $$\frac{280}{2156}.$$

$$280 = 2^3 \times 5 \times 7. \qquad 2156 = 2^2 \times 7^2 \times 11.$$

$$\frac{280}{2156} = \frac{2^3 \times 5 \times 7}{2^2 \times 7^2 \times 11} = \frac{2 \times 5}{7 \times 11} = \frac{10}{77}.$$

EXEMPLE II : $$\frac{69345}{72135}$$

69345	3		72135	3
23115	3		24045	3
7705	5		8015	5
1541	23		1603	7
67	67		229	229

$$69345 = 3^2 \times 5 \times 23 \times 67.$$
$$72135 = 3^2 \times 5 \times 7 \times 229.$$
$$\frac{69345}{72135} = \frac{23 \times 67}{7 \times 229} = \frac{1541}{1603}.$$

QUESTIONNAIRE ET EXERCICES SUR LA 10ᵉ LEÇON.

1. Qu'est-ce que simplifier une fraction? Qu'appelle-t-on fraction irréductible? Donner des exemples.
2. Énoncer la règle pratique pour simplifier une fraction.
3. Simplifier les fractions suivantes :

$\frac{8}{16}$, $\frac{12}{14}$, $\frac{15}{18}$, $\frac{24}{16}$, $\frac{35}{90}$, $\frac{54}{72}$, $\frac{250}{180}$, $\frac{360}{480}$, $\frac{928}{1236}$, $\frac{1020}{3690}$, $\frac{2548}{6964}$, $\frac{3585}{12725}$, $\frac{6975}{8385}$, $\frac{9369}{12636}$.

4. Qu'est-ce que réduire une fraction à sa plus simple expression? Énoncer la règle pratique pour exécuter cette réduction.
5. Réduire à leur plus simple expression les fractions suivantes :

$\frac{12}{18}$, $\frac{25}{40}$, $\frac{246}{360}$, $\frac{576}{1422}$, $\frac{3182}{5654}$, $\frac{7296}{6318}$, $\frac{8105}{9385}$, $\frac{56}{254}$, $\frac{6958}{7518}$, $\frac{128436}{257048}$, $\frac{260680}{446292}$, $\frac{2277}{9200}$, $\frac{671}{2860}$, $\frac{548}{704}$.

6. Le cours de la Loire est de 980 kilomètres; celui de l'Allier est

72　RÉDUCTION DES FRACTIONS AU MÊME DÉNOMINATEUR.

de 570, et celui de la Vienne de 410 kilomètres. Exprimer le plus simplement possible la fraction de la longueur de la Loire que représente celle de l'Allier, celle de la Vienne.

7. La population de l'Europe est évaluée à 333 600 000 habitants et celle de la France est de 37 680 000 habitants. Évaluer le plus simplement possible la fraction de la population totale de l'Europe qui est représentée par celle de la France.

8. Une heure vaut 60 minutes. A quelles fractions d'heure les plus simples correspondent 5 minutes? 20 minutes? 25 minutes? 45 minutes? 50 minutes?

9. Si l'on élève de 0° à 40° la température d'un fil de fer qui a une longueur de 100 mètres, la longueur de ce fil devient 100^m,0476. Exprimer par une fraction aussi simple que possible la fraction de la longueur primitive représentée par l'accroissement de cette longueur.

10. Trouver une fraction équivalente à $\frac{54}{999}$ dont le dénominateur soit un nombre formé d'un certain nombre de chiffres 5.

11. Trouver une fraction équivalente à $\frac{15}{20}$ dont le numérateur soit 21.

12. Expliquer pourquoi, si l'on augmente chacun des deux termes d'une fraction de deux fois, trois fois, quatre fois sa valeur, la fraction reste la même.

17e LEÇON.

RÉDUCTION DES FRACTIONS AU MÊME DÉNOMINATEUR.

91. Définition. — Réduire des fractions au même dénominateur, c'est trouver des fractions qui leur soient respectivement égales et qui aient toutes le même dénominateur.

92. Réduction des fractions au même dénominateur. — Prenons d'abord deux fractions seulement, soit $\frac{8}{9}$ et $\frac{7}{10}$. Si nous multiplions les deux termes de la première par 10 et les deux termes de la deuxième par 9, nous aurons deux fractions, $\frac{80}{90}$ et $\frac{63}{90}$, qui seront respectivement équivalentes aux fractions proposées (84) et qui auront le même dénominateur.

RÉDUCTION DES FRACTIONS AU MÊME DÉNOMINATEUR.

La méthode précédente s'étend à plusieurs fractions. Soient $\frac{2}{3}, \frac{5}{7}, \frac{8}{11}$ et $\frac{4}{9}$. Multiplions les deux termes de chaque fraction par le produit des dénominateurs de toutes les autres ; nous aurons :

$$\frac{2\times7\times11\times9}{3\times7\times11\times9}, \frac{5\times3\times11\times9}{7\times3\times11\times9}, \frac{8\times3\times7\times9}{11\times3\times7\times9} \text{ et } \frac{4\times3\times7\times11}{9\times3\times7\times11}.$$

Ces fractions sont bien égales aux premières, puisqu'on les a obtenues en multipliant les deux termes de chacune des premières par un même nombre. D'ailleurs elles ont toutes le même dénominateur, qui est le produit de tous les dénominateurs, pris, il est vrai, dans un ordre différent ; mais nous savons que cela ne change pas le produit. De là la règle suivante :

PREMIÈRE RÈGLE. — *Pour réduire des fractions au même dénominateur, on multiplie les deux termes de chacune d'elles par le produit des dénominateurs de toutes les autres.*

EXEMPLE :

$$\frac{5}{8}, \frac{12}{15} \text{ et } \frac{20}{40}.$$

$$\frac{5\times15\times40}{8\times15\times40}, \frac{12\times8\times40}{15\times8\times40}, \frac{20\times8\times15}{40\times8\times15},$$

ou bien

$$\frac{3000}{4800}, \frac{3840}{4800}, \frac{2400}{4800}.$$

93. La règle précédente conduit en général à un dénominateur commun trop grand, et il est possible le plus souvent d'en trouver un plus petit.

Reprenons l'exemple précédent : $\frac{5}{8}, \frac{12}{15}$ et $\frac{20}{40}$.

Cherchons un nombre qui soit à la fois divisible par 8, par 15 et par 40 ; soit 360. Il est facile de donner ce nombre pour dénominateur commun à toutes les fractions. Il suffit pour cela de diviser 360 par chaque dénominateur et de multiplier les deux termes de chaque fraction par le quotient correspondant. Ainsi, 360 divisé par 8 donne pour quotient 45. En multipliant 5 et 8 par 45, nous ne changeons pas la valeur de la fraction $\frac{5}{8}$, et elle prend évidemment 360 pour dénominateur. Il en est de même pour les deux autres. Nous aurons ainsi :

$$\frac{5\times 45}{8\times 45}, \quad \frac{12\times 24}{15\times 24} \quad \text{et} \quad \frac{20\times 9}{40\times 9},$$

ou bien

$$\frac{225}{360}, \quad \frac{288}{360} \quad \text{et} \quad \frac{180}{360}.$$

2ᵉ RÈGLE. — *Pour réduire plusieurs fractions au même dénominateur, on cherche un multiple commun à tous les dénominateurs; on le divise par ces dénominateurs et on multiplie les deux termes de chaque fraction par le quotient correspondant.*

EXEMPLE :

$$\frac{3}{4}, \quad \frac{5}{8}, \quad \frac{6}{5}, \quad \frac{7}{20}.$$

On voit immédiatement que 40 est divisible par tous les dénominateurs. Les quotients sont :

10, 5, 8, 2,

et en multipliant les deux termes de chaque fraction par le quotient correspondant, on a :

$$\frac{30}{40}, \quad \frac{25}{40}, \quad \frac{48}{40}, \quad \frac{14}{40}.$$

REMARQUE. — Si, au lieu d'employer un multiple commun quelconque, on prend le plus petit multiple com-

RÉDUCTION DES FRACTIONS AU MÊME DÉNOMINATEUR.

mun à tous les dénominateurs, il est clair qu'on obtiendra des fractions plus simples.

EXEMPLE :

$$\frac{7}{12}, \quad \frac{35}{48}, \quad \frac{18}{60}, \quad \frac{42}{90}.$$

Décomposons les dénominateurs en leurs facteurs premiers :

$$12 = 2^2 \times 3, \; 48 = 2^4 \times 3, \; 60 = 2^2 \times 3 \times 5, \; 90 = 2 \times 3^2 \times 5.$$

Leur plus petit multiple commun est $2^4 \times 3^2 \times 5 = 720$.

Les quotients de ce plus petit multiple commun par les dénominateurs sont (71, Remarque) :

$$2^2 \times 3 \times 5, \quad 3 \times 5, \quad 2^2 \times 3, \quad 2^3.$$

Les fractions deviennent alors :

$$\frac{7 \times 2^2 \times 3 \times 5}{720}, \quad \frac{35 \times 3 \times 5}{720}, \quad \frac{18 \times 2^2 \times 3}{720}, \quad \frac{42 \times 2^3}{720},$$

ou bien

$$\frac{420}{720}, \quad \frac{525}{720}, \quad \frac{216}{720}, \quad \frac{336}{720}.$$

*94. **Réduction au plus petit dénominateur commun possible.** — Considérons plusieurs fractions :

$$\frac{35}{60}, \quad \frac{48}{90} \quad \text{et} \quad \frac{15}{25}.$$

Réduisons-les à leur plus simple expression :

$$\frac{7}{12}, \quad \frac{8}{15} \quad \text{et} \quad \frac{3}{5}.$$

Nous avons dit (89) que si une fraction a ses termes premiers entre eux, toute fraction qui lui est équivalente a pour dénominateur un multiple du dénominateur de la première. Par conséquent, de quelque manière qu'on s'y prenne pour réduire au même dénominateur les fractions proposées, ce dénominateur commun devra être à la fois multiple de 12, de 15 et de 5, puisque les nouvelles fractions devront être équivalentes aux fractions irréductibles $\frac{7}{12}$, $\frac{8}{15}$ et $\frac{3}{5}$. On ne peut donc pas réduire les fractions données à un dénominateur commun moindre que le plus petit commun multiple de 12, 15 et 5. Donc enfin, en donnant à $\frac{7}{12}$, $\frac{8}{15}$ et $\frac{3}{5}$ ce plus petit commun multiple comme dénominateur commun, on aura réduit les fractions proposées au plus petit dénominateur commun qu'elles puissent avoir.

Règle. — *Pour réduire des fractions au plus petit dénominateur commun possible, on les réduit à leur plus simple expression ; puis on réduit les fractions ainsi obtenues à avoir pour dénominateur commun le plus petit multiple commun à leurs dénominateurs.*

Exemple :
$$\frac{54}{120}, \quad \frac{28}{63}, \quad \frac{93}{150}, \quad \frac{246}{720}.$$

Réduisons ces fractions à leur plus simple expression :
$$\frac{2\times 3^3}{2^3\times 3\times 5}, \quad \frac{2^2\times 7}{3^2\times 7}, \quad \frac{3\times 31}{2\times 3\times 5^2}, \quad \frac{2\times 3\times 41}{2^4\times 3^2\times 5}.$$

Les fractions irréductibles équivalentes sont :
$$\frac{3^2}{2^2\times 5}, \quad \frac{2^2}{3^2}, \quad \frac{31}{2\times 5^2}, \quad \frac{41}{2^3\times 3\times 5}.$$

Le plus petit multiple commun aux dénominateurs est $2^3\times 3^2\times 5^2$. En le divisant par les dénominateurs, on a :
$$2\times 3^2\times 5, \quad 2^3\times 5^2, \quad 2^2\times 3^2 \quad 3\times 5 ;$$
et enfin, en multipliant les deux termes de chaque fraction par le quotient correspondant, on obtient :
$$\frac{2\times 3^4\times 5}{2^3\times 3^2\times 5^2}, \quad \frac{2^3\times 5^2}{2^3\times 3^2\times 5^2}, \quad \frac{2^2\times 3^2\times 31}{2^3\times 3^2\times 5^2}, \quad \frac{3\times 5\times 41}{2^3\times 3^2\times 5^2},$$

RÉDUCTION DES FRACTIONS AU MÊME DÉNOMINATEUR. 77

ou bien

$$\frac{810}{1800}, \quad \frac{800}{1800}, \quad \frac{1116}{1800}, \quad \frac{615}{1800}.$$

95. Comparaison des fractions. — Pour comparer deux fractions, on les réduit au même dénominateur et l'on compare leurs numérateurs.

EXEMPLES. — 1° *Quelle est la plus grande des deux fractions* $\frac{5}{8}$ *et* $\frac{4}{7}$? Réduisons-les au même dénominateur :

$\frac{35}{56}$ et $\frac{32}{56}$. La première est la plus grande.

2° Ranger par ordre de grandeur les fractions

$$\frac{12}{40}, \quad \frac{28}{60}, \quad \frac{15}{20}, \quad \frac{64}{132}.$$

On peut d'abord les simplifier :

$$\frac{3}{10}, \quad \frac{7}{15}, \quad \frac{3}{4}, \quad \frac{16}{33}.$$

Réduisons celles-ci au même dénominateur, en prenant le plus petit multiple des dénominateurs, 660 :

$$\frac{3 \times 66}{10 \times 66}, \quad \frac{7 \times 44}{15 \times 44}, \quad \frac{3 \times 165}{4 \times 165}, \quad \frac{16 \times 20}{33 \times 20}.$$

Ces fractions, rangées par ordre de grandeur, seront

$$\frac{198}{660}, \quad \frac{308}{660}, \quad \frac{320}{660}, \quad \frac{495}{660}.$$

Par conséquent les fractions proposées, rangées aussi par ordre de grandeur croissante, sont :

$$\frac{12}{40}, \quad \frac{28}{60}, \quad \frac{64}{132}, \quad \frac{15}{20}.$$

78 RÉDUCTION DES FRACTIONS AU MÊME DÉNOMINATEUR.

QUESTIONNAIRE ET EXERCICES SUR LA 17ᵉ LEÇON.

1. Qu'est-ce que réduire des fractions au même dénominateur?
2. Expliquer, sur un exemple, la règle qui consiste à multiplier chaque fraction par le produit des dénominateurs de toutes les autres.
3. Appliquer cette règle aux exemples suivants :

1° $\dfrac{5}{4}, \dfrac{5}{9}, \dfrac{8}{12}.$

2° $\dfrac{4}{7}, \dfrac{22}{21}, \dfrac{6}{11}, \dfrac{4}{28}.$

3° $\dfrac{52}{25}, \dfrac{43}{60}, \dfrac{26}{112}.$

4° $\dfrac{2}{9}, \dfrac{11}{7}, \dfrac{4}{11}, \dfrac{3}{5}, \dfrac{8}{12}.$

5° $\dfrac{150}{376}, \dfrac{243}{113}, \dfrac{258}{640}.$

6° $\dfrac{2834}{158}, \dfrac{645}{2720}.$

4. Énoncer la règle à suivre pour réduire plusieurs fractions à un dénominateur commun qui soit un multiple commun quelconque de tous les dénominateurs, et en particulier qui soit leur plus petit multiple commun.

5. Expliquer cette règle sur les exemples suivants :

1° $\dfrac{5}{4}, \dfrac{8}{12}, \dfrac{4}{9}.$

2° $\dfrac{22}{45}, \dfrac{35}{60}, \dfrac{23}{90}, \dfrac{35}{75}.$

3° $\dfrac{132}{630}, \dfrac{834}{240}, \dfrac{574}{560}.$

4° $\dfrac{2358}{6354}, \dfrac{3428}{5940}, \dfrac{925}{4512}.$

5° $\dfrac{22}{7}, \dfrac{34}{21}, \dfrac{75}{35}, \dfrac{141}{280}.$

6° $\dfrac{9720}{9375}, \dfrac{8137}{12036}, \dfrac{5674}{42816}, \dfrac{6748}{28790}.$

6. Énoncer la règle pour réduire plusieurs fractions au plus petit dénominateur commun possible.

7. Appliquer cette règle aux exemples suivants :

1° $\dfrac{15}{27}, \dfrac{18}{45}, \dfrac{32}{48}$

RÉDUCTION DES FRACTIONS AU MÊME DÉNOMINATEUR.

2° $\frac{75}{125}$, $\frac{630}{250}$, $\frac{470}{755}$.

3° $\frac{22}{675}$, $\frac{75}{165}$, $\frac{690}{320}$, $\frac{1566}{2835}$.

8. Comment fait-on pour comparer deux fractions l'une à l'autre ?

9. Ranger par ordre de grandeur les fractions suivantes :

1° $\frac{5}{3}$, $\frac{22}{15}$, $\frac{74}{100}$, $\frac{260}{180}$.

2° $\frac{35}{60}$, $\frac{28}{50}$, $\frac{12}{20}$, $\frac{7}{10}$.

3° $\frac{11}{12}$, $\frac{16}{18}$, $\frac{35}{42}$, $\frac{75}{85}$, $\frac{80}{90}$.

10. On ajoute un même nombre aux deux termes d'une fraction. Montrer qu'elle augmente si elle était d'abord moindre que l'unité, et qu'elle diminue dans le cas contraire.

11. Si l'on retranche un même nombre aux deux termes d'une fraction, on l'augmente quand elle est plus grande que l'unité et on la diminue dans le cas contraire.

12. La pièce d'or de 5 marks (monnaie allemande) a une valeur telle que 50 de ces pièces valent 308 francs. La pièce d'argent appelée couronne (monnaie anglaise) a une valeur telle que 4 couronnes valent 23 francs. Quelle est celle de ces deux pièces qui vaut le plus ?

13. Sur les cartes marines, on évalue souvent la distance en brasses. En France, la brasse vaut $\frac{203}{125}$ de mètre. En Angleterre, elle en vaut les $\frac{183}{100}$, en Hollande les $\frac{17}{10}$, en Russie les $\frac{427}{200}$, en Suède les $\frac{89}{50}$. Comparer ces fractions en les réduisant au dénominateur commun 1000 ; les ranger par ordre de grandeur croissante.

14. En comparant les hauteurs des principales montagnes de France à celle du mont Blanc, on trouve que celle du mont Cenis en est environ les $\frac{13}{30}$, celle du mont Pelvoux les $\frac{197}{240}$, celle du Reculet les $\frac{45}{120}$, celle du Ballon d'Alsace les $\frac{25}{96}$, celle du Puy de Sancy les $\frac{141}{360}$, celle du pic de Montcalm les $\frac{77}{120}$. Comparer ces hauteurs et les ranger par ordre de grandeur croissante.

18ᵉ LEÇON.

ADDITION DES FRACTIONS.

96. Définition. — Additionner des nombres quelconques, entiers ou fractionnaires, c'est former un nombre qui renferme toutes les unités et parties d'unité contenues dans les nombres proposés.

97. Règle pour additionner des fractions qui ont le même dénominateur. — *On ajoute leurs numérateurs et l'on donne à la somme pour dénominateur le dénominateur commun.*

Soit, par exemple, à ajouter $\frac{4}{18}$, $\frac{5}{18}$ et $\frac{2}{18}$. Il est clair que la somme se composera de $4 + 5 + 2$ dix-huitièmes, c'est-à-dire qu'elle sera $\frac{4+5+2}{18} = \frac{11}{18}$.

98. Règle pour additionner des fractions qui n'ont pas le même dénominateur. — *On commence par les réduire au même dénominateur, puis on leur applique la règle précédente.*

Soit, par exemple, à ajouter $\frac{2}{5}$, $\frac{11}{20}$ et $\frac{7}{15}$. Ces fractions sont équivalentes à $\frac{24}{60}$, $\frac{33}{60}$ et $\frac{28}{60}$, dont la somme est $\frac{24+33+28}{60} = \frac{85}{60} = \frac{17}{12}$.

99. Règle pour additionner des expressions fractionnaires, c'est-à-dire des fractions accompagnées d'entiers. — *On ajoute d'abord les fractions, on extrait les unités entières contenues dans cette somme, et l'on ajoute ces unités aux entiers des nombres proposés.*

EXEMPLE. — Soit à additionner :

$$5 + \frac{3}{8}, \quad 7 + \frac{5}{4}, \quad 4 + \frac{11}{12}, \quad 10 + \frac{5}{6}.$$

ADDITION DES FRACTIONS.

Réduisons les fractions au dénominateur commun 24, qui est le plus petit multiple commun des dénominateurs. La somme de ces fractions sera :

$$\frac{9}{24} + \frac{30}{24} + \frac{22}{24} + \frac{20}{24} = \frac{81}{24}.$$

Extrayons les entiers contenus dans cette somme. Nous avons (77) : $\frac{81}{24} = 3 + \frac{9}{24}.$

Ajoutons ces 3 unités aux entiers 5, 7, 4 et 10 des nombres proposés, ce qui fait $3 + 5 + 7 + 4 + 10 = 29$. La somme des expressions fractionnaires données est donc :

$$29 + \frac{9}{24} = 29 + \frac{3}{8}.$$

QUESTIONNAIRE ET EXERCICES SUR LA 19ᵉ LEÇON.

1. Définir l'addition des fractions.
2. Comment ajoute-t-on des fractions qui ont le même dénominateur ?
3. Quelle est la règle générale pour ajouter des fractions ?
4. Énoncer la règle pour ajouter des expressions fractionnaires.
5. Effectuer les additions suivantes :

1° $\frac{5}{18} + \frac{13}{18} + \frac{17}{18} + \frac{2}{18} + \frac{26}{18}$, $\quad \frac{4}{20} + \frac{52}{20} + \frac{34}{20} + \frac{7}{20}.$

2° $\frac{227}{1536} + \frac{548}{1536} + \frac{750}{1536}$, $\quad \frac{2175}{113} + \frac{659}{113} + \frac{248}{113}.$

3° $\frac{1}{4} + \frac{5}{8}$, $\quad \frac{3}{7} + \frac{2}{14} + \frac{5}{21}$, $\quad \frac{6}{11} + \frac{3}{11} + \frac{4}{22} + \frac{5}{33}.$

4° $\frac{2}{9} + \frac{11}{12} + \frac{7}{4}$, $\quad \frac{8}{15} + \frac{12}{35} + \frac{27}{21} + \frac{17}{105}.$

5° $\frac{22}{36} + \frac{43}{54} + \frac{28}{27} + \frac{135}{90} + \frac{144}{135}.$

6° $\frac{3}{8} + \frac{5}{16} + \frac{11}{48} + \frac{3}{4} + \frac{7}{24} + \frac{1}{32}.$

6. Additionner les expressions suivantes :

1° $3 + \frac{5}{6}$, $\quad 8 + \frac{3}{4}$, $\quad 7 + \frac{5}{8}.$

ADDITION DES FRACTIONS.

2° $9+\frac{4}{5}$, $12+\frac{6}{15}$, $10+\frac{11}{20}$, $2+\frac{7}{10}$.

3° $20+\frac{3}{7}$, $\frac{12}{14}$, $3+\frac{5}{21}$.

4° $1+\frac{11}{12}$, $8+\frac{7}{4}$, $\frac{25}{36}$, 18, $5+\frac{3}{4}$.

5° $6+\frac{5}{9}$, $2+\frac{4}{5}$, $\frac{7}{12}$, $\frac{27}{4}$, 15, $7+\frac{5}{18}$,

7. Un enfant a fait d'abord les $\frac{3}{7}$ de son devoir ; ensuite il en fait les $\frac{5}{9}$. Quelle fraction de son devoir a-t-il faite en tout?

8. Une personne a perdu dans une entreprise les $\frac{2}{9}$ de sa fortune, dans une autre les $\frac{4}{27}$, dans une troisième les $\frac{5}{36}$. Quelle fraction de sa fortune a-t-elle perdue en tout?

9. Une personne achète un coupon d'étoffe de $7^m\frac{5}{4}$. Elle avait déjà $4^m\frac{5}{12}$ de cette même étoffe. Elle porte le tout chez une couturière pour se faire faire une robe. La couturière, en rendant la robe, dit qu'il lui a manqué $5^m\frac{2}{5}$ d'étoffe, qu'elle a été obligée d'ajouter. Combien a-t-il fallu de mètres en tout pour faire cette robe?

10. Une troupe d'ouvriers ferait un certain ouvrage en 15 jours ; une autre le ferait en 18 jours, et une troisième le ferait en 20 jours. On les emploie toutes les trois ensemble ; quelle fraction de l'ouvrage feront-elles en 1 jour?

11. La superficie de l'Europe vaut $\frac{1}{50}$ de la surface totale du globe terrestre ; celle de l'Asie en vaut les $\frac{104}{1275}$, celle de l'Afrique les $\frac{101}{1700}$, celle des deux Amériques les $\frac{431}{5100}$, celle de l'Océanie les $\frac{9}{425}$. Quelle fraction de l'étendue totale du globe est occupée par les continents? — R. $\frac{4}{15}$.

12. Un épicier a un restant d'huile d'olive dans un baril. Une première fois il en vend $4^{kg}\frac{5}{4}$, une seconde fois $6^{kg}\frac{5}{6}$, une troisième fois $3^{kg}\frac{9}{12}$, une quatrième fois $2^{kg}\frac{7}{8}$; après quoi, il y a encore $14^{kg}\frac{2}{9}$ dans le baril. Quelle quantité d'huile y avait-il? — R. $32^{kg}+\frac{31}{72}$.

19ᵉ LEÇON.

SOUSTRACTION DES FRACTIONS.

100. Définition. — Soustraire un nombre fractionnaire d'un autre, c'est trouver le nombre qu'il faut ajouter au premier pour reproduire le second. Ainsi, retrancher $\frac{8}{9}$ de $\frac{23}{12}$, c'est trouver le nombre qui, ajouté à $\frac{8}{9}$, donne $\frac{23}{12}$.

101. Règle pour retrancher l'une de l'autre deux fractions qui ont le même dénominateur. — *On soustrait le numérateur de la première du numérateur de la seconde et l'on donne au reste le dénominateur commun.*

Soit $\frac{7}{12}$ à soustraire de $\frac{11}{12}$. Le résultat est évidemment $\frac{4}{12}$, puisque la fraction $\frac{4}{12}$ ajoutée à $\frac{7}{12}$ donne $\frac{11}{12}$.

102. Règle pour retrancher l'une de l'autre deux fractions qui n'ont pas le même dénominateur. — *On les réduit au même dénominateur et on leur applique ensuite la règle précédente.*

Exemple I. Soit $\frac{9}{16} - \frac{5}{12}$. Cette soustraction revient à $\frac{27}{48} - \frac{20}{48} = \frac{7}{48}$.

Exemple II.

$$\frac{13}{9} - \frac{5}{7} = \frac{13 \times 7}{9 \times 7} - \frac{5 \times 9}{7 \times 9} = \frac{13 \times 7 - 5 \times 9}{7 \times 9} = \frac{46}{63}$$

103. Règle pour retrancher l'une de l'autre deux expressions fractionnaires. — *On réduit d'abord les deux fractions au même dénominateur; puis on écrit l'entier et la fraction à soustraire au-dessous de l'entier et de*

SOUSTRACTION DES FRACTIONS.

la fraction dont on soustrait. Cela fait, il y a lieu de distinguer deux cas :

1° Si la fraction inférieure est moindre que la fraction placée au-dessus, *on retranche séparément la fraction de la fraction et l'entier de l'entier.*

2° Si la fraction inférieure est plus grande que celle qui est placée au-dessus, *on augmente cette dernière d'une unité et, par compensation, l'on diminue aussi d'une unité le nombre entier supérieur, ce qui ramène au cas précédent.*

Exemple I. — Retrancher $7 + \frac{2}{5}$ de $12 + \frac{3}{4}$. Réduisons les fractions au même dénominateur et disposons l'opération de la manière suivante :

$$12 + \frac{15}{20}$$
$$7 + \frac{8}{20}$$
$$\overline{5 + \frac{7}{20}}$$

$\frac{8}{20}$ étant moindre que $\frac{15}{20}$, le résultat s'obtiendra en retranchant $\frac{8}{20}$ de $\frac{15}{20}$, puis 7 de 12. Le reste sera $5 + \frac{7}{20}$.

Exemple II. — Retrancher $8 + \frac{7}{12}$ de $14 + \frac{8}{15}$.

$$14 + \frac{32}{60}$$
$$8 + \frac{35}{60}.$$

La fraction $\frac{35}{60}$ ne pouvant pas se retrancher de $\frac{32}{60}$, nous ajouterons à celle-ci une unité, c'est-à-dire 60 soixantièmes, ce qui fait $\frac{92}{60}$. Puis, par compensation, nous dimi-

SOUSTRACTION DES FRACTIONS.

nuerons 14 de 1, ou bien nous augmenterons 8 de 1, ce qui revient au même. Nous aurons alors :

$$13 + \frac{92}{60} \qquad \text{ou bien} \qquad 14 + \frac{92}{60}$$
$$8 + \frac{35}{60} \qquad\qquad\qquad 9 + \frac{35}{60}$$

Le reste est donc $5 + \frac{57}{60}$.

REMARQUE — Lorsqu'on veut indiquer qu'une opération (addition, soustraction, multiplication ou division) porte sur une somme ou sur une différence de nombres, on enveloppe cette somme ou cette différence dans deux parenthèses. Par exemple, pour indiquer qu'on veut soustraire $7 + \frac{8}{9}$ de 16, on écrira $16 - \left(7 + \frac{8}{9}\right)$. De même, pour indiquer la multiplication de $6 + \frac{3}{4}$ par $5 + \frac{8}{11}$, on écrira $\left(6 + \frac{3}{4}\right) \times \left(5 + \frac{8}{11}\right)$.

Les opérations précédentes peuvent alors prendre des dispositions plus commodes. Soit, par exemple, à retrancher $11 + \frac{7}{8}$ de $20 + \frac{3}{5}$. Nous écrirons :

$$\left(20 + \frac{3}{5}\right) - \left(11 + \frac{7}{8}\right) = \left(20 + \frac{24}{40}\right) - \left(11 + \frac{35}{40}\right)$$
$$= \left(19 + \frac{64}{40}\right) - \left(11 + \frac{35}{40}\right) = 8 + \frac{29}{40}.$$

QUESTIONNAIRE ET EXERCICES SUR LA 20ᵉ LEÇON.

1. Définir la soustraction des nombres fractionnaires.
2. Énoncer et expliquer la règle de la soustraction des fractions : 1° dans le cas où les fractions ont le même dénominateur ; 2° dans le cas général.

SOUSTRACTION DES FRACTIONS.

3. Appliquer cette règle aux exemples suivants.

$$\frac{8}{11} - \frac{5}{11}, \quad \frac{20}{7} - \frac{12}{7}, \quad \frac{35}{40} - \frac{20}{40}, \quad \frac{63}{72} - \frac{46}{72}, \quad \frac{134}{245} - \frac{98}{245}, \quad \frac{374}{900} - \frac{271}{900},$$

$$\frac{2874}{1493} - \frac{698}{1493}, \quad \frac{3956}{8587} - \frac{2874}{8587}, \quad \frac{5}{3} - \frac{4}{9}, \quad \frac{8}{11} - \frac{3}{7}, \quad \frac{13}{20} - \frac{2}{17}, \quad \frac{12}{16} - \frac{15}{24},$$

$$\frac{42}{92} - \frac{30}{106}, \quad \frac{235}{150} - \frac{172}{220}, \quad \frac{674}{1236} - \frac{934}{3654}, \quad \frac{2540}{4835} - \frac{6720}{18975}, \quad \frac{7209}{8631} - \frac{11538}{20772}.$$

4. Énoncer la règle de soustraction de deux expressions fractionnaires.

5. Appliquer cette règle aux exemples suivants :

$$\left(3 + \frac{5}{8}\right) - \left(2 + \frac{3}{8}\right), \quad \left(7 + \frac{5}{9}\right) - \left(5 + \frac{1}{5}\right), \quad \left(12 + \frac{7}{6}\right) - \left(7 + \frac{3}{10}\right)$$

$$\left(25 + \frac{20}{33}\right) - \left(9 + \frac{4}{11}\right), \quad \left(19 + \frac{2}{7}\right) - \left(16 + \frac{4}{5}\right), \quad \left(20 + \frac{4}{15}\right) - \left(6 + \frac{9}{20}\right)$$

$$5 - \left(3 + \frac{2}{7}\right), \quad \left(28 + \frac{5}{3}\right) - 20, \quad \left(34 + \frac{28}{5}\right) - \left(20 + \frac{17}{15}\right),$$

$$\left(53 + \frac{3}{4}\right) - \left(34 + \frac{15}{8}\right), \quad \left(257 + \frac{254}{297}\right) - \left(186 + \frac{372}{549}\right),$$

$$\left(41 + \frac{9}{7}\right) - \left(42 + \frac{2}{9}\right), \quad \left(231 + \frac{123}{20}\right) - \left(234 + \frac{48}{30}\right).$$

6. Une personne est partie de chez elle à $7^h \frac{3}{4}$ du matin et y est rentrée à $3^h \frac{1}{2}$ de l'après-midi. Combien de temps est-elle restée absente ?

7. Une personne a dépensé les $\frac{2}{5}$ du contenu de son porte-monnaie dans un magasin, les $\frac{5}{10}$ dans un autre ; elle en a donné à un pauvre les $\frac{4}{25}$. Quelle fraction de ce qu'elle avait primitivement lui reste-t-il ?

8. Un cultivateur a ensemencé les $\frac{2}{5}$ de ses terres en blé et les $\frac{4}{11}$ en avoine. Le reste est formé de prairies naturelles. Quelle est, par rapport à la contenance totale de sa propriété, l'étendue des prairies ?

9. Un marchand avait une pièce d'étoffe de 35 mètres de longueur. Il en a vendu $6^m \frac{3}{4}$, puis $11^m \frac{5}{8}$, puis $8^m \frac{7}{12}$, et enfin $4^m \frac{1}{6}$. Quelle est la longueur du coupon qui lui reste ?

10. Un ouvrier ferait un certain ouvrage en 15 jours ; un autre le ferait en 12 jours. Si ces deux ouvriers s'en adjoignaient un troisième, ils feraient à eux trois cet ouvrage en 5 jours. Combien le troisième ouvrier mettrait-il à faire à lui seul ce même ouvrage ? — R. 20 jours.

MULTIPLICATION DES FRACTIONS.

11. On a tiré d'un tonneau $10^l + \frac{29}{30}$ de vin, avec quoi on a empli trois vases, dont les deux premiers contiennent ensemble $8^l + \frac{2}{3}$ et dont le troisième contient $2^l + \frac{14}{15}$ de moins que le deuxième. Quelles sont les capacités des trois vases ? — R. $3^l + \frac{2}{5}$, $5^l + \frac{4}{15}$ et $2^l + \frac{3}{10}$.

12. Une longueur a été divisée en trois parties, dont la première a 9 centimètres ; la deuxième surpasse de $\frac{5}{6}$ de centimètre la moitié de la première, et la troisième est inférieure de $\frac{5}{6}$ de centimètre à cette même moitié. Quelle est cette longueur ? — R. 27 centimètres.

20ᵉ LEÇON.

MULTIPLICATION DES FRACTIONS.

Il y a lieu de distinguer deux cas dans la multiplication des fractions.

104. 1ᵉʳ Cas : Le multiplicateur est entier. — Soit, par exemple, à multiplier $\frac{5}{8}$ par 6. Cette opération se définit comme la multiplication des nombres entiers :

Multiplier $\frac{5}{8}$ par 6, c'est répéter $\frac{5}{8}$ 6 fois ; cela fait $\frac{30}{8}$.

RÈGLE. — *Pour multiplier une fraction par un nombre entier, on multiplie le numérateur par l'entier et l'on donne au produit le dénominateur de la fraction.*

EXEMPLES : $\frac{22}{7} \times 8 = \frac{176}{7}$; $\frac{34}{59} \times 12 = \frac{408}{59}$.

REMARQUE. — Soit à multiplier $\frac{5}{8}$ par 4. Le produit vaut 4 fois $\frac{5}{8}$, c'est-à-dire qu'il est 4 fois plus grand que $\frac{5}{8}$. Or, pour rendre une fraction 4 fois plus grande, on peut diviser son dénominateur par 4, lorsque cette division se fait exactement. Nous aurons donc $\frac{5}{8} \times 4 = \frac{5}{2}$.

Règle. — *Lorsque l'entier divise exactement le dénominateur de la fraction, on multiplie la fraction par l'entier en divisant son dénominateur par l'entier.*

105. 2ᵉ Cas : **Le multiplicateur est fractionnaire.** — Il faut alors définir l'opération.

Définition. — *Multiplier un nombre par une fraction, c'est prendre du multiplicande une fraction marquée par le multiplicateur.*

Par exemple, multiplier 3 par $\frac{4}{7}$, c'est prendre les $\frac{4}{7}$ de 3.

Remarque. — Cette définition peut se justifier par diverses considérations. Nous nous bornerons à faire la remarque suivante : Si l'on veut le prix de 16 mètres d'étoffe à 3 francs le mètre, on multiplie 3 francs par 16. Si maintenant on veut le prix de $\frac{4}{7}$ de mètre à 3 francs le mètre, ce prix sera évidemment les $\frac{4}{7}$ de 3 francs. Il est donc naturel de considérer encore les $\frac{4}{7}$ de 3 francs comme le produit de 3 francs par $\frac{4}{7}$ et de dire que multiplier 3 par $\frac{4}{7}$, c'est prendre les $\frac{4}{7}$ de 3.

Il suit de là que multiplier n'est pas toujours augmenter. Si le multiplicateur est plus grand que l'unité, le produit est plus grand que le multiplicande ; mais s'il est moindre, le produit est moindre que le multiplicande ; enfin, si le multiplicateur est égal à un, le produit est égal au multiplicande.

Exemples : Le produit de 5 par $\frac{4}{5}$ vaut les $\frac{4}{5}$ de 5 ; il est

donc supérieur à 5. Le produit de 5 par $\frac{3}{7}$ vaut les $\frac{3}{7}$ de 5;
il est inférieur à 5. Le produit de 5 par $\frac{4}{4}$ vaut les $\frac{4}{4}$ de 5;
il est égal à 5.

106. Multiplication d'un entier par une fraction. — Soit à multiplier 5 par $\frac{3}{4}$. C'est prendre les $\frac{3}{4}$ de 5. Or $\frac{1}{4}$ de 5 vaut $\frac{5}{4}$ (75); $\frac{3}{4}$ de 5 vaudront donc 3 fois plus, c'est-à-dire $\frac{5}{4} \times 3$ ou bien $\frac{5 \times 3}{4}$ (104). De là la règle :

Règle. — *Pour multiplier un entier par une fraction, on multiplie l'entier par le numérateur et l'on donne au produit le dénominateur de la fraction.*

Exemples : $12 \times \frac{5}{9} = \frac{12 \times 5}{9} = \frac{60}{9} = \frac{20}{3}.$

$340 \times \frac{6}{20} = \frac{340 \times 6}{20} = \frac{34 \times 6}{2} = 34 \times 3 = 102.$

Remarque. — Le produit de 5 par $\frac{3}{4}$ est la même chose que le produit de $\frac{3}{4}$ par 5; c'est ce qui résulte des deux règles précédentes. On peut donc dire que *le produit d'un entier par une fraction ne change pas lorsqu'on intervertit l'ordre des facteurs.*

107. Multiplication d'une fraction par une fraction. — Soit à multiplier $\frac{5}{7}$ par $\frac{3}{8}$. D'après la définition (105), c'est prendre les $\frac{3}{8}$ de $\frac{5}{7}$. Or nous prendrons $\frac{1}{8}$ de $\frac{5}{7}$ en rendant la fraction $\frac{5}{7}$ huit fois plus petite, ce qui donnera $\frac{5}{7 \times 8}$ (82). En répétant 3 fois ce résultat, nous aurons la fraction

$\frac{5\times 3}{7\times 8}$ (104), qui représentera 3 fois le huitième de $\frac{5}{7}$ et qui sera par conséquent le produit cherché. De là la règle :

RÈGLE. — *Pour multiplier une fraction par une fraction, on multiplie le numérateur et le dénominateur de la première respectivement par le numérateur et le dénominateur de la seconde.*

EXEMPLES :

$$\frac{8}{11}\times\frac{5}{6}=\frac{8\times 5}{11\times 6}=\frac{4\times 5}{11\times 3}=\frac{20}{33}.$$

$$\frac{45}{77}\times\frac{22}{25}=\frac{45\times 22}{77\times 25}=\frac{9\times 2}{7\times 5}.$$

REMARQUE. — Le produit de deux fractions ne change pas lorsqu'on intervertit l'ordre des deux facteurs. En effet :

$$\frac{7}{24}\times\frac{3}{11}=\frac{7\times 3}{24\times 11}=\frac{3\times 7}{11\times 24}=\frac{3}{11}\times\frac{7}{24}.$$

108. Cas où l'on a à multiplier des entiers accompagnés de fractions. — Soit à multiplier $12+\frac{3}{5}$ par $7+\frac{6}{11}$. Joignons les entiers aux fractions, d'après la règle du n° 79. Nous sommes ramenés à multiplier $\frac{63}{5}$ par $\frac{83}{11}$.

RÈGLE. — *Pour multiplier entre elles deux expressions fractionnaires, on joint chaque entier à la fraction qui l'accompagne et l'on multiplie entre eux les nombres fractionnaires ainsi obtenus.*

EXEMPLE :

$$\left(5+\frac{4}{9}\right)\times\left(10+\frac{5}{12}\right)=\frac{49}{9}\times\frac{125}{12}=\frac{6125}{108}.$$

REMARQUE I. — Lorsque le multiplicateur n'a qu'un terme, c'est-à-dire quand il se réduit à un entier seul ou à une fraction seule, il est plus simple de multiplier les deux parties du multiplicande par ce multiplicateur et

MULTIPLICATION DES FRACTIONS.

d'ajouter les produits. Par exemple :

$$\left(7+\frac{9}{13}\right)\times 5 = 7\times 5 + \frac{9\times 5}{13} = 35 + \frac{45}{13}.$$

Remarque II. — Il est bon d'extraire les entiers contenus dans le nombre fractionnaire qu'on obtient. Ainsi, dans l'exemple cité plus haut, $\left(5+\frac{4}{9}\right)\times\left(10+\frac{5}{12}\right)$, le produit $\frac{6125}{108}$ est égal à $55+\frac{77}{108}$. De même, dans le dernier exemple, $\left(7+\frac{9}{13}\right)\times 5 = 35+\frac{45}{13} = 38+\frac{6}{13}.$

109. Produit de plusieurs fractions. — On appelle produit de plusieurs facteurs fractionnaires le résultat obtenu en multipliant le premier par le deuxième, le produit ainsi obtenu par le troisième, et ainsi de suite, jusqu'à ce qu'on ait pris tous les facteurs.

Le produit d'une fraction par une fraction s'appelle souvent une *fraction de fraction*.

Théorème. — *Un produit de plusieurs facteurs fractionnaires ne change pas lorsqu'on intervertit l'ordre des facteurs.* — Je dis, par exemple, que

$$\frac{3}{4}\times\frac{5}{9}\times\frac{12}{7}\times\frac{40}{52} = \frac{5}{9}\times\frac{40}{52}\times\frac{3}{4}\times\frac{12}{7}.$$

En effet, le produit proposé est égal à

$$\frac{3\times 5\times 12\times 40}{4\times 9\times 7\times 52},$$

ou bien à

$$\frac{5\times 40\times 3\times 12}{9\times 52\times 4\times 7}.$$

Mais ce dernier n'est pas autre chose que le produit $\frac{5}{9}\times\frac{40}{52}\times\frac{3}{4}\times\frac{12}{7},$ ce qui démontre le théorème.

MULTIPLICATION DES FRACTIONS.

QUESTIONNAIRE ET EXERCICES SUR LA 20ᵉ LEÇON.

1. Définir la multiplication lorsque, le multiplicande étant quelconque, le multiplicateur est : 1° entier, 2° fractionnaire.
2. Énoncer la règle de multiplication d'une fraction par un entier.
3. Appliquer cette règle aux exemples suivants :

$$\frac{2}{7} \times 5, \quad \frac{3}{11} \times 8, \quad \frac{5}{22} \times 10, \quad \frac{12}{45} \times 23, \quad \frac{54}{29} \times 231, \quad \frac{137}{60} \times 58,$$

$$\frac{650}{830} \times 18, \quad \frac{2181}{9171} \times 20, \quad \frac{348}{550} \times 245, \quad \frac{6531}{2847} \times 312.$$

4. Comment peut-on encore multiplier une fraction par un entier, lorsque le dénominateur est divisible par l'entier ?
5. Appliquer cette règle aux exemples suivants :

$$\frac{3}{4} \times 2, \quad \frac{5}{9} \times 3, \quad \frac{42}{50} \times 5, \quad \frac{58}{72} \times 10, \quad \frac{134}{255} \times 5, \quad \frac{655}{279} \times 9,$$

$$\frac{2837}{4554} \times 18, \quad \frac{781}{1250} \times 625, \quad \frac{3245}{5832} \times 1944, \quad \frac{5931}{280000} \times 7000.$$

6. Énoncer et démontrer la règle de multiplication d'un entier par une fraction.
7. Appliquer cette règle aux exemples suivants :

$$3 \times \frac{2}{7}, \quad 5 \times \frac{3}{4}, \quad 8 \times \frac{11}{12}, \quad 15 \times \frac{27}{23}, \quad 28 \times \frac{19}{7}, \quad 142 \times \frac{53}{48}, \quad 273 \times \frac{30}{360},$$

$$508 \times \frac{215}{630}, \quad 7228 \times \frac{203}{5201}, \quad 62128 \times \frac{145}{20}, \quad 63975 \times \frac{843}{7245}.$$

8. Prendre les $\frac{3}{4}$ de 8, les $\frac{5}{6}$ de 30, les $\frac{2}{3}$ de 45, les $\frac{6}{15}$ de 39, les $\frac{4}{5}$ de 28, les $\frac{12}{17}$ de 8, les $\frac{23}{20}$ de 48, les $\frac{128}{500}$ de 450, les $\frac{26}{154}$ de 348, les $\frac{55}{60}$ de 340, les $\frac{99}{100}$ de 658, les $\frac{100}{99}$ de 44, les $\frac{57}{74}$ de 2896.

9. Combien vaut le nombre 28 augmenté de ses $\frac{3}{7}$? Combien reste-t-il, lorsqu'on a retranché de 450 les $\frac{5}{9}$ de ce nombre ?

10. Une personne a les $\frac{3}{5}$ de sa fortune en rentes sur l'État, les $\frac{2}{9}$ en une propriété et le reste en créances diverses. Sa fortune étant évaluée à 90 000 francs, on demande quelle est la valeur de la propriété et le montant des créances ?

11. Une pièce de 1 franc en argent renferme les $\frac{835}{1000}$ de son poids en argent et le reste en cuivre. Quel poids d'argent et quel poids de

MULTIPLICATION DES FRACTIONS.

cuivre y a-t-il dans une somme de 358 francs payée en pièces de 1 franc, la pièce de 1 franc pesant 5 grammes ?

12. En général, les morceaux de musique se vendent $\frac{1}{3}$ du prix marqué. Une personne en achète plusieurs qui valent ensemble 18 francs, prix marqué. Combien aura-t-elle à payer, si le marchand lui fait en outre une réduction de $\frac{1}{20}$ sur le prix réel ? — R. 5^f,70.

13. Un cultivateur avait un champ de 72 ares. Il y a joint un champ voisin, ce qui a augmenté de ses $\frac{5}{9}$ la surface du premier. Quelle fraction de la contenance totale représente la propriété primitive ? le champ qui y a été joint ? — R. $\frac{9}{14}$ et $\frac{5}{14}$.

14. Par quel nombre faut-il multiplier le nombre 140 pour l'augmenter de ses $\frac{3}{7}$, et quel est le produit ? — R. Par $\frac{10}{7}$, et le produit est 200.

15. Énoncer et démontrer la règle de multiplication de deux fractions.

16. Appliquer cette règle aux exemples suivants :

$$\frac{3}{5}\times\frac{8}{11},\ \frac{5}{6}\times\frac{2}{3},\ \frac{15}{16}\times\frac{4}{5},\ \frac{25}{40}\times\frac{3}{7},\ \frac{48}{57}\times\frac{15}{17},\ \frac{120}{79}\times\frac{30}{13},$$

$$\frac{245}{27}\times\frac{99}{175},\ \frac{855}{988}\times\frac{248}{650},\ \frac{25}{1000}\times\frac{7}{100},\ \frac{280}{700}\times\frac{375}{2000},\ \frac{538}{4250}\times\frac{22}{7}.$$

Dire, dans chacun de ces exemples, si le produit est supérieur ou inférieur au multiplicande.

17. Comment multiplie-t-on l'une par l'autre deux expressions fractionnaires ?

18. Appliquer cette règle aux exemples suivantes :

$$\left(3+\frac{2}{3}\right)\times\left(5+\frac{3}{4}\right),\ \left(6+\frac{2}{9}\right)\times\left(12+\frac{1}{5}\right),\ \left(8+\frac{1}{7}\right)\times\left(5+\frac{2}{3}\right),$$

$$\left(60+\frac{23}{5}\right)\times\left(6+\frac{8}{5}\right),\ \left(12+\frac{45}{72}\right)\times 14,\ \left(20+\frac{3}{11}\right)\times 11,$$

$$\left(7+\frac{2}{9}\right)\times\frac{5}{8},\ \left(6+\frac{12}{55}\right)\times\frac{5}{7},\ 8\times\left(3+\frac{7}{4}\right),\ 58\times\left(1+\frac{2}{29}\right).$$

19. Quel serait le prix des $\frac{5}{6}$ d'une pièce d'étoffe qui vaudrait 16^f $\frac{3}{4}$?

20. Un marchand vend les $\frac{2}{7}$ d'une caisse de bougies à un premier acheteur, puis à un deuxième il vend les $\frac{4}{5}$ de ce qu'il a vendu au premier. Quelle fraction de la caisse lui reste-t-il ? — R. $\frac{9}{14}$.

21. Une balle élastique rebondit aux $\frac{2}{3}$ de la hauteur d'où elle est tombée, chaque fois qu'elle touche la terre. On la laisse tomber d'une hauteur de 6 mètres ; à quelle hauteur s'élèvera-t-elle après avoir touché la terre 4 fois ?

22. Un marchand de vin a une barrique de 210 litres. Il en vend $\frac{1}{15}$, puis il achève de remplir le fût avec de l'eau. Il vend encore les $\frac{2}{7}$ du contenu de ce tonneau et achève de le remplir avec de l'eau. Si l'on tire alors un litre de ce mélange, quelle sera la fraction de ce litre représentée par le vin qu'il renferme ? Quelle sera celle que l'eau représentera ? — R. $\frac{2}{3}$ et $\frac{1}{3}$.

23. On a fait en une année trois coupes dans un champ de luzerne. La première a donné les $\frac{6}{5}$ de ce qu'a produit la deuxième, et celle-ci a produit les $\frac{4}{5}$ de ce qu'a produit la troisième. Sachant que la troisième a donné 1500 kilogrammes de fourrage sec qui valent 6 francs le quintal, on demande le produit brut de ces trois coupes. Quelle est la fraction du prix total représentée par le prix de chaque coupe ?

24. La distance de Paris à Rouen vaut les $\frac{34}{57}$ de celle de Paris au Havre. Un train met $4^h \frac{5}{6}$ pour aller de Paris au Havre. A quelle heure arrivera-t-il à Rouen, s'il est parti à 8 heures du matin ?

25. Une personne a employé successivement trois ouvriers pour faire un certain travail. Le premier en a fait les $\frac{5}{8}$, le deuxième a fait les $\frac{16}{55}$ de ce qu'a fait le premier, et le troisième a fait le reste. Sachant que le premier a reçu 42 francs de plus que les deux autres réunis, on demande quel est le prix total de l'ouvrage et ce que chaque ouvrier a reçu. — R. 168^f, 105^f, 48^f et 15^f.

21e LEÇON.

DIVISION DES FRACTIONS.

110. Définition. — Diviser l'un par l'autre deux nombres quelconques, entiers ou fractionnaires, c'est trouver un troisième nombre entier ou fractionnaire qui, multiplié par le diviseur, reproduise le dividende.

111. Division d'une fraction par un nombre entier.
— Soit à diviser $\frac{5}{9}$ par 4. Le quotient est le nombre qui multiplié par 4, ou rendu 4 fois plus grand, donne $\frac{5}{9}$. Il est donc 4 fois moindre que $\frac{5}{9}$, et on l'obtiendra (82) en multipliant le dénominateur de $\frac{5}{9}$ par 4; cela fait $\frac{5}{36}$.

Règle. — *Pour diviser une fraction par un nombre entier, on multiplie son dénominateur par l'entier.*

Exemples :
$$\frac{5}{7} : 8 = \frac{5}{56}; \qquad \frac{12}{25} : 7 = \frac{12}{175}.$$

Remarque. — Si le numérateur de la fraction est exactement divisible par le diviseur, on obtient plus simplement le quotient en divisant le numérateur par l'entier.

Exemples. — Soit $\frac{8}{15} : 4$. Il faut rendre la fraction $\frac{8}{15}$ 4 fois moindre. Or cela peut se faire en divisant 8 par 4, ce qui donne $\frac{2}{15}$. De même $\frac{28}{15} : 7 = \frac{4}{15}$.

112. Division d'un nombre entier par une fraction.
— Soit à diviser 5 par $\frac{6}{11}$. C'est trouver un nombre qui, multiplié par $\frac{6}{11}$, donne 5, c'est-à-dire un nombre tel qu'en en prenant les $\frac{6}{11}$ on ait 5. Les $\frac{6}{11}$ du quotient étant donc égaux à 5, $\frac{1}{11}$ de ce quotient vaudra 6 fois moins que 5 ou $\frac{5}{6}$, et le quotient lui-même vaudra 11 fois plus que $\frac{5}{6}$, c'est-

à-dire $\dfrac{5 \times 11}{6}$, fraction qui est le produit de 5 par $\dfrac{11}{6}$. D'où la règle suivante :

RÈGLE. — *Pour diviser un nombre entier par une fraction, on multiplie l'entier par la fraction diviseur renversée.*

EXEMPLES :

$$8 : \dfrac{7}{4} = 8 \times \dfrac{4}{7} = \dfrac{32}{7} \, ; \quad 30 : \dfrac{5}{9} = 30 \times \dfrac{9}{5} = \dfrac{30 \times 9}{5} = \dfrac{6 \times 9}{1} = 54 ;$$

$$360 : \dfrac{45}{7} = 360 \times \dfrac{7}{45} = \dfrac{360 \times 7}{45} = \dfrac{8 \times 7}{1} = 56.$$

REMARQUE. — Si le diviseur est moindre que l'unité, le quotient est plus grand que le dividende ; il est moindre dans le cas contraire.

113. Division d'une fraction par une fraction. — Soit à diviser $\dfrac{5}{8}$ par $\dfrac{3}{7}$. En multipliant le quotient par $\dfrac{3}{7}$, c'est-à-dire en en prenant les $\dfrac{3}{7}$, on doit avoir $\dfrac{5}{8}$. Si les $\dfrac{3}{7}$ du quotient valent $\dfrac{5}{8}$, $\dfrac{1}{7}$ du quotient vaut 3 fois moins que $\dfrac{5}{8}$ ou $\dfrac{5}{8 \times 3}$, et le quotient vaut 7 fois plus que $\dfrac{5}{8 \times 3}$, c'est-à-dire vaut $\dfrac{5 \times 7}{8 \times 3}$. Ce résultat n'est autre chose que le produit de $\dfrac{5}{8}$ par $\dfrac{7}{3}$. D'où la règle suivante :

RÈGLE. — *Pour diviser une fraction par une fraction, on multiplie la fraction dividende par la fraction diviseur renversée.*

EXEMPLES :

$$\dfrac{9}{16} : \dfrac{4}{5} = \dfrac{9}{16} \times \dfrac{5}{4} = \dfrac{9 \times 5}{16 \times 4} = \dfrac{45}{64}.$$

$$\dfrac{8}{25} : \dfrac{4}{15} = \dfrac{8}{25} \times \dfrac{15}{4} = \dfrac{8 \times 15}{25 \times 4} = \dfrac{2 \times 3}{5 \times 1} = \dfrac{6}{5}.$$

114. Cas où les fractions sont accompagnées d'entiers. — *On joint les entiers aux fractions et l'on divise les nombres fractionnaires ainsi obtenus.*

Exemples :

$$\left(5+\frac{2}{3}\right):\left(6+\frac{3}{4}\right)=\frac{17}{3}:\frac{27}{4}=\frac{17}{3}\times\frac{4}{27}=\frac{68}{81};$$

$$\frac{8}{9}:\left(7+\frac{5}{3}\right)=\frac{8}{9}:\frac{26}{3}=\frac{8}{9}\times\frac{3}{26}=\frac{8\times 3}{9\times 26}=\frac{4\times 1}{3\times 13}=\frac{4}{39}.$$

Remarque. — La division des fractions permet de résoudre un grand nombre de questions qui se ramènent, en général, aux types suivants :

Problème I. — *Trouver le nombre dont les $\frac{5}{12}$ valent 30.* — Les $\frac{5}{12}$ de ce nombre ou le produit de ce nombre par $\frac{5}{12}$ valant 30, ce nombre est le quotient de 30 par $\frac{5}{12}$, ou $30\times\frac{12}{5}=72.$

Problème II. — *Quel est le nombre qui, augmenté de ses $\frac{5}{8}$, donne 44 ?* — Comme le nombre cherché vaut ses $\frac{8}{8}$, les $\frac{11}{8}$ de ce nombre valent 44. Le nombre est donc le quotient de 44 par $\frac{11}{8}$, ou bien $44\times\frac{8}{11}=\frac{4\times 8}{1}=32.$

Problème III. — *Une personne a dépensé les $\frac{8}{15}$ de ce qu'elle avait dans son porte-monnaie, et il lui reste encore 70 centimes. Combien avait-elle ?* 70 centimes représentent les $\frac{7}{15}$ de ce qu'avait cette personne. Ce qu'elle avait est donc le quotient de 70 centimes par $\frac{7}{15}$, ou bien $70\times\frac{15}{7}=\frac{70\times 15}{7}=\frac{10\times 15}{1}=150$ centimes ou 1 fr. 50.

DIVISION DES FRACTIONS.

QUESTIONNAIRE ET EXERCICES SUR LA 21ᵉ LEÇON.

1. Donner la définition générale de la division.
2. Énoncer et démontrer la règle de division d'une fraction par un entier.
3. Appliquer cette règle aux exemples suivants :

$$\frac{5}{6} : 2 ; \quad \frac{3}{7} : 5 ; \quad \frac{4}{11} : 2 ; \quad \frac{32}{11} : 8 ; \quad \frac{48}{55} : 24 ; \quad \frac{72}{125} : 5 ; \quad \frac{375}{18} : 25 ;$$

$$\frac{474}{928} : 3 ; \quad \frac{2352}{6800} : 12 ; \quad \frac{891}{549} : 21 ; \quad \frac{38}{57} : 461.$$

4. Énoncer et démontrer la règle de division d'un entier par une fraction.
5. Appliquer cette règle aux exemples suivants :

$$6 : \frac{5}{7} ; \quad 12 : \frac{3}{4} ; \quad 24 : \frac{3}{11} ; \quad 45 : \frac{9}{16} ; \quad 128 : \frac{43}{15} ; \quad 275 : \frac{130}{29} ;$$

$$386 : \frac{428}{507} ; \quad 3975 : \frac{120}{715} ; \quad 6981 : \frac{333}{290}.$$

6. Énoncer et démontrer la règle de division de deux fractions.
7. Appliquer cette règle aux exemples suivants :

$$\frac{3}{5} : \frac{4}{7} ; \quad \frac{8}{17} : \frac{11}{34} ; \quad \frac{2}{9} : \frac{4}{13} ; \quad \frac{50}{15} : \frac{30}{72} ; \quad \frac{26}{47} : \frac{13}{94} ; \quad \frac{8}{13} : \frac{24}{39}.$$

$$\frac{75}{48} : \frac{25}{16} ; \quad \frac{591}{213} : \frac{69}{81} ; \quad \frac{2350}{6575} : \frac{790}{235} ; \quad \frac{272}{4959} : \frac{3540}{999} ; \quad \frac{5800}{9386} : \frac{200}{392}.$$

8. Comment divise-t-on l'une par l'autre deux expressions fractionnaires ?
9. Appliquer cette règle aux exemples suivants :

$$\left(3+\frac{5}{7}\right) : \left(9+\frac{5}{4}\right) ; \quad \left(8+\frac{6}{11}\right) : \left(1+\frac{3}{4}\right) ; \quad \left(12+\frac{5}{11}\right) : \left(6+\frac{2}{35}\right) ;$$

$$\left(4+\frac{3}{10}\right) : \frac{7}{4} ; \quad \frac{8}{11} : \left(5+\frac{3}{7}\right) ; \quad \frac{3}{8} : \left(6+\frac{4}{9}\right) ; \quad \left(3+\frac{8}{9}\right) : \left(2+\frac{51}{27}\right).$$

10. Quel est le nombre dont les $\frac{5}{7}$ valent 35 ? — R. 49.

11. Quel est le nombre qui, augmenté de ses $\frac{3}{20}$, donne 69 ? — R. 60.

12. Quel est le nombre qui surpasse ses $\frac{15}{16}$ de 538 ? — R. 8608.

13. Quel est le nombre dont les $\frac{5}{7}$ surpassent de 10 les $\frac{3}{11}$ de 110 ? — R. 56.

DIVISION DES FRACTIONS.

14. Les $\frac{5}{8}$ d'un nombre augmentés de ses $\frac{7}{12}$ valent autant que ce nombre lui-même augmenté de 50. Quel est ce nombre? — R. 240.

15. Deux nombres valent ensemble 350, et l'un vaut les $\frac{3}{4}$ de l'autre. Quels sont ces deux nombres? — R. 150 et 200.

16. La différence de deux nombres est 574 et le deuxième vaut les $\frac{7}{9}$ du premier. Quels sont ces deux nombres? — R. 2583 et 2009.

17. Jules et Alfred ont ensemble 114 billes et Alfred a seulement les $\frac{4}{15}$ de ce que possède Jules. Combien en a chacun d'eux? — R. 90 et 24.

18. Un père a 32 ans de plus que son fils, et l'âge du fils vaut les $\frac{7}{15}$ de celui du père. Quels sont les deux âges? — R. 60 ans et 28 ans.

19. Une personne achète une propriété qui lui revient, avec tous les frais, à 33 600 francs. Quel est le prix réel de la propriété, si les frais s'élèvent aux $\frac{12}{100}$ de ce même prix? — R. 30 000 francs.

20. Un libraire a acheté chez un éditeur 100 exemplaires d'un ouvrage, pour lesquels il a payé 268 francs. Sachant qu'il a obtenu une remise des $\frac{33}{100}$ du prix indiqué au catalogue, on demande combien cet ouvrage est marqué sur le catalogue. — R. 4 francs.

21. Une personne a distribué une certaine somme à deux familles pauvres. La première a eu 6 francs de moins que la deuxième, et les $\frac{3}{4}$ de ce qu'elle a eu valent $\frac{1}{2}$ de ce qui a été donné à la deuxième. Combien chaque famille a-t-elle reçu? — R. 12 francs et 18 francs.

22. Deux cultivateurs ont acheté ensemble un lot de 177 moutons qu'ils se sont partagé. Le premier a revendu les $\frac{2}{5}$ de sa part et le deuxième le $\frac{1}{8}$ de la sienne; après quoi ils se sont trouvés avoir tous les deux le même nombre de moutons. Combien de moutons y avait-il dans le troupeau et combien chacun en avait-il eu? — R. 105 et 72.

23. Trois ouvriers se présentent pour faire un certain ouvrage. Le premier le ferait seul en 5 jours $\frac{1}{2}$, le deuxième en 6 jours $\frac{3}{4}$ et le troisième en 7 jours $\frac{2}{3}$. On les fait travailler ensemble et l'on demande en combien de jours l'ouvrage sera fait.

24. Une personne place un certain capital dans une entreprise et en perd les $\frac{2}{5}$. Elle place alors le reste dans une autre entreprise et gagne les $\frac{4}{9}$ de ce reste. Elle se retire avec 9360 francs. Quel était le capital primitivement engagé? — R. 10 800 francs.

25. Un marchand achète une pièce d'étoffe 15 francs les 6 mètres et gagne 27 francs en en revendant les $\frac{2}{3}$ à 22 francs les 7 mètres. Quelle est la longueur de la pièce d'étoffe? — R. 63 mètres.

PROBLÈMES DE RÉCAPITULATION SUR LES FRACTIONS.

Nota. *Un grand nombre de ces questions ont été posées à divers examens, et notamment à l'examen pour le brevet élémentaire.*

1. La pomme de terre rend en fécule les $\frac{3}{7}$ de son poids. On demande le rendement en fécule de 50 hectolitres de pommes de terre, sachant qu'un décalitre pèse en moyenne 308 décagrammes. — R. 66 kilogrammes.

2. Lorsque les $\frac{3}{4}$ d'un mètre de drap valent 12 francs, que valent les $\frac{5}{8}$ d'un mètre du même drap? — R. 10 francs.

3. Un employé, qui est nourri et logé, gagne 80 francs par mois. Il dépense les $\frac{2}{5}$ de cette somme pour son entretien et ses menus plaisirs et il en envoie $\frac{1}{4}$ à ses parents. Quelle somme lui reste-t-il au bout de l'année? — R. 336 francs.

4. Deux sources amènent de l'eau dans un réservoir. La première en amène 123 litres $\frac{3}{4}$ par heure et la deuxième 235 litres $\frac{5}{6}$; mais le réservoir perd en une heure 178 litres $\frac{5}{12}$. Ce réservoir peut contenir 4348 litres, et il est actuellement à moitié plein. Combien de temps mettra-t-il à achever de s'emplir? — R. 12 heures.

5. Un bûcheron avait un tas de bois dont il a vendu les $\frac{5}{7}$. Avec l'argent qu'il a reçu, il a acheté 54 mètres de toile à 2 francs le mètre. Combien avait-il de stères de bois avant cette vente, le prix du stère étant de 12 francs? — R. 12st $\frac{3}{5}$.

6. Une personne achète 2^{kg},850 de viande à 0^f,90 le demi-kilogramme. Les $\frac{2}{5}$ de ce poids sont formés par des os qui n'ont aucune

PROBLÈMES SUR LES FRACTIONS.

valeur. A combien revient le kilogramme de viande sans les os? — R. 3 francs le kilogramme.

7. Un hectolitre de blé pèse 76 kilogrammes et donne en farine les $\frac{83}{100}$ de son poids. Si 4 kilogrammes de farine donnent 5 kilogrammes de pain, quel est le poids du pain que l'on peut faire avec 80 doubles décalitres de blé? — R. 1261^{kg},61.

8. Dans une sucrerie, on retire de la betterave les $\frac{3}{46}$ de son poids en sucre. Quelle étendue de terrain faut-il cultiver en betteraves pour alimenter cette sucrerie, si l'on suppose que le rendement moyen soit de 23 000 kilogrammes de betteraves par hectare et que l'usine produise annuellement 13 500 kilogrammes de sucre? — R. 9 hectares.

9. Un fût est rempli de vin aux $\frac{3}{8}$ de sa capacité, et il s'en faut de 145 litres qu'il soit entièrement plein. Quelle est sa capacité? — R. 232 litres.

10. Un vigneron a vendu d'abord $\frac{1}{5}$, puis $\frac{2}{7}$ de sa récolte. Quelle fraction lui en reste-t-il? Quelle était cette récolte, si ce qui reste peut faire 6 pièces de 210 litres? — R. 24^{hl},5.

11. Une personne se sert de bouteilles telles qu'il en faut 4 pour contenir autant que 3 litres. Combien lui en faut-il pour mettre en bouteilles une feuillette de vin de 114 litres? A combien lui revient une bouteille de ce vin, si la pièce coûte 85 francs? — R. 156 bouteilles; 0^{f},64.

12. Un ouvrier dépense $\frac{1}{3}$ de ce qu'il gagne pour sa nourriture, $\frac{1}{5}$ pour son logement et son entretien et $\frac{1}{11}$ pour ses menus plaisirs. Combien gagne-t-il, s'il lui reste encore 930 francs? — R. 2475 francs.

13. Un marchand achète 48 mètres de drap à 15 francs le mètre. Il veut, en le revendant, gagner les $\frac{12}{100}$ du prix d'achat. Sachant qu'il en a revendu les $\frac{2}{5}$ à 18 francs le mètre, on demande combien il doit vendre le mètre de ce qui lui reste. — R. 16 francs.

14. En tirant 25 litres $\frac{5}{7}$ d'un fût de vin, on en réduit le contenu à ses $\frac{3}{7}$. Quelle est la capacité du fût? — R. 45 litres.

15. Un marchand achète 350 mètres de drap à 9 francs le mètre. Il en revend les $\frac{14}{25}$ en faisant un bénéfice égal aux $\frac{18}{100}$ de ce qu'ont coûté ces $\frac{14}{25}$. Sur le reste, il gagne seulement les $\frac{3}{20}$ de ce qu'a coûté ce reste. Quel est son bénéfice total? — R. 575,42.

PROBLÈMES SUR LES FRACTIONS.

16. Un champ est ensemencé la moitié en blé, le tiers en pommes de terre et le reste en maïs. Il y a 15 ares de plus en blé qu'en pommes de terre. On demande quelle est l'étendue cultivée en maïs et ce que rapporte le champ tout entier, en supposant que l'are donne en moyenne 1^f,35 de revenu net. — R. 15 ares; 121^f,50.

17. Trois frères ont à se partager une succession. La part du premier doit être les $\frac{5}{12}$ de la succession, celle du deuxième les $\frac{4}{5}$ de celle du premier, et celle du troisième les $\frac{3}{4}$ de celle du deuxième. Sachant que la part du troisième est de 9000 francs, on demande quel est le montant de la succession et la part de chaque frère. — R. 36 000^f; 15 000^f, 12 000 et 9000^f.

18. La farine de froment absorbe $\frac{58}{100}$ de son poids d'eau pendant le pétrissage. Pendant la cuisson, une partie de cette eau s'évapore, de telle sorte que 118 kilogrammes de pâte ne fournissent que 100 kilogrammes de pain. Dans ces conditions, combien un boulanger peut-il faire de kilogrammes de pain avec un sac de farine pesant 159 kilogrammes? — R. 212^{kg},90.

19. Un fermier a vendu successivement les $\frac{2}{9}$ des $\frac{3}{8}$, puis le $\frac{1}{6}$, puis les $\frac{17}{24}$ de sa récolte de blé. Le reste est réservé à la consommation de la ferme, où il y a en tout 15 personnes à nourrir. Sachant que ces 15 personnes consomment en moyenne chacune 17 doubles décalitres de blé par an, on demande de combien d'hectolitres de blé se composait la récolte. — R. 1224 hectolitres.

20. Une personne qui meurt sans laisser d'enfants lègue le $\frac{1}{3}$ de sa fortune à un de ses neveux, à un autre la même somme, plus 3500 francs, et aux pauvres une somme de 12 500 francs, qui forme le reste de sa fortune. Quel est le montant de cette fortune et combien a eu chaque neveu? — R. 57 000 francs; 19 000 francs et 25 500 francs.

21. Le loyer matriciel, c'est-à-dire le loyer qui sert de base à l'impôt, est les $\frac{4}{5}$ du loyer réel. Ce loyer matriciel est frappé d'une contribution qui à Paris, pour l'année 1885, a été de 9,50 pour 100 pour les loyers matriciels compris entre 800 et 900 francs, et de 10,50 pour 100 pour les loyers matriciels de 900 francs et au-dessus. Une famille a loué deux appartements contigus, l'un de 1300 francs, l'autre de 1050 francs. Quelle économie a-t-elle réalisée sur sa contribution mobilière en prenant ces deux appartements, au lieu de prendre un seul appartement de 2350 francs? — R. 8^f,35.

22. Quatre ouvriers ont fait ensemble un ouvrage de 3239 mètres. Le travail du deuxième est les $\frac{4}{5}$ de celui du premier; le travail du

troisième est les $\frac{2}{3}$ de celui du deuxième, et le travail du quatrième est les $\frac{3}{4}$ de celui du troisième. Combien chaque ouvrier a-t-il fait de mètres, et combien recevra-t-il, si l'ouvrage total a été payé 6724 francs? — R. 1185^m, 948^m, 632^m, 474^m; 2460^f, 1968^f, 1312^f, 984^f.

23. Sur un champ de 45 ares en luzerne on a pu faire dans l'année trois coupes, dont la troisième a donné 540 kilogrammes de fourrage sec. Sachant que la première a été les $\frac{7}{5}$ de la deuxième, et la troisième les $\frac{3}{8}$ de la deuxième, on demande : 1° le produit brut de ces trois coupes, à raison de 6^f,50 le quintal; 2° le même produit brut pour une étendue d'un hectare. — R. 131^f.04; 93^f,60; 35^f,10. 577^f,20.

24. Un commerçant, ayant une traite à payer, retire de sa caisse les $\frac{2}{9}$ de ce qu'il y avait. Il y met ensuite 1585 francs, qu'il vient de recevoir. Enfin, il y prend plus tard les $\frac{3}{5}$ de ce qu'il y a pour les porter chez son banquier. Sachant qu'après cela la caisse renferme 2174 francs, on demande ce qu'il y avait au début. — R. 4950^f.

25. Un marchand achète une caisse de thé à raison de 12 francs le kilogramme. Il en revend la moitié à 16 francs le kilogramme, le $\frac{1}{4}$ à 17 francs, le $\frac{1}{5}$ à 14 francs et le reste à 20 francs. Il gagne ainsi 162 francs. Combien la caisse contenait-elle de kilogrammes de thé? — R. 40 kilogrammes.

26. Un héritage de 18 500 francs a été partagé inégalement entre deux frères. Le premier spécule à la Bourse et perd les $\frac{4}{5}$ de sa part; le deuxième dissipe de son côté les $\frac{19}{22}$ de sa part. Sachant que les deux frères ont alors tous les deux la même somme, on demande quelles étaient les deux parts? — R. 7500^f et 11 000^f.

27. Une somme d'argent a été partagée en trois parties. La première vaut 9 francs, la troisième vaut la première augmentée de la moitié de la seconde, et la seconde vaut la somme des deux autres. Quelle est cette somme, et combien vaut chaque partie? — R. 72^f; 9^f, 36^f et 27^f.

CHAPITRE V

REVISION ET COMPLÉMENT DES NOMBRES DÉCIMAUX

22ᵉ LEÇON.

REVISION DE LA NUMÉRATION, DE L'ADDITION, DE LA SOUSTRACTION ET DE LA MULTIPLICATION DES NOMBRES DÉCIMAUX.

115. Définition. — Si l'on partage l'unité en 10, en 100, en 1000.... parties égales, ces dixièmes, centièmes, millièmes... d'unité sont des *parties décimales* de l'unité.

Un *nombre décimal* est un nombre formé par la réunion d'unités entières et de parties décimales de l'unité.

Les *dixièmes, centièmes, millièmes*, etc., sont considérés comme de nouveaux ordres d'unités, qu'on appelle les *ordres décimaux*. On leur étend les principes de la numération écrite, en sorte que les dixièmes se placent à la droite des unités, dont on les sépare par une virgule; les centièmes se placent à la droite des dixièmes, etc.

116. Règle pour énoncer un nombre décimal. — *On lit d'abord la partie entière; puis on lit la partie décimale comme si c'était un nombre entier, en faisant suivre cet énoncé du nom de l'ordre décimal représenté par le dernier chiffre de droite.*

EXEMPLE. 58,347 s'énonce 58 unités 347 millièmes.

117. Règle pour écrire un nombre décimal énoncé. — *On écrit d'abord la partie entière, après laquelle on place une virgule; puis on écrit la partie décimale telle qu'elle est énoncée, c'est-à-dire comme si c'était un nombre entier, en ayant soin de placer, s'il le faut, des zéros entre la virgule et le premier chiffre significatif, de manière que le dernier chiffre de droite représente bien l'ordre décimal indiqué par l'énoncé.*

Exemple. 12 unités 64 millièmes s'écrira : 12,064.

Remarque. — Une fraction décimale n'est autre chose qu'une fraction ordinaire dont le dénominateur est formé par l'unité suivie de zéros. Soit 5,38. Ce nombre peut s'énoncer 538 millièmes; il peut donc s'écrire $\frac{538}{1000}$.

118. Principes de calcul relatifs aux nombres décimaux :

1° *On n'altère pas la valeur d'un nombre décimal en écrivant ou en supprimant des zéros sur sa droite.*

2° *On multiplie un nombre décimal par 10, 100, 1000, etc., lorsqu'on déplace la virgule de un, deux, trois, etc., rangs vers la droite.*

3° *On divise un nombre décimal par 10, 100, 1000, etc., lorsqu'on déplace la virgule de un, deux, trois, etc., rangs vers la gauche.*

119. Addition des nombres décimaux. — Additionner des nombres décimaux, c'est réunir en un seul nombre toutes les unités entières et toutes les unités décimales qu'ils renferment.

120. Règle. — *Pour additionner ensemble des nombres entiers ou décimaux, on les écrit les uns au-dessous des autres, de manière que les virgules se correspondent, ce qui met les unités du même ordre dans une même colonne verticale. Commençant ensuite par la droite, on additionne successivement chaque colonne en opérant comme si les nombres étaient entiers. Enfin, on place une virgule dans le résultat au-dessous des virgules des nombres donnés.*

Exemple :

```
  0,843
  3,75
  0,0378
  2,5
  ──────
  7,1308
```

121. Soustraction des nombres décimaux. — Soustraire l'un de l'autre deux nombres quelconques, entiers ou décimaux, c'est trouver un troisième nombre qui, ajouté au plus petit, reproduise le plus grand.

Règle. — *On écrit le plus petit nombre au-dessous du plus grand, de manière que les virgules se correspondent. On opère ensuite comme si les deux nombres étaient entiers, et l'on place une virgule dans le reste au-dessous des virgules des deux nombres donnés.*

Exemples :
    67,243   0,34
    59,78   0,065
    ———   ———
    7,463   0,275

122. Multiplication des nombres décimaux. — *Multiplier deux nombres décimaux l'un par l'autre, c'est prendre du multiplicande une fraction marquée par le multiplicateur.*

Soit à multiplier 3,14 par 7,835. C'est prendre les $\frac{7835}{1000}$ de 3,14. Si l'on prend d'abord le millième de 3,14 on aura 0,00314; puis en multipliant ce nombre par 7835 on aura 7835 fois 0,00314, ou bien 314 fois 7835 cent-millièmes, ce qui donne 2460190 cent-millièmes, ou bien enfin 24,60190. On déduit de là la règle suivante :

Règle. — *Pour multiplier l'un par l'autre deux nombres décimaux (l'un d'eux pouvant être entier), on multiplie entre eux les deux nombres entiers obtenus en supprimant les virgules dans les deux nombres proposés; puis l'on sépare sur la droite du produit autant de chiffres décimaux qu'il y en avait dans les deux facteurs réunis.*

Exemple :   6,54
               0,328
              ———
              5 232
             13 08
           1 96 2
           ———
           2,14 512

23ᵉ LEÇON.

DIVISION DES NOMBRES DÉCIMAUX. QUOTIENTS APPROCHÉS.

123. Quotient exact. — On appelle *quotient exact* de deux nombres entiers ou décimaux, un troisième nombre entier ou décimal, qui multiplié par le diviseur reproduit exactement le dividende. Par exemple, le quotient exact de 97,24 par 28,6 est 3,4, parce que le produit $28,6 \times 3,4$ est exactement égal à 97,24.

124. Quotient approché. — On appelle *quotient* de deux nombres entiers ou décimaux *à une unité près d'un ordre décimal donné*, le plus grand nombre d'unités décimales de cet ordre dont le produit par le diviseur soit contenu dans le dividende.

Par exemple, le quotient de 38 par 7 à 0,01 près est 5,42, parce que 38 contient le produit de 5,42 par 7, mais ne contient pas le produit de 5,43 par 7. De même, le quotient de 6,85 par 5,2 à 0,1 près est 1,3; car le produit de 1,3 par 5,2 est moindre que 6,85, tandis que le produit de 1,4 par 5,2 surpasserait 6,85.

125. Recherche du quotient approché lorsque le diviseur est entier. — Nous distinguerons deux cas.

1ᵉʳ Cas. — *Le dividende étant un nombre décimal et le diviseur un nombre entier, trouver le quotient à une unité près de l'ordre décimal représenté par le dernier chiffre du dividende.*

Soit à trouver le quotient de 3,142 par 8 à 0,001 près. Cherchons le quotient de 3142 par 8 à une unité près : ce quotient est 392, c'est-à-dire que le nombre formé de 3142 unités est compris entre le produit de 392 unités par 8 et le produit de 393 unités par 8. Donc le nombre formé de 3142 millièmes, ou 3,142, est compris entre le produit de 392 millièmes par 8 et celui de 393 millièmes par 8; c'est-à-dire que 0,392 est le quotient de 3,142 par 8 à 0,001 près. De là la règle suivante :

Règle. — *Pour trouver le quotient d'un nombre décimal par un nombre entier à une unité près du dernier ordre décimal du dividende, on supprime la virgule du dividende, on cherche le quotient entier des nombres ainsi obtenus, puis on sépare sur la droite de ce quotient autant de chiffres décimaux qu'il y en avait dans le dividende.*

Remarque. — Dans la pratique, on fait la division comme si la virgule n'existait pas, puis l'on met une virgule au quotient dès qu'on abaisse le premier chiffre décimal du dividende.

2ᵉ Cas. — *Le dividende étant décimal et le diviseur entier, trouver le quotient à une unité près d'un ordre décimal quelconque.*

1° Supposons que le dividende ait moins de chiffres décimaux qu'on n'en veut avoir au quotient. Par exemple, soit à trouver le quotient à 0,001 près de 5,34 par 12. Le dividende est égal à 5,340, et nous sommes ramenés à chercher à 0,001 près le quotient de 5,340 par 12.

2° Supposons au contraire qu'il y ait au dividende plus de chiffres décimaux qu'il n'en est marqué par l'approximation. Par exemple, soit à trouver le quotient à 0,01 près de 7,8372 par 25. Ne conservons que les centièmes du dividende. Le quotient de 7,83 par 25 à 0,01 près est, d'après la règle du cas précédent, 0,31. Cela veut dire que $0{,}31 \times 25$ est moindre que 7,83, et que $0{,}32 \times 25$ est au contraire supérieur à 7,83. $0{,}31 \times 25$ est à plus forte raison moindre que 7,8372. D'ailleurs $0{,}32 \times 25$ est encore plus grand que 7,8372; car ce produit $0{,}32 \times 25$ surpassant 7,83 doit le surpasser au moins d'un centième et par conséquent être supérieur à 7,8372. Il suit de là que le quotient à 0,01 près de 7,83 par 25 est aussi le quotient à 0,01 près de 7,8372 par 25. D'où la règle :

Règle. — *Pour trouver le quotient d'un nombre décimal par un nombre entier à une unité près d'un ordre décimal quelconque, on prend dans le dividende autant de chiffres décimaux qu'on en veut avoir au quotient, en écrivant des* zéros sur la droite du dividende si cela est nécessaire, ou bien en y supprimant des chiffres décimaux, s'il y en a trop; on est alors ramené à la règle du cas précédent.

Exemples. — Quotient de 37,8 par 23 à 0,01 près ; de 2,89349 par 16 à 0,001 près.

$$\begin{array}{r|l} 37,80 & 23 \\ 14\ 8 & \overline{1,64} \\ 1\ 00 & \\ 8 & \end{array} \qquad \begin{array}{r|l} 2,893 & 16 \\ 1\ 29 & \overline{0,180} \\ 13 & \end{array}$$

Remarque. — La règle précédente s'applique évidemment au cas où le dividende est un nombre entier.

Exemple. — Soit à trouver le quotient à 0,01 près de 22 par 7.

$$\begin{array}{r|l} 22,00 & 7 \\ 1\ 0 & \overline{3,14} \\ 30 & \\ 2 & \end{array}$$

Dans la pratique on n'écrit pas les zéros à la droite du dividende; on se borne à les écrire successivement à la droite des restes, jusqu'à ce qu'on ait obtenu au quotient autant de chiffres décimaux qu'il en est demandé par l'approximation.

126. Recherche du quotient approché lorsque le diviseur est décimal. — Cette recherche est fondée sur le principe suivant :

Théorème. — *Lorsqu'on multiplie deux nombres par un troisième, leur quotient à une unité près d'un ordre décimal quelconque n'est pas changé.*

Supposons, par exemple, que le quotient à 0,01 près de 68,87 par 9,5 soit 7,24. Multiplions 68,87 et 9,5 par un nombre quelconque, par 20 par exemple. Je dis que les deux produits $68,87 \times 20$ et $9,5 \times 20$ auront encore 7,24 pour quotient à 0,01 près. En effet, 7,24 étant le quotient de 68,87 par 9,5 à 0,01 près, les deux produits $7,24 \times 9,5$

et $7{,}25 \times 9{,}5$ comprennent entre eux $68{,}87$. Multiplions ces trois nombres par 20, en faisant porter la multiplication des deux premiers sur le facteur $9{,}5$. Les deux nouveaux produits $7{,}24 \times (9{,}5 \times 20)$ et $7{,}25 \times (9{,}5 \times 20)$ comprendront entre eux le produit $68{,}87 \times 20$, ce qui prouve que $7{,}24$ est encore le quotient à $0{,}01$ près de $68{,}87 \times 20$ par $9{,}5 \times 20$.

Ce principe conduit à la règle générale de la division de deux nombres décimaux :

RÈGLE. — *Pour trouver le quotient de deux nombres décimaux à une unité près d'un ordre décimal donné, on rend le diviseur entier, on déplace la virgule du dividende d'autant de rangs vers la droite qu'il y avait de chiffres décimaux au diviseur (en écrivant des zéros sur la droite du dividende, si cela est nécessaire), et l'on est ainsi ramené à chercher le quotient approché d'un nombre entier ou décimal par un nombre entier* (125, 2ᵉ cas).

EXEMPLE I. — Quotient à $0{,}001$ près de $1{,}348$ par $0{,}74$.

$$\begin{array}{r|l} 134{,}8 & 74 \\ 608 & \overline{1{,}821} \\ 160 & \\ 120 & \\ 46 & \end{array}$$

EXEMPLE II. — Quotient de $28{,}53$ par $5{,}876$ à $0{,}01$ près.

$$\begin{array}{r|l} 28\,550 & 5876 \\ 5\,0260 & \overline{4{,}85} \\ 32520 & \\ 3140 & \end{array}$$

Quotient exact. — Lorsqu'il existe un quotient exact du dividende par le diviseur, l'application de la règle précédente le fait nécessairement trouver, pourvu qu'on pousse la division suffisamment loin. Soit, par exemple, à diviser $85{,}4964$ par $6{,}8$ et à chercher si cette division

RÉVISION DES NOMBRES DÉCIMAUX.

fournit un quotient exact. En appliquant la règle précédente, on trouve 12,573 pour quotient exact :

```
854,964 | 68
   174  | 12,573
   389
   496
   204
    00
```

REMARQUE. — Les opérations sur les nombres décimaux se ramenant, en définitive, à des opérations sur les nombres entiers, on peut appliquer les preuves par 9 et par 11 à la multiplication et à la division des nombres décimaux.

QUESTIONNAIRE ET EXERCICES SUR LA 22ᵉ ET LA 23ᵉ LEÇON.

1. Qu'appelle-t-on *parties décimales* de l'unité? Qu'est-ce qu'un *nombre décimal?*

2. Montrer comment les nombres décimaux peuvent s'écrire d'après les principes de la numération des nombres entiers.

3. Règles pour énoncer et pour écrire un nombre décimal.

4. Faire voir comment une fraction décimale peut être écrite sous forme de fraction ordinaire. Exemples: 3,4 ; 12,58 ; 37,408 ; 0,93 ; 0,029 ; 342,8.

5. Principes relatifs au déplacement de la virgule.

6. Énoncer et démontrer les règles d'addition et de soustraction des nombres décimaux.

7. Multiplication des nombres décimaux. Cas où le multiplicateur est entier ; cas où il est décimal. Énoncer et démontrer la règle générale.

8. Effectuer les multiplications suivantes :

$5,43 \times 8$; $0,637 \times 12$; $548,6 \times 74$; $0,0385 \times 9$; $2834,6 \times 423$; $6,7 \times 2,3$; $134,85 \times 8,7$; $743,04 \times 0,95$; $28,034 \times 0,075$; $9,0704 \times 8,29$; $1\,438,5 \times 7,1$; $293 \times 0,042$; $5\,937 \times 0,75$.

9. Définir le quotient exact de deux nombres entiers ou décimaux, leur quotient approché à une unité près d'un ordre décimal donné.

10. Comment on trouve le quotient approché lorsque le diviseur est entier. Appliquer la règle aux exemples suivants :
Quotients de : 2,362 par 8 à 0,001 près ; 63,85 par 18 à 0,01 près ; 0,7536 par 27 à 0,0001 près ; 977,8 par 45 à 0,1 près ; 9,63 par 6 à 0,001 près ; 153,7 par 59 à 0,01 près ; 0,7458 par 12 à 0,001 près ; 81,602 par 398 à 0,0001 près ; 563,9087 par 722 à 0,01 près.

RÉVISION DES NOMBRES DÉCIMAUX.

11. Énoncer et démontrer le principe sur lequel repose la recherche du quotient approché de deux nombres quelconques.

12. Énoncer et démontrer la règle générale de la division de deux nombres décimaux.

13. Appliquer cette règle aux exemples suivants :
Quotients de 6,53 par 2,8 à 0,1 près ; 92,37 par 11,97 à 0,01 près ; 0,03749 par 0,63 à 0,001 près ; 6834 par 879 à 0,001 près ; 581 par 14,6 à une unité près ; 98,895 par 2,85 à 0,01 près ; 1307,80 par 65,39 à 0,1 près.

14. En admettant qu'un litre de vin pèse 0^{Kg},928 et coûte 0^f,65, calculer à 0^l,1 près le prix d'une pièce de vin qui pesait 248^{Kg},63 quand elle était pleine et qui, vide, pèse 39^{Kg},7. — R. 146^f,3.

15. Un épicier a acheté 75 pains de sucre pesant chacun 10^{Kg},5 et les a payés 140 francs les 100 kilogrammes. Il veut gagner 125 francs ; combien, à 0,01 près, doit-il revendre le kilogramme ? — R. 1^f,55.

16. Un marchand a vendu au détail 650 mètres d'étoffe, savoir : 150 mètres pour 740 francs et le reste à raison de 5^f,50 le mètre. Il a gagné sur le tout 1^f,25 par mètre. Combien, à 0,01 près, lui coûtait le mètre d'étoffe ? — R. 4^f,11.

17. Un cultivateur fait battre son blé au fléau et emploie pour cela 4 hommes qui battent ensemble 140 gerbes par jour. Chaque gerbe produit en moyenne 6 litres de grain. Sachant que la journée de chaque batteur est payée 3^f,25 et que la quantité totale de blé obtenue est de 178^{Hl},5, on demande : 1° le nombre de jours employés au battage ; 2° le nombre de gerbes ; 3° le salaire des batteurs ; 4° à combien revient le battage par hectolitre. — R. 21^j,25, 2975 gerbes, 178^f,50 et 1^f,54.

18. Pour faire une robe, on a acheté 5^m,50 d'étoffe qui ont coûté 35 francs. En faisant la robe on s'aperçoit qu'il faut encore 1^m,75 de la même étoffe et on en achète cette longueur au même prix. Sachant que les fournitures ont coûté 6^f,50, on demande, à un centime près, ce que la robe a coûté. — R. 52^f,63.

19. Un tisserand a employé 9 jours pour fabriquer une pièce de toile de 60^m,75 de longueur. La quantité de fil nécessaire pour faire 4^m,50 est de 1^{Kg},125. Chaque écheveau pèse 0^{Kg},36 et l'on a 54 écheveaux pour 36^f,73. Enfin, le tisserand est payé à raison de 25^f,20 par semaine de 6 jours. On demande, d'après cela, combien le fabricant devra vendre le mètre, pour gagner 20 pour 100 sur le prix de revient.

20. Le charbon de terre, pris à la mine d'Anzin, coûte 1^f,25 le quintal. Le charbon anglais, pris au Havre, coûte 1^f,75 le quintal. Le chemin de fer du Nord prend 0^f,12 par tonne et par kilomètre pour le transport du charbon d'Anzin, et la distance d'Anzin à Paris est de 221 kilomètres. Sachant que la distance du Havre à Paris est de 216 kilomètres, on demande, à 0,001 près, quel est le prix maximum que le chemin de fer de l'Ouest doit faire payer par tonne et par kilomètre pour que le charbon du Havre rendu à Paris ne coûte pas plus cher que celui d'Anzin. — R. 0^f,099.

21. Le bronze des cloches est un alliage de cuivre et d'étain dans

CONVERSION DES FRACTIONS.   113

lequel le cuivre forme les 0,78 du poids total. Sachant que dans une cloche le poids du cuivre surpasse de 35ᵏ,56 le poids de l'étain, on demande de calculer à 1 kilogramme près : 1° le poids total de la cloche ; 2° le poids du cuivre et le poids de l'étain qui la composent.
— R. 6350ᴷᵍ, 4953ᴷᵍ et 1397ᴷᵍ.

22. Une personne, qui voyage en troisième classe, emporte avec elle 138 kilogrammes de bagages. On sait qu'elle a droit à un transport gratuit de 30 kilogrammes de bagages, que le prix du transport de l'excédent est de 0ᶠ,40 par tonne et par kilomètre, et qu'enfin le prix de la place en troisième classe est calculé à raison de 0ᶠ,067 par kilomètre. Sachant que cette personne a payé en tout 47ᶠ,60 pour un certain trajet, on demande quelle est la longueur de ce trajet. — R. 450ᴷᵐ.

Nota. — Dans tous les problèmes qui précèdent, on devra s'exercer à ne pas effectuer les calculs à mesure qu'ils se présentent, mais à les indiquer seulement, de manière à ne faire les opérations que sur l'expression finale de l'inconnue. C'est une précaution utile dans la résolution de tous les problèmes en général, mais particulièrement des problèmes sur les nombres décimaux. Sans cela, on n'aperçoit pas les réductions qui peuvent se présenter, et, d'un autre côté, on peut rendre plus compliqué le calcul de l'inconnue avec une approximation déterminée.

24ᵉ LEÇON.

CONVERSION DES FRACTIONS ORDINAIRES EN FRACTIONS DÉCIMALES.

127. Définition. — Convertir une fraction ordinaire en fraction décimale, c'est trouver, à une unité près d'un ordre décimal donné, le quotient représenté par cette fraction, c'est-à-dire le quotient de son numérateur par son dénominateur. Par exemple, convertir $\frac{5}{7}$ en fraction décimale, c'est exprimer, à une unité près d'un ordre décimal donné, le quotient de 5 par 7.

Ce problème a été résolu dans la leçon précédente (125), et la règle suivante se trouve ainsi démontrée :

Règle. — *Pour convertir une fraction ordinaire en fraction décimale, on divise le numérateur par le dénominateur, en poussant la division jusqu'à ce qu'on ait obtenu au quotient le nombre de chiffres décimaux marqué par l'approximation que l'on veut avoir.*

Exemple. — Convertir, à 0,001 près, $\frac{4}{7}$ en fraction décimale.

$$\begin{array}{r|l} 40 & 7 \\ 50 & \overline{0,571} \\ 10 & \end{array}$$

128. Fractions décimales limitées et fractions illimitées. — On peut se proposer de convertir une fraction ordinaire en fraction décimale avec une approximation indéfinie. Pour cela, on divise le numérateur par le dénominateur, comme dans le cas précédent, en écrivant un zéro à la droite de chaque reste. Imaginons qu'on continue indéfiniment cette opération. Je dis qu'après un nombre de divisions au plus égal au diviseur diminué d'une unité, on sera tombé nécessairement sur un reste nul ou sur l'un des restes déjà obtenus. En effet, chaque reste devant être moindre que le diviseur, il peut y avoir au plus autant de restes autres que zéro et distincts qu'il y a d'unités dans le diviseur diminué de 1. Donc, au bout d'un nombre d'opérations au plus égal au diviseur diminué de 1, on aura certainement obtenu un reste nul ou bien l'un des restes déjà trouvés.

1ᵉʳ Cas. — Soit, par exemple, la fraction $\frac{5}{8}$.

$$\begin{array}{r|l} 50 & 8 \\ 20 & \overline{0,625} \\ 40 & \\ 0 & \end{array}$$

Nous obtenons un reste nul après trois opérations. La fraction ordinaire proposée est alors exactement réduite en fraction décimale. $\frac{5}{8}$ est exactement égale à 0,625, et l'on

CONVERSION DES FRACTIONS.

peut le vérifier en remarquant que $0,625 = \dfrac{625}{1000} = \dfrac{5}{8}$.

2ᵉ Cas. — Soit $\dfrac{15}{22}$. Nous retombons, après trois opérations, sur le reste 18 déjà trouvé. Il est clair alors qu'à partir de ce moment les divisions se reproduiront indéfiniment toujours les mêmes, et que l'opération n'aura pas de fin.

```
150     | 22
 180    | 0,6818181.....
  40
  180
   40
   180
    40
```

La fraction $\dfrac{15}{22}$ ne peut donc pas être exprimée exactement en fraction décimale; mais on peut en avoir une valeur aussi approchée que l'on veut, et cela sans qu'il soit nécessaire de faire un grand nombre d'opérations. Ainsi, si l'on demande la valeur de $\dfrac{15}{22}$ à 0,000000001 près, on pourra écrire immédiatement, après avoir fait trois opérations et après être retombé sur le reste 18 :

$$\dfrac{15}{22} = 0,681818181.$$

129. Fractions périodiques. — Il résulte de ce qui précède que, lorsqu'une fraction ordinaire ne peut pas être convertie exactement en une fraction décimale limitée, elle donne nécessairement naissance à une fraction *périodique*, c'est-à-dire à une fraction décimale dont les chiffres se reproduisent périodiquement d'une manière indéfinie.

Une fraction décimale périodique est dite *simple* lorsque la période commence immédiatement après la virgule; elle est appelée *mixte* lorsque la période ne commence qu'après un certain nombre de chiffres, qu'on appelle chiffres *irréguliers* ou *partie non périodique*.

Exemples. — $\dfrac{3}{11}$ et $\dfrac{145}{264}$.

```
30  | 11           1450  | 264
80  | 0,2727.....  1300  | 0,5492424. ...
30                 2440
                    640
                   1120
                     64
```

$\dfrac{3}{11}$ donne naissance à la fraction périodique simple 0,272727 ...., et $\dfrac{145}{264}$ à la fraction périodique mixte 0,5492424.....

Remarque. — Dans ce qui précède, nous avons toujours raisonné sur des fractions ordinaires moindres que l'unité; mais les raisonnements s'appliquent évidemment à des nombres fractionnaires quelconques.

25ᵉ LEÇON.

CONVERSION DES FRACTIONS DÉCIMALES EN FRACTIONS ORDINAIRES. NOTIONS SUR LES FRACTIONS PÉRIODIQUES.

130. Conversion d'une fraction décimale limitée. — Soit, par exemple, 0,5834. Nous savons que cette fraction n'est autre que la fraction ordinaire $\frac{5834}{10000}$, qui, réduite à sa plus simple expression, devient $\frac{2917}{5000}$.

*131. **Conversion d'une fraction décimale illimitée.** — Soit 0,373737..... Convertir cette fraction en fraction ordinaire, c'est trouver une fraction ordinaire qui, réduite en fraction décimale d'après la règle établie plus haut (127), conduise à la fraction périodique 0,373737.....

*132. **Théorème I.** — *Étant donnée une fraction périodique simple, si l'on forme une fraction ordinaire ayant pour numérateur la période et pour dénominateur le nombre formé d'autant de chiffres 9 qu'il y a de chiffres dans la période, cette fraction ordinaire, convertie en fraction décimale, engendrera la fraction périodique proposée.*

Je dis que $\frac{37}{99}$, convertie en fraction décimale, engendrera 0,373737..... En effet, le nombre 37 peut s'écrire identiquement de la manière suivante :

$$37 = 0,37 \times 100 = 0,37 \times (99+1) = 0,37 \times 99 + 0,37.$$

Cette égalité montre que le produit de 0,37 par 99 est contenu dans 37, mais que le produit de 0,38 par 99 serait supérieur à 37. Car le produit de 0,38 par 99 surpasserait de 99 centièmes celui de 0,37 par 99, et 37 ne surpasse ce dernier produit que de 0,37.

Il suit de là que, si l'on cherche le quotient de 37 par 99 à 0,01 près, on trouvera pour quotient 0,37 et pour reste 0,37.

```
    37,00  | 99
     0,3700 | 0,3737.....
     0,0037
```

Si maintenant on continue l'opération, afin d'avoir le quotient de 37 par 99 à 0,0001 près, il est clair que les 0,37 divisés par 99 donneront de même pour quotient 0,0037, et pour reste 0,0037; et ainsi de suite indéfiniment. La fraction $\frac{37}{99}$, convertie en fraction décimale avec une approximation illimitée, conduit donc à la fraction périodique donnée. On peut du reste le vérifier.

REMARQUE. — On démontre dans les Traités d'Arithmétique que, si l'on réduit à sa plus simple expression la fraction ordinaire fournie par la règle précédente, la fraction irréductible ainsi obtenue est la seule qui, convertie en fraction décimale, reproduise la fraction périodique simple donnée. On l'appelle la fraction *génératrice* de cette fraction périodique.

*133. **Théorème II.** — *Étant donnée une fraction périodique mixte, si l'on prend pour numérateur la différence des parties entières obtenues en portant la virgule successivement à droite, puis à gauche de la première période, et pour dénominateur un nombre formé d'autant de chiffres 9 qu'il y a de chiffres dans la période, suivis d'autant de zéros qu'il y a de chiffres irréguliers, on forme une fraction ordinaire qui, réduite en fraction décimale, reproduit la fraction périodique mixte donnée.*

Soit la fraction périodique mixte 0,74938938..... Je dis qu'on l'obtiendra en réduisant en fraction décimale $\frac{74938-74}{99900}$. En effet,

$$74938 - 74 = 74000 - 74 + 938 = 74 \times 999 + 938,$$

ou bien

$$74938 - 74 = 0{,}74 \times 99900 + 938.$$

Cette égalité montre que le produit de 0,74 par 99900 est moindre que $74938 - 74$, mais que le produit de $0{,}75 \times 99900$, qui surpasserait le précédent de 0,01 de

CONVERSION DES FRACTIONS.

99900, c'est-à-dire de 999, serait plus grand que 74938 — 74. Il en résulte qu'en divisant 74938 — 74 par 99900 à 0,01, on aura 0,74 et qu'il restera 938.

Cela posé, si l'on continue la division, comme $\frac{938}{999}$ donnerait pour quotient illimité 0,938938......, $\frac{1}{100}$ de $\frac{938}{999}$ donnera pour quotient 0,00938938..... Donc la fraction 74938 — 74 conduira au quotient illimité 0,74938938.....

REMARQUE. — On démontre que la fraction $\frac{74938-74}{99900}$, ou bien $\frac{74864}{99900}$, réduite à sa plus simple expression, est la seule fraction irréductible qui, convertie en fraction décimale, reproduise 0,74938938.....

QUESTIONNAIRE ET EXERCICES SUR LA 24° ET LA 25° LEÇON.

1. Qu'est-ce que convertir une fraction ordinaire en fraction décimale? Expliquer la règle.

2. Convertir en fractions décimales : $\frac{5}{6}$ à 0,001 près, $\frac{8}{9}$ à 0,01 près, $\frac{45}{52}$ à 0,01 près, $\frac{13}{17}$ à 0,0001 près, $\frac{25}{75}$ à 0,001 près, $\frac{3}{92}$ à 0,00001 près.

3. Trouver, à 0,01 près, la somme de $\frac{2}{3}$ et de 0,45.

4. Trouver, à 0,001 près, la différence entre $\frac{8}{11}$ et $\frac{5}{4}$.

5. Expliquer comment, en réduisant une fraction ordinaire en fraction décimale avec une approximation indéfinie, on doit nécessairement obtenir un quotient limité ou bien un quotient périodique. Combien d'opérations au plus faudra-t-il faire avant d'arriver à l'un ou à l'autre de ces deux résultats?

6. Qu'appelle-t-on fraction périodique simple, périodique mixte?

7. Convertir en fractions décimales, avec une approximation indéfinie, les fractions suivantes :

$\frac{5}{7}$, $\frac{8}{15}$, $\frac{12}{5}$, $\frac{6}{13}$, $\frac{4}{11}$, $\frac{25}{25}$, $\frac{247}{64}$, $\frac{475}{1200}$, $\frac{34}{50}$, $\frac{65}{35}$, $\frac{882}{954}$.

CONVERSION DES FRACTIONS.

8. Énoncer et démontrer la règle de conversion d'une fraction décimale limitée en fraction ordinaire. L'appliquer aux fractions suivantes :

0,25; 0,375; 0,478; 0,6548; 3,1416; 0,97; 8,904; 0,075; 0,00125.

Réduire les fractions ainsi obtenues à leur plus simple expression.

9. Expliquer comment on forme une fraction ordinaire qui, réduite en fraction décimale, reproduit une fraction périodique simple donnée. Applications :

0,27 27 27...;   0,054 654 654...;   0,88 88...;   0,4972 4972...,

Réduire les fractions ainsi obtenues à leur plus simple expression et vérifier qu'elles conduisent bien aux fractions proposées.

10. Expliquer comment on obtient la fraction ordinaire génératrice d'une fraction périodique mixte. Applications :

0,53777...;   0,628 93 93 93...;   0,5 479 479...;
0,328 45 45 45...;   0,6538 4731 4731....

11. Démontrer que, dans l'application de la règle précédente, on ne peut jamais tomber sur un numérateur terminé par un zéro.

12. Montrer que la fraction 0,7575 est plus grande que $\frac{3}{4}$.

13. Comparer les fractions $\frac{5}{7}$ et 0,714, $\frac{3}{4}$ et 0,75, $\frac{9}{8}$ et 1,13.

14. Calculer à 0,001 près la différence entre $\frac{3}{7}$ et $\frac{2}{9}$, la différence entre $\frac{7}{4}$ et son inverse $\frac{4}{7}$.

15. Un fil de fer s'allonge des $\frac{9}{625000}$ de sa longueur, lorsqu'on élève sa température de 1 degré (entre 0° et 100°). Calculer à 0,00001 près la longueur qu'aura à 32 degrés un fil de fer qui à 12 degrés avait 10 mètres de long.

16. A volume égal, l'acier trempé pèse les $\frac{977}{125}$ de ce que pèse l'eau. Calculer à 1 centigramme près ce que pèse une aiguille d'acier dont le volume est de 3^{mmc},7.

17. En admettant que la Terre mette exactement 365J $\frac{1}{4}$ pour accomplir sa révolution annuelle autour du Soleil, et sachant que la durée de la révolution de la planète Vénus autour du Soleil vaut les $\frac{449}{751}$ de celle de la Terre, on demande d'évaluer en jours et à 0,01 près la durée de la révolution de Vénus.

18. Dans le calendrier musulman, une année commune se compose de 12 mois, dont 6 de 29 jours et 6 de 30 jours. Trouver, à 0,01 près,

ce que valent en années communes de notre calendrier 8 années communes des musulmans et $\frac{3}{4}$ d'une de ces années.

CHAPITRE VI

REVISION ET COMPLÉMENT DU SYSTÈME MÉTRIQUE

26ᵉ LEÇON.

PRÉLIMINAIRES. — MESURES DE LONGUEUR.

134. On appelle *système métrique* l'ensemble des mesures usitées en France pour évaluer les longueurs, les surfaces, les volumes, la capacité des vases, les poids et les valeurs monétaires.

135. Avant la Révolution, les mesures usitées en France variaient d'une province à l'autre et souvent dans la même province. L'Assemblée Constituante décréta, le 8 mai 1790, l'uniformité des poids et mesures. Une commission composée de membres de l'Académie des Sciences fut chargée d'imaginer un nouveau système de mesures, dont l'usage devait être rendu obligatoire sur tout le territoire français.

136. Cette commission, composée de Borda, Lagrange, Laplace, Monge et Condorcet[1], adopta pour bases de son travail les principes suivants :

1° Pour chaque espèce de mesure, elle créa des mul-

---

1. Borda, savant français, né à Dax en 1733, mort à Paris en 1799. — Lagrange, célèbre mathématicien, né à Turin en 1736, de parents français, mort à Paris en 1813. — Laplace, l'un des plus grands géomètres des temps modernes, né en 1749 à Beaumont-en-Auge (Calvados), mort en 1827. — Monge, célèbre géomètre, né à Beaune en 1746, mort en 1818. — Condorcet, savant et écrivain français, né en 1743 à Ribemont (Aisne), mort en 1794.

tiples et sous-multiples de l'unité principale, qui dérivent de cette unité suivant *une loi décimale*, c'est-à-dire qui sont 10 fois, 100 fois, 1000 fois, etc., plus grands ou plus petits qu'elle. Cette loi de formation des multiples et sous-multiples est l'avantage fondamental du système métrique. Il en résulte, en effet, qu'une évaluation faite avec ces mesures conduit à un nombre décimal, en sorte que l'usage du système métrique donne lieu uniquement à des calculs sur les nombres décimaux. Or les opérations à effectuer sur ces nombres se ramènent immédiatement, par un simple déplacement de la virgule, aux opérations sur les nombres entiers. De plus, lorsqu'une grandeur a été évaluée avec une unité du système métrique, si l'on veut la rapporter à un multiple ou à un sous-multiple de l'unité pris comme unité nouvelle, on le fait encore très simplement en déplaçant la virgule dans le nombre entier ou décimal auquel on a été conduit.

2° Elle résolut de rattacher les mesures des diverses espèces les unes aux autres, et pour cela elle les fit dépendre toutes de l'unité de longueur.

3° Enfin, elle voulut que cette unité de longueur fût invariable, et pour cela elle la prit dans la nature. Elle décida que l'unité de longueur serait la dix-millionième partie de la distance du pôle à l'équateur, distance comptée sur le méridien terrestre.

137. Le 18 germinal an III (7 avril 1795), la Convention nationale adopta les bases du nouveau système et fit frapper une médaille sur laquelle on lisait : « *A tous les temps, à tous les peuples.* » Les nouvelles mesures furent usitées à partir de 1801 ; mais leur usage ne devint obligatoire que plus tard, à partir du 1er janvier 1840. Depuis lors, plusieurs nations étrangères, parmi lesquelles il faut citer la Belgique, la Suisse, l'Italie, ont adopté le système métrique, et une grande commission internationale s'occupe actuellement d'en étendre, s'il se peut, l'usage à toutes les nations civilisées.

MESURES DE LONGUEUR.

158. Mètre. — L'unité de longueur, qui est en même temps l'unité fondamentale du système métrique, est le *mètre*. C'est *la dix-millionième partie de la distance du pôle à l'équateur, distance comptée sur un méridien terrestre.*

Des mesures d'un arc du méridien avaient été faites déjà en 1736, à la fois au Pérou, près de l'équateur, et en Laponie, près du pôle. Lors de l'établissement du système métrique, Delambre et Méchain[1] furent chargés de compléter ce travail en mesurant l'arc de méridien compris entre Dunkerque et Barcelone. D'après ces mesures, la distance du pôle à l'équateur fut évaluée à 5 130 740 toises anciennes. Le mètre devait donc avoir une longueur de $0^T,5130740$. On construisit une règle en platine ayant cette longueur à la température de 0 degré; cette règle fut déposée aux Archives nationales le 22 juin 1799.

Tableau des mesures de longueur :

Le *myriamètre* (Mm), qui vaut 10000 mètres.
Le *kilomètre* (Km), — 1000 —
L'*hectomètre* (Hm), — 100 —
Le *décamètre* (Dm), — 10 —
Le MÈTRE.
Le *décimètre* (dm), — $0^m,1$
Le *centimètre* (cm), — 0 ,01
Le *millimètre* (mm), — 0 ,001
Le *dix-millimètre* (dmm), — 0 ,0001.

L'évaluation d'une longueur faite avec ces mesures conduit à un nombre décimal. Par exemple, si une longueur contient 3 Dm., 5 m., 6 dm., 8 cm. et 3 mm., cette mesure s'écrira : $35^m,683$.

---

[1] Delambre, célèbre astronome, né à Amiens en 1749, mort en 1822. — Méchain, ingénieur-hydrographe et astronome, né à Laon en 1744, mort en 1805.

Le changement d'unité se fait par un simple déplacement de la virgule. Par exemple, si dans la mesure précédente on veut prendre le centimètre pour unité, le nombre deviendra 3568^{cm},3.

139. Mesures itinéraires. — Les distances sur les routes s'évaluent en hectomètres, kilomètres et myriamètres. Il faut encore citer comme mesures usitées :

1° Le *mille marin*, qui est la longueur d'une minute de l'arc du méridien, et qui vaut 1851^m,85.

2° La *lieue marine*, de 3 milles marins, et qui vaut par conséquent 5555^m,55.

3° Le *nœud marin*, le $\frac{1}{120}$ du mille, qui vaut par conséquent 15^m,433. Voici d'où vient cette dénomination :

Pour évaluer la vitesse d'un navire, on jette à la mer une petite planche triangulaire, qu'on appelle le *loch*. Cette petite planche est attachée à une corde ou ligne. Lorsqu'elle tombe à l'eau, comme elle est lestée de façon à s'y tenir verticalement, la résistance de l'eau l'empêche d'avancer et, en laissant *filer* la ligne, on mesure le chemin parcouru. Pour cela, on a fait à la corde des nœuds distants l'un de l'autre de $\frac{1}{120}$ de mille ou de 15^m,433. On compte le nombre de nœuds qui filent en 30 secondes, c'est-à-dire en $\frac{1}{120}$ d'heure. Le nombre de ces nœuds indique le nombre de milles que le navire fait en 1 heure. Il est clair, en effet, que si, par exemple, 8 nœuds passent en $\frac{1}{120}$ d'heure, il passerait en 1 heure 120 fois 8 nœuds, ou 8 fois 120 nœuds, c'est-à-dire 8 milles. Par conséquent, dire qu'un navire file 8 nœuds, c'est dire qu'il fait 8 milles à l'heure.

4° La *lieue terrestre* des géographes, ou lieue *de 25 au degré*, qui a 4444^m,44.

5° La *lieue de poste*, qui est une lieue de 4 kilomètres.

27ᵉ LEÇON.

RÉVISION DES MESURES DE SUPERFICIE.

140. Mesures de superficie. — On prend toujours pour unité de surface la surface du carré qui a pour côté l'unité de longueur.

L'unité principale de superficie est donc la superficie du *mètre carré*, et les autres mesures qui en sont les multiples et les sous-multiples forment le tableau suivant :

Le *myriamètre carré* (Mmq), carré dont le côté est 1 myriam.
Le *kilomètre carré* (Kmq), — 1 kilom.
L'*hectomètre carré* (Hmq), — 1 hectom.
Le *décamètre carré* (Dmq), — 1 décam.
Le MÈTRE CARRÉ (mq), — 1 mètre.
Le *décimètre carré* (dmq), — 1 décim.
Le *centimètre carré* (cmq), — 1 centim.
Le *millimètre carré* (mmq), — 1 millim.

Ces mesures sont de 100 en 100 fois plus grandes et de 100 en 100 fois plus petites, c'est-à-dire que chacune d'elles contient 100 fois celle qui vient immédiatement au-dessous. (Revoir la démonstration dans le Cours moyen.)

Il suit de là qu'une évaluation faite avec ces mesures conduit à un nombre décimal dans lequel, les mètres carrés étant au rang des unités, les décamètres carrés sont au rang des centaines, les hectomètres carrés au rang des dizaines de mille, et ainsi de suite; de même, les décimètres carrés sont au rang des centièmes, les centimètres carrés au rang des dix-millièmes, etc.

EXEMPLE. $8^{mq} 3^{dmq} 75^{cmq}$ s'écrit : $8^{mq},0375$.

Inversement, pour lire un certain nombre de mètres carrés, suivis d'une fraction décimale de mètre carré, on peut partager ce nombre en tranches de deux chiffres à partir de la virgule. Par exemple, $385^{mq},53721$ peut s'énoncer : $3^{Dmq} 85^{mq} 53^{dmq} 72^{cmq} 10^{mmq}$.

141. Mesures agraires. — L'unité est le décamètre carré, qui prend le nom d'*are*. L'are a un seul multiple, qui est l'*hectare* ou superficie de 100 ares, et un seul sous-multiple, qui est le *centiare* ou superficie d'un centième d'are.

L'hectare, valant 100 ares, équivaut à un hectomètre carré. Le centiare n'est autre chose que le mètre carré.

SURFACE DU RECTANGLE. — La surface d'un rectangle a pour mesure le produit de ses deux dimensions. Par exemple, si les deux dimensions d'un rectangle sont 15^m et 7^m, la surface du rectangle vaudra 105 mètres carrés. (Revoir la démonstration : Cours moyen, Géom. 7e leçon.)

28e LEÇON.

RÉVISION DES MESURES DE VOLUME.

142. Mesures de volume. — On prend toujours pour unité de volume le volume d'un cube qui a pour arête l'unité de longueur.

L'unité principale de volume est donc le *mètre cube*.

Voici le tableau de ses multiples et sous-multiples :

Le *myriamètre cube* (Mmc), cube dont le côté vaut 1 myria.
Le *kilomètre cube* (Kmc)   —   —   1 kilom.
L'*hectomètre cube* (Hmc)   —   —   1 hectom
Le *décamètre cube* (Dmc)   —   —   1 décam.
Le MÈTRE CUBE (mc)   —   —   1 mètre.
Le *décimètre cube* (dmc)   —   —   1 décim.
Le *centimètre cube* (cmc)   —   —   1 cent.
Le *millimètre cube* (mmc)   —   —   1 millim.

Ces mesures sont de 1000 en 1000 fois plus grandes et plus petites. (Revoir la démonstration : Cours moyen, 30e leçon.)

la simplicité constitue l'un des principaux avantages du système métrique :

Un *mètre cube* d'eau pèse	1000 *kilogr.* ou *tonne.*
Un *millimètre cube*	1 *milligr.*
Un *hectolitre* d'eau pèse	100 *kilogr.* ou 1 *quintal.*
Un *décalitre*	10 *kilogr.*
Un *décilitre*	1 *hectogr.*
Un *centilitre*	1 *décagr.*

En général, *pour trouver le poids d'un certain volume d'eau, on évalue ce volume en litres, et le nombre trouvé donne le poids exprimé en kilogrammes ; ou bien on l'évalue en centimètres cubes, et l'on a le poids exprimé en grammes.*

EXEMPLE. $34^l,8$ d'eau pèsent $34^{Kg},8$; $538^{cmc},67$ d'eau pèsent $538^{gr},67$.

148. Densité d'un corps. — Les différents corps sont plus ou moins lourds, tout en ayant le même volume. Ainsi, une balle de plomb pèse plus qu'une bille d'agate de même grosseur ; une barre de fer pèse plus qu'une barre en bois de mêmes dimensions. C'est ce qu'on exprime en disant que les corps sont plus ou moins denses.

On appelle *densité* d'un corps solide ou liquide *le nombre constant par lequel il faut multiplier le poids d'un volume quelconque d'eau pour avoir le poids d'un égal volume de ce corps.*

Ainsi, lorsqu'on dit que la densité de l'argent est 10,5, cela signifie que pour avoir le poids d'un volume quelconque d'argent il faut multiplier par 10,5 le poids d'un égal volume d'eau. Par exemple, le poids d'un centimètre cube d'argent s'obtient en multipliant par 10,5 le poids d'un centimètre cube d'eau, 1 gramme, ce qui donne $10^{gr},5$.

De même, lorsqu'on dit que la densité de l'huile d'olive est 0,915, cela signifie qu'en multipliant le poids d'un certain volume d'eau par 0,915 on obtient le poids d'un égal volume d'huile d'olive. Par exemple, si l'on veut le poids de 6 litres d'huile d'olive, il faudra multiplier par

MESURES DE CAPACITÉ.

Il suit de là que si l'évaluation d'un volume est faite avec ces mesures, elle conduit à un nombre décimal dans lequel, les mètres cubes étant au rang des unités, les décamètres cubes occupent le rang des mille, les hectomètres cubes le rang des millions, etc., les décimètres cubes le rang des millièmes, les centimètres cubes le rang des millionièmes, et ainsi de suite.

EXEMPLE. — Un volume de 3^{Dmc} 37^{mc} 856^{dmc} et 42^{cm} s'écrira : $3057^{mc},856042$.

Inversement, pour énoncer les diverses unités cubiques contenues dans un certain nombre de mètres cubes suivi d'une fraction décimale de mètre cube, on décomposera ce nombre décimal en tranches de trois chiffres à partir de la virgule.

Par exemple : $74^{mc},7803$ s'énoncera : $74^{mc}780^{dmc}300^{cmc}$.

143. **Mesures pour le bois de chauffage.** — L'unité est encore le mètre cube, qui prend le nom de *stère*. Le stère a un seul multiple, qui est le *décastère*, ou mesure de 10 stères, et un seul sous-multiple, qui est le *décistère*, ou mesure de 0,1 de stère.

VOLUME DU PARALLÉLÉPIPÈDE RECTANGLE. — Le volume d'un corps ayant la forme d'un parallélépipède rectangle s'obtient en faisant le produit des trois dimensions. (Cours moyen, Géom. 10ᵉ leçon.)

EXEMPLE. — Une poutre en bois a la forme d'un parallélépipède rectangle dont les dimensions sont : 8^m de longueur, $0^m,75$ de largeur et $0^m,57$ d'épaisseur. Son volume s'obtiendra en faisant le produit : $8 \times 0,75 \times 0,57 = 3^{mc},420$.

29ᵉ LEÇON.

RÉVISION DES MESURES DE CAPACITÉ.

La capacité d'un vase ou d'un récipient quelconque est le volume intérieur de ce vase ou de ce récipient.

MESURES DE CAPACITÉ.

144. L'unité principale de capacité est le *litre*. Le litre est un vase de forme cylindrique dont le volume intérieur ou la capacité est de *un décimètre cube*.

Les multiples et sous-multiples du litre forment le tableau suivant :

L'*Hectolitre* (Hl) qui vaut 100 litres
Le *Décalitre* (Dl)   — 10 —
Le *Litre* (l)
Le *Décilitre* (dl)   — 0,1 du litre
Le *Centilitre* (cl) — 0,01 —

Ces mesures étant de 10 en 10 fois plus grandes ou plus petites, l'évaluation d'une capacité faite avec elles conduit à un nombre décimal, dans lequel les décalitres sont au rang des dizaines, les hectolitres au rang des centaines, les décilitres au rang des dixièmes et les centilitres au rang des centièmes.

EXEMPLE. — $3^{Hl} 4^{Dl} 6^{l} 8^{dl}$ s'écrira : $346^l,8$.

145. Relations entre les mesures de volume et les mesures de capacité. — Le litre valant 1 décimètre cube, si l'on veut exprimer en litres une mesure cubique, il suffit d'évaluer cette mesure au moyen du décimètre cube pris pour unité, et de remplacer le décimètre cube par le litre.

EXEMPLE. — *Quelle est, en litres, la capacité d'un bassin ayant la forme d'un parallélépipède rectangle, dont les dimensions sont* : $3^m,20$, $2^m,335$ *et* $0^m,90$.

Le volume de ce bassin sera : $3,20 \times 2,35 \times 0,90 = 6^{mc},768 = 6768$ décimètres cubes, ou bien 6768 litres, ou bien encore $67^{Hl},68$.

REMARQUE. — Il est important de remarquer que le mètre cube vaut 1000 litres et le centimètre cube $0^l,001$.

30ᵉ LEÇON.

RÉVISION ET COMPLÉMENT DES MESURES DE POIDS.

146. Gramme. — L'unité principale de poids est le *gramme*. — Le gramme est le poids d'un centimètre cube d'eau distillée, prise à la température de 4 degrés centigrades et pesée dans le vide.

TABLEAU DES MULTIPLES ET DES SOUS-MULTIPLES DU GRAMME.

Le *myriagramme*..	(Mg),	qui vaut	10 000	grammes.
Le *kilogramme*...	(Kg)	—	000	—
L'*hectogramme*...	(Hg)	—	100	—
Le *décagramme*..	(Dg)	—	10	—
Le GRAMME......	(g)			
Le *décigramme*...	(dg)	—	0,1	de gramme
Le *centigramme*..	(cg)	—	0,01	—
Le *milligramme*..	(mg)	—	0,001	—
Le *dix-milligramme*	(dmg).	—	0,0001	—

Il faut y joindre le quintal métrique (Q), qui vaut 100 kilogrammes, et la tonne (T), qui vaut 1000 kilogrammes.

Ces mesures sont de dix en dix fois plus grandes ou plus petites et conduisent à des nombres décimaux dans lesquels, le gramme étant pris pour unité, les décagrammes sont au rang des dizaines, les hectogrammes au rang des centaines, etc., les décigrammes au rang des dixièmes, les centigrammes au rang des centièmes, et ainsi de suite.

EXEMPLE. — Un poids de $4^{Hg} 8^g 5^{dg} 4^{cg}$ s'écrira $408^g,54$.

147. Relations entre les unités de poids et les unités de volume. — Puisqu'un centimètre cube d'eau pèse 1 gramme, un décimètre cube d'eau, ou bien un litre, qui vaut 1000 centimètres cubes, pèsera 1 kilogramme. De même, on établira aisément les relations suivantes, dont

0,915 le poids de 6 litres d'eau, qui est de 6 kilogrammes, ce qui donnera 5^{kg},490.

149. Trouver le poids d'un corps dont on connaît le volume et la densité. — Soit à trouver le poids d'un bloc de pierre dont le volume est de 0^{mc},420, sachant que la densité de cette pierre est 2,04. D'après ce qui précède, le poids cherché s'obtient en multipliant par 2,04 le poids de 0^{mc},420 d'eau 420^{kg}, ce qui donne 856^{kg},8.

RÈGLE. — *On multiplie par la densité le nombre qui exprime le volume; le produit exprime le poids cherché en unités de poids correspondant à l'unité de volume.*

EXEMPLE I. — *Trouver le poids de 210 litres de vin, la densité du vin étant* 0,987. Ce poids est égal à 210 × 0,987, c'est-à-dire 207^{kg},27, puisque l'unité de poids qui correspond au litre est le kilogramme.

EXEMPLE II. — *Quel est le poids d'une colonnette de fonte dont le volume est de* 31^{dmc},8, *la densité de la fonte étant* 7,05? 31,8 × 7,05 = 224,19. Le poids cherché est donc de 224^{kg},190.

REMARQUE. — La règle précédente conduit à la solution du problème inverse :

Connaissant le poids et la densité d'un corps, trouver son volume. — Il suffit de diviser par la densité le nombre qui exprime le poids; le quotient exprime le volume en unités de volume correspondant à l'unité de poids.

EXEMPLE. — *Il est entré dans une maçonnerie* 34^{T},875 *de granite taillé. Quel est le volume de cette pierre de taille, si la densité de ce granite est* 2,68? 34,875 : 2,68 = 13,013. Le volume cherché est de 13^{mc},013, puisque l'unité de volume correspondant à la tonne est le mètre cube.

150. Tables des densités. — Les physiciens ont déterminé les densités des diverses substances. L'*Annuaire du Bureau des longitudes* renferme des tables de ces densités. En voici quelques-unes, qu'il est particulièrement utile de connaître :

MONNAIES.

DENSITÉ DE QUELQUES CORPS LIQUIDES.

Mercure	13,600	Vin	0,990
Acide sulfurique	1,848	Huile d'olive	0,915
Vinaigre concentré	1,063	Benzine	0,890
Lait	1,030	Essence de térébenthine	0,864
Eau de mer	1,026	Alcool absolu	0,795

DENSITÉ DE QUELQUES CORPS SOLIDES.

Platine	21,45	Marbre calcaire	2,69
Or	19,26	Aluminium	2,56
Plomb	11,35	Grès des Vosges	2,22
Argent	10,5	Soufre	2,07
Cuivre	8,85	Calcaire grossier	2,00
Étain	7,29	Houille	1,30
Fer forgé	7,79	Glace	0,92
Fer fondu	7,20	Chêne	0,89 (en moyenne)
Zinc	7,19	Hêtre	0,74 (en moyenne)
Ardoise (schiste)	2,75	Sapin	0,57
Granite	2,70	Liège	0,24

31ᵉ LEÇON.

REVISION ET COMPLÉMENT DES MONNAIES.

151. Franc. — L'unité de monnaie est le *franc*. La valeur du franc a été ainsi définie par les lois du 28 thermidor an III (15 août 1795) et du 7 germinal an XI (28 mars 1803) :

Le *franc* est une pièce de monnaie du poids de *cinq* grammes, de 23 millimètres de diamètre, et qui est formée de 9 parties d'argent pur et de 1 partie de cuivre.

D'où il suit que la pièce de 1 franc doit renfermer $4^{gr},5$ d'argent et $0^{gr},5$ de cuivre.

Il en a été ainsi jusqu'en 1866. Mais à cette époque une loi nouvelle (14 juillet) a fixé à 835 parties seulement sur 1000 le poids d'argent pur contenu dans les pièces de 1 franc, 2 francs, $0^r,50$ et $0^r,20$. Le franc ne renferme donc plus que $4^{gr},175$ d'argent pur, tandis qu'il contient $0^{gr},825$ de cuivre.

La pièce de *cinq* francs en argent a conservé, au contraire, son ancien *titre*, c'est-à-dire qu'elle renferme toujours les 0,900 de son poids en argent pur, soit les 0,900 de 25 grammes, ou $22^{gr},5$.

Il s'ensuit que la *monnaie divisionnaire d'argent*, c'est-à-dire les pièces de 1 franc, 2 francs, $0^f,50$ et $0^f,20$, n'ont plus en réalité qu'une valeur intrinsèque inférieure à leur valeur nominale. Aussi ne sont-elles acceptées que comme *monnaie d'appoint* et jusqu'à concurrence de 50 francs. Nous reviendrons plus loin sur ce sujet (169).

152. Multiples et sous-multiples du franc. — Le franc n'a qu'un seul multiple, la pièce de 10 francs, et un seul sous-multiple, la pièce de 0,1 de franc ou de 10 centimes.

On fabrique des pièces de monnaie qui sont le double et la moitié du franc, de son multiple et de son sous-multiple (excepté le double de 100 francs et le demi-centime). On obtient ainsi le tableau suivant, qui renferme toutes nos monnaies françaises :

PIÈCES D'OR.

Pièce de 100 francs.
Pièce valant la moitié de 100 francs ou 50 francs.
Pièce valant le double de 10 francs ou 20 francs.
Pièce de 10 francs.
Pièce valant la moitié de 10 francs ou 5 francs.

PIÈCES D'ARGENT.

Pièce valant la moitié de 10 francs ou 5 francs.
Pièce valant le double de 1 franc ou 2 francs.
Pièce de 1 franc.
Pièce valant un demi-franc ou 50 centimes.
Pièce valant le double décime ou 20 centimes.

PIÈCES DE BRONZE.

Pièce de 1 décime ou 10 centimes.
Pièce de $\frac{1}{2}$ décime ou 5 centimes.

Pièce valant le double centime.
Pièce valant 1 centime.

Les pièces d'or renferment, sur 1000 parties, 900 parties d'or pur et 100 parties de cuivre.

Les monnaies de bronze sont formées de 95 parties de cuivre, 4 d'étain et 1 de zinc.

153. Rapport entre la valeur, à poids égal, de l'or monnayé, de l'argent monnayé et du bronze des monnaies de billon. — Il résulte de la définition du franc que 500 grammes d'argent monnayé valent 100 francs et que 1 kilogramme vaut 200 francs. La valeur de l'argent monnayé se calcule donc à raison de 200 francs par kilogramme.

A poids égal, la valeur de l'or monnayé a été fixée à 15 fois et demie celle de l'argent. Un kilogramme d'or monnayé vaudra par conséquent $200^f \times 15,5 = 3100$ fr., c'est-à-dire qu'on fera avec 1 kilogramme d'or monnayé 155 pièces de 20 francs.

Les monnaies de bronze valent, à poids égal, $\frac{1}{20}$ de ce que vaut l'argent monnayé. Ainsi 5 grammes de bronze des monnaies valent $\frac{1}{20}$ de franc ou $0^f,05$. La pièce de 5 centimes pèse donc 5 grammes, celle de 10 centimes 10 grammes, et ainsi de suite.

PROBLÈMES DE RÉCAPITULATION SUR LE SYSTÈME MÉTRIQUE.

1. Un marchand avait 5 pièces de drap de $35^m,50$ chacune. Il en a vendu pour 1000 francs, à raison de 8 francs l'aune, ancienne mesure qui vaut $1^m,20$; combien lui en reste-t-il de mètres ? — R. $27^m,50$.

2. Une personne a acheté de la toile à $3^f,60$ le mètre et de la toile à $2^f,30$ le mètre ; elle en a pris deux fois autant de la première que de la deuxième, et le tout lui a coûté $117^f,50$. Combien a-t-elle eu de mètres de chaque qualité ? — R. 25 mètres et 13 mètres.

3. Un particulier qui a un champ rectangulaire de 230 mètres de long sur 127 mètres de large, veut l'entourer d'une haie d'aubépine, qui sera plantée à $0^m,50$ de la limite du champ. Le plant d'au-

PROBLÈMES SUR LE SYSTÈME MÉTRIQUE.

bépine lui coûte 4^f,50 le mille et il emploie 8 pieds par mètre. Il donne à l'ouvrier 3^f,50 par hectomètre. Quelle sera la dépense?

4. On a mesuré une longueur avec un mètre trop long de 2 millimètres, et l'on a trouvé ainsi 23^m,45. Quelle est, à 0^m,001 près, la valeur réelle de cette longueur? — R. 23^m,497.

5. Le méridien d'un globe géographique a une longueur de 0^m,95. On mesure sur ce globe la distance de Paris à Barcelone et l'on trouve 0^m,02. Quelle est, à vol d'oiseau, la distance de ces deux villes? — R. 842 kilomètres.

6. Les roues de devant d'une voiture à quatre roues ont 2^m,90 de circonférence, et les roues de derrière ont 4^m,20. Dans un certain trajet, chacune des petites roues a fait 23 520 tours de plus que chacune des grandes. Quelle est la longueur du trajet? — R. 68^{Km},208.

7. Un terrain de forme rectangulaire, qui a 38^m,7 de large, a été payé 11 842^f,20, à raison de 400 francs l'are. Quelle est sa longueur?

8. 2 hectares 8 ares 40 centiares de terrain ont coûté 6275 francs; combien coûteront 328^{mq},7 du même terrain?

9. On veut peindre deux portes et les volets de deux fenêtres. Les dimensions de chaque porte sont 2^m,40 et 1^m,50; celles de chaque volet sont 0^m,40 et 1^m,25. Quelle sera la dépense, si l'on paye 0^f,35 par mètre carré?

10. Un champ de forme rectangulaire, qui a 132^m,50 de long sur 76^m,20 de large, a été vendu à raison de 3500 francs l'hectare. L'acquéreur en a payé le prix en or, sauf l'appoint de 3^f,60, qui a été payé avec trois pièces de 1 franc et 60 centimes en monnaie de billon. Quel est le poids de cette somme? — R. 1213^{gr},71.

11. L'avoine pèse 48 kilogrammes l'hectolitre et vaut 19 francs les 100 kilogrammes. Il en faut 30 doubles décalitres pour ensemencer un hectare. Quelle est la valeur de l'avoine employée pour ensemencer un champ de 87 mètres de long sur 62 mètres de large. — R. 3^{hl},2364.

12. Les frais d'exploitation de la terre en blé sont de 185 francs par hectare. D'autre part, le produit de l'hectare est de 17 hectolitres de blé et d'une quantité de paille estimée 24 francs. A combien faut-il que s'élève le prix du décalitre de blé pour que le cultivateur gagne 2^f,13 par are? — R. 2^f,20.

13. Un cultivateur loue un hectare de terre 90 francs, le laboure, le fume et y sème 2 hectolitres de blé coûtant 22^f,40 l'hectolitre. Les frais de fumure et de main-d'œuvre s'élèvent à 258^f,60. Le cultivateur récolte du blé qu'il vend 20^f,50 l'hectolitre et 3900 kilogrammes de paille valant 2^f,75 le quintal. Sachant qu'il fait un bénéfice net de 226^f,15, on demande combien d'hectolitres de blé il a récoltés. — R. 20^{hl},08.

14. On fait passer un rouleau sur un champ dont la longueur est de 175 mètres et la largeur de 87^m,5. La longueur du rouleau étant de 1^m,80 et le cheval qui le traîne faisant 23 mètres à la minute, on demande combien il faudra de temps pour passer le rouleau sur toute la surface du champ. — R. 6^h 11^m.

15. La cour carrée du Louvre à Paris a une superficie de 1^{Ha}51^{a}28^{ca}.

Cette superficie vaut les 0,195 de celle de la place de la Concorde, qui elle-même vaut les 0,213 de celle du Champ-de-Mars. Trouver les superficies de ces deux dernières places. Trouver la superficie totale de Paris, sachant qu'en en prenant les 0,585 on obtient 100 fois la somme des trois précédentes. — R. 7^{ha},74 ; 36^{Ha},25 ; 7802 hectares.

16. Un terrain rectangulaire a été mesuré avec une chaîne trop courte de 3 centimètres. On a trouvé que la superficie de ce terrain était de 2^{ha} 36^{a} 24^{ca}. Quelle est sa véritable superficie ? — R. 2^{ha} 34^{a} 82^{ca}.

17. On veut empierrer une route de 5^{km},6. La largeur de l'empierrement doit être de 4^m,20 et l'épaisseur de la couche de 0^m,15. Quelle sera la dépense par hectomètre, si la pierre, cassée et posée, revient à 23^f,50 le mètre cube ?

18. Un coffre ayant 1^m,30 de long et 0^m,80 de large est plein d'avoine jusqu'à une hauteur de 0^m,45. Quelle est la valeur de cette avoine, à raison de 20^f,50 les 100 kilogrammes, et en supposant qu'elle pèse 48 kilogrammes l'hectolitre ?

19. Une salle de classe dont le sol est rectangulaire a 8^m,75 de long et 6^m,20 de large. Elle renferme 34 élèves et 1 maître, et ces 35 personnes y ont chacune 5^{mc},115 d'air à respirer. Le nombre des élèves étant devenu de 49, on demande de combien il faudra élever le plafond pour que ces 49 élèves et le maître aient encore 5^{mc},115 d'air chacun. — R. 1^m,41.

20. Une cuve a la forme d'un parallélépipède rectangle ; sa longueur est de 0^m,80 ; sa largeur de 0^m,70 et sa hauteur de 0^m,50. Cette cuve étant pleine d'eau jusqu'au bord, on y met une pierre ayant elle-même la forme d'un parallélépipède rectangle, dont deux dimensions sont 0^m,35 et 0^m,40. Une certaine quantité d'eau déborde alors de la cuve, et, si l'on retire la pierre, le niveau de l'eau ne s'élève plus qu'à 0^m,38. Trouver, d'après cela, la troisième dimension de la pierre. — R. 0^m,48.

21. Un bûcheron avait un tas de bois dont il a vendu les $\frac{5}{7}$. Avec l'argent qu'il a reçu, il a acheté 68^m,40 de toile à 1^f,65 le mètre. Quel était le volume du tas de bois avant la vente, le prix du stère étant de 11^f,50 ? — R. 13st,7.

22. Un marchand vend du bois de chauffage, soit à raison de 15^f,50 le stère, soit à raison de 3^f,80 le quintal métrique. De quel côté est l'avantage pour l'acheteur, si la densité du bois est de 0,42 ?

23. Un négociant a acheté 360 tonnes de houille à raison de 5^f,80 les 100 kilogrammes. Il la revend 6 francs l'hectolitre. Trouver son gain total, sachant qu'un hectolitre de houille pèse 90 kilogrammes. — R. 5117^f,60.

24. Une bouteille vide pèse 550 grammes ; pleine d'eau, elle pèse 1^{kgr},3. On demande quel est son poids quand elle est remplie d'alcool, le décilitre de ce liquide pesant 81^{gr},4. — R. 610^{gr},50.

25. Un épicier achète 4 tonneaux d'huile d'olive de 115 litres chacun, à raison de 160 francs l'hectolitre. Les frais accessoires s'élèvent à 0^f,05 par litre ; de plus, il y aura un déchet de 2^f,50 par baril. S'il

PROBLÈMES SUR LE SYSTÈME MÉTRIQUE.

vend cette huile, dont le litre pèse 900 grammes, à raison de 2 francs le kilogramme, que gagnera-t-il sur les 4 barils? — R. 51 francs.

26. Un vase vide pèse $1^{kg},25$; plein d'eau, il pèse $4^{kg},38$, et, plein de lait, il pèse $4^{kg},473$. Quel est le poids d'un litre de lait?—R. $1^{kg},029$.

27. 10 litres de neige donnent environ 1 litre d'eau. Quel est le poids supporté par un toit de forme rectangulaire dont les dimensions sont $12^m,40$ et $5^m,20$, sur lequel la neige forme une couche d'une épaisseur uniforme de $0^m,08$? Si l'eau provenant de la fonte de cette neige est recueillie dans une citerne de 3 mètres de long sur $2^m,60$ de large, à quelle hauteur s'élèvera l'eau dans cette citerne?

28. Sur l'un des plateaux d'une balance on a placé un flacon vide. On a établi l'équilibre en mettant dans l'autre plateau un poids de 2 hectogrammes et un poids de 50 grammes, puis dans le premier plateau, avec le flacon, un poids de 5 grammes. On emplit alors le flacon d'eau distillée, et pour rétablir l'équilibre on enlève les 5 grammes du premier plateau, on enlève les 50 grammes du second, et l'on met dans ce dernier un poids de 1 kilogramme, un poids de 2 décagrammes et un poids de 2 grammes. Quel est le volume du flacon?

29. Un marchand a acheté $6^{hl},480$ d'huile, à raison de 143 francs l'hectolitre. Il la revend 183 francs le quintal métrique. On demande le bénéfice qu'il a réalisé, sachant que la densité de cette huile est 0,915.

30. Une barre de fer pèse 38 kilogrammes. Quel est son volume, si sa densité est de 7,80?

31. Une masse de plomb a la forme d'un parallélépipède rectangle dont les dimensions sont 35 centimètres, 6 centimètres et 5 centimètres. On la fond pour en faire des balles pesant chacune 25 grammes. Combien pourra-t-on faire de balles? La densité du plomb est 11,35.

32. Une personne a acheté 2 litres et demi de lait, dont la densité, s'il était pur, serait 1,030. Elle pèse ce lait et trouve que son poids est de $2^{kg},557$. Quelle est la quantité d'eau que renferme ce lait? — R. 6 décilitres.

33. On a mis de l'eau de mer dans une cuve rectangulaire dont la longueur est de $0^m,52$ et la largeur de $0^m,45$. On la fait évaporer et on en retire $3^{kg},6$ de sel marin. On demande quelle était la hauteur de l'eau dans la cuve, sachant que la densité de l'eau de mer est 1,025 et qu'un kilogramme d'eau de mer renferme $0^{kg},05$ de sel. — R. 3 décimètres.

34. Un pharmacien expédie à un de ses confrères un certain nombre de bouteilles de même capacité et pleines de sulfure de carbone, dont la densité est 1,246. Ce confrère renvoie les mêmes bouteilles au premier pharmacien, les unes pleines de benzine, dont la densité est 0,890, et les autres vides; ces dernières sont au nombre de 10. On demande combien il y a de bouteilles en tout, sachant que leur poids total est le même dans les deux cas. — R. 35.

35. On place dans l'un des plateaux d'une balance un vase qui, vide, pèserait 2 hectogrammes, et qui renferme 145 centilitres d'eau distillée. On met alors dans l'autre plateau $190^r,20$ en monnaie d'ar-

gent. Quelle somme, en monnaie de bronze, faut-il y ajouter pour que la balance soit en équilibre ? — R. 6^f,99.

36. Un vase vide est placé sur l'un des plateaux d'une balance. On lui fait équilibre avec 7 pièces de 2 francs et 18 pièces de 0^f,50. On le remplit ensuite d'eau, et, pour rétablir l'équilibre, il faut ajouter 6^f,75 de monnaie de bronze et 20 francs en or. On demande le poids et la capacité du vase. — R. 115 grammes et 68^{cl},15.

37. Un sac contient des poids égaux de monnaie d'argent et de monnaie de bronze. La valeur totale de ces pièces d'argent et de bronze est de 9^f,45. Quel est le poids et quelle est la valeur de chaque espèce de monnaie prise à part ? — R. 45^{gr}, 9^f et 0^f,45.

38. La différence entre le poids d'une certaine somme en or et le poids de cette même somme en argent est de 10^{kg},875 ; quelle est cette somme ? — R. 2325^f.

39. On paye une somme moitié en argent et moitié en billon, et son poids total est 5^{kg},066. Quelle est cette somme ? Combien pèse la partie payée en argent ; combien pèse le cuivre ? — R. 58^k,40.

40. Dans un rouleau de 50 pièces de 10 francs en or, on a remplacé un certain nombre de pièces de 10 francs par des pièces de 50 centimes. Le rouleau, mis sur une balance, pèse 155^{gr},43. Combien contient-il de pièces de 50 centimes ?

CHAPITRE VII

ANCIENNES MESURES FRANÇAISES. — MESURES ÉTRANGÈRES
NOMBRES COMPLEXES.

32e LEÇON.

NOTIONS SUR LES ANCIENNES MESURES DE LONGUEUR ;
LEUR CONVERSION EN MESURES NOUVELLES.

Bien que l'usage des anciennes mesures soit interdit, il importe de connaître les principales unités employées autrefois et leur valeur en mesures actuelles.

154. Mesures de longueur. — L'unité de longueur était la *toise*, qui se divisait en 6 *pieds* ; le pied se subdivisait lui-même en 12 *pouces* et le pouce en 12 *lignes*.

155. Rapport de la toise au mètre. — Les arcs

ANCIENNES MESURES DE LONGUEUR.

de méridien qui ont été mesurés pour la détermination du mètre ont été évalués en toises. On a trouvé, comme nous l'avons dit, qu'il y a 5130740 toises du pôle à l'équateur. Le mètre étant la dix-millionième partie de cette longueur, 5130740 toises valent 10 000 000 de mètres ; donc la toise vaut $\dfrac{10\,000\,000^m}{5\,130\,740} = 1^m,94904$. Il suit de là que :

$$1 \text{ pied vaut } \dfrac{1^m,94904}{6} = 0^m,32484,$$

$$1 \text{ pouce vaut } \dfrac{0^m,32484}{12} = 0^m,02707,$$

$$1 \text{ ligne vaut } \dfrac{0^m,02707}{12} = 0^m,002256.$$

Inversement, 1 mètre vaut $0^T,5130740$. La toise valant 6 pieds, on aura la valeur du mètre en pieds, en multipliant $0^T,513074$ par 6, ce qui donne $3^p,07844$. Si l'on exprime cette fraction décimale de pied en pouces, ce qui se fera en la multipliant par 12, on trouvera qu'elle vaut 0,941328 de pouce. Enfin cette dernière fraction de pouce, convertie en lignes, donne $11^l,296$. Donc enfin

$$1^m = 3 \text{ pieds} + 0 \text{ pouce} + 11 \text{ lignes } 296.$$

156. Unité de longueur pour mesurer les étoffes. — On employait l'*aune*, qui valait 3 pieds 7 pouces 10 lignes et $\dfrac{10}{12}$ de ligne. En mètres, l'aune valait $1^m,18845$.

Dans certaines parties de la France on emploie encore l'aune comme mesure fictive. Ainsi il n'est pas rare d'entendre demander une aune de drap, deux aunes de ruban: Le marchand mesure alors $1^m,20$.

157. Mesures itinéraires. — Pour les distances comptées sur les routes on employait la *lieue commune* de $4444^m,44$ et la *lieue de poste* de 2000 toises, qui valait par conséquent 3898 mètres. On parle encore aujourd'hui de lieues; mais il s'agit alors de la *lieue métrique*, c'est-à-dire de 4 kilomètres.

158. Tables de conversion. — Pour faciliter la conversion des anciennes mesures de longueur en mesures nouvelles, on a construit des tables qui renferment les valeurs en mètres de 1 toise, 2 toises, 3 toises...., 9 toises; puis les valeurs en mètres de 1 pied, 2 pieds, 3 pieds,..., 9 pieds; les valeurs de 1 pouce, 2 pouces, 3 pouces,..., 9 pouces. Au moyen de ces tables la conversion se fait par de simples additions.

TABLE POUR LA CONVERSION DES TOISES, PIEDS, POUCES ET LIGNES EN MÈTRES ET FRACTIONS DÉCIMALES DU MÈTRE.

TOISES	MÈTRES	PIEDS	MÈTRES	POUCES	MÈTRES	LIGNES	MILLIMÈT.
1	1,94904	1	0,32484	1	0,02707	1	2,256
2	3,89807	2	0,64968	2	0,05414	2	4,512
3	5,84711	3	0,97452	3	0,08121	3	6,767
4	7,79615	4	1,29936	4	0,10828	4	9,023
5	9,74518	5	1,62420	5	0,13535	5	11,279
6	11,69422	6	1,94904	6	0,16242	6	13,535
7	13,64326	7	2,27388	7	0,18949	7	15,791
8	15,59229	8	2,59872	8	0,21656	8	18,047
9	17,54133	9	2,92355	9	0,24363	9	20,302

USAGE DE LA TABLE PRÉCÉDENTE. — Soit à convertir en mètres et fractions décimales de mètre : $28^T\ 4^p\ 11^{po}\ 7^l$. Nous prendrons dans le tableau précédent :

$$20^T = 2^T \times 10 = 38^m,98070$$
$$8^T = 15\ ,59229$$
$$4^p = 1\ ,29956$$
$$10^{po} = 0\ ,27070$$
$$1^{po} = 0\ ,02707$$
$$7^l = 0\ ,01579$$
$$\overline{28^T\ 4^p\ 11^{po}\ 7^l = 56^m,18581}$$

33ᵉ LEÇON.

ANCIENNES MESURES DE SURFACE. — ANCIENNES MESURES DE VOLUME ET DE CAPACITÉ.

159. Anciennes mesures de surface. — L'unité était la *toise carrée*. Les sous-multiples étaient le *pied carré*, le *pouce carré* et la *ligne carrée*. La toise carrée, étant un carré de 6 pieds sur chaque côté, valait donc $6 \times 6 = 36$ pieds carrés. Le pied carré valait de même $12 \times 12 = 144$ pouces carrés, etc.

160. Anciennes mesures agraires. — L'unité était la *perche des eaux et forêts*, carré de 22 pieds de côté, valant par conséquent 484 pieds carrés. Sa valeur en mesures métriques est de 51 centiares. L'*arpent des eaux et forêts* valait 100 perches, et par suite 51 ares.

A Paris la perche n'avait que 18 pieds de côté. L'*arpent de Paris*, qui valait toujours 100 perches, n'avait donc, en mesures actuelles, qu'une valeur de 34 ares.

TABLE DE CONVERSION DES TOISES CARRÉES ET PIEDS CARRÉS EN MÈTRES CARRÉS.

TOISES CARRÉES	MÈTRES CARRÉS	PIEDS CARRÉS	MÈTRES CARRÉS
1.	3,7987	1.	0,1055
2.	7,5975	2.	0,2110
3.	11,3962	3.	0,3166
4.	15,1950	4.	0,4221
5.	18,9937	5.	0,5276
6.	22,7925	6.	0,6331
7.	26,5912	7.	0,7386
8.	30,3899	8.	0,8442
9.	34,1887	9.	0,9497

TABLE DE CONVERSION DES ARPENTS EN MESURES ACTUELLES.

ARPENTS DE PARIS	HECTARES	ARPENTS DES EAUX ET FORÊTS	HECTARES
1.	0,3419	1.	0,5107
2.	0,6838	2.	1,0214
3.	1,0257	3.	1,5322
4.	1,3675	4.	2,0429
5.	1,7094	5.	2,5536
6.	2,0513	6.	3,0643
7.	2,3932	7.	3,5750
8.	2,7351	8.	4,0858
9.	3,0770	9.	4,5965

161. Anciennes mesures de volume. — Ces mesures étaient la *toise cube*, le *pied cube*, le *pouce cube*.

Pour le bois de chauffage, l'unité était la *corde*, qui avait des valeurs différentes suivant les pays. La *corde des eaux et forêts* était faite avec des bûches ayant 3 pieds 1/2 de longueur et formant un tas de 8 pieds de long sur 4 de hauteur. Sa valeur en stères est de $3^{st},84$.

La *voie* était la moitié de la corde.

162. Anciennes mesures de capacité. — 1° POUR LES LIQUIDES. — La principale était la *pinte*, qui se divisait en 2 *chopines*. A Paris la pinte valait $0^l,93$.

Le *muid* valait en Bourgogne 288 pintes; il se divisait en 2 *feuillettes* ou en 4 *quartauts*.

2° POUR LES GRAINS. — On employait le *boisseau*, le *setier*, qui valait 12 boisseaux, et le *muid*, qui valait 12 setiers.

Le boisseau de Paris valait, en litres, $15^l,0087$. Cette dénomination de boisseau a été conservée, mais on l'applique maintenant au décalitre. Le setier de Paris valait donc 156 litres, et le muid de blé $156 \times 12 = 18^{hl},72$.

34ᵉ LEÇON.

ANCIENNES MESURES DE POIDS. — ANCIENNES MONNAIES.

163. Anciens poids. — L'unité de poids était la *livre*. Elle se divisait en 2 *marcs*, le marc en 8 *onces*, l'once en 8 *gros* et le gros en 72 *grains*.

On employait aussi le *quintal* de 100 livres et le *tonneau* de 2000 livres.

TABLE DE CONVERSION DES ANCIENS POIDS EN NOUVEAUX.

LIVRES	KILOGRAMMES	ONCES	GRAMMES	GROS	GRAMMES
1	0,4895	1	30,59	1	3,82
2	0,9790	2	61,19	2	7,65
3	1,4685	3	91,78	3	11,47
4	1,9580	4	122,38	4	15,30
5	2,4475	5	152,97	5	19,12
6	2,9370	6	183,56	6	22,94
7	3,4265	7	214,16	7	26,77
8	3,9160	8	244,75	8	30,59
9	4,4055	9	275,35		

164. Anciennes monnaies. — L'unité de monnaie était la *livre tournois*. Elle se divisait en 20 *sous*, le sou en 4 *liards* et le liard en 3 *deniers*.

En comparant les poids d'argent pur contenus dans l'ancienne livre tournois et dans le franc actuel, on a trouvé que 81 livres tournois valent, à très peu de chose près, 80 francs. La livre valait donc $\frac{80^f}{81} = 0^f,9876$.

Le sou valait $0^f,049$, le liard valait $1^{\text{centime}} 234$, et le denier $0^{\text{centime}} 308$.

Les principales pièces de monnaie usitées avant la Révolution étaient : le *louis*, de 24 livres ; le double louis, de 48 livres, et le quadruple louis, de 96 livres (pièces en or) ; l'*écu* de six livres et l'*écu* de trois livres (pièces en argent). Dans beaucoup de pays on compte encore par écus des 3 livres.

35° LEÇON.

PRINCIPALES MESURES ET EN PARTICULIER PRINCIPALES MONNAIES ÉTRANGÈRES.

En dehors des monnaies, nous citerons seulement les mesures étrangères dont on entend parler le plus souvent.

165. Mesures de longueur. — Le *yard impérial* est une mesure anglaise qui vaut $0^m,914$. Il se divise en trois *pieds* (foots) et en 36 *pouces*.

Le *mille anglais* (mile) vaut 1760 yards, et par conséquent $1609^m,31$.

Le *pied d'Amsterdam* vaut $0^m,283$. Le *pied du Rhin* vaut $0^m,313$.

Les Russes se servent du pied anglais, qui a $0^m,3047$. Leur principale mesure itinéraire, appelée *verste*, vaut 1067 mètres.

La *brasse* des cartes marines anglaises vaut $1^m,829$; celle des cartes françaises vaut $1^m,64$ (5 pieds).

166. Mesures de surface. — Les principales mesures de superficie employées en Angleterre sont : le *yard carré*, qui vaut $0^{mq},8361$, et l'*acre* (4840 yards carrés), qui vaut $0^{ha},4046$.

167. Mesures de capacité. — Les principales mesures de capacité sont : le *gallon impérial*, qui vaut $4^l,545$, la *pinte* (pint, $\frac{1}{8}$ de gallon), qui vaut $0^l,568$, et le *quarter* (64 gallons), qui vaut $2^{ul},907$.

168. Poids. — Quant aux poids, nous citerons seulement : 1° la *livre troy impériale*, livre anglaise, qui vaut $0^{kg},37324$; 2° la *livre avoir-du-poids*, qui est aussi une livre anglaise, valant $0^{kg},45359$. La livre troy se divise en 12 onces (*ounces*), et la livre avoir-du-poids en

16 *onces*; — 3° La *livre d'Amsterdam*, qui vaut $0^{kg},4941$ et la *livre troy* de Hollande, qui vaut $0^{kg},49217$.

169. Monnaies étrangères. — Parmi les puissances étrangères, il en est qui ont adopté notre système monétaire. Une convention a été conclue à cet égard le 23 décembre 1865 entre la France, la Belgique, l'Italie et la Suisse; la Grèce y a adhéré en 1868. Cette convention a été renouvelée le 5 novembre 1878 et doit rester en vigueur jusqu'au 1er janvier 1886. En vertu de cette convention, ces divers Etats frappent les mêmes monnaies d'or et d'argent que la France, et les monnaies ainsi frappées ont cours également dans tous les Etats contractants. Il faut remarquer seulement que l'unité de monnaie porte dans chaque pays un nom particulier. En Belgique et en Suisse elle s'appelle comme en France; en Italie elle porte le nom de *lira*, en Grèce celui de *drachme* (le centime, en Grèce, s'appelle *lepta*).

Il faut remarquer aussi que la Suisse ne fabrique pas de pièces d'or.

Divers autres pays, notamment la Roumanie, la Serbie et la plupart des républiques de l'Amérique du Sud, sans entrer dans l'union monétaire, ont adopté notre système monétaire. L'Autriche-Hongrie frappe des pièces d'or de 20 francs qui s'appellent des pièces de 8 *florins* et des pièces d'or de 10 francs (4 *florins*). L'Espagne commence à frapper des pièces de 1 franc qui s'appellent pièces de 1 *peseta*. La Bulgarie a aussi des pièces de 1 franc et de 2 francs (1 *lew*, 2 *leva*).

REMARQUE. — Dans notre système monétaire, et par conséquent dans celui de la Belgique et de l'Italie, il y a deux pièces de 5 francs, l'une en or, qui pèse $1^{g},113$ et qui est *au titre de* 0,900 (c'est-à-dire qu'elle renferme 900 parties d'or pur sur 1000 parties), et l'autre en argent, qui pèse 25 grammes et qui est aussi au titre de 0,900. Le rapport de la valeur de l'or à celle de l'argent est donc ainsi déterminé : les 0,900 de $1^{g},613$ d'or valent autant que les 0,900 de 25 grammes d'argent. Mais il faut remarquer avec soin que la pièce de 1 franc, qui pèse 5 grammes, n'est qu'au titre de 0,835. De même, les pièces de 2 francs (10 grammes), de 0ʳ,50 (2ᵍ,5) et de 0ʳ,20 (1 gramme) ne contiennent que 835 parties d'argent pur contre 165 de cuivre. Ces pièces n'ont donc point, relativement aux pièces d'or, les valeurs intrinsèques qu'elles sont censées avoir. Ainsi, en réalité, la pièce de 1 franc ne vaut que 0ʳ,93, la pièce de 2 francs ne vaut que 1ʳ,86, etc. Il en est de même, bien entendu, pour les pièces belges, suisses, italiennes et grecques de même valeur. Aussi ces pièces, qui constituent la monnaie divisionnaire d'argent, n'ont cours légal que comme monnaie d'appoint et jusqu'à concurrence de 50 francs pour chaque payement.

Pour les puissances étrangères qui ne font point partie de l'Union monétaire, voici le tableau des monnaies des principaux États :

170. Monnaies anglaises. — La monnaie de compte est la *livre sterling*, subdivisée en 20 *shillings*, et qui vaut 25ʳ,22. Les monnaies effectives sont :

DÉNOMINATION		POIDS	TITRE	VALEUR EN FRANCS
PIÈCES D'OR	*Souverain*, valant une livre sterling de 20 shillings	7ᵍʳ,988	0,916	25,22
	Demi-souverain	3 ,994		12,61
PIÈCES D'ARGENT	*Couronne*, 5 shillings	28 ,276	0,925	5,81
	Demi-couronne	14 ,138		2,91
	1 *florin*, 2 shillings	11 ,310		2,52
	1 *shilling*, 12 pence	5 ,655		1,16
	6 *pence*	2 ,828		0,58
	4 *pence*	1 ,885		0,39
	3 *pence*	1 ,414		0,29
	2 *pence*	0 ,942		0,19
	1 *penny*	0 ,471		0,10

171. Monnaies de l'empire d'Allemagne. — La monnaie de compte est le *reichs-mark*, subdivisé en 100 *pfennigs* et valant 1ʳ,23.

MONNAIES ÉTRANGÈRES.

	DÉNOMINATION	POIDS	TITRE	VALEUR EN FRANCS
PIÈCES D'OR	20 marks ou *double couronne*..	7ᵍʳ,965	0,900	24,69
	10 marks ou *couronne*.	3 ,982		12,35
	5 marks.	1 ,991		6,17
PIÈCES D'ARGENT	5 marks.	27 ,777	0,900	5,56
	2 marks.	11 ,111		2,22
	1 mark, 100 pfennigs . . .	5 ,555		1,11
	1/2 mark.	2 ,777		0,56
	1/5 de mark.	1 ,111		0,22

172. Monnaies de l'Autriche-Hongrie. — La monnaie de compte est le *florin*, subdivisé en 100 *kreutzers*, et qui vaut 2ᶠ,4691.

	DÉNOMINATION	POIDS	TITRE	VALEUR EN FRANCS
PIÈCES D'OR	Quadruple ducat.	13ᵍʳ,960	0,986	47,41
	Ducat.	3 ,490	0,986	11,85
	8 florins	6 ,452	0,900	20,00
	4 florins.	3 ,226	0,900	10,00
PIÈCES D'ARGENT	2 florins.	24 ,691	0,900	4,94
	1 florin, 100 kreutzers . . .	12 ,345	0,900	2,47
	1/4 florin	5 ,341	0,520	0,62
	20 kreutzers.	2 ,666	0,500	0,29
	10 kreutzers.	1 ,666	0,400	0,15

173. Monnaies russes. — La monnaie de compte est le *rouble*, qui se subdivise en 100 *kopecks* et qui vaut 4 fr.

	DÉNOMINATION	POIDS	TITRE	VALEUR EN FRANCS
PIÈCES D'OR	1/2 *impériale*, 5 roubles	6ᵍʳ,545	0,916	20,66
	3 roubles	3 ,927	0,916	12,40
PIÈCES D'ARGENT	1 rouble, 100 kopecks	20 ,735		3,99
	Poltinnik, 50 id.	10 ,367	0,868	1,99
	Tchetvertak,25 id.	5 ,183		0,99
	Abassis, 20 id.	4 ,079		0,45
	Florin polonais, 15 kopecks . . .	3 ,059	0,500	0,34
	Grivenik, 10 id. . .	2 ,059		0,23
	Piétak, 5 id. . .	1 ,019		0,11

174. Monnaies des États-Unis d'Amérique. — Monnaie de compte : *dollar*, subdivisé en 100 *cents* et valant 5f,18.

	DÉNOMINATION	POIDS	TITRE	VALEUR EN FRANCS
PIÈCES D'OR	Double aigle, 20 dollars	33gr,436	0,900	103,65
	Aigle, 10 id.	16 ,718		51,83
	Demi-aigle, 5 id.	8 ,359		25,91
	3 dollars	5 ,015		15,55
	2 1/2 dollars	4 ,179		12,95
	1 dollar	1 ,672		5,18
PIÈCES D'ARGENT	1 dollar, 100 cents	26 ,729	0,900	5,34
	1/2 dollar, 50 id.	12 ,500		2,50
	1/4 dollar, 25 id.	6 ,250		1,25
	20 cents	5 ,000		1,00
	Dime, 10 cents	2 ,500		0,50

175. Monnaies tunisiennes. — Monnaie de compte : *piastre*, subdivisée en 40 *paras* et valant 0f,256.

	DÉNOMINATION	POIDS	TITRE	VALEUR EN FRANCS
PIÈCES D'OR	100 piastres	19gr,450	0,900	60,29
	50 id.	9 ,725		50,14
	25 id.	4 ,862		15,07
	10 id.	1 ,945		6,02
	5 id.	0 ,972		3,01
PIÈCES D'ARGENT	5 piastres	15 ,650	0,900	3,15
	4 id.	12 ,520		2,50
	3 id.	9 ,390		1,87
	2 id.	6 ,260		,25
	1 id.	3 ,130		0,62

176. Monnaies de la Cochinchine française.

	DÉNOMINATION	POIDS	TITRE	VALEUR EN FRANCS
PIÈCES D'ARGENT	Piastre de commerce	27gr,215	0,900	5,44
	50 centièmes de piastre	13 ,603		2,72
	20 id.	5 ,443		1,08
	10 id.	2 ,721		0,54

177. Monnaies espagnoles. — Un décret du 19 octobre 1868 a fait entrer les monnaies espagnoles dans notre système monétaire. L'unité est la *peseta*, pièce d'argent de 5 deniers au titre de 0,835, ayant par conséquent la même valeur que le franc. Les autres pièces d'argent sont : demi-peseta, 2 pesetas et 5 pesetas. Il n'y a dans ce nouveau système monétaire espagnol qu'une seule pièce d'or, celle de 25 *pesetas*, qui vaut 25 francs. Les anciennes pièces d'or sont : le *doublon*, ou 10 *escudos*, valant 26 francs, la pièce de 4 *escudos* valant 10^f,40, et celle de 2 *escudos* valant 5^f,20. L'*escudo*, valant 2^f,596, sert encore souvent de monnaie de compte. Enfin, dans le commerce, on compte souvent aussi en *piastres fortes*, dont la valeur est de 5^f,20.

QUESTIONNAIRE ET EXERCICES SUR LES ANCIENNES MESURES, SUR LES MESURES ÉTRANGÈRES ET EN PARTICULIER SUR LES MONNAIES DES PRINCIPAUX ÉTATS.

1. Qu'est-ce que la toise ancienne? Comment se subdivisait-elle? Quelle est sa valeur en mètres?
2. Calculer, à l'aide des tables de conversion, la valeur en mètres d'une longueur de 7^T 8^p 5^{po}. Comment calculerait-on cette valeur, si l'on n'avait pas de tables?
3. Quelle était l'unité employée pour mesurer les étoffes? Combien valait-elle de centimètres?
4. Citer les mesures itinéraires employées autrefois.
5. Citer les anciennes mesures de superficie et calculer leur valeur en mètres carrés.
6. Quelles étaient les principales unités de volume?
7. Avec quelles unités mesurait-on les liquides, les grains?
8. Citer les anciens poids. Quelle est leur valeur en grammes?
9. Quelle était l'ancienne unité de monnaie? Comment la subdivisait-on?
10. Citer les principales mesures de longueur usitées à l'étranger.
11. Quels sont les pays qui ont adopté notre système monétaire? Comment s'appelle le franc en Italie, en Grèce?
12. Citer les principales monnaies anglaises, allemandes, autrichiennes, etc.
13. Calculer la valeur du mètre en pieds, pouces et lignes. — R. 3^p 0^{po} 11^l,296.
14. Exprimer en kilomètres les longueurs :

PROBLÈMES SUR LES MESURES ÉTRANGÈRES.

1° De l'ancienne lieue de poste, qui valait 2000 toises;
2° De l'ancienne lieue commune, qui valait 2280ᵀ,33.
3° De la lieue marine, qui était de 2850ᵀ,41.

15. Il fallait autrefois, pour être soldat, avoir au moins 4 pieds 10 pouces de taille. Il ne faut plus maintenant que 1ᵐ,54 ; quelle est, en millimètres, la différence ?

16. On trouve dans des ouvrages anciens que la plus haute des pyramides d'Égypte a 72ᵀ 5ᵖ 2ᵖᵒ de hauteur. Combien cela fait-il de mètres ?

17. On a évalué à 4470 milles anglais environ la longueur du Mississipi, comptée depuis la source du Missouri. Combien cela fait-il de kilomètres ?

18. Quand on a fixé la longueur du mètre, on avait trouvé que la distance du pôle à l'équateur était de 5 130 740 toises. Mais plus tard de nouvelles mesures ont montré que cette longueur est de 5 131 180 toises. Dire d'après cela de quelle fraction de millimètre il conviendrait d'augmenter la valeur du mètre.

19. Une propriété achetée en 1785 fut payée 24 530 livres. Sa superficie était, d'après le contrat de vente, de 53 arpents (arpents des eaux et forêts) et 42 perches. Cette propriété a été vendue en 1885 à raison de 2 700 francs l'hectare. Évaluer en francs la plus-value qu'a acquise l'hectare de cette propriété dans cet intervalle de *un* siècle ?

20. En 1788, on a récolté en France, tant en vins blancs qu'en vins rouges de toutes les qualités, 12 500 000 muids de vin, qui valaient en moyenne 3 sous la pinte. Calculer en hectolitres et en francs la capacité et la valeur de la récolte.

21. En admettant qu'au quinzième siècle le blé valût à Paris 1 livre 13 sols le setier, et sachant qu'il y vaut maintenant 18 francs l'hectolitre, on demande dans quelle proportion a baissé depuis cette époque la valeur de l'argent.

22. A une certaine époque on payait le sucre 12 sous 5 deniers la livre. Combien coûterait aujourd'hui, au même prix, un pain de sucre pesant 11ᵏᵍ,83 ?

23. Combien valait, en monnaie actuelle, une caisse de chandelles pesant 14 livres 5 onces, au prix de 12 sous 5 deniers la livre ?

24. Combien 3ᵏᵍ,850 valent-ils d'onces, de gros et de grains ?

25. Combien font, en monnaie française, 3 pièces d'or allemandes de 30 marks et 8 pièces d'argent de 2 marks ?

26. Convertir en monnaie française une somme de 253 livres sterling, *au change* de 25ᶠ,22.

27. Une personne a acheté en Angleterre une pièce de drap de 38 yards de long, à raison de 6 shillings 3 pences le yard ; elle la revend en France 9ᶠ,50 le mètre. Combien gagne-t-elle ?

28. La livre sterling valant 25ᶠ,22, calculer la valeur en francs d'un objet qui a été payé à Londres avec une pièce d'or de 1 demi-souverain, une pièce d'argent de 1 demi-couronne, 3 shillings et 4 pence.

PROBLÈMES SUR LES MESURES ÉTRANGÈRES. 151

29. Le florin autrichien est une pièce d'argent qui vaut 2^f,47, et la pièce d'or de 8 florins vaut 20 francs. Une personne peut payer 248 florins en pièces d'or de 8 florins ou en pièces d'argent de 1 et de 2 florins. Quelle sera, en francs, la différence entre ces deux modes de payement ?

30. Pour certains payements on conserve en Angleterre l'habitude de compter en guinées de 21 shillings. Combien font, en francs, 2640 guinées ?

31. On emploie en Espagne, dans le commerce, une monnaie de compte qui est l'ancienne piastre forte, valant 5^f,20. Combien 3485 piastres valent-elles de pesetas ? Combien faudrait-il de pièces d'or de 1 doublon et de pièces d'argent de 1 duro (5^f,19) pour payer cette même somme ?

32. La piastre turque valant 0^f,22, calculer la valeur en francs d'une somme qui a été payée avec 5 pièces d'or de 100 piastres, 2 pièces d'argent de 20 piastres et 5 pièces d'argent de $\frac{1}{2}$ piastre ou 20 paras ?

33. Combien gagne-t-on sur une marchandise qui pèse 364 kilogrammes, qui a été achetée en Russie et payée avec 24 pièces d'or de 5 roubles, 15 pièces d'argent de 1 rouble et 12 pièces d'argent de 20 kopecks, si on la revend en France 3^f,70 le kilogramme, et si le port, les droits de douane et les autres frais se sont élevés à 340^f,50 ?

34. Un négociant doit à Amsterdam une somme de 6354 florins 75 cents. Pour la faire payer, il verse à Paris chez un banquier 13 990 francs. Quels sont les frais de ce payement, le florin valant 2^f,10 ?

35. Un négociant français arrive à New-York avec 3530 francs en monnaie française, qu'il fait changer en monnaie américaine. Il reçoit ainsi un certain nombre de dollars, en dépense 185 et 12 cents, et part avec le reste pour Rio de Janeiro. Là il fait changer ses dollars, reçoit à la place un certain nombre de milreis (2^f,83), en dépense 640 et revient en France avec le reste. Combien de francs lui reste-t-il ?

36. Un négociant de Paris a à payer 3840 roupies (2^f,37) à Calcutta. Un banquier de Paris lui demande pour cela 9283 francs. Un banquier de Londres lui prendra seulement 365 livres sterling ; mais il lui faudra payer 90 francs pour expédier à Londres ces 365 livres. A combien s'élèveront les frais de ce payement par l'une et par l'autre de ces deux voies ?

36ᵉ LEÇON.

UNITÉS DE TEMPS ET LEURS SUBDIVISIONS. — DIVISION DE LA CIRCONFÉRENCE.

Les principales unités de temps sont le *jour* et l'*année*.

178. Jour. — On appelle *jour solaire* l'intervalle de temps qui s'écoule entre deux passages consécutifs du soleil au méridien d'un même lieu.

Le jour solaire n'a pas une durée constante. Aussi on lui a substitué comme unité de temps le *jour moyen*, dont la durée, définie par les astronomes, est une sorte de moyenne entre celle des jours solaires.

Le jour moyen se subdivise en 24 *heures*, chaque heure en 60 *minutes*, et chaque minute en 60 *secondes*.

179. Année. — L'*année* est l'intervalle de temps que met la terre pour accomplir sa révolution autour du soleil. Cet intervalle de temps n'est pas un nombre exact de jours ; il vaut environ 365 jours $\frac{1}{4}$. On donne alors à l'*année civile* une durée de 365 jours, et tous les quatre ans on ajoute un jour à l'année, ce qui rétablit l'accord entre la durée conventionnelle de l'année et sa durée véritable.

Les années qui ont un jour de plus s'appellent *bissextiles* ; ce sont toutes les années dont le millésime est divisible par 4. Ainsi 1884 a été une année bissextile. Le jour complémentaire qu'on ajoute à l'année s'intercale à la fin du mois de février, qui a alors 29 jours.

180. Subdivisions du jour. — Le jour se divise en 24 *heures*, l'heure en 60 *minutes* et la minute en 60 *secondes*.

REMARQUE. — L'année n'ayant pas tout à fait 365 jours $\frac{1}{4}$, on est obligé de supprimer *trois* années bissextiles tous les quatre cents ans.

DIVISION DU TEMPS ET DE LA CIRCONFÉRENCE.

181. Division de la circonférence. — La circonférence se divise en 360 parties égales qu'on appelle *degrés*; chaque degré est à son tour subdivisé en 60 parties égales qu'on appelle des *minutes*, et chaque minute en 60 parties égales qu'on appelle des *secondes*.

Remarque. — Les minutes et les secondes de temps se désignent par m et par s, tandis que les minutes de circonférence se désignent par un accent et les secondes par deux accents. Ainsi un intervalle de temps de 8 heures 42 minutes 35 secondes 8 dixièmes de seconde s'écrit : $8^h\ 42^m\ 35^s,8$; tandis qu'un arc de cercle de 38 degrés 7 minutes 26 secondes, s'écrira : $38°\ 7'\ 26''$.

182. Calculs sur les nombres complexes. — Les calculs relatifs au temps et aux arcs de cercle s'appellent des *calculs sur les nombres complexes*. Autrefois, avant l'établissement du système métrique, toutes les mesures conduisaient à des nombres complexes, c'est-à-dire à des nombres renfermant des unités ayant entre elles des rapports qui différaient les uns des autres. Nous allons indiquer comment se font les principaux calculs sur les intervalles de temps et sur les arcs de cercle. On verra par là quelles méthodes on suivait jadis pour effectuer les calculs les plus usuels et combien ces calculs étaient longs. L'avantage principal du système métrique ressortira de cette comparaison.

183. Addition de deux intervalles de temps. — Soit à ajouter $35^j\ 18^h\ 47^m$ à $127^j\ 15^h\ 20^m$. On pourrait réduire en minutes chacun de ces deux intervalles, ajouter les deux nombres ainsi obtenus, puis convertir le total en heures et en jours. Mais il est plus simple d'ajouter les minutes, ce qui donne 67^m, ou bien 7^m et 1^h; puis d'ajouter les 15 heures et les 18 heures, ce qui, avec l'heure provenant de la somme des minutes, donne 34 heures, c'est-à-dire 1 jour et 10 heures. Enfin, on ajoute les 127 jours et les 35 jours, en y joignant le jour qui provient de l'addition des heures. On dispose les calculs de la manière suivante :

$$127^j \ 15^h \ 20^m$$
$$35^j \ 18^h \ 47^m$$
$$\overline{163^j \ 10^h \ \ 7^m}$$

184. Addition de deux arcs. — L'addition de deux arcs ou de deux angles se fait de la même manière.

EXEMPLE :

$$72° \ 28' \ 35'',6$$
$$48° \ 31' \ 52'',7$$
$$\overline{121° \ \ 0' \ 28'',3}$$

Après avoir ajouté $35'',6$ et $52'',7$ on remarque que la somme $88'',3$ donne $28'',3$ et 1 minute qu'on ajoute aux minutes, ce qui donne $60'$ ou $0'$ et $1°$. Enfin $1°$ ajouté à $72°$ et à $48°$ donne $121°$.

185. Soustraction de deux intervalles de temps ou de deux angles. — Soit à soustraire $8^h \ 11^m \ 47^s$ de $14^h \ 27^m \ 32^s$. On pourrait encore convertir tout en secondes dans les deux nombres, soustraire le deuxième nombre du premier et exprimer le résultat en heures, minutes et secondes. Mais il est plus simple d'opérer comme plus haut, c'est-à-dire de soustraire séparément les secondes des secondes, les minutes des minutes, et les heures des heures. Pour cela, si les secondes du nombre inférieur ne peuvent pas se retrancher de celles du nombre supérieur, on augmente ces dernières de 60, en augmentant ensuite d'une minute les minutes du nombre inférieur. On fait de même pour les minutes, s'il y en a moins dans le nombre inférieur que dans le nombre supérieur.

$$14^h \ 27^m \ 32^s$$
$$8^h \ 11^m \ 47^s$$
$$\overline{6^h \ 15^m \ 45^s}$$

DIVISION DU TEMPS ET DE LA CIRCONFÉRENCE.   155

Soit encore à retrancher 16° 45' 38",4 de 29° 31' 6",4.

$$\begin{array}{r} 29° \; 31' \; 6",4 \\ 16° \; 45' \; 38",4 \\ \hline 12° \; 45' \; 28",0 \end{array}$$

REMARQUE. — On a souvent à retrancher un angle de l'angle de 90° ou de celui de 180°. On écrit alors 90° sous la forme 89° 59' 60". De même on écrit, au lieu de 180°, 179° 59' 60".

186. Multiplier par un nombre entier un intervalle de temps ou un angle.

RÈGLE. — *On multiplie par le multiplicateur chacune des parties du multiplicande, en commençant par les plus petites; on prend dans chaque produit les unités de l'ordre supérieur et on les ajoute au produit suivant.*

EXEMPLE. — Multiplier 35^j 16^h 38^m par le nombre 7.

$$\begin{array}{r} 35^j \; 16^h \; 38^m \\ 7 \\ \hline 245^j \; 112^h \; 266^m \end{array}$$

ou   249^j 20^h 26^m

187. Diviser par un nombre entier un intervalle de temps ou un angle.

RÈGLE. — *On divise successivement par le nombre entier les unités de chaque espèce, en commençant par les plus grandes. On convertit le reste de chacune de ces divisions en unités de l'espèce qui vient immédiatement après, et l'on ajoute le résultat au dividende suivant.*

EXEMPLE. — Diviser 28° 47' 55",8 par 12.

$$\begin{array}{l|l} 28° & 12 \\ 4° & 2° \end{array} \qquad 4° = 240' \qquad 11' = 660"$$

$$\begin{array}{r|r} 287' & 12 \\ 47 & 23' \\ 11 & \end{array} \qquad \begin{array}{r|r} 695",8 & 12 \\ 95 & 57",9 \\ 118 & \\ 10 & \end{array}$$

Le résultat est donc : $2^o\ 23'\ 57'',9$.

Ces exemples suffisent à montrer comment on s'y prenait autrefois pour faire les calculs relatifs aux nombres complexes. Ce sont les seuls cas où l'on ait encore à se servir de ces méthodes de calcul. Les autres mesures sont décimales, comme nous l'avons vu, et conduisent par conséquent à des calculs sur les nombres décimaux.

QUESTIONNAIRE ET EXERCICES SUR LA 36° LEÇON.

1. Qu'est-ce qu'un jour? une année?
2. Comment divise-t-on le jour?
3. Comment divise-t-on la circonférence?
4. Convertir en secondes un intervalle de temps de $5^h\ 8^m\ 47^s,6$.
5. Convertir en secondes d'angle un arc de $23^o\ 28'\ 47''$.
6. Énoncer la règle à suivre pour ajouter deux nombres de jours, heures, minutes et secondes, ou bien deux arcs quelconques.
7. Ajouter : $5^o\ 55'\ 42'',8$ et $28^o\ 48'\ 14''$. Ajouter de même : $6^h\ 32^m\ 45^s$ et $4^h\ 53^m\ 20^s$.
8. Un train part à $1^h,56$ du soir et arrive à $7^h,45$ du soir le même jour. Quelle est la durée du trajet?
9. En 1885, le printemps a commencé le 20 mars, à $10^h\ 59^m$ du matin; l'été, le 21 juin, à 7 heures du matin; l'automne, le 22 septembre, à $9^h\ 25^m$ du soir; et l'hiver, le 21 décembre, à $5^h\ 37^m$ du soir. Calculer la durée de chacune des saisons.
10. Le 22 juin, le soleil se lève à $3^h\ 58^m$ du matin et se couche à $2^h\ 5^m$ du soir. Quelle est la durée du jour?
11. Le 30 mars 1885, il y a eu une éclipse partielle de lune, en partie visible à Paris. L'éclipse a commencé à $1^h\ 59^m$ du soir et a fini à $7^h\ 27^m\ 8^s$ du soir. Quelle a été sa durée?
12. Dans le courant de l'année 1885, l'angle sous lequel on voit le diamètre du soleil a atteint sa plus grande valeur, $32'\ 36'',46$, au commencement de janvier, et sa plus petite valeur, $31'\ 32'',04$, à la fin de juin. Quelle est la valeur moyenne de cet angle, qui s'appelle « le diamètre apparent du soleil » ?
13. L'aiguille des heures d'une pendule fait son tour en 24 heures, tandis que l'aiguille des minutes fait ce même tour en 1 heure. Calculer, d'après cela : 1° de combien de degrés tourne chacune de ces aiguilles en 1 minute ; 2° combien l'aiguille des minutes parcourt de degrés de plus que celle des heures dans un intervalle de 1 heure; 3° quelle fraction d'une seconde d'angle chacune d'elles parcourt dans 1 seconde de temps.
14. La durée d'une *lunaison* ou le *mois lunaire* est l'intervalle de temps qui s'écoule entre une nouvelle lune et la nouvelle lune sui-

DIVISION DU TEMPS ET DE LA CIRCONFÉRENCE. 157

vante. Sachant que cet intervalle de temps est de 29^j 12^h 40^m 2^s,9, on demande : 1° quelle serait la durée d'une année qui se composerait exactement de 12 lunaisons ? 2° quelle est la différence entre cette durée et celle de l'année commune des musulmans, qui est aussi réglée sur la lune, mais qui se compose exactement de 6 mois de 29 jours et de 6 mois de 30 jours ?

15. Vérifier qu'une période de 235 lunaisons reproduit à très peu près 19 années solaires (ce nombre 19 s'appelle le *nombre d'or* : c'est une période après laquelle les nouvelles lunes reviennent aux mêmes dates de l'année).

16. L'arbre de couche d'une machine fait 1 tour $\frac{1}{2}$ en 5 secondes; de combien de degrés tourne-t-il en 1 seconde? Combien fait-il de tours en 1 heure?

17. Calculer en kilomètres l'arc du méridien terrestre compris entre les deux tropiques (les tropiques sont des cercles parallèles à l'équateur et distants de l'équateur de 23° 28' 16").

18. L'heure de Brest retarde sur l'heure de Paris de 27 minutes. Trouver, d'après cela, la longitude de Brest, sachant qu'un retard d'une heure correspond à une différence de longitude de 15 degrés.

19. La longitude de Strasbourg étant 5° 24' 57" E., on demande quelle heure il est à Strasbourg lorsqu'il est midi à Paris.

20. L'intervalle de deux hautes mers consécutives est de 12^h 25^m 14^s. Si la mer est pleine un jour à 4^h 37^m du soir, à quelle heure aura lieu la pleine mer suivante?

21. On a tracé dans un cercle deux rayons qui font entre eux un angle de 48°. On veut partager en 12 parties égales le secteur qui reste, après qu'on a enlevé du cercle la partie comprise entre ces deux rayons. Combien de degrés aura chacun de ces 12 secteurs?

22. Le volant d'une machine à vapeur fait 28 tours en 1 minute. On modifie la vitesse de rotation de la machine de manière que ce volant ne fasse plus que 1425 tours en 1 heure. Évaluer en degrés l'angle dont a varié la rotation en 1 minute.

23. On sait que la somme des trois angles d'un triangle est égale à deux angles droits, et que l'angle droit mesure 90° sur le rapporteur. Trouver le troisième angle d'un triangle, sachant que les deux autres sont 15° 27' 38" et 134° 36' 40".

24. L'aiguille des heures et l'aiguille des minutes d'une montre sont actuellement sur midi. Quelle heure sera-t-il lorsque l'aiguille des minutes aura tourné de 180° de plus que celle des heures, de telle sorte que les deux aiguilles soient sur le prolongement l'une de l'autre? — R. 12^h 32^m 43^s,6.

25. Berlin et Palerme sont, à très peu de chose près, sur le même méridien. La latitude de Berlin est 52° 30' 17" et celle de Palerme est 38° 6' 44". Calculer la distance de ces deux villes à vol d'oiseau, c'est-à-dire l'arc de méridien compris entre elles.

26. Deux mobiles parcourent une circonférence dans le même sens,

l'un en tournant de 18° 27′ 6″ par minute, et l'autre de 29° 17′ 6″. Ils sont actuellement aux extrémités d'un même diamètre ; dans combien de temps se rencontreront-ils ?

CHAPITRE VIII

RAPPORTS. — PROPORTIONS. — GRANDEURS PROPORTIONNELLES. — RÈGLES DE TROIS ET QUESTIONS QUI S'Y RAMÈNENT.

37ᵉ LEÇON.

RAPPORTS. — RAPPORTS ÉGAUX. — PRINCIPALES PROPRIÉTÉS DES PROPORTIONS.

188. Rapport de deux grandeurs. — On appelle *rapport* de deux grandeurs de même espèce le nombre qui exprime la mesure de l'une d'elles, lorsque l'autre est prise pour unité. Par exemple, le rapport de deux longueurs est $\frac{3}{8}$, si la première vaut $\frac{3}{8}$ de la seconde ; car, la seconde étant prise pour unité, la première sera exprimée par le nombre $\frac{3}{8}$.

189. Théorème. — *Le rapport de deux grandeurs de même espèce est égal au quotient des deux nombres qui expriment leurs mesures, quand elles ont été mesurées avec la même unité.* Soient, par exemple, deux poids, l'un de 25 kilogrammes et l'autre de 40 kilogrammes. Le rapport du premier au second sera le quotient de 25 par 40, c'est-à-dire la fraction $\frac{25}{40}$. En effet, le premier valant 25 kilogrammes et le deuxième 40, le premier vaut les

RAPPORTS

$\frac{25}{40}$ du second ; il serait donc exprimé par le nombre $\frac{25}{40}$, si le deuxième était pris pour unité.

De même, si l'on mesure les capacités de deux vases avec la même unité, le litre par exemple, et si le premier contient $\frac{2}{5}$ de litre et le deuxième $\frac{3}{4}$ de litre, le rapport de la capacité du premier à celle du second sera le quotient de $\frac{2}{5}$ par $\frac{3}{4}$ c'est-à-dire :

$$\frac{\frac{2}{5}}{\frac{3}{4}} = \frac{2\times 4}{3\times 5} = \frac{8}{15}.$$

190. Rapport de deux nombres abstraits. — On appelle *rapport* de deux nombres abstraits le quotient de la division du premier par le second. Ainsi, le rapport de 12 à 3 est le quotient $\frac{12}{3}$, ou 4. Le rapport de 5 à 4 est $\frac{5}{4}$.

Celui de $\frac{3}{7}$ à $\frac{8}{11}$ est $\frac{\frac{3}{7}}{\frac{8}{11}} = \frac{33}{56}$.

191. Rapports inverses. — Deux rapports sont dits *inverses* l'un de l'autre, lorsque le deuxième s'obtient en renversant le premier, c'est-à-dire en divisant l'unité par le premier. Ainsi, le rapport inverse de $\frac{5}{6}$ est $\frac{6}{5}$, qui est le quotient de 1 divisé par $\frac{5}{6}$. De même, le rapport inverse de 4 ou $\frac{4}{1}$ est $\frac{1}{4}$; le rapport inverse de $\frac{1}{10}$ est $\frac{10}{1}$ ou 10.

192. Proportion. — On appelle *proportion* l'expression

de l'égalité de deux rapports. Ainsi, lorsqu'on écrit

$$\frac{3}{8} = \frac{15}{40},$$

on écrit une *proportion*. Cette égalité s'énonce ainsi : 3 sur 8 égale 15 sur 40, ou bien : 3 est à 8 comme 15 est à 40.

Le premier et le dernier terme, 3 et 40, s'appellent les *termes extrêmes* ou simplement les *extrêmes*; le deuxième et le troisième s'appellent les *moyens*.

193. Propriété fondamentale des proportions. — *Dans toute proportion le produit des extrêmes est égal à celui des moyens.* Soit $\frac{8}{5} = \frac{24}{15}$. Ces deux fractions resteront égales, si on les réduit au même dénominateur en multipliant les deux termes de chacune d'elles par le dénominateur de l'autre. On aura donc encore

$$\frac{8 \times 15}{5 \times 15} = \frac{24 \times 5}{15 \times 5};$$

les dénominateurs de ces dernières étant égaux, leurs numérateurs doivent aussi l'être. Donc

$$8 \times 15 = 24 \times 5.$$

194. Réciproque. — *Si quatre nombres sont tels que le produit de deux d'entre eux soit égal au produit des deux autres, ces quatre nombres forment entre eux toutes les proportions qu'on pourra écrire en prenant les deux facteurs d'un de ces produits comme extrêmes et les deux autres comme moyens.*

Soit $\qquad 9 \times 8 = 3 \times 24.$

Je dis qu'il en résulte, par exemple, la proportion

$$\frac{9}{3} = \frac{24}{8}.$$

PROPORTIONS.

En effet, divisons les deux produits égaux par (3×8); les quotients seront encore égaux. On aura donc

$$\frac{9 \times 8}{3 \times 8} = \frac{3 \times 24}{3 \times 8},$$

ou bien, en simplifiant les quotients,

$$\frac{9}{3} = \frac{24}{8}.$$

On démontrerait de même que l'égalité

$$9 \times 8 = 3 \times 24$$

entraîne les proportions suivantes :

$$\frac{9}{24} = \frac{3}{8}, \quad \frac{8}{3} = \frac{24}{9}, \quad \frac{8}{24} = \frac{3}{9},$$

dans lesquelles 9 et 8 forment toujours à la fois les extrêmes ou les moyens, 3 et 24 formant alors les moyens ou les extrêmes.

Conséquence. — Il suit de là qu'une proportion en entraîne trois autres. Soit, en effet, $\frac{4}{9} = \frac{28}{63}$. Cette égalité nous donne $4 \times 63 = 9 \times 28$. Or de cette dernière on peut déduire les trois proportions suivantes :

$$\frac{4}{28} = \frac{9}{63}, \quad \frac{63}{9} = \frac{28}{4}, \quad \frac{9}{4} = \frac{63}{28}.$$

La première montre que *dans une proportion on peut intervertir l'ordre des moyens;* la deuxième que *dans une proportion on peut intervertir l'ordre des extrêmes;* et la troisième que *dans une proportion on peut renverser les deux rapports.*

195. Problème. — *Connaissant trois termes d'une proportion, trouver le quatrième.* — Le produit des extrêmes étant égal à celui des moyens, la règle est évidente :

Règle. — 1° *Si le terme inconnu est un extrême, on l'obtient en divisant le produit des moyens par l'extrême connu.*

PROPORTIONS.

2° *Si le terme inconnu est un moyen, on l'obtient en divisant le produit des extrêmes par le moyen connu.*

EXEMPLES : $\dfrac{x}{3} = \dfrac{16}{6}$, $x = \dfrac{3 \times 16}{6} = 8.$

$\dfrac{5}{x} = \dfrac{20}{36}$, $x = \dfrac{5 \times 36}{20} = 9.$

$\dfrac{7}{4} = \dfrac{x}{12}$, $x = \dfrac{7 \times 12}{4} = 21.$

$\dfrac{6}{15} = \dfrac{4}{x}$, $x = \dfrac{4 \times 15}{6} = \dfrac{26}{3}.$

196. Proportions dont les termes sont fractionnaires. — Nous avons vu ce que c'est qu'un rapport *à termes fractionnaires*. Deux pareils rapports peuvent être égaux, et l'on a alors une proportion dont les termes sont fractionnaires. Telle est la proportion

$$\dfrac{\frac{3}{7}}{\frac{9}{4}} = \dfrac{\frac{15}{14}}{\frac{45}{8}},$$

proportion qui existe ; car, en effectuant les divisions des fractions, cette égalité devient $\dfrac{12}{63} = \dfrac{120}{630}$, égalité évidente.

Pour démontrer que les propriétés des proportions s'appliquent encore à ces proportions à termes fractionnaires, il suffit de démontrer la proposition fondamentale :

197. Théorème. — *Dans une proportion à termes fractionnaires, le produit des extrêmes est égal au produit des moyens.* Représentons, d'une manière générale, la proportion par $\dfrac{a}{b} = \dfrac{c}{d}$, les lettres a, b, c, d désignant des nombres quelconques, entiers ou fractionnaires. Imaginons qu'on ait effectué les quotients représentés par $\dfrac{a}{b}$ et par $\dfrac{c}{d}$.

PROPORTIONS.

et soit q la valeur commune à ces deux quotients. On aura

$$a = b \times q \quad \text{et} \quad d \times q = c.$$

Multiplions ces deux égalités membre à membre, nous aurons

$$a \times d \times q = b \times q \times c,$$

ou bien, en divisant par q ces deux quantités égales,

$$a \times d = b \times c,$$

ce qui démontre le théorème.

Remarque. — La réciproque est vraie et se démontre comme au n° 194.

Conséquence. — La règle pour trouver un terme inconnu d'une proportion quand les trois autres sont donnés (185), s'applique, par conséquent, aux proportions à termes fractionnaires et en particulier aux proportions dont les termes sont des nombres décimaux.

Exemple. — Calculer, à 0,01 près, l'inconnue x fournie par la proportion

$$\frac{7,4}{x} = \frac{23,42}{5,8}$$

$$x = \frac{7,4 \times 5,8}{23,42} = \frac{42,92}{23,42} = 1,83.$$

198. Théorème. — *Dans une proportion à termes quelconques, on peut ajouter chaque dénominateur au numérateur, et la proportion subsiste.* Soit

$$\frac{a}{b} = \frac{c}{d}.$$

Ajoutons l'unité à ces deux quantités égales; nous aurons encore

$$\frac{a}{b} + 1 = \frac{c}{d} + 1, \quad \text{ou bien} \quad \frac{a+b}{b} = \frac{c+d}{d}.$$

PROPORTIONS.

Remarque. — On démontrerait de même qu'*on peut retrancher chaque dénominateur du numérateur*, quand ces soustractions sont possibles.

199. Théorème. — *Dans une proportion, on peut ajouter chaque numérateur au dénominateur.* En effet, si l'on a

$$\frac{a}{b} = \frac{c}{d},$$

on en déduit (194, conséquence)

$$\frac{b}{a} = \frac{d}{c};$$

d'où, en vertu du théorème précédent,

$$\frac{a+b}{a} = \frac{c+d}{c};$$

enfin cette dernière proportion donne

$$\frac{a}{a+b} = \frac{c}{c+d}.$$

Remarque. — On démontrerait de même la proportion

$$\frac{a}{a-b} = \frac{c}{c-d} \quad \text{ou encore} \quad \frac{a}{b-a} = \frac{c}{d-c}.$$

200. Théorème. — *Dans une suite de rapports égaux, la somme des numérateurs divisée par la somme des dénominateurs forme un rapport égal à chacun des autres.*

$$\frac{3}{4} = \frac{6}{8} = \frac{15}{20} = \frac{27}{36}.$$

Chacun de ces rapports, y compris le premier, étant égal à $\frac{3}{4}$, cela veut dire que chacun des quatre numérateurs vaut les $\frac{3}{4}$ du dénominateur correspondant. La somme des numérateurs vaut donc aussi les $\frac{3}{4}$ de la somme des dénominateurs ; par suite, le rapport de la somme des numérateurs à celle des dénominateurs est égal à $\frac{3}{4}$ ou à chacun des rapports donnés.

Remarque I. — Cette démonstration s'applique encore au cas où les termes des rapports ne seraient pas tous des nombres entiers.

Remarque II. — Le théorème précédent serait encore vrai si, au lieu d'ajouter tous les numérateurs, on ajoutait seulement un certain nombre d'entre eux et si l'on retranchait les autres, à condition d'ajouter et de retrancher les dénominateurs correspondants. Ainsi, de la suite d'égalités

$$\frac{a}{b} = \frac{c}{d} = \frac{e}{f} = \frac{g}{h}$$

on peut conclure, par exemple,

$$\frac{a+c-e+g}{b+d-f+h} = \frac{a}{b}.$$

QUESTIONNAIRE ET EXERCICES SUR LA 37ᵉ LEÇON.

1. Qu'appelle-t-on rapport de deux grandeurs de même espèce ? Donner des exemples. — Qu'est-ce que le rapport de deux nombres ?

2. Dans quel cas deux rapports sont-ils inverses l'un de l'autre ? Citer des exemples.

3. Qu'est-ce qu'une proportion ? Comment s'appellent les termes d'une proportion ?

4. Énoncer et démontrer la propriété fondamentale des proportions.

5. Quelle est la proposition inverse de la précédente ?

6. Règle pour calculer un terme inconnu d'une proportion dont les trois autres termes sont donnés.

7. Un champ a une contenance de $3^{Ha}\ 85^{a}\ 32^{ca}$; on en vend $1^{Ha}\ 47^{a}\ 53^{ca}$; quel est le rapport de ce qui reste à la contenance primitive ?

8. Un train parcourt 58 kilomètres à l'heure et un autre train parcourt 420 kilomètres en 7 heures. Quel est le rapport de leurs vitesses ?

PROPORTIONS.

9. Un secteur circulaire a pour base un arc de 75° 27′; quel est le rapport de sa surface à celle du cercle? (L'aire d'un secteur est à celle du cercle entier dans le rapport de l'arc de ce secteur à la circonférence.)

10. On sait que la densité d'un corps est le rapport du poids d'un certain volume de ce corps au poids d'un égal volume d'eau. Cela étant, quelle est la densité d'un corps dont un bloc de 28$^{dm c}$ pèse 56 kilogrammes?

11. Sachant que la densité d'un corps est de 7,2, trouver le poids d'un volume de ce corps égal à 5^{cmc},84.

12. Le rapport de deux nombres est $\frac{5}{9}$; quelle est la différence entre ce rapport et son inverse?

13. A quoi peut-on reconnaître que les quatre nombres 18, 32, 15 et 80 forment une proportion dans l'ordre où ils sont écrits?

14. Calculer le terme inconnu dans les proportions suivantes :

$$\frac{42}{50} = \frac{x}{75}, \quad \frac{148}{x} = \frac{256}{540}, \quad \frac{30}{28} = \frac{7}{x}, \quad \frac{x}{672} = \frac{33}{132}, \quad \frac{3,75}{x} = \frac{2}{8,7};$$

$$\frac{2+\frac{3}{5}}{6+\frac{7}{20}} = \frac{5+\frac{4}{5}}{x}, \quad \frac{x}{6+\frac{3}{4}} = \frac{12+\frac{5}{8}}{7+\frac{5}{16}}.$$

15. Quelles sont les proportions qu'on peut déduire de l'égalité suivante : $7 \times 12 = 4 \times 21$?

16. Le rapport entre les surfaces de deux champs est de $\frac{6}{11}$. Le premier a 4^{Ha} 53^a; quelle est la contenance du deuxième?

17. Un objet d'or, qui pèse 38^g,5, renferme 37^g,5 d'or pur et le reste en cuivre. Quel est le rapport du poids de l'or au poids du cuivre contenu dans cet objet? le rapport du poids de l'or au poids total?

18. Un marchand de vin a dans sa cave 1560 bouteilles, les unes de vin rouge, les autres de vin blanc. Le rapport du nombre des bouteilles de vin rouge au nombre de bouteilles de vin blanc est de $\frac{5}{7}$. Combien y a-t-il des unes et des autres?

19. Quel est le rapport de 3^h 6^m 25^s à 2 jours?

20. Dans une proportion, le premier terme est 20 et les deux derniers sont dans le rapport de 45 à 75; trouver le deuxième.

21. Démontrer que la proportion $\frac{a+b}{b} = \frac{c+d}{d}$ entraîne $\frac{a}{b} = \frac{c}{d}$.

22. Démontrer que de la proportion $\frac{a}{b} = \frac{c}{d}$ on peut déduire $\frac{a+b}{a-b} = \frac{c+d}{c-d}$.

GRANDEURS PROPORTIONNELLES.

23. Démontrer que de la proportion $\dfrac{a+b}{a-b} = \dfrac{c+d}{c-d}$ on peut déduire $\dfrac{a}{b} = \dfrac{c}{d}$.

38ᵉ LEÇON.

GRANDEURS DIRECTEMENT, INVERSEMENT PROPORTIONNELLES.

201. Grandeurs directement proportionnelles. — On dit que deux grandeurs sont *directement proportionnelles, ou qu'elles varient en raison directe l'une de l'autre*, lorsqu'elles dépendent l'une de l'autre de telle manière que, si l'une varie dans un certain rapport, l'autre varie dans le même rapport.

Par exemple, la longueur d'une pièce d'étoffe et le prix qu'elle coûte sont deux grandeurs *directement proportionnelles*. Car, si deux pièces de la même étoffe sont deux fois, trois fois, etc., plus longues l'une que l'autre, toutes choses égales d'ailleurs, la première coûtera deux fois, trois fois, etc., plus que l'autre. Et si la longueur de la première vaut, par exemple, les $\dfrac{2}{3}$ ou les $\dfrac{5}{9}$ de la longueur de la deuxième, son prix sera les $\dfrac{2}{3}$ ou les $\dfrac{5}{9}$ de celui de la deuxième. De telle sorte que si, en général, la longueur de la pièce varie dans un certain rapport, son prix variera aussi dans le même rapport.

De même, sur une ligne de chemin de fer, le prix d'une place est directement proportionnel à la longueur du trajet. Si deux voyageurs parcourent en 3ᵉ classe, par exemple, l'un un trajet de 352 kilomètres, l'autre un trajet de 528 kilomètres, le prix de la place du premier sera les $\dfrac{352}{528}$ de celui de la place du second, c'est-à-dire que le rapport des deux prix sera égal au rapport direct des deux distances.

202. Grandeurs inversement proportionnelles. — Deux grandeurs sont *inversement proportionnelles* ou bien *varient en raison inverse l'une de l'autre*, lorsqu'elles sont liées entre elles de telle manière que, si l'une varie dans un certain rapport, l'autre varie dans un rapport inverse.

Par exemple, le nombre d'ouvriers employés à faire un certain travail est inversement proportionnel au nombre de jours qu'ils mettent à le faire. Il est clair, en effet, que s'il y a deux fois, trois fois, etc., plus d'ouvriers, ces ouvriers mettront, toutes choses égales d'ailleurs, deux fois, trois fois, etc., moins de temps à faire le même ouvrage. De plus, si pour faire un certain ouvrage on emploie, par exemple, les $\frac{2}{3}$ du nombre des ouvriers qui sont employés à faire dans les mêmes conditions un ouvrage identique, il faudra aux premiers les $\frac{3}{2}$ du temps qu'il faut aux autres.

En effet, si l'on employait seulement $\frac{1}{3}$ du nombre d'ouvriers qui font le deuxième ouvrage, il est évident qu'il faudrait 3 fois plus d'ouvriers; et si l'on employait ensuite 2 fois plus d'ouvriers que dans ce deuxième cas, ou les $\frac{2}{3}$ du nombre d'ouvriers employés dans le premier, il faudrait 2 fois moins d'ouvriers que dans le deuxième cas, où les $\frac{3}{2}$ du nombre d'ouvriers employés dans le premier.

REMARQUE I. — Il résulte de ces définitions que, si a et b sont deux valeurs correspondantes de deux grandeurs proportionnelles, et a' et b' deux autres valeurs correspondantes de ces mêmes grandeurs, on aura

$$\frac{a}{a'}=\frac{b}{b'} \quad \text{ou bien} \quad \frac{a}{a'}=\frac{b'}{b},$$

suivant que les deux grandeurs seront *directement* ou *inversement* proportionnelles.

GRANDEURS PROPORTIONNELLES.

Remarque II. — La proportionnalité de deux grandeurs résulte, soit de propositions qu'on démontre, soit de simples conventions. Par exemple, si un champ rectangulaire a une base fixe, sa superficie varie nécessairement en raison directe de sa hauteur; cela résulte d'une proposition de géométrie. Au contraire, lorsqu'on dit que l'intérêt d'une somme varie en raison directe de la durée du placement, on énonce le résultat d'une convention.

203. Grandeurs directement ou inversement proportionnelles à plusieurs autres en même temps. — Une grandeur peut dépendre à la fois de plusieurs autres. Par exemple, le prix de revient d'un mur dépend de sa longueur, de son épaisseur, de sa hauteur. Le nombre d'ouvriers nécessaire pour faire un mur dépend de même de ses dimensions et, en outre, du nombre de jours que ces ouvriers emploieront à le faire, du nombre d'heures pendant lesquelles ils travailleront chaque jour.

Lorsqu'une grandeur dépend ainsi de plusieurs autres, on dit qu'elle est directement ou inversement proportionnelle à l'une d'elles si, toutes les autres étant supposées invariables, elle varie en raison directe ou en raison inverse de celle-ci. Soit, par exemple, l'intérêt d'un capital, qui dépend de ce capital et du temps pendant lequel il reste placé. L'intérêt est directement proportionnel au capital, parce que, le temps du placement restant le même, l'intérêt varie dans le même rapport que le capital. De même cet intérêt est directement proportionnel à la durée du placement, parce que, le capital placé restant le même, l'intérêt varie dans le même rapport que la durée du placement.

Prenons encore pour exemple le nombre d'ouvriers qu'il est nécessaire d'employer pour creuser un fossé. Ce nombre d'ouvriers dépend de la longueur du fossé, du nombre de jours que les ouvriers emploieront à le creuser, du nombre d'heures de travail qu'ils feront chaque jour, etc. Si l'on compare le nombre des ouvriers à la longueur du fossé, il est clair que, toutes choses égales d'ailleurs, le nombre des ouvriers sera directement proportionnel à la longueur du fossé. Comparons de même le nombre des ouvriers au nombre de jours qu'ils emploieront à faire ce travail : il est évident que, toutes les autres circonstances restant les mêmes, ces deux grandeurs sont inversement proportionnelles; car, si le nombre des jours accordés aux ouvriers pour faire le travail devient double ou triple de ce qu'il était, le nombre des ouvriers qu'il sera nécessaire d'employer deviendra deux fois, trois fois moindre.

QUESTIONNAIRE ET EXERCICES SUR LA 38ᵉ LEÇON.

1. Quand dit-on que deux grandeurs sont directement proportionnelles, inversement proportionnelles ?

2. Lorsqu'une grandeur dépend de plusieurs autres, si l'on dit qu'elle est directement proportionnelle à l'une d'elles, qu'entend-on par là ?

3. Toutes choses égales d'ailleurs, le prix d'une certaine quantité de houille est-il directement ou inversement proportionnel à son poids ?

4. Un réservoir a une forme cubique. Le volume de l'eau qu'il renferme est-il directement proportionnel à la hauteur de l'eau au-dessus du fond ? Cette proportionnalité résulte-t-elle d'une convention ? Pourrait-il en être autrement ?

5. Toutes choses égales d'ailleurs, l'impôt que paye un propriétaire est-il directement ou inversement proportionnel au revenu brut de sa propriété ? Est-ce le résultat d'une convention ? Peut-on concevoir qu'il en soit autrement ?

6. Une troupe d'ouvriers a exécuté un certain travail en un certain nombre de jours. Une autre troupe a exécuté, dans les mêmes circonstances, le même travail en un autre nombre de jours. Les deux nombres d'ouvriers sont-ils dans le même rapport que les deux nombres de jours, ou bien dans un rapport inverse ? Cette proportionnalité est-elle nécessaire, ou bien est-elle le résultat d'une convention ?

7. Un marchand papetier a vendu 1750 ramettes de papier à lettres dans l'espace de 45 jours, puis 580 ramettes dans les 20 jours qui ont suivi. Le rapport de ces deux nombres de ramettes est-il le même que celui de ces deux nombres de jours ? Y a-t-il quelque raison pour qu'il en soit ainsi ?

8. Deux paquebots vont faire la même traversée et dans le même temps. La quantité de vivres qu'ils doivent prendre est-elle directement ou inversement proportionnelle aux deux nombres de personnes qu'ils portent, équipages et passagers réunis ?

9. Deux trains vont de Paris à Bordeaux, le premier avec une vitesse constante de 36 kilomètres à l'heure, et le deuxième avec une vitesse constante de 42 kilomètres à l'heure. Le premier met 12ʰ 2ᵐ 10ˢ à faire le trajet, et le deuxième 10ʰ 19ᵐ. Le rapport des vitesses doit-il être égal au rapport direct de ces durées, ou bien à leur rapport inverse? Vérifier si cette égalité a lieu.

10. On démontre en géométrie que les surfaces de deux cercles sont entre elles comme les carrés de leurs rayons. Vérifier cette proportionnalité sur l'exemple suivant : un cercle, dont le rayon est 2 mètres, a pour surface 11^{mq},6, et un autre cercle, dont le rayon est 5 mètres, a pour surface 78^{mq},50.

11. Le nombre de rails qu'il y a sur une certaine longueur d'une ligne de chemin de fer est-il directement ou inversement proportionnel à cette longueur (la longueur d'un rail étant toujours la même)? Le nombre des rails qu'il faut pour une longueur déterminée est-il directement ou inversement proportionnel à la longueur d'un rail?

12. On démontre en physique que la force élastique d'une même masse de gaz, à une même température, varie en raison inverse de son volume (loi de Mariotte). Cela étant, on a dans un corps de pompe, au-dessous du piston, 3 litres d'air. On réduit ce volume à 1ˡ,5, puis à 0ˡ,75. La pression, qui était d'abord de 1 atmosphère 1/2, devient successivement 3 atmosphères, puis 6 atmosphères. La loi de Mariotte est-elle vérifiée?

39ᵉ LEÇON.

RÈGLES DE TROIS SIMPLES.

204. Définition. — On donne le nom de *règles de trois* aux questions dans lesquelles, étant donné un système de valeurs correspondantes de plusieurs grandeurs qui sont directement ou inversement proportionnelles les unes aux autres, on demande la valeur que prend l'une d'entre elles, lorsque toutes les autres prennent des valeurs nouvelles qui sont données.

EXEMPLE : Une troupe de 60 ouvriers, travaillant 12 heures par jour, a mis 95 jours pour faire un certain ouvrage. Combien faudrait-il d'ouvriers, travaillant 10 heures par jour, pour faire dans les mêmes conditions le même ouvrage en 32 jours? Cette question est une *règle de trois*. Nous avons là, en effet, trois grandeurs qui sont directement ou inversement proportionnelles les unes aux autres, savoir : le nombre d'ouvriers, le nombre d'heures de travail par jour et le nombre de jours de travail. On donne un système de valeurs correspondantes de ces grandeurs, savoir : 60 ouvriers, 12 heures de travail par jour et 95 jours de travail. On demande la valeur que prend l'une de ces grandeurs, le nombre d'ouvriers, lorsque les deux autres prennent des valeurs nouvelles, qui sont : 10 pour les heures de travail par jour et 32 pour le nombre de jours.

205. **Règles de trois simples.** — Une règle de trois est dite *simple*, lorsqu'il n'y entre que deux grandeurs.

EXEMPLE : 15 mètres d'étoffe ont coûté 56^f,25 ; combien coûteront 10^m,60 de la même étoffe ?

Une règle de trois simple est dite *directe* ou *inverse*, selon que les deux grandeurs qui y entrent sont *directement* ou *inversement* proportionnelles.

206. **Résolution d'une règle de trois simple et directe par la méthode des proportions** — Soit la question suivante :

3^{Kg},5 *d'une certaine marchandise ont coûté* 1^f,75 ; *combien coûteront* 12^{Kg},25 *de la même marchandise ?*

Le poids de cette marchandise et son prix sont deux grandeurs directement proportionnelles. Nous avons donc là une règle de trois simple et directe. Désignons par x le prix inconnu des 12^{Kg},25 et écrivons l'énoncé de la manière suivante, dans laquelle les valeurs correspondantes des deux quantités sont placées sur une même ligne horizontale :

$$3^{Kg}, 5 \ldots \ldots 1^f,75$$
$$12^{Kg},25 \ldots \ldots x$$

Le rapport des deux poids devant être égal au rapport direct des deux prix, nous devons avoir

$$\frac{3,5}{12,25} = \frac{1,75}{x};$$

RÈGLES DE TROIS SIMPLES.   173

d'où (195)

$$x = \frac{1{,}75 \times 12{,}25}{3{,}5} = \frac{1{,}75 \times 2{,}45}{0{,}7} = \frac{0{,}25 \times 2{,}45}{0{,}1} = 6{,}125.$$

Pour déduire de là une règle générale, nous remarquerons que la valeur de x est le produit du nombre 1,75, placé au-dessus de x, par le rapport $\frac{12{,}25}{3{,}5}$, qui est pris dans le même sens que celui de x à 1,75.

RÈGLE PRATIQUE. — *On écrit sur une ligne horizontale les valeurs correspondantes données des deux grandeurs, puis au-dessous les nouvelles valeurs de ces mêmes grandeurs, celle qui est inconnue étant représentée par la lettre* x. *L'énoncé étant ainsi posé, on obtient la valeur de* x *en multipliant le nombre placé au-dessus de cette lettre par le rapport des deux autres nombres, rapport pris de bas en haut, c'est-à-dire dans le même sens que celui de* x *au nombre correspondant.*

EXEMPLE. — *Un billet de troisième classe de Paris à Rouen coûte* 9f,20; *combien coûtera un billet de même classe de Paris au Havre, la distance de Paris à Rouen étant de* 136 *kilomètres, et celle de Paris au Havre étant de* 228Km,2?

$$136^{Km} \quad \ldots \ldots \quad 9^f,20$$
$$228^{Km} \quad \ldots \ldots \quad x$$

$$x = \frac{9{,}20 \times \cancel{228}\,^{57}}{\underset{34}{\cancel{136}}} = 15^f,42$$

207. Résolution d'une règle de trois simple et inverse par la méthode des proportions. — Soit la question suivante :

Pour faire le parquet d'une chambre, on a employé 540 *planches ayant chacune* 0mq,0918 *de superficie. Combien aurait-on employé de planches de* 0mq,1530?

La superficie de chaque planche et le nombre de planches employées sont évidemment deux grandeurs inversement proportionnelles. Écrivons l'énoncé comme nous l'avons exposé plus haut :

$$0^{mq},0918 \ldots \ldots 540$$
$$0^{mq},1530 \ldots \ldots x$$

Le rapport des superficies devant être égal à l'inverse de celui des deux nombres de planches, on devra avoir la proportion.

$$\frac{x}{540} = \frac{0,0918}{0,1530},$$

d'où

$$x = \frac{540 \times 0,0918}{0,1530} = \frac{6 \times 918}{17} = 6 \times 54 = 324.$$

Règle pratique. — *Après avoir disposé les données et l'inconnue comme dans la règle précédente, on obtient la valeur de* x *en multipliant le nombre placé au-dessus de* x *par le rapport des deux autres nombres, rapport pris de haut en bas, c'est-à-dire en sens inverse du rapport de* x *au nombre qui lui correspond.*

Exemple. — *48 ouvriers ont mis 27 jours à exécuter un certain travail. Combien 18 ouvriers mettraient-ils de jours à exécuter, dans les mêmes conditions, un travail identique ?*

$$48^o \ldots \ldots \ldots 27^j$$
$$18^o \ldots \ldots \ldots x$$

Le nombre d'ouvriers et le nombre de jours sont deux quantités inversement proportionnelles. Donc

$$x = 27 \times \frac{48}{18} = 3 \times \frac{48}{2} = 3 \times 24 = 72^j.$$

208. Méthode de réduction à l'unité. — Nous nous bornerons à rappeler cette méthode, qui a été expliquée dans le *cours moyen*.

Soit la question suivante : *228 litres de vin ont coûté 155 fr. Combien coûteront 1368 litres du même vin ?*

RÈGLES DE TROIS SIMPLES.

Si 228ˡ coûtent 135ʳ

1ˡ coûtera $\dfrac{135}{228}$

et 1368ˡ coûteront $\dfrac{135}{228} \times 1368 = \dfrac{135 \times 113}{19} = 81^r.$

QUESTIONNAIRE ET EXERCICES SUR LA 39ᵉ LEÇON.

1. Qu'est-ce qu'une règle de trois?
2. Qu'appelle-t-on règle de trois simple?
3. Quand dit-on qu'une règle de trois simple est directe? inverse?
4. Expliquer, sur un exemple, la résolution d'un problème conduisant à une règle de trois simple et directe (emploi d'une proportion). Énoncer la règle pratique à laquelle on est conduit.
5. Mêmes questions pour une règle de trois simple et inverse.
6. Un ouvrier a reçu 108 francs pour 18 journées de travail; combien lui seront payées 26 journées?
7. Un commerçant achète 575 kilogrammes de sucre pour 280 francs. Combien aurait-il de kilogrammes du même sucre pour 172 francs?
8. Un train, qui fait 36 kilomètres à l'heure, a mis 15ʰ 20ᵐ à faire un certain trajet; combien mettra-t-il d'heures à faire le même trajet, si sa vitesse est portée à 54 kilomètres par heure?
9. Une garnison de 7850 hommes a des vivres pour 65 jours. Combien de jours pourra-t-elle tenir, si elle se trouve subitement réduite à 4620 hommes?
10. Une couturière a acheté une étoffe qui lui coûte 5ʳ,60 le mètre en grande largeur, c'est-à-dire avec une largeur de 1ᵐ,20. Combien payerait-elle 1 mètre de la même étoffe en petite largeur, c'est-à-dire avec une largeur de 0ᵐ,60?
11. Pour mesurer la hauteur d'un peuplier, on mesure la longueur de son ombre, et l'on trouve 25ᵐ,20. On plante alors en terre un bâton dressé verticalement, et l'on mesure aussi la hauteur de son ombre. Sachant que le bâton a 1ᵐ,50 de hauteur et que son ombre a 2ᵐ,50 de longueur, trouver la hauteur du peuplier.
12. Montrer que, si deux corps ont le même poids, le rapport de leurs volumes est égal au rapport inverse de leurs densités.
13. On a mis dans un tube cylindrique placé verticalement une certaine quantité de mercure qui s'y élève à 0ᵐ,08. On remplace ce mercure par un même poids d'alcool. A quelle hauteur s'y élèvera-t-il? La densité du mercure est 13,59 et celle de l'alcool est 0,792.
14. Sur un globe géographique de 0ᵐ,90 de circonférence, deux villes sont à une distance de 0ᵐ,520; quelle est leur distance réelle à vol d'oiseau?

RÈGLES DE TROIS COMPOSÉES.

15. Un négociant a payé à la Compagnie du gaz une certaine somme pour l'éclairage de sa boutique pendant 30 jours, à raison de $2^h 30^m$ par jour. Pour la même somme, combien de jours pourra-t-il éclairer son magasin, si les becs restent allumés $3^h 50^m$ par jour ?

16. Sachant qu'un quintal de pommes de terre a rendu 40 kilogrammes de fécule, on demande ce que rendront 540 hectolitres, l'hectolitre pesant en moyenne 48 kilogrammes.

17. Un ouvrier maçon a mis 16 journées $\frac{3}{4}$ à faire les $\frac{5}{9}$ d'un mur de clôture : combien mettra-t-il à l'achever ?

18. L'espace parcouru par un corps qui tombe en chute libre est directement proportionnel au carré du temps employé à le parcourir. Sachant qu'un corps a parcouru $3^m,61$ pendant les deux premières secondes de sa chute, trouver ce qu'il a parcouru pendant les trois premières.

19. En faisant évaporer 240 kilogrammes d'eau de mer, on a obtenu 62 grammes de sel. Combien faudra-t-il faire évaporer d'hectolitres d'eau de mer pour obtenir 1 kilogramme de sel ? La densité de l'eau de mer est de 1,026.

20. Un ouvrier s'est chargé de creuser un puits aux conditions suivantes : le premier mètre lui sera payé seulement 2 francs ; mais ensuite son salaire croîtra, à chaque mètre, proportionnellement au carré du nombre des mètres. Le puits a 12 mètres de profondeur. Combien revient-il à l'ouvrier ?

40ᵉ LEÇON.

RÈGLES DE TROIS COMPOSÉES.

209. Définition. — Une règle de trois est dite *composée* lorsqu'il y entre plusieurs grandeurs.

210. Résolution par la méthode des proportions. — Raisonnons sur des exemples :

EXEMPLE I. — *28 ouvriers, travaillant 10 heures par jour, ont mis 54 jours à faire un certain travail ; combien 18 ouvriers, travaillant 9 heures par jour, mettraient-ils de jours à faire dans les mêmes conditions le même travail ?*

Écrivons l'énoncé de la manière suivante :

$$[1] \quad \begin{cases} 28^o & 10^h & 54^j \\ 18^o & 9^h & x \end{cases}$$

RÈGLES DE TROIS COMPOSÉES.

Laissons fixe le nombre d'heures de la journée de travail, et faisons varier seulement le nombre d'ouvriers. En d'autres termes, cherchons combien il faudrait de jours, si le nombre des ouvriers était 18 au lieu de 28, le nombre d'heures de travail par jour étant toujours 10. Nous aurons à résoudre la question suivante, qui est une règle de trois simple et inverse :

Si 28 ouvriers mettent 54 jours à faire un certain travail, combien mettront 18 ouvriers, toutes choses égales d'ailleurs? Appelons y l'inconnue; nous aurons

28^{ouv} . . . . 54^j
18^{ouv} . . . . y $y = 54 \times \dfrac{28}{18}.$

Laissons fixe maintenant le nombre d'ouvriers, qui est actuellement 18, et faisons passer le nombre d'heures de travail par jour de sa valeur première 10^h à sa nouvelle valeur 9^h. Nous aurons encore à résoudre une règle de trois simple et inverse :

Si, quand les ouvriers travaillent 10^h par jour, il faut un nombre de jours égal à $54 \times \dfrac{28}{18}$, combien leur faudra-t-il de jours lorsqu'ils travailleront 9^h par jour, toutes choses égales d'ailleurs?

10^h . . . . . $54 \times \dfrac{28}{18}$
9^h . . . . . x $x = 54 \times \dfrac{28}{18} \times \dfrac{10}{9}.$

On trouve, après réduction, $x = 93^j \dfrac{1}{3}$, c'est-à-dire 93 jours et $\dfrac{1}{3}$ d'une journée de 9^h, ou encore 93 jours et 3 heures.

Remarquons que la valeur de x s'obtient en multipliant le nombre correspondant du tableau [1] par les rapports $\dfrac{28}{18}$ et $\dfrac{10}{9}$, qui sont les rapports pris de haut en bas, c'est-à-dire en sens inverse du rapport $\dfrac{x}{54}$.

Exemple II. — *8 ouvriers maçons travaillant 10 heures par jour ont fait en 15 jours 280 mètres d'un mur qui doit avoir 472 mètres de long ; combien 5 ouvriers, travaillant 12 heures par jour, mettront-ils de jours à terminer ce mur ?*

La question revient à la suivante :

[2]
$$\begin{cases} 8^{ouv.} & 10^h & 280^m & 15^j \\ 5^{ouv.} & 12^h & 192^m & x \end{cases}$$

Laissons fixes le nombre d'heures de la journée de travail et le nombre de mètres à faire, et faisons varier seulement le nombre des ouvriers. Nous aurons alors à résoudre une règle de trois simple et inverse :

8 ouvriers, travaillant 10 heures par jour, pour faire 280 mètres, ont mis 15 jours ; combien 5 ouvriers, travaillant le même nombre d'heures par jour pour faire le même nombre de mètres, emploieront-ils de jours ? Appelons l'inconnue y :

$$\begin{array}{cc} 8^{ouv.} & 15^j \\ 5^{ouv.} & y \end{array} \qquad y = 15^j \times \frac{8}{5}.$$

Faisons varier maintenant le nombre d'heures de la journée de travail, et celui-là seulement. La question sera une règle de trois simple et inverse :

5 ouvriers, travaillant 10 heures par jour pour faire 280 mètres d'ouvrage, ont mis un nombre de jours égal à $15 \times \frac{8}{5}$; combien ce même nombre d'ouvriers, pour faire ces mêmes 280 mètres, mettront-ils de jours, s'ils travaillent 12 heures par jour au lieu de 10 heures ? Appelons z l'inconnue ; nous aurons

$$\begin{array}{cc} 10^h & 15^j \times \frac{8}{5} \\ 12^h & z \end{array} \qquad z = 15^j \times \frac{8}{5} \times \frac{10}{12}.$$

Enfin, faisons varier le nombre de mètres à faire, les

RÈGLES DE TROIS COMPOSÉES.

autres grandeurs conservant les valeurs qu'elles ont maintenant. Nous aurons une règle de trois simple et directe :

Si, pour faire 280 mètres, il faut à 5 ouvriers travaillant 10 heures par jour un nombre de jours égal à $15 \times \frac{8}{5} \times \frac{10}{12}$, combien leur faudra-t-il, dans les mêmes conditions, pour faire 192 mètres ? La valeur de l'inconnue est ici celle que nous avons appelée x dans le tableau [2]. Nous avons alors

$$280^m \qquad 15^j \times \frac{8}{5} \times \frac{10}{12} \qquad x = 15^j \times \frac{8}{5} \times \frac{10}{12} \times \frac{192}{280}.$$
$$192^m \qquad\qquad\qquad x$$

Remarquons, comme plus haut, que cette valeur de x s'obtient en multipliant le nombre correspondant à x dans le tableau [2] par les rapports $\frac{8}{5}$ et $\frac{10}{12}$, pris de haut en bas et par le rapport $\frac{129}{280}$, qui est pris de bas en haut.

Nous déduisons de là la règle générale suivante :

RÈGLE PRATIQUE. — *On dispose sur une ligne horizontale le premier système de valeurs correspondantes des grandeurs qui entrent dans la question, valeurs qui sont toutes données. On écrit ensuite au-dessous les valeurs nouvelles que prennent les grandeurs, l'une de ces valeurs nouvelles étant inconnue et se trouvant représentée par x. La valeur de l'inconnue est alors égale au nombre placé au-dessus de x, multiplié par les rapports des nombres qui se correspondent verticalement, ces rapports étant pris de bas en haut pour les grandeurs directement proportionnelles à l'inconnue, et de haut en bas pour celles qui lui sont inversement proportionnelles.*

EXEMPLE. — *Pour percer un tunnel de 3^{kl} 540 de longueur on a employé 670 ouvriers qui ont travaillé pendant 5 ans et 8 mois. Combien faudra-t-il d'ouvriers pour percer en 3 ans et 6 mois un tunnel de 2^{kl} 730, la difficulté* de ce deuxième travail étant représentée par 1,5, quand celle du premier est représentée par 1 ?

Après avoir réduit les années en mois, nous écrirons :

	inv.	dir.	dir.
670$^{\text{ouv.}}$	68^{mois}	3 540^{mètres}	1^{difficulté}
x	42	2 750	1,5

Comparant ensuite séparément, comme nous l'avons expliqué au n° 203, chacune des grandeurs au nombre d'ouvriers, nous trouverons que ce nombre d'ouvriers est, toutes choses égales d'ailleurs, inversement proportionnel au nombre de mois employés, directement proportionnel au nombre des mètres à percer, et directement proportionnel à la difficulté. On aura donc

$$x = 670 \times \frac{68}{42} \times \frac{2730}{3540} \times \frac{1,5}{1} = \frac{670 \times 68 \times 2730 \times 1,5}{42 \times 3540},$$

ou bien, en réduisant,

$$x = \frac{670 \times \cancel{68} \times \cancel{2730} \times \cancel{1,5}}{\cancel{42} \times \cancel{3540}} = \frac{670 \times 17 \times 13 \times 0,5}{59} = 1254 + \frac{49}{59}$$

c'est-à-dire qu'il faudra 1254 ouvriers, plus un ouvrier qui ne ferait chaque jour que les $\frac{49}{59}$ de la journée des autres.

REMARQUE. — La méthode de réduction à l'unité conduit à la même règle. Elle ne diffère pas d'ailleurs, au fond, de la précédente.

QUESTIONNAIRE ET EXERCICES SUR LA 40° LEÇON.

1. Avec 42 kilogrammes de laine, on a fait une pièce de drap qui avait 35 mètres de longueur et 0^{m},80 de largeur. Combien faudra-t-il de kilogrammes pour faire une pièce de drap pareil ayant 20 mètres de longueur et 0^{m},90 de largeur?

2. Une troupe de 16 ouvriers, travaillant 10 heures par jour, a mis 27 jours pour paver 680 mètres d'une rue. On double ce nombre d'ouvriers, on les fait travailler 12 heures par jour, et l'on demande en combien de jours sera achevé le pavage de la rue, sachant que la longueur totale de cette rue est de 1375 mètres.

3. Un entrepreneur doit faire certains travaux de terrassement en 6 mois, du 15 avril au 1ᵉʳ octobre. Jusqu'au 20 juin il emploie 72 ouvriers qui travaillent 10 heures par jour et qui font les $\frac{4}{9}$ du travail. A partir de ce moment, il n'emploie plus que 60 ouvriers. Combien d'heures doit-il les faire travailler chaque jour pour que le travail soit achevé à l'époque fixée ?

4. Avec 850 mètres de drap ayant pour largeur $\frac{5}{6}$, on a habillé une compagnie de 120 soldats ; combien faudra-t-il de mètres de drap ayant $\frac{5}{9}$ de largeur pour habiller une autre compagnie de 145 hommes ?

5. Pour sabler une cour rectangulaire, dont la longueur est de $14^m,80$ et la largeur de $12^m,10$, on a employé 6 tombereaux de sable, et ce sable, étendu uniformément sur la cour, y formait une couche de 3 centimètres d'épaisseur. Quelle longueur pourra-t-on sabler d'une allée de $2^m,60$ de largeur, sur laquelle on veut répandre uniformément une couche de sable de $0^m,02$ d'épaisseur, si l'on dispose de 2 tombereaux 1/2 du même sable, les tombereaux étant les mêmes ?

6. Un câble formé de 30 fils de fer ayant chacun $2^{mm},5$ de diamètre et 120 mètres de long pèse 44 kilogrammes. Combien pèserait un autre câble formé de 22 fils de cuivre de 2 millimètres de diamètre et qui aurait 92 mètres de long ? Le poids d'un fil métallique est directement proportionnel à sa longueur, au carré de son diamètre et à sa densité. On prendra pour densité du fer le nombre 7,8 et pour densité du cuivre le nombre 8,9.

7. Une pompe à vapeur, qui donne 52 coups de piston à la minute, a mis 18 heures pour épuiser l'eau d'un bassin cubique dont le côté est de 7 mètres. Une autre pompe, qui donne 68 coups de piston à la minute, a mis, dans les mêmes conditions, 32 heures pour vider un bassin cubique dont le côté est de 8 mètres. Quel est le rapport de la quantité d'eau aspirée à chaque coup de piston par cette deuxième pompe à la quantité aspirée par la première ?

8. Le poids d'une sphère en métal est directement proportionnel à sa densité et au cube de son rayon. Cela posé, trouver le poids d'une sphère de plomb dont le rayon est de 5 centimètres, sachant qu'une sphère de fonte, dont le rayon est de 12 centimètres, pèse $50^{kg},642$ et que la densité du plomb vaut les $\frac{11}{7}$ de celle de la fonte.

41ᵉ LEÇON.

RÈGLES D'INTÉRÊT.

211. Définitions. — Lorsqu'une personne prête à une autre une certaine somme, elle le fait moyennant une rémunération, qui est comme le loyer de l'argent qu'elle a prêté. La somme prêtée s'appelle le *capital*, et le loyer de cette somme s'appelle l'*intérêt*.

Plus généralement, on appelle *capital* une propriété quelconque, soit mobilière, soit immobilière, qui est louée et qui rapporte un certain produit. Ce produit s'appelle l'*intérêt du capital*.

212. Proportionnalité de l'intérêt au capital et au temps. — On convient d'ordinaire que l'intérêt sera directement proportionnel au capital et au temps pendant lequel ce capital aura été loué ou placé.

213. Taux de l'intérêt. — On appelle *taux de l'intérêt* ou *taux du placement*, l'intérêt produit par 100 fr. pendant un an. Ainsi, dire qu'un capital est placé *au taux de 5 pour 100 (5 %)*, c'est dire que 100 francs rapportent 15 francs en un an, et que l'intérêt du capital doit être calculé d'après cette donnée, cet intérêt étant directement proportionnel au capital et au temps.

Il suit de là que les problèmes qu'on appelle des *règles d'intérêt* ne sont autre chose que des règles de trois. Il y en a quatre principaux.

214. Problème I. — *Étant donné le capital, le temps et le taux, trouver l'intérêt.*

Soit à trouver l'intérêt d'une somme de 2658 francs, prêtée ou placée à 5 % pendant 3 mois et 8 jours. Cette question n'est autre que la règle de trois suivante :

100 francs placés pendant 360 jours ont rapporté 5 francs; combien rapporteront 2658 francs pendant 98 jours ? (Il est d'usage dans les questions relatives à l'in-

RÈGLES D'INTÉRÊT.

térêt, de compter les mois de 30 jours et par conséquent l'année de 360 jours.)

dir.	dir.	
100^f	360^j	5^f
2658^f	98^j	x

L'intérêt étant directement proportionnel au capital et au temps, on aura

$$x = 5 \times \frac{98}{360} \times \frac{2658}{100} = \frac{5 \times 49 \times 1329}{90 \times 100}$$

ou bien

$$x = \frac{5 \times 49 \times 443}{30 \times 100} = 36^f,18.$$

REMARQUE I. — La valeur de x peut s'écrire

$$x = \frac{2658 \times 5 \times \frac{98}{360}}{100}.$$

La fraction $\frac{98}{360}$ représente la durée du placement exprimée en année, c'est-à-dire rapportée à l'année prise pour unité. On a alors, pour calculer l'intérêt, la règle générale suivante :

RÈGLE PRATIQUE. — *L'intérêt s'obtient en multipliant le capital par le taux et par le temps (l'unité de temps étant l'année) et en divisant le résultat par* 100.

EXEMPLE. — *Quel est l'intérêt de* 586^f,70 *placés à* 6 p. 0/0 *pendant* 8 *mois et* 12 *jours ?*

$$x = \frac{586,70 \times 6 \times \frac{252}{360}}{100} = \frac{586,70 \times 6 \times 252}{360 \times 100}$$

ou

$$x = \frac{586,70 \times 252}{60 \times 100} = \frac{586,70 \times 42}{10 \times 100} = 24^f,65.$$

Remarque II. — Lorsque le temps du placement est une année, l'intérêt s'obtient en multipliant le capital par le taux et en divisant par 100 le produit obtenu.

Exemple. — L'intérêt annuel à 3 % d'un capital de 2860 francs est $\dfrac{2860 \times 5}{100} = 85^f,80$.

Remarque III. — L'intérêt annuel d'un capital à 5 % s'obtient en faisant le produit de ce capital par 5 et divisant ce produit par 100. Cela revient à multiplier le capital par le quotient $\dfrac{5}{100}$ ou par $\dfrac{1}{20}$. Donc

On obtient le revenu annuel d'un capital à 5 % en le divisant par 20, ce qui se fait en en prenant la moitié, puis en divisant cette moitié par 10.

Exemple. — Le revenu annuel de 46550 francs est 2327^f,50.

215. Problème II. — *Étant donnés le taux, le temps et l'intérêt, trouver le capital.*

Soit à trouver le capital qui, placé à 4 % pendant 3 mois et 6 jours, a produit un intérêt de 355^f,20. Cette question n'est autre que la règle de trois suivante :

	inv.	dir.
100^f	360^j	4^f
x	96^j	355^f,20

L'intérêt produit étant le même, la durée du placement est inversement proportionnelle au capital. Le temps du placement étant le même, l'intérêt produit est directement proportionnel au capital. Donc

$$x = 100 \times \frac{360}{96} \times \frac{355,20}{4} = \frac{100 \times 30 \times 355,20}{32}$$

ou bien $x = 33\,300$ francs.

216. Problème III. — *Étant donnés le capital, le taux et l'intérêt, trouver le temps.*

Soit à trouver la durée du placement d'une somme de

675 francs qui à 6 % a rapporté 8ᶠ,10. La question revient à la règle de trois suivante :

inv.	dir.	
100ᶠ	6ᶠ	360
675ᶠ	8ᶠ,10	x

L'intérêt étant le même, le capital est inversement proportionnel au temps. Le capital étant le même, l'intérêt est directement proportionnel au temps. Donc

$$x = 360 \times \frac{8,10}{6} \times \frac{100}{675} = \frac{60 \times 8,10 \times 100}{675}$$

ou

$$x = \frac{20 \times 8,10 \times 100}{225} = \frac{20 \times 0,9 \times 100}{25} = 72.$$

Le temps cherché est 72 jours ou bien 3 mois et 12 jours.

REMARQUE. — Supposons qu'on demande pendant combien de temps il faudra placer 2546 francs pour avoir 53ᶠ,25 d'intérêt, le taux étant 3 %.

inv.	dir.	
100ᶠ	3ᶠ	360
2546ᶠ	53ᶠ,25	x

$$x = \frac{360 \times 53,25 \times 100}{3 \times 2546} = \frac{60 \times 53,25 \times 100}{1273}.$$

En effectuant le calcul on trouve pour x la valeur fractionnaire $x = 250 + \frac{1250}{1273}$. Cela signifie que le problème n'est pas possible, en ce sens qu'il n'y a pas un nombre exact de jours pendant lequel la somme de 2546 francs produise 53ᶠ,25 à 3 %. Mais il est clair que cette somme placée pendant 250 jours donnerait un intérêt très peu différent de 53ᶠ,25 et qu'il serait facile de calculer.

217. Problème IV. — *Étant donnés le capital, le temps et l'intérêt, trouver le taux.*

Par exemple, une somme de 1288 francs, placée pendant 3 mois, a rapporté 14^f,49 ; quel était le taux ?

dir.	dir.	
1288^f	3^m	14^f,49
100^f	12^m	x

Les deux rapports sont directs, et l'on a

$$x = 14,49 \times \frac{12}{3} \times \frac{100}{1288} = \frac{14,49 \times 4 \times 100}{1288},$$

$$x = \frac{14,49 \times 100}{322} = 4,5.$$

Le taux était donc de 4,5 ou 4 1/2 %.

REMARQUE. — A ces quatre problèmes principaux qui se présentent dans les questions relatives à l'intérêt simple, il convient de joindre le suivant :

218. **Problème.** — *Trouver le capital qui, placé à un taux connu pendant un temps donné, est devenu, avec ses intérêts, une somme donnée.*

Soit à trouver le capital qui, placé à 5 % pendant 15 mois, est devenu 673 francs, intérêt et capital réunis.

100 francs en 15 mois, à 5 %, rapportent 6^f,25 ; et par conséquent une somme de 100 francs au bout de 15 mois, à 5 %, est devenue 106^f,25, intérêt et capital réunis. Or il est évident que la valeur acquise par un capital au bout d'un temps déterminé est, toutes choses égales d'ailleurs, directement proportionnelle à ce capital. On aura donc la règle de trois simple et directe :

106^f,25 est la valeur acquise par 100^f.
673   —   — x.

$$x = \frac{100 \times 673}{106,25} = \frac{6730000}{10625} = 633^f,41.$$

Il est facile de vérifier ensuite qu'en effet 633^f,41 rapportent 39^f,589 au bout de 15 mois, au taux de 5 %, et

RÈGLES D'INTÉRÊT. 187

que par conséquent cette somme est devenue, au bout de ce temps, avec ses intérêts, $633^f,41 + 39^f,59 = 673$ francs.

QUESTIONNAIRE ET EXERCICES SUR LA 41ᵉ LEÇON.

1. Qu'appelle-t-on intérêt d'une somme? Qu'est-ce que le taux?
2. Comment l'intérêt dépend-il du taux et du temps?
3. Expliquer sur un exemple comment on trouve l'intérêt d'un capital donné, placé pendant un temps donné et à un taux donné.
4. Comment calcule-t-on l'intérêt annuel d'un capital? Quelle règle simple doit-on suivre lorsque le taux est 5?
5. Expliquer sur un exemple comment on trouve le capital, lorsque l'intérêt est donné, ainsi que le taux et le temps.
6. Expliquer sur un exemple comment on trouve le temps, lorsque les autres éléments sont connus.
7. Expliquer sur un exemple comment on trouve le taux, lorsque les autres éléments sont connus.
8. Expliquer sur un exemple comment on trouve le capital qui, joint à ses intérêts pendant un temps donné et à un taux donné, a acquis une valeur donnée.
9. Quel est le revenu annuel d'une personne qui possède un capital de 45 500 francs placé à 5 %?
10. Quel est le revenu trimestriel d'une personne qui possède un capital de 28 100 francs placé à 4 1/2 % et dont l'intérêt est payé, à la fin de chaque trimestre, à raison de $1^f,125$ % par trimestre?
11. Qu'est devenue au bout d'un an une somme de 6730 francs à 3 %, intérêt et capital réunis?
12. Une personne prête 2875 francs à 5 % pendant 1 an et 6 mois; combien lui doit l'emprunteur au bout de ce temps?
13. Une personne contracte une dette de 8740 francs. Elle convient avec le prêteur qu'elle pourra se libérer par des payements partiels effectués quand elle le voudra, mais qu'à chaque versement elle payera les intérêts à 5 % de la somme due à ce moment-là. Au bout de 1 an, elle donne 1000 francs; 6 mois après, elle donne 2500 francs; 1 an après ce dernier versement, elle donne un nouvel à-compte de 3000 francs. Enfin, 6 mois après, elle veut achever de se libérer; combien doit-elle payer pour cela?
14. Une personne vend, à raison de 6375 francs l'hectare, une vigne dont le prix, placé à 5 %, lui rapporte annuellement 855 francs. Quelle est la contenance de la vigne? — R. 2ᴴᵃ 61ᵃ 96ᶜᵃ.
15. Quelle somme faut-il placer à 4 % pendant 5 mois et 12 jours pour avoir 65 francs d'intérêts? — R. $3611^f,10$.
16. Une personne place un certain capital chez un commerçant qui s'engage à lui en payer l'intérêt à 6 % par an. Au bout de 14 mois, le commerçant rembourse ce capital et paye $2728^f,80$ pour les intérêts. Quel est le montant du capital?

RÈGLES D'INTÉRÊT.

17. Une personne a vendu un champ de $3^{Ha} 24^a 50^{ca}$ et a placé le produit de cette vente à 4 1/2 %, l'intérêt devant lui être payé par trimestre. Sachant qu'elle a reçu $107^f,085$ (soit $107^f,10$) pour un trimestre d'intérêts, on demande à combien l'are le champ a été vendu. — R. 24 francs.

18. Quelle est la durée du placement d'une somme de $1875^f,50$ qui, à 5 %, a rapporté $11^f,72$. — R. 2 mois 1/2.

19. Une personne a souscrit, le 1er mars, un billet de 450 francs. A l'échéance, elle paye $468^f,90$, capital et intérêt réunis. Sachant que le taux de l'intérêt est 6 %, on demande la date de l'échéance. — 12 novembre.

20. A quel taux place-t-on son argent, lorsqu'un capital de 23 900 francs rapporte annuellement 1195 francs?

21. Une personne a acheté une propriété de $48^{Ha},27$ sur le pied de 2750 francs l'hectare. Cette propriété lui rapporte un revenu annuel net de $3318^f,60$. Quel est le taux du placement? — R. 2 1/2 %.

22. Un négociant a emprunté à un banquier une somme de 6500 francs. Au bout de 6 mois et 10 jours il paye, pour se libérer, $6705^f,83$. Quel est le taux? — R. 6 %.

23. Un propriétaire achète une vigne de $123^a,75$, qu'il paye à raison de 18 000 francs l'hectare. Cette vigne rapporte, en moyenne, 42 litres de vin par are, et ce vin se vend 38 francs l'hectolitre. Les frais de culture et les impositions s'élèvent à 1050 francs par an. On demande à quel taux l'agriculteur a placé son argent. — R. $4^f,15$ %.

24. Une personne a acheté, sur le pied de 4860 francs l'hectare, un terrain de forme rectangulaire dont la largeur est de 72 mètres et la longueur de 48 mètres. Elle y a fait construire une maison qui lui coûte 12 780 francs. Combien doit-elle la louer pour que son argent lui rapporte 4 %, en supposant que chaque année la maison exige, en moyenne, pour 140 francs de réparations? — R. $718^f 40$.

25. Une personne achète, à raison de $2^f,19$ le mètre carré, $42^a,70$ de terrain. Elle paye les frais de contrat et les $\frac{5}{6}$ du prix de vente, et on lui fait crédit du reste pour 15 mois, à la seule condition d'en payer les intérêts à 5 %, pendant les 15 mois, lorsqu'elle se libérera. Au bout de ces 15 mois, elle veut envoyer par la poste le montant de sa dette. Combien doit-elle verser au guichet? On sait que la poste prend 1 % de la somme expédiée, plus $0^f,25$ de timbre et $0^f,15$ d'affranchissement. — R. $1604^f,17$.

26. Un propriétaire vend une partie de sa propriété à raison de 2400 francs l'hectare. Il place le montant de cette vente à 5 % et augmente par ce moyen son revenu journalier de $1^f,23$. Combien a-t-il vendu d'hectares? — R. 35 hectares.

27. Un négociant, qui a un payement à faire le 30 avril, emprunte les $\frac{3}{5}$ de la somme qui lui est nécessaire au taux de 4 % jusqu'au 30 juin suivant, et le reste à 5 % jusqu'à la même époque. A cette

date, il aura à payer 54 francs d'intérêts. Combien a-t-il emprunté à 4 % et combien à 5 % ? — R. 4418ᶠ,10 et 2945ᶠ,40.

28. Une personne place les $\frac{2}{3}$ d'une certaine somme à 5 % et le reste à 4 %. Au bout de l'année, elle en retire 6572 francs, intérêts et capital réunis. Quelle somme avait-elle placée? — R. 6278ᶠ,98.

29. Un négociant a souscrit un billet payable à 90 jours avec les intérêts à un certain taux. Le montant du billet et les intérêts s'élèvent à 862ᶠ,75. Il ne paye ce billet que 18 jours après son échéance, et on lui réclame alors 865ᶠ,30 pour capital et intérêts. Quel est le montant du billet et quel est le taux de l'intérêt. — R. 850 francs et 6 %.

30. Une personne a acheté une vigne de 5ᴴᵃ,35 qui lui a coûté 9650 francs. Cette vigne produit, en moyenne, 4ᴴ,2 de vin par hectare. Les frais de culture s'élèvent à 306 francs par an pour toute la vigne. Combien doit-on vendre la pièce de 228 litres de ce vin pour que cette vigne rapporte 3 1/2 % du prix d'acquisition? — R. 104ᶠ,32.

31. Calculer la *valeur actuelle*, à 6 %, d'un payement de 5340 francs, qui doit être effectué dans 8 mois.

32. Une personne a deux payements à effectuer, l'un de 1250 francs dans 8 mois, l'autre de 890 francs dans 10 mois. Elle voudrait se libérer par un payement unique effectué dans 6 mois. Quel doit être le montant de ce troisième payement, les intérêts étant calculés au taux de 6 %? (Pour résoudre cette question, on calcule la valeur actuelle de chacun des deux premiers payements, et l'on détermine le troisième par la condition que sa valeur actuelle soit égale à la somme des valeurs actuelles des deux autres.)

33. Une personne place une partie de sa fortune à 5 % et l'autre à 4 %, et son revenu annuel est de 3700 francs. Ce revenu annuel serait de 3860 francs, si la partie placée à 4 % était placée à 5 %, et réciproquement. Trouver, d'après cela, le capital total et les deux parties dans lesquelles il a été divisé.

42ᵉ LEÇON.

RÈGLES D'ESCOMPTE. — REMISES, RABAIS, BÉNÉFICES ET PERTES DE TANT POUR CENT.

219. Papiers ou effets de commerce. — Dans le commerce, les achats se font *au comptant* ou *à terme*. Lorsqu'une marchandise est achetée à terme ou *à crédit*, l'acheteur contracte vis-à-vis du vendeur une dette payable à une époque déterminée, dans 30 jours, dans 90 jours, par exemple (le terme de 90 jours est le plus fréquent). Pour constater cette dette et pour la recouvrer, le vendeur ou l'acheteur créent certains écrits, certains *titres*, qui constituent les *effets de commerce*.

Les principales formes des effets de commerce sont : la *lettre de change* (*traite, mandat*) et le *billet à ordre*. (Voir les leçons 46 et 47.)

220. Escompte. — Lorsque le porteur d'un billet veut en recevoir le montant avant l'échéance, il s'adresse à un banquier, qui lui achète le billet, ou plutôt qui lui en avance le montant et se charge de le recouvrer. Mais il est clair que le banquier ne peut pas donner au porteur une somme égale à celle qui est inscrite sur le billet. Il perdrait en effet l'intérêt de cette somme depuis le moment où il la donnerait jusqu'à l'époque où, en recouvrant le billet, il rentrerait dans son déboursé. Le banquier fait donc une certaine retenue sur la *valeur nominale* du billet, c'est-à-dire sur la somme qui y est inscrite et qui doit être recouvrée. Cette retenue s'appelle l'*escompte* du billet.

Ainsi, l'*escompte* d'un effet de commerce est *la somme que le banquier retient sur la valeur nominale du billet, lorsqu'il en avance le montant avant l'échéance et se charge de le recouvrer.*

La *valeur actuelle* d'un billet est la somme que donne le banquier en échange de ce billet. Elle est égale à la valeur nominale diminuée de l'escompte.

221. Conventions d'après lesquelles se calcule l'escompte. — On fixe le *taux* de l'escompte, c'est-à-dire la retenue que doit subir un billet de 100 francs payable dans un an. On admet ensuite que l'escompte est directement proportionnel à la valeur nominale du billet et directement proportionnel au temps qui reste à courir jusqu'à l'échéance.

Il suit de là que l'escompte d'un billet se calcule comme l'intérêt de ce billet.

Exemple. — *Quel est l'escompte d'un billet de* 1275 *francs* payable dans 45 jours, le taux de l'escompte étant 6 %?

Pour 100ᶠ payables dans 360 jours (dir.) l'escompte est de 6ᶠ
Pour 1275ᶠ — 45 (dir.) — x.

$$x = \frac{6 \times 45 \times 1275}{360 \times 100} = \frac{45 \times 1275}{60 \times 100} = \frac{15 \times 1275}{2000} = 9^f,56.$$

L'escompte donne lieu à quatre problèmes principaux, qui sont les mêmes que pour l'intérêt. Ces problèmes consistent à calculer successivement chacune des quatre quantités, l'*escompte*, le*capital* ou *montant du billet*, le *temps à courir jusqu'à l'échéance*, le *taux*, en supposant les trois autres connues. Ces problèmes se résolvent absolument comme les problèmes analogues sur les intérêts.

EXEMPLE. — *Un négociant a porté chez un banquier un billet de 635 francs payable dans 80 jours. Le banquier lui a donné 628ᶠ,65. A quel taux a-t-il pris l'escompte?*

L'escompte est égal à 635ᶠ — 628ᶠ,65 = 6ᶠ,35. On a alors la règle de trois suivante :

635ᶠ (dir.)   80ʲ (dir.)   6ᶠ,35
100ᶠ   360ʲ x.

$$x = \frac{6,35 \times 360 \times 100}{80 \times 635} = \frac{0,01 \times 9 \times 100}{2} = 4,5.$$

Le taux de l'escompte est donc de 4 1/2 %.

REMARQUE. — L'escompte se calcule toujours dans le commerce comme nous venons de le dire. Mais, pour que cette manière de prendre l'escompte soit acceptable, il est nécessaire que l'échéance du billet ne soit pas éloignée. C'est ce qui a lieu dans le commerce, où les billets sont en général payables dans un délai qui n'excède pas 90 jours. Si, au contraire, on prenait l'escompte commercial d'un billet à longue échéance, on pourrait être conduit à des résultats absurdes. Ainsi, il est facile de voir que l'escompte commercial, à 6 %, d'un billet de 340 francs, payable dans 18 ans, serait de 365ᶠ,20, c'est-à-dire que le porteur du billet devrait payer 7ᶠ,20 au banquier pour le lui faire accepter, ce qui est manifestement absurde.

222. Escompte rationnel. — La manière rationnelle de prendre l'escompte consisterait à donner au porteur du billet la somme qui, avec ses intérêts jusqu'à l'échéance, reproduit la valeur nominale du billet.

Par exemple, soit un billet de 105 francs payable dans un an. Pour prendre l'escompte rationnel de ce billet à 5 %, il faudrait donner au porteur une somme de 100 francs, de telle sorte que le banquier, touchant 105 francs à l'échéance, rentrerait dans son déboursé de 100 francs et recevrait en outre les intérêts de ces 100 francs.

Si, au contraire, on prend l'escompte commercial de ce même billet, on retient 5ᶠ,25. Le banquier reçoit donc, à l'échéance, 100 francs, c'est-à-dire les 94ᶠ,75 qu'il a déboursés, plus 5ᶠ,25, somme supérieure à l'intérêt de ces 94ᶠ,75. On voit même aisément que l'escompte commercial surpasse l'escompte rationnel précisément de l'intérêt de ce dernier escompte.

Il suit de là que, pour prendre l'escompte rationnel d'un billet, il faut calculer la somme qui, augmentée de ses intérêts au taux de l'escompte jusqu'à l'échéance, reproduit le montant du billet. Ce problème n'est autre que celui qui a été résolu au n° 218.

EXEMPLE. — *Quel serait l'escompte rationnel d'un effet de 1350 francs payable dans 63 jours, le taux de l'escompte étant 4 %?*

100 francs, à 4 %, rapportent en 63 jours 0ᶠ,70, et deviennent par conséquent, au bout de ce temps, 100ᶠ,70. Nous avons alors la règle de trois suivante :

Si 100ᶠ,70 ont une valeur actuelle de 100ᶠ
1350ᶠ auront — — x.

$$x = \frac{100 \times 1350}{100.70} = 1340^f,61.$$

RÈGLES D'ESCOMPTE.

La valeur actuelle du billet serait donc 1540f,61, et l'escompte rationnel serait $1350 — 1340,61 = 9^f,39$.

L'escompte commercial du même billet serait

$$\frac{1350 \times 4 \times 63}{100 \times 360} = \frac{135 \times 7}{100} = 9^f,45.$$

La différence entre les deux escomptes est 0f,06, qui est précisément l'intérêt de l'escompte rationnel. En effet, cet intérêt est

$$\frac{9,39 \times 4 \times 63}{100 \times 360} = \frac{9,35 \times 7}{100 \times 10} = 0^f,06, \text{ à } 0,01 \text{ près}.$$

REMARQUE. — Nous verrons plus loin (47e leçon) comment on calcule rapidement l'escompte chez les banquiers.

223. Remises, rabais, commissions, bénéfices de tant pour cent. — Dans un grand nombre de circonstances on fait à une personne, sur une somme à payer, une remise calculée à raison de *tant pour cent*. Souvent aussi un négociant fait sur une marchandise un rabais calculé aussi à raison de *tant pour cent*. Le calcul de cette remise ou de ce rabais se fait évidemment comme un calcul d'escompte ou d'intérêt.

EXEMPLE. — *Une personne achète au comptant pour 2650 francs d'une marchandise qu'on vend d'ordinaire avec un crédit de 90 jours. Le négociant lui fait alors une remise ou escompte de 12 0/0 par an, soit de 3 0/0 pour les 90 jours. Quelle est cette remise?*

$$\begin{array}{ll} 100^f & 3^f \\ 2650^f & x \end{array} \quad x = \frac{3 \times 2650}{100} = 79^f,50.$$

De même, le bénéfice que fait un négociant sur une opération commerciale s'évalue le plus souvent en *tant pour cent* du capital engagé; il se calcule donc aussi comme l'intérêt ou comme l'escompte de ce capital.

EXEMPLE. — *Un marchand de vins a acheté pour 7840 fr.*

125 hectolitres de vin, et veut le revendre avec un bénéfice brut de 18 0/0 du prix d'achat; quel sera ce bénéfice, et combien doit-il revendre l'hectolitre de ce vin?

Le bénéfice sera les $\frac{18}{100}$ de 7840, ou bien 1411^f,20.

Ajoutant ce bénéfice à 7840, nous aurons le prix auquel doivent être revendus les 125 litres; le quotient de ce prix par 125 sera le prix de vente d'un hectolitre. On trouve ainsi 74 francs, à un centime près.

De même encore, on évalue en *tant pour cent* une commission, une gratification.

Exemple. — *Un voyageur de commerce reçoit, outre certains appointements fixes, 3 0/0 sur le prix des marchandises qu'il place. A combien s'élèvera cette rétribution sur une commande de 53840 francs?*

$$x = \frac{3}{100} \text{ de } 53840 = 161^f,52.$$

QUESTIONNAIRE ET PROBLÈMES SUR LA 42ᵉ LEÇON.

1. Qu'est-ce qu'un effet de commerce? Quelles en sont les formes principales?

2. Qu'est-ce que l'escompte d'un billet? Distinction entre la valeur nominale et la valeur actuelle d'un effet de commerce.

4. Quelles sont les conventions d'après lesquelles se calcule l'escompte?

3. Expliquer comment, d'après les conventions précédentes, les problèmes sur l'escompte sont les mêmes que les problèmes sur les intérêts et se résolvent de la même manière.

5. Quels sont les quatre problèmes principaux qui se présentent dans les questions relatives à l'escompte? Résoudre chacun d'eux sur un exemple.

6. Quelle est la condition essentielle qui doit être remplie pour que l'on puisse prendre l'escompte comme on le prend dans le commerce, c'est-à-dire d'après les principes qui précèdent?

7. Qu'est-ce que l'escompte rationnel? Comment le calcule-t-on? Différence entre l'escompte rationnel et l'escompte commercial.

8. Calculer l'escompte, à 6 % par an, d'un billet de 5860 francs, payable dans trois mois.

9. Calculer l'escompte, à 4 % par an, d'un billet de 830 francs, payable dans 18 jours.

RÈGLES D'ESCOMPTE.

10. Un billet payable dans 5 mois a subi un escompte de 12f,80, au taux de 4 1/2 %; quel est le montant de ce billet?

11. Le 1er mars 1885, un négociant a présenté à l'escompte un billet de 1586 francs, en échange duquel il a reçu 1578f,80, l'intérêt étant pris à 6 % par an. Quelle était l'échéance du billet? — R. Le 27e mars.

12. Un billet de 637f,50, payable dans 48 jours, a subi un escompte de 4f,25. A quel taux le banquier a-t-il pris l'escompte? — R. 5 %.

13. Un négociant a présenté à l'escompte un billet payable dans 45 jours. Le banquier, qui prend l'escompte à 4 %, a donné au négociant 2352f,50. Quel était le montant du billet? — R. 2364f,30.

14. Une personne achète une pièce de vin et la paye comptant. Comme d'ordinaire, le marchand vend à 90 jours, il fait à cette personne une remise ou un escompte de 3 %. Sachant que l'acquéreur paye alors 160f,05, on demande le prix de la pièce. — R. 165f.

15. Lorsqu'on confie à la poste une lettre renfermant des billets de banque ou des valeurs, on fait *charger* la lettre, c'est-à-dire qu'on en déclare le contenu sur l'enveloppe et que, moyennant certains droits qu'elle perçoit, l'administration des postes s'engage à rembourser à l'expéditeur la somme déclarée, si la lettre n'arrive pas au destinataire. Ces droits sont de : 1° 15 centimes par 15 grammes ou fraction de 15 grammes pour l'affranchissement ; 2° un droit fixe de 25 centimes ; 3° un droit de 10 centimes par 100 fr. ou fraction de 100 francs sur la somme déclarée. Cela étant, on demande quelle était la valeur déclarée d'une lettre chargée pesant 58 grammes et dont l'expédition a coûté en tout 2f,90. — R. 2350f.

16. Un négociant a acheté 3500 kilogrammes de fer à raison de 42f,50 le quintal métrique. Il le paye comptant 1457f,75. A combien pour 100 s'élève la remise que lui a faite le vendeur? — R. 2 %.

17. Un négociant achète au comptant, à raison de 160 francs l'hectolitre, 15 hectolitres d'huile d'olive, dont la densité est 0,914. Il la revend le jour même 185 francs le quintal, reçoit 1236f,35 comptant et le reste en un billet payable dans trois mois. Quel est son bénéfice? L'escompte du billet sera pris à 6 %. — R. 116f,85.

18. Deux personnes présentent deux billets à l'escompte chez le même banquier. Le billet de la première, de 750 francs, est payable dans 20 jours; celui de la deuxième, de 585 francs, est payable dans 60 jours. La première personne reçoit 168f,35 de plus que la deuxième. On demande le taux de l'escompte. — R. 6 %.

19. Quel serait l'escompte rationnel d'un billet de 2850 francs payable dans 36 jours, le taux de l'escompte étant de 4 %? Vérifier que l'escompte commercial de ce billet surpasse l'escompte rationnel de l'intérêt de ce dernier escompte.

20. Un banquier a escompté à 6 % le 1er avril pour 43 800 francs de billets, dont $\frac{1}{4}$ à l'échéance de fin avril, $\frac{2}{3}$ à l'échéance fin mai, et reste payable fin juin. Combien aurait-il donné de plus s'il avait pris l'escompte rationnel au lieu de l'escompte commercial?

RÈGLES D'ESCOMPTE.

21. Sur un billet payable dans 48 jours, l'escompte commercial calculé à 6 % surpasse de 0^f,25 l'escompte rationnel pris au même taux. Quelle est la valeur nominale du billet ? — R. 2300^f.

22. L'escompte commercial d'un billet payable dans 40 jours a été pris à 6 %. A quel taux faudrait-il prendre l'escompte rationnel du même billet pour que la retenue fût la même ? — R. 6,04 %.

23. Un éditeur fait à un libraire une remise de 20 % sur le prix de catalogue ; de plus, il lui donne 13 exemplaires pour 12. A combien pour cent s'élève la remise totale ainsi faite sur le prix marqué au catalogue ? — R. 26,15 %.

24. Une personne a souscrit trois billets : l'un de 2650 francs payable dans 6 mois, l'autre de 1590 francs payable dans 4 mois, et le troisième de 3720 francs payable dans 40 jours. Elle désire remplacer ces trois billets par un billet unique d'une valeur égale à la somme des trois premiers. Dans combien de temps ce dernier billet doit-il être payable, pour qu'il y ait équivalence entre ces deux modes de payement ? Ce problème, que l'on appelle la question de l'échéance moyenne, se résout de la manière suivante : On exprime que la valeur actuelle du billet unique est égale à la somme des valeurs actuelles des trois autres, le taux de l'escompte étant un taux quelconque. Le résultat est indépendant de ce taux.

25. Une personne a souscrit trois billets : l'un de 6950 francs payable dans huit mois, l'autre de 3580 francs payable dans 90 jours, et le troisième de 4775 francs payable dans 35 jours. Elle désire remplacer ces trois billets par un billet unique payable dans 4 mois. Quel doit être le montant de ce billet, si le taux de l'escompte est de 5 % ?

26. Un négociant de Marseille, qui va partir pour Paris, se présente chez un banquier avec trois effets de commerce : l'un de 670 francs payable dans 10 mois, l'autre de 1130 francs payable dans 6 mois, et le troisième de 1550 francs payable dans 5 mois. Le banquier prend ces billets et lui donne en retour une lettre de change sur son correspondant de Paris, d'une valeur de 3249^f,25 et payable dans 10 jours. A quel taux prend-il l'escompte ? — R. 6 %.

43e LEÇON

PARTAGES PROPORTIONNELS. — RÈGLES DE SOCIÉTÉ.

224. Définition. — Partager un nombre *en parties proportionnelles à des nombres donnés*, c'est le diviser en parties telles, que le rapport de la première au premier de ces nombres soit égal au rapport de la seconde au se-

PARTAGES PROPORTIONNELS.

cond nombre, égal encore au rapport de la troisième au troisième nombre, etc.

Par exemple, partager 360 en parties proportionnelles à 3, 5 et 12, c'est diviser 360 en trois parties x, y et z, telles que l'on ait

$$\frac{x}{3} = \frac{y}{5} = \frac{z}{12}.$$

Il suit de là (194, conséq.) que le rapport de deux parties quelconques est égal à celui des deux nombres qui leur correspondent.

225. Comment on effectue le partage en parties proportionnelles. — Soit à partager 272 proportionnellement à 3, 5 et 8. x, y et z étant les trois parties cherchées, nous devrons avoir

$$\frac{x}{3} = \frac{y}{5} = \frac{z}{8}.$$

Mais chacun de ces rapports est égal (200) à $\dfrac{x+y+z}{3+5+8}$; et, comme $x+y+z = 272$, on doit avoir

$$\frac{x}{3} = \frac{272}{3+5+8}; \quad \text{d'où} \quad x = \frac{272 \times 3}{3+5+8}.$$

De même $\dfrac{y}{5} = \dfrac{272}{3+5+8}$; d'où $y = \dfrac{272 \times 5}{3+5+8}$

et $\dfrac{z}{8} = \dfrac{272}{3+5+8}$; d'où $z = \dfrac{272 \times 8}{3+5+8}.$

On déduit de là la règle suivante :

RÈGLE. — *Pour obtenir les parties, on multiplie la somme à partager par chacun des nombres proportionnels, et l'on divise les produits obtenus par la somme de ces nombres.*

EXEMPLE. — *Partager 594 francs proportionnellement à*

12, 18 et 42. — Les trois parties seront :

$$x = \frac{\overset{99}{\cancel{594}} \times \cancel{12}}{\underset{\underset{1}{\cancel{6}}}{\cancel{72}}} = 99^{\text{f}}, \quad y = \frac{\overset{297}{\cancel{594}} \times \cancel{18}}{\underset{\underset{2}{\cancel{4}}}{\cancel{72}}} = 148^{\text{f}},50$$

$$\text{et} \quad z = \frac{\overset{99}{\cancel{594}} \times \overset{7}{\cancel{42}}}{\underset{\underset{2}{\cancel{42}}}{\cancel{72}}} = 346^{\text{f}},50$$

Remarque I. — Comme vérification, la somme des parties calculées ainsi doit reproduire la somme à partager ; c'est ce que l'on constate sur cet exemple.

Remarque II. — Il y a deux manières d'effectuer le calcul : 1° On peut, comme nous l'avons fait, indiquer les opérations, et opérer sur les fractions ainsi obtenues toutes les réductions possibles. 2° On peut commencer par calculer le quotient obtenu en divisant la somme à partager par la somme des nombres proportionnels, puis multiplier ce quotient successivement par chacun de ces derniers nombres. Ce deuxième moyen est de beaucoup le plus commode lorsque les parties doivent être nombreuses ; il est même le seul qu'il soit possible d'employer dans un grand nombre d'opérations pratiques, ainsi que nous le verrons plus loin. Mais lorsqu'on l'emploie, il faut avoir soin de calculer le quotient avec une très grande approximation ; car l'erreur commise sur lui se trouve multipliée par chacun des nombres proportionnels.

Remarque III. — Les nombres proportionnels peuvent être multipliés ou divisés tous à la fois par un même nombre, sans que les valeurs des parties soient changées. En effet, la somme des nombres proportionnels est elle-même multipliée ou divisée par ce nombre, et par suite les nouvelles parts s'obtiennent en multipliant par ce nombre les deux termes de chacune des fractions qui représentent les anciennes, ce qui ne les change pas.

Il résulte de là que, pour partager un nombre proportionnellement à des nombres fractionnaires, il suffit de réduire ces fractions au même dénominateur et de partager le nombre proportionnellement aux dénominateurs.

EXEMPLE. — *Trois ouvriers maçons ont travaillé successivement à faire un mur de clôture. Le premier en a fait les* $\frac{3}{8}$, *le deuxième les* $\frac{5}{12}$ *et le troisième a fait le reste. On leur donne en tout* 375 *francs pour ce travail; combien revient-il à chacun?* — Il est clair qu'il faut partager 375 francs proportionnellement à $\frac{3}{8}$, $\frac{5}{12}$ et $\frac{5}{24}$, ou bien à $\frac{9}{24}$, $\frac{10}{24}$ et $\frac{5}{24}$, ou encore, en multipliant ces trois nombres par 24, à 9, 10 et 5. Les parts seront donc :

$$\frac{9\times 375}{24}, \quad \frac{10\times 375}{24} \text{ et } \frac{5\times 375}{24}.$$

Calculons le quotient $\frac{375}{24}$ à 0,01 près, ce qui donne 15,62 par défaut. Les erreurs commises sur les parts seront respectivement moindres que $0{,}01\times 9$, $0{,}01\times 10$, $0{,}01\times 5$, c'est-à-dire que la plus grande n'atteindra pas 10 centimes. Les parts seront donc, à 0f,10 pris par défaut : 140f,58, 150f,20 et 78f,10. Leur somme est 374f,88, c'est-à-dire qu'elle reproduit à 0f,12 près le nombre à partager.

REMARQUE IV. — Dans la pratique, et surtout lorsque le nombre des parts doit être considérable, on évalue en centièmes et fractions décimales de centième le quotient de la somme à partager par la somme des nombres proportionnels; on a ainsi un certain nombre de centièmes qui indiquent combien pour *cent* du nombre proportionnel il faut attribuer à chaque part.

EXEMPLE. — *Un commerçant qui est déclaré en faillite,*

laisse *42 500 francs d'actif et 118 600 francs de passif. Partager l'actif proportionnellement au montant des sommes dues aux divers créanciers, sommes dont on suppose qu'on a un tableau sous les yeux.*

Le quotient de 42 500 par 118 600 est 0,35, ou bien, plus exactement, 0,3583, ou encore 35 centièmes 83. On dit alors que la faillite distribue 35,83 pour 100 aux créanciers, et l'on obtient ce qui revient à chaque créancier *en multipliant par 35,83 le montant de sa créance et divisant le produit par* 100.

226. Règles de Société. — On désigne sous ce nom les questions dans lesquelles il faut partager le bénéfice d'une certaine entreprise agricole, industrielle ou commerciale entre les personnes qui se sont associées pour fonder cette entreprise.

Premier cas. — Lorsque les mises sont restées placées le même temps dans l'entreprise, on convient d'ordinaire de partager le bénéfice proportionnellement à ces mises.

Exemple. — *Trois associés ont acheté ensemble un fonds de commerce. Le premier a apporté* 38 000 *francs, le deuxième* 52 000 *francs et le troisième* 75 000 *francs. Au bout de l'année, ils ont à se partager un bénéfice net de* 15 830 *francs. Combien revient-il à chacun?* La somme des mises est 165 000 francs. Les trois parts seront donc

$$\frac{38\,000 \times 15\,830}{165\,000} = 3645^{f},65, \quad \frac{52\,000 \times 15\,830}{165\,000} = 4988^{f},85$$

et $\quad \dfrac{75\,000 \times 15\,830}{165\,000} = 7195^{f},45.$

La somme des trois parts est 15 829 fr. 95, ou bien 15 830^f, à 0 fr. 05 près.

Deuxième cas. — Supposons que les mises soient restées placées dans l'entreprise pendant des temps différents. Soit, par exemple, à partager un bénéfice de 18 750 francs entre trois associés dont le premier a laissé dans l'entreprise 64000 francs pendant 15 mois, le deuxième 85000 francs pendant 2 ans et le troisième 45300 francs pendant 8 mois. On convient que les choses doivent se passer comme si le premier associé avait apporté 15 fois 64000 francs pendant 1 mois, le deuxième 24 fois 85000 francs pendant 1 mois et le troisième 8 fois 45300 francs pendant 1 mois. On partagera donc le bénéfice proportionnellement aux trois nombres 64000×15, 85000×24 et 45300×8, qui sont les produits de chaque mise par le temps correspondant.

RÈGLE PRATIQUE. — *Quand le temps est le même, on partage le bénéfice proportionnellement aux mises; dans le cas contraire, on le partage proportionnellement aux produits des mises par les temps correspondants.*

REMARQUE I. — Nous verrons plus loin comment on partage les bénéfices dans les grandes entreprises où le nombre des associés est considérable.

REMARQUE II. — Dans une entreprise, s'il y a des pertes au lieu de bénéfices, ces pertes se partagent de même en parties proportionnelles aux mises.

QUESTIONNAIRE ET EXERCICES SUR LA 43ᵉ LEÇON.

1. Définir le partage d'une quantité en parties proportionnelles à des nombres donnés.
2. Énoncer et démontrer la règle des partages proportionnels.
3. Montrer qu'on peut diviser et multiplier tous les nombres proportionnels par un même nombre.
4. Comment fait-on le partage d'un nombre proportionnellement à des nombres fractionnaires donnés?
5. Qu'est-ce qu'une règle de société?
6. Comment se fait le partage d'un bénéfice entre des associés : 1° quand la durée du placement des mises est la même; 2° quand elle n'est pas la même?
7. Comment partage-t-on les pertes subies par des associés?
8. Partager le nombre 258 en parties proportionnelles à 7, 12 et 17.
9. Partager un héritage de 12 450 francs entre deux héritiers, proportionnellement aux nombres $\frac{2}{5}$ et $\frac{5}{6}$.
10. Partager un salaire total de 174^f,25 entre trois ouvriers qui

PARTAGES PROPORTIONNELS.

gagnent la même journée et qui ont travaillé, le premier 8 jours, le deuxième 12 jours et le troisième 9 jours.

11. Deux ouvriers ont fait en commun un certain ouvrage. Le premier a travaillé 12 heures par jour pendant 11 jours et le deuxième 10 heures par jour pendant 16 jours. L'ouvrage leur est payé en tout 182 francs; combien revient-il à chacun?

12. Un oncle partage en mourant sa fortune, qui s'élève à 132 500 francs, entre ses trois neveux de la manière suivante : la part du second sera les $\frac{3}{4}$ de celle de l'aîné, et celle du troisième vaudra $\frac{1}{6}$ de la somme des deux autres. Quelles sont les trois parts? — R. 64 800^f, 48 600^f et 18 900^f.

13. Trois personnes se sont associées pour prendre un fonds de commerce. La première a apporté 15 000 francs, la deuxième 28 000 francs et la troisième 36 000 francs. Au bout de la première année, l'inventaire constate une perte de 6500 francs, et au bout de la deuxième un bénéfice de 9700 francs. Quel a été le bénéfice de chacun après ces deux premières années?

14. Deux associés ont fondé une maison de commerce. Le premier a apporté 50 000 francs et le deuxième 75 000 francs. Six mois après, ils s'adjoignent un troisième associé, qui apporte 125 000 francs. Au bout de l'année, les trois associés ont à se partager un bénéfice net de 15 750 francs, sur lequel le premier des associés, qui a géré l'entreprise, doit prélever 15 %. Combien revient-il à chacun?

15. La poudre à canon est un mélange qui renferme, sur 100 parties, 87 parties de salpêtre, 12 parties $\frac{1}{2}$ de charbon et 12 parties $\frac{1}{2}$ de soufre. Quels sont les poids du salpêtre, du charbon et du soufre qui entrent dans 580 kilogrammes de poudre?

16. La monnaie de bronze renferme 95 parties de cuivre, 4 d'étain et 1 de zinc. Quel est le poids de chacun de ces métaux qui entrent dans une pièce de 10 centimes?

17. Le nombre 360 a été partagé en parties proportionnelles à trois nombres inconnus dont la somme est 50. Les parties sont 84, 120 et 156; quels étaient les trois nombres? — R. 7, 10 et 13.

18. Trois associés ont apporté ensemble 120 000 francs et se sont partagé à la fin de l'année un bénéfice net de 16 600 francs. Sachant que les parts des deux premiers ont été de 3700 et 5850 francs et que le troisième a eu le reste, on demande le capital apporté par chacun d'eux. — R. 28 461^f,54, 55 000^f et 46 538^f,46.

19. Une compagnie de chemin de fer a besoin d'un certain nombre de kilomètres de rails. Elle les commande à deux usines, en répartissant cette commande proportionnellement aux nombres d'ouvriers de ces deux usines, lesquels sont 280 et 350. Combien de mètres en demande-t-elle à chacune d'elles, si elle en demande 5000 mètres de plus à la deuxième qu'à la première? — R. 20 000^m et 25 000^m.

MOYENNE ARITHMÉTIQUE.

20. Partager le nombre 650 en parties inversement proportionnelles aux nombres 5, 7 et 8, c'est-à-dire partager 650 en parties proportionnelles *aux inverses* de ces nombres, ou bien à $\frac{1}{5}$, $\frac{1}{7}$ et $\frac{1}{8}$.

21. Un propriétaire possède trois lots de terrain à bâtir, d'égale superficie, et qui sont des rectangles dont les bases forment ensemble, le long d'une rue, une ligne droite de 48 mètres. Les hauteurs sont respectivement de 18 mètres, 26 mètres et 30 mètres; trouver les bases. — R. $21^m,37$, $14^m,79$ et $11^m,83$.

22. Une marchande des quatre saisons a acheté à la halle 50 kilogrammes d'abricots. Elle en fait trois tas : le premier renfermant les plus beaux, qu'elle veut vendre $0^f,75$ le 1/2 kilogramme; le deuxième, renfermant les moyens, qu'elle vendra $0^f,60$ le 1/2 kilogramme, et enfin le troisième, renfermant les moins beaux, qui se vendront $0^f,50$ le 1/2 kilogramme. Il se trouve que les trois tas se vendent exactement le même prix. Quel poids d'abricots y avait-il dans chacun d'eux ?

44ᵉ LEÇON.

MOYENNE ARITHMÉTIQUE. — RÈGLES DE MÉLANGES ET D'ALLIAGES.

227. Définition. — On appelle *moyenne arithmétique* de plusieurs quantités de même espèce le quotient obtenu en divisant la somme de ces quantités par leur nombre.

Par exemple, si j'achète du vin à 48 francs l'hectolitre, du vin à 60 francs l'hectolitre et du vin à 78 francs l'hectolitre, la moyenne de ces trois prix sera $\frac{48+60+78}{3}=62^f$,

et je dirai que j'ai acheté du vin *au prix moyen* de 62 francs l'hectolitre.

De même, supposons qu'un pré ait produit pendant un grand nombre d'années des quantités de foin qui ont été notées et dont la somme, divisée par leur nombre, donne pour quotient 850 quintaux; on dira que ce pré produit, *en moyenne*, ou *année moyenne*, 850 quintaux de foin.

Lorsqu'on veut déterminer une quantité au moyen d'une certaine mesure ou d'une certaine observation, on répète plusieurs fois cette mesure ou cette observation; on divise la somme des résultats ainsi trouvés par leur nombre, et le quotient obtenu représente la *valeur moyenne* de la quantité cherchée.

Par exemple, si l'on veut déterminer la densité du bois de chêne, on prendra des échantillons différents de ce bois, on déterminera la densité de chacun d'eux, et la moyenne de ces densités sera la *densité moyenne du chêne*.

Remarque. — En prenant ainsi la moyenne entre plusieurs mesures, on a des chances pour que les erreurs commises sur ces diverses mesures se compensent et pour que la *valeur moyenne* soit plus exacte que la valeur obtenue au moyen d'une détermination isolée.

228. Problèmes sur les mélanges. — Les questions relatives aux mélanges se ramènent à deux problèmes principaux, qui sont les suivants :

Problème I. — *Trouver le prix moyen d'un mélange.*

Exemple. — *On a mélangé ensemble 85 litres de vin à 0 fr. 75 le litre, 112 litres à 0 fr. 60 le litre et 58 litres à 0 fr. 55 le litre. Quel est le prix d'un litre du mélange?*

Le mélange tout entier coûte évidemment

$$0^f,75 \times 85 + 0^f,60 \times 112 + 0^f,55 \times 58,$$

c'est-à-dire 163 fr. 85 ; et comme il y a en tout 255 litres, le prix d'un litre sera le quotient de 162 fr. 85 par 255, soit 0 fr. 63, à 0 fr. 01 près par défaut.

Remarque. — Ce calcul revient à déterminer le prix du litre de chaque qualité de vin et à prendre la moyenne entre les trois prix ainsi obtenus.

Problème II. — *Trouver le rapport dans lequel il faut mélanger deux substances pour que l'unité de poids ou l'unité de volume du mélange coûte un prix déterminé.*

Exemple. — *On a du vin à 42 francs l'hectolitre et du vin à 64 francs. Dans quelle proportion faut-il les mélanger pour qu'un hectolitre du mélange coûte 51 francs?*

Supposons que l'on mélange x hectolitres du premier avec y du deuxième. En revendant le tout 51 francs l'hectolitre, d'une part on gagnerait x fois la différence entre 51 francs et 42 francs, et d'autre part on perdrait y fois la différence entre 64 francs et 51 francs. Pour que le mélange revienne à 51 francs, il faut que ce gain et cette perte se compensent, c'est-à-dire que l'on ait

$$x\times 9 = y\times 13, \quad \text{d'où} \quad \frac{x}{y}=\frac{13}{9},$$

c'est-à-dire qu'il faut mélanger les deux vins dans le rapport inverse des différences entre leurs prix et le prix que doit avoir le mélange.

Ce deuxième problème nous permet de résoudre les questions du genre de la suivante :

Combien faut-il mélanger de kilogrammes de café à 2 fr. 75 pour faire une caisse de 15 kilogrammes à 2 fr. 90 le kilogramme? — D'après ce qui précède, les deux quantités à prendre dans la première et dans la deuxième qualité de café doivent être dans le rapport inverse de ($3^f,20 - 2^f,90$) à ($2^f,90 - 2^f,75$), ou bien dans le rapport inverse de 0,30 à 0,15, c'est-à-dire dans le rapport direct de 0,15 à 0,30 ou de 15 à 30, ou enfin de 1 à 2. Comme il doit y avoir en tout 12 kilogrammes dans la caisse, il suffira donc de partager 12 en parties proportionnelles à 1 et à 2. Ces parties seront

$$\frac{12\times 1}{3}=4 \quad \text{et} \quad \frac{12\times 2}{3}=8.$$

Il faudra donc prendre 4 kilogrammes à $3^f,20$ et 8 à $2^f,75$.

Vérification. — On voit en effet que si l'on prend 4 kilogrammes à $3^f,20$ et 8 à $2^f,75$, ces 12 kilogrammes coûteront $3^f,20\times 4 + 2^f,75\times 8 = 34^f,80$. Un kilogramme coûtera donc

$$\frac{34,80}{12}=2^f,90.$$

229. Des alliages. — Les monnaies, les bijoux, certains objets d'art sont formés d'ordinaire d'un métal précieux, or ou argent, allié à un autre métal moins précieux, qui est ordinairement le cuivre. La présence de cet autre métal a généralement pour effet de rendre l'alliage plus dur, plus capable de résister au frottement.

230. **Titre.** — On appelle *titre* d'un objet d'or ou d'argent le rapport du poids du métal fin qui entre dans cet objet au poids total de l'objet. Ainsi, en fondant ensemble 9 grammes d'or et 1 gramme de cuivre, on a un alliage au titre de $\frac{9}{10}$.

Le titre s'exprime d'ordinaire en millièmes.

Nous avons vu (152) que nos monnaies d'or renferment, sur 1000 grammes, 900 grammes d'or pur et 100 grammes de cuivre; elles sont donc au titre de 0,900. Nos pièces de cinq francs en argent sont aussi au titre de 0,900; quant aux autres pièces d'argent, elles sont au titre de 0,835.

La loi n'admet que deux titres pour la fabrication des objets d'argent et trois pour celle des objets d'or :

Pour l'argent : 0,950 (1er titre) et 0,800 (2e titre).

Pour l'or : 0,920 (1er titre), 0,840 (2e titre), 0,750 (3e titre).

231. **Contrôle.** — Tous les objets d'orfèvrerie doivent être *contrôlés* à un *Bureau de garantie;* on les marque alors avec un poinçon d'un signe qui en indique le titre. Il est accordé aux fabricants une *tolérance* de titre de 3 millièmes pour l'or et de 5 millièmes pour l'argent. Pour les menus objets, essayés seulement à la pierre de touche ou au *touchau*, la tolérance est portée, dans la pratique, jusqu'à 20 millièmes.

232. **Valeur des objets d'or ou d'argent.** — Depuis le 1er janvier 1880, la fabrication des monnaies, qui jusque-là se donnait à des entrepreneurs, est exécutée par l'Etat, c'est-à-dire par voie de régie administrative. Les frais de fabrication ont été maintenus au chiffre alloué aux en-

trepreneurs, soit à 6^f,70 par kilogramme d'or au titre de 900 millièmes, et à 1^f,50 par kilogramme d'argent au même titre.

Il résulte de là qu'il faut tenir compte de ces frais dans le calcul de la valeur de l'or pur, de l'argent pur ou d'un alliage d'or ou d'argent. Ainsi, nous avons vu (154) que, d'après la définition du franc, 4^g,5 d'argent pur valent 1 fr.; d'où il suit qu'un kilogramme d'argent pur devrait valoir 222^f,22. Or, à cause des frais de fabrication, 1 kilogramme d'argent pur est pris seulement, à la Monnaie, pour une valeur de 220^f,56. De même 1 kilogramme d'or pur, qui devrait valoir 3444^f,44, ne vaut, au tarif de la Monnaie, que 3437 fr. On voit même par ces chiffres que la valeur au tarif des métaux précieux est un peu inférieure à la valeur intrinsèque diminuée des frais de fabrication.

233. Problèmes sur les alliages. — Ces questions, qui sont analogues aux questions relatives aux mélanges, se ramènent, en général, aux six problèmes suivants :

PROBLÈME I. — *Étant donné le poids et le titre d'un objet d'or ou d'argent, trouver sa valeur.*

EXEMPLE. — *Quelle est la valeur d'un couvert d'argent qui pèse 150 grammes et qui est au titre de 800 millièmes ?*

Ce couvert renferme les 0,800 de 150 gr., soit 120 grammes d'argent pur. Et comme l'argent pur vaut, au tarif de la Monnaie, 220^f,56 le kilogramme, les 120 grammes d'argent (le cuivre est compté pour rien) vaudront 26^f,46. Le couvert vaudra donc 26^f,47, à 0,01 près par excès.

PROBLÈME II. — *Connaissant les poids et les titres de divers lingots que l'on fond ensemble, trouver le titre du lingot ainsi obtenu.*

EXEMPLE. — *On a fondu ensemble trois lingots d'or : l'un pesant 6^{kg},740 et au titre de 0,920 ; le deuxième pesant 4^{kg},830 et au titre de 0,850 ; le troisième pesant 7^{kg},870 et au titre de 0,900. Quel est le titre du lingot résultant ?*

Le poids d'or pur contenu dans ce lingot sera

$$6^{Kg},740 \times 0,920 + 4^{Kg},830 \times 0,850 + 7^{Kg},870 \times 0,900$$
$$= 17^{Kg},3893.$$

Le poids total du lingot sera d'ailleurs

$$6^{Kg},740 + 4^{Kg},830 + 7^{Kg},870 = 19^{Kg},440.$$

Donc le titre sera le quotient de 17,3893 par 19,440, ou bien 0,894, c'est-à-dire 894 millièmes, à 1 millième près par défaut.

Problème III. — *Dans quel rapport faut-il prendre deux alliages de même nature, dont les titres sont connus, pour obtenir un alliage ayant un titre donné ?*

Exemple. — *On a de l'argent au titre de 0,950 et de l'argent au titre de 0,840. Dans quel rapport doit-on les fondre ensemble pour que le titre final soit 0,900 ?*

Supposons que l'on fonde ensemble x grammes du premier alliage avec y grammes du second; le lingot résultant renfermera, d'une part, x fois $(0,950 - 0,900)$ grammes d'or pur en trop, et, d'autre part, y fois $(0,900 - 0,840)$ grammes en moins. Il faudra donc que l'on ait

$$x \times (0,950 - 0,900) = y \times (0,900 - 0,840)$$

ou bien

$$\frac{x}{y} = \frac{0,900 - 0,840}{0,950 - 0,900} = \frac{0,060}{0,050} = \frac{6}{5}.$$

Les quantités qu'il faudra prendre dans l'un et l'autre alliage seront donc en raison inverse des différences entre les titres primitifs et le titre final.

Vérification. — 6 kilogrammes à 0,950 renferment $5^{Kg},700$ d'or pur, et 5 kilogrammes à 0,840 en renferment $4^{Kg},200$. Le titre du lingot résultant est donc

$$\frac{5,700 + 4,200}{6 + 5} = \frac{9,900}{11} = 0,900.$$

Problème IV. — *Quel poids faut-il prendre de deux lin-*

gots de même nature et dont les titres sont connus pour faire un lingot ayant un poids et un titre donnés ?

EXEMPLE. — *Combien faut-il prendre d'or au titre de 0,940 et d'or au titre de 0,870 pour faire un lingot pesant $8^{Kg},600$ et qui soit au titre de 0,920 ?*

Soit x le poids qu'il faut prendre dans le premier alliage et y le poids qu'il faut prendre dans le second. On devra avoir, d'après ce qui précède,

$$\frac{x}{y} = \frac{0,920 - 0,870}{0,940 - 0,920} = \frac{5}{2}, \text{ ou bien } \frac{x}{5} = \frac{y}{2}.$$

D'ailleurs $x + y = 8^{Kg},600$. On a donc à partager $8^{Kg},600$ en parties proportionnelles à 5 et à 2.

PROBLÈME V. — *Trouver le poids de métal pur qu'il faut fondre avec un alliage de poids et de titre connus, pour en élever le titre à un titre donné.*

EXEMPLE. — *Quel poids d'argent pur faudra-t-il fondre avec des couverts d'argent pesant $3^{Kg},520$ et au titre de 800 millièmes pour en faire un lingot destiné à fabriquer des pièces de $0^f,50$?*

L'argent pur peut être considéré comme un alliage au titre de 1000 millièmes. Le problème peut donc s'énoncer ainsi :

Combien faut-il prendre d'argent au titre de 1000 millièmes pour qu'en le fondant avec $3^{Kg},520$ d'argent au titre de 0,800, on ait de l'argent au titre de 0,835 ? Or, d'après le problème précédent, ce poids d'argent pur étant x, on doit avoir la proportion

$$\frac{x}{3^{Kg},520} = \frac{0,835 - 0,800}{1 - 0,835} = \frac{35}{165} = \frac{7}{33},$$

d'où

$$x = \frac{3^{Kg},520 \times 7}{33} = 0^{Kg},746.$$

PROBLÈME VI. — *Trouver le poids de cuivre qu'il faut*

fondre avec un lingot de poids et de titre connus pour en abaisser le titre à une valeur donnée.

Exemple. — Combien faut-il fondre de cuivre avec $12^{kg},280$ d'or au titre de 0,920 pour en abaisser le titre à 0,900 ?

Nous considérerons le cuivre comme un alliage dont le titre est 0, et le problème sera encore ramené au suivant :

Combien faut-il allier d'or au titre de 0 millièmes avec $12^{kg},280$ d'or au titre de 0,920 pour faire de l'or au titre de 0,900 ?

En désignant par x la quantité inconnue, on devra avoir

$$\frac{x}{12^{kg},280} = \frac{0,920 - 0,900}{0,900 - 0,000} = \frac{20}{900} = \frac{2}{90} = \frac{1}{45},$$

d'où

$$x = \frac{12^{kg},280}{45} = \frac{2,456}{9} = 0^{kg},273,$$

à 1 gramme près par excès.

QUESTIONNAIRE ET EXERCICES SUR LA 41ᵉ LEÇON.

1. Qu'est-ce que la moyenne arithmétique entre plusieurs grandeurs de même espèce ?
2. Quel avantage trouve-t-on à prendre la moyenne entre les résultats de plusieurs mesures ou de plusieurs déterminations ? Citer des exemples.
3. Quels sont les deux problèmes principaux auxquels se ramènent les questions relatives aux mélanges ?
4. Expliquer sur des exemples la résolution de ces deux problèmes.
5. Qu'est-ce qu'un alliage ? Qu'appelle-t-on titre d'un alliage d'or ou d'argent ?
6. Quels sont les titres de nos monnaies d'or et d'argent ? Quels sont les titres légaux pour la fabrication des objets d'or ou d'argent autres que les monnaies ?
7. Quels sont les frais de fabrication des monnaies ? Qu'appelle-t-on *valeur au tarif* des métaux précieux ?
8. Quels sont les six problèmes auxquels se ramènent les questions relatives aux alliages ?
9. Expliquer sur un exemple la résolution de chacun d'eux.

PROBLÈMES SUR LES ALLIAGES ET LES MÉLANGES.

10. On a pesé un chargement de 28 hectolitres de blé, qui ont pesé ensemble 200,80. Un autre chargement de 35 hectolitres a pesé 260,53; un troisième chargement de 32 hectolitres a pesé 230,00; un quatrième, de 42 hectolitres, a pesé 310,50; et enfin, un cinquième, de 36 hectolitres, a pesé 270,07. Quel est, à un hectogramme près, le poids moyen de ce blé?

11. Huit thermomètres centigrades, placés dans un même lieu, marquent en même temps les températures suivantes : 21°,7 ; 21°,8 ; 21°,6 ; 21°,7 ; 21°,0 ; 21°,6 ; 21°,0 ; 22°,5. Quelle est la température?

12. Un thermomètre a marqué : à 7 heures du matin, 18°,4; à 2 heures après-midi, 26°,7; à 7 heures du soir, 15°,6. Quelle a été la température moyenne de la journée?

13. Un épicier a mélangé 15 kilogrammes de pruneaux, qui lui reviennent à 1^f,20 le kilogramme, et 20 kilogrammes de pruneaux qui lui reviennent à 0^f,90 le kilogramme. Combien doit-il vendre le 1/2 kilogramme du mélange pour gagner 18 % sur le prix d'achat?

14. On fond ensemble trois objets d'or : le premier du poids de 175^g,40 et au titre de 0,920; le deuxième du poids de 72^g,30 et au titre de 0,840; le troisième du poids de 110^g,60 et au titre de 0,750. Quel est le titre du lingot ainsi obtenu? — R. 0,851.

15. Combien faudrait-il ajouter d'or pur au lingot précédent pour en porter le titre à 0,900? — R. 174^g,2.

16. Un marchand a acheté 24 hectolitres de vin à 38 francs l'hectolitre. Il y ajoute 2 hectolitres d'alcool, qui lui reviennent chacun, à 120 francs, et 60 kilogrammes de sucre à 1^f,10 le kilogramme. Il revend alors le vin à raison de 150 francs la pièce de 228 litres. A combien pour 100 du prix de vente s'élève son bénéfice? — R. 28,7 %.

17. Combien faut-il mélanger de vin à 0^f,60 le litre et de vin à 0^f,90 le litre pour faire une pièce de 220 litres à 0^f,75?

18. Combien faut-il mettre de litres d'eau dans un fût renfermant 175 litres à 0^f,75 le litre pour avoir du vin à 0^f,55?

19. Un orfèvre a fondu ensemble 3^{kg},750 d'argent à 0,950, 5^{kg},540 à 0,800 et 1^{kg},700 d'argent pur. Quel est le titre de l'alliage?

20. Combien faut-il prendre d'hectolitres de vin à 53 francs l'hectolitre pour former, avec 7^{hl},34 de vin à 46 francs l'hectolitre, du vin à 50 francs l'hectolitre? — R. 9^{hl},78.

21. Un marchand a du vin qui lui revient à 0^f,70 le litre. Il le revend au même prix et gagne 15 % sur le prix de vente. Combien a-t-il ajouté d'eau pour chaque litre de vin? — R. 0^l,176.

22. Le bronze des cloches se compose de 78 parties de cuivre et de 22 d'étain. Celui des canons est formé de 90 parties de cuivre et 10 d'étain. On fond une cloche pesant 18 quintaux pour en faire des pièces de canon. Combien faudra-t-il y ajouter de cuivre? Combien, avec l'alliage ainsi obtenu, pourra-t-on faire de pièces de canon pesant chacune 8500 kilogrammes.

23. La monnaie d'or anglaise qu'on appelle le *souverain* pèse

7ᵍ,988 et est au titre de 916 millièmes. Quelle est sa valeur *au tarif de la monnaie?* — R. 25,15.

24. La pièce d'argent allemande de 1 mark pèse 5ᵍ,555 et est au titre de 0,900. Combien peut-on faire de pièces de 1 franc avec l'argent contenu dans 175 pièces de 1 mark?

25. On retire de la circulation pour 175 600 francs de pièces de 5 francs en argent, et on les fond avec du cuivre pour avoir de l'argent au titre de 0,835. Combien faut-il employer de cuivre pour cette opération? Combien peut-on faire de pièces de 1 franc avec le lingot ainsi obtenu?

26. On a refondu une certaine somme en pièces d'argent de 5 francs et on l'a alliée à la quantité de cuivre nécessaire pour fabriquer de la monnaie divisionnaire avec le lingot résultant. On a eu de cette manière 2491 francs de plus qu'auparavant. Quelle était la somme primitive? — R. 32 000 francs.

27. Un orfèvre, en fondant avec un lingot d'or un poids d'or pur égal à la moitié du poids de ce lingot, en a élevé le titre de 0,040. Quel était le titre primitif de ce lingot? — R. 0,880.

28. Un marchand a du thé à 9 francs, du thé à 12 francs et du thé à 18 francs le kilogramme. Il voudrait faire une caisse de 10 kilogrammes à 14 francs le kilogramme en prenant 5 kilogrammes à 18 francs. Combien devra-t-il prendre de thé à 9 francs et de thé à 12 francs? — R. 3ᵏᵍ,333 et 1ᵏᵍ,667.

29. Une personne achète chez un bijoutier une montre et une chaîne en or au prix de 315 francs. Il paye 226ᶠ,85 et donne, en outre, une vieille chaîne en or du poids de 58 grammes et poinçonnée au titre de 0,750. Quel est le tarif que le bijoutier a appliqué pour l'achat de l'or dans l'évaluation du prix de cette chaîne? De combien pour 100 ce tarif est-il inférieur à celui de la Monnaie?

30. Un marchand de blé a mélangé du blé à 19 francs l'hectolitre et du seigle à 14 francs l'hectolitre, dans la proportion de 5 hectolitres de blé sur 8 hectolitres en tout. Il revend le mélange 2007ᶠ,90, en faisant un bénéfice de 15 % sur le prix d'achat. Combien a-t-il pris d'hectolitres de blé et combien de seigle?

31. Trouver le poids et le titre d'un lingot d'argent, sachant que, si on lui ajoute 2ᵏᵍ,700 d'argent pur, on en élève le titre de 145 millièmes, et que si, au contraire, on lui ajoute 2ᵏᵍ,700 de cuivre, on en abaisse le titre de 102 millièmes. — R. 18ᵏᵍ,5 et 0,800.

32. Un orfèvre va vendre à la Monnaie un objet d'or au titre de 0,920 et des couverts d'argent au titre de 0,800. L'objet d'or a autant de valeur que les couverts, et le tout ensemble pèse 5ᵏᵍ,491. Combien pèsent les couverts et combien pèse l'objet en or? — R, 5ᵏᵍ200 et 291ᵍ.

CHAPITRE IX

APPLICATIONS LES PLUS SIMPLES ET LES PLUS USUELLES DE L'ARITHMÉTIQUE

45ᵉ LEÇON

NOTIONS ÉLÉMENTAIRES DE COMPTABILITÉ. — LIVRES DE COMMERCE

Les négociants, les fabricants, les agriculteurs, les simples particuliers eux-mêmes ont continuellement à acheter ou à vendre, à payer ou à recevoir.

234. Livres de commerce. — Les *achats* et les *ventes*, les *payements* et les *recettes* ou *encaissements* doivent être inscrits sur des registres ou *livres* qui en font foi. Les industriels et les commerçants sont seuls obligés par la loi à avoir certains livres; mais tout homme qui veut mettre de l'ordre dans ses affaires doit imiter en cela les commerçants et avoir comme eux ses livres de comptabilité. Ce conseil s'adresse surtout aux agriculteurs, qui, pour peu que leur exploitation soit importante, ne sauraient se passer d'une comptabilité régulière.

Les principaux livres de commerce sont les suivants :

235. Le brouillard ou main-courante. — C'est un registre où l'on inscrit rapidement, au fur et à mesure qu'ils se présentent, les achats, les ventes, les payements, les recettes, en un mot toutes les opérations qui intéressent la comptabilité.

Voici la disposition ordinaire du brouillard :

Du 20 mai 1885.	FR.	C.	FR.	C.
Vendu à N..., demeurant à L... :				
1° 4 pièces de vin de 228 litres à 48 francs l'hectolitre........	437	76	572	76
2° 50 bouteilles d'eau-de-vie, marque L..., à 2f,70 la bouteille....	135	00		
Reçu de V..., demeurant à Z..., à valoir sur ma facture du 1er mai, espèces............	783	50	783	50
Reçu de M..., de L... :				
1° Montant de ma facture de ce jour.............	535	80	1135	80
2° Un billet de 600 francs, échéance fin juin, pour solde de l'arriéré de compte............	600	00		

Remarque. — La première colonne de gauche, où nous n'avons rien inscrit, est réservée à l'indication du folio du journal où l'article a été relevé.

256. Le journal. — C'est la copie au net du brouillard. Sa disposition est la même, du moins dans la tenue des livres en partie simple. La première colonne de gauche est réservée à l'inscription des folios du grand-livre auxquels sont relevés les divers articles.

257. Le grand-livre. — C'est un registre où l'on inscrit les opérations portées au brouillard ou au journal, non plus par ordre de date, comme elles le sont sur ces deux livres, mais en les classant *par comptes*, c'est-à-dire en inscrivant au compte de chaque particulier ou de chaque client tout ce qui le concerne.

Chaque compte occupe sur le grand-livre deux pages en regard l'une de l'autre. Celle de gauche, le verso, renferme le *doit* ou le *débit*, c'est-à-dire le détail des sommes dues par la personne en question. Celle de droite, le recto de la feuille suivante, renferme l'*avoir* ou le *crédit* du compte, c'est-à-dire l'état détaillé des sommes données, soit en espèces, soit en valeurs diverses, par cette même personne. Exemple :

Folio 30.   **DOIT**   N... à L...   **AVOIR**   *Folio 30.*

Date		Articles	FR.	C.	N°	Date		Articles	FR.	C.	N°
1885						1885					
Avril	3	4 pièces de vin	354	25	3	Juin	1	Espèces	650	00	41
»	12	1 fût cognac	950	75	7	»	»	Son billet fin juillet	950	00	72
Mai	8	1 caisse liqueurs variées	230	40	20	Juillet	15	Son chèque n° 7 sur V., banquier	280	70	87
»	30	Intérêts de son billet échu aujourd'hui	27	50	30		5				
Décembre	30	Solde à nouveau				Décembre	30	Solde débiteur			

La première colonne de gauche contient les dates, la deuxième les articles à inscrire, la troisième et la quatrième les francs et les centimes, la cinquième les numéros du livre journal où se trouvent portés les articles en question. La même disposition est reproduite à la page qui renferme l'avoir.

REMARQUE. — A la suite du grand-livre est une table qu'on appelle le *répertoire*.

238. **Le livre des inventaires.** — On appelle *inventaire* d'une maison de commerce un état détaillé qui renferme : 1° l'*actif*, c'est-à-dire ce que possède le commerçant en propriétés, en marchandises, en espèces, en valeurs de toute nature ; 2° le *passif*, c'est-à-dire ce que doit le commerçant à quelque titre que ce soit. Chaque maison de commerce doit faire un inventaire dans l'année et en consigner le résultat sur un registre qui est le *livre des inventaires*.

239. **Le livre copie des lettres.** — C'est un registre sur lequel on transcrit une copie de toutes les lettres

écrites ou reçues par la maison et concernant les opérations commerciales.

Tels sont les principaux livres qui sont en usage dans le commerce. Parmi eux, trois sont obligatoires : le livre journal, le livre des inventaires et la copie des lettres. Les autres ne sont pas imposés par la loi ; mais ils n'en sont pas moins indispensables à quiconque veut avoir chez lui une comptabilité sérieuse. Les grandes maisons où les livres se tiennent en *partie double* ont encore d'autres registres ou livres *auxiliaires,* dont nous ne parlerons pas ici.

46ᵉ LEÇON

DES PIÈCES AUXQUELLES DONNENT LIEU LES OPÉRATIONS COMMERCIALES. — FACTURES ET MÉMOIRES.

Les opérations commerciales donnent lieu à des pièces, à des titres, à des papiers d'espèces diverses.

Tout d'abord, les ventes donnent lieu à des *factures* et les fournitures à des *mémoires.*

240. Facture. — On appelle *facture* un état détaillé des marchandises vendues le même jour à la même personne. Cette pièce porte en tête le nom du vendeur, puis celui de l'acheteur précédé du mot *doit.* Elle énonce ensuite l'espèce, la quantité et le prix de chaque marchandise. Enfin, la facture mentionne, s'il y a lieu, le montant des frais d'emballage, d'expédition, etc.

Une facture n'est signée que lorsque la vente est faite au comptant. Dans ce cas, le vendeur met au bas « *pour acquit* » et signe. Il appose, en outre, sur la facture un timbre de 10 centimes, dit *timbre de facture,* si la somme dépasse 10 francs ; enfin il oblitère ce timbre en y inscrivant la date et sa signature au moment où il reçoit l'argent.

FACTURES ET MÉMOIRES.

Voici quelle est d'ordinaire la disposition d'une facture :

Maison X..., à L..., rue...., n°....

Doit M. Z..., demeurant à N..., les marchandises suivantes, expédiées à ses frais, et payables à N... à 90 jours. Escompte 6 0/0.

L..., le ... 188 .

Marque.	Numéro.		Fr.	Cent.
F. K.	130	1 sac café Bourbon, poids 116 kg., tare 6 kg., poids net 110 kg., à 2 fr. 60.	286	»
M. T.	145	1 caisse savon blanc, 165 kg., tare 11 kg., poids net 154 kg., à 72 francs les 100 kilogrammes	110	85
N. S.	146	1 baril d'huile de pétrole, 115 kg. Tare 15 %. 17,05		
		Poids net. . . . 97,75 A 63 francs les 100 kilogrammes. .	61	55
		TOTAL.	458	40
		Escompte 6 %.	27	50
		Net au comptant. . . .	430	90

241. Mémoire. — Le *mémoire* est une pièce analogue à la facture. C'est un relevé de compte ou un état détaillé de fournitures, de dépenses, de déboursés, etc. Chaque article y est mentionné avec la date correspondante, et le total est fait à la fin. Exemple :

Maison X..., à L...., rue...., n°....

Doit M. N..., demeurant à K...., ce qui suit, fourni aux époques ci-dessous indiquées :

1885			Fr.	Cent.
Janvier	4	Fourni une paire de roues pour un chariot............	42	50
Id.	12	Réparé une charrue........	14	20
Février.	7	Fourni et posé des ferrements de porte.	7	80
Août.	13	Fourni trois chaînes pour étable à bœufs.	12	30
Timbre.		Total........	76	80

Pour acquit,
X ...

47ᵉ LEÇON

EFFETS OU PAPIERS DE COMMERCE. — LEUR ESCOMPTE. — BORDEREAUX D'ESCOMPTE.

Les ventes *à crédit* ou *à terme* donnent lieu à des pièces ou titres destinés : 1° à constater la dette contractée par l'acheteur; 2° à permettre au vendeur de transmettre à un tiers la créance que cette vente a constituée à son profit; 3° enfin à faciliter le recouvrement de cette créance.

Voici leurs principales formes :

242. **La lettre de change.** — C'est un *effet* rédigé sous la forme d'une lettre par laquelle l'auteur (*le tireur*) invite une personne qui lui doit (*le tiré*) à payer à un tiers (*le preneur*) ou à lui-même une certaine somme.

EFFETS OU PAPIERS DE COMMERCE.

Voici la formule ordinaire d'une lettre de change :

Paris, le... 1880.   B. P. F. 1350.

Au 30 juillet prochain, veuillez payer, par la présente de change, à l'ordre de M. A..., la somme de treize cent cinquante francs, valeur reçue en marchandises, que passerez suivant avis de ce jour (ou sans autre avis).

A M..., négociant à L....

La lettre de change et le *mandat*, qui en est une forme particulière, s'appellent communément des *traites*. Ces titres se transmettent comme une marchandise, mais sous la condition d'être endossés, c'est-à-dire que tout possesseur d'un pareil effet, qui le cède à une autre personne, doit écrire au dos une formule indiquant cette cession qu'il a faite sous sa responsabilité. Cette formule est la suivante :

Payez à l'ordre de Monsieur X....

Date.   *Signature.*

243. **Le billet à ordre.** — C'est un effet par lequel le souscripteur s'engage à payer, à une date fixée, une certaine somme à une personne déterminée ou à toute autre personne à qui la première aura cédé le billet par endossement.

Formule d'un billet à ordre :

Paris, le 30 juin 1880.   B. P. F. 1680

Au 30 septembre prochain, je payerai à Monsieur X..., ou à son ordre, la somme de seize cent quatre-vingts francs, valeur reçue en marchandises (valeur en compte, ou valeur reçue comptant).

Signature et adresse.

---

244. Remises. — Les effets de commerce s'appellent encore des papiers ou mieux *du papier* de commerce. On les désigne aussi sous le nom de *remises*.

245. Valeur nominale d'un effet de commerce. — On appelle valeur *nominale* d'un billet ou *montant* du billet la somme qui est inscrite sur ce billet et qui sera payée à l'échéance.

246. Valeur actuelle. — La *valeur actuelle* d'un billet est ce que donne le banquier en échange de ce billet. Elle est égale à la valeur nominale diminuée de l'escompte.

247. Bordereaux d'escompte. — **Méthode des diviseurs fixes.** — Nous avons vu (220) comment on calcule l'escompte d'un billet. Mais dans la pratique, lorsqu'un banquier a plusieurs billets à escompter, il emploie, pour établir le bordereau d'escompte de ces billets, une méthode plus rapide, que nous allons exposer sur un exemple.

Soit un billet de 970 francs payable dans 45 jours, le taux de l'escompte étant 6 0/0 par an. D'après ce que nous avons vu (220), l'escompte sera

$$\frac{970 \times 45 \times 6}{360 \times 100} = \frac{970 \times 45}{6000}.$$

BORDEREAUX D'ESCOMPTE.

Toutes les fois que le taux sera 6 0/0, la valeur de l'escompte pourra être ainsi réduite à une fraction ayant pour numérateur le produit du montant du billet par le nombre de jours qu'il y a à courir jusqu'à l'échéance, et pour dénominateur le nombre 6000.

Le produit du capital par le nombre de jours s'appelle le *nombre*, et le dénominateur fixe 6000 s'appelle le *diviseur*.

Le diviseur n'est plus 6000 lorsque le taux est différent de 6 0/0. Supposons que le taux soit 5 0/0. *L'escompte d'un billet de* 1250 *francs, par exemple, payable dans* 32 *jours sera*

$$\frac{1250 \times 32 \times 5}{360 \times 100} = \frac{1250 \times 32}{7200},$$

et l'on voit que le diviseur fixe est ici 7200.

Règle I. — En général, *le diviseur s'obtient en divisant* 360 *par le taux et en multipliant le quotient par* 100.

Cela posé, l'escompte d'un billet se calcule par la règle suivante :

Règle II. — *On divise le* **nombre** *par le* **diviseur** *fixe relatif au taux de l'escompte.*

Si maintenant on a plusieurs billets à escompter au même taux, on voit que, le diviseur étant le même, le total des escomptes s'obtiendra de la manière suivante :

Règle III. — *Pour avoir l'escompte total de plusieurs billets escomptés au même taux, on fait la somme des nombres et on la divise par le diviseur fixe.*

Exemple. — Établir le bordereau d'escompte des quatre effets suivants, présentés à l'escompte le 8 avril 1885, le taux étant 6 0/0 :

1° Un billet de 970 francs payable le 23 juin.
2° Un — 1280 — — 28 mai.
3° Un — 712 — — 8 juillet.
4° Un — 835 — — 16 mai.

Après avoir calculé les *nombres*, on divise leur somme par 6000, et l'on a l'escompte cherché. On donne au bordereau la disposition suivante :

PARIS, LE 8 AVRIL 1885.

Bordereau de M. X... — Escompte à 6 %.

SOMMES.	LIEUX DE PAYEMENT.	ÉCHÉANCES.	NOMBRE DE JOURS A COURIR.	NOMBRES.
970f,00	Marseille....	25 mai.....	45	43 650
1480f,00	Nantes.....	28 avril....	20	29 600
712f,00	id.	7 juillet....	90	64 080
835f,00	Lille......	16 mai.....	38	31 730
3997f,00	Totaux...........			169 060
28f,18	Escompte à 6 %,.... 28f,18			
3968f,82	Net du bordereau.			

48ᵉ LEÇON

COMPTES D'INTÉRÊTS. — MÉTHODE DES PARTIES ALIQUOTES.

248. Calcul des intérêts. — Les calculs d'intérêts simples se font le plus souvent, dans la pratique, par une méthode différente de la méthode générale exposée à la 41ᵉ leçon. Il est clair d'abord qu'on peut calculer l'intérêt d'une somme comme on calcule l'escompte d'un billet, par la méthode des diviseurs fixes. C'est ce que l'on fait très souvent. Mais dans les maisons de banque les praticiens emploient d'ordinaire la méthode dite *des parties aliquotes*, qui présente l'avantage de conduire à des opéra-

COMPTES D'INTÉRÊTS.

tions portant sur des nombres simples et de se prêter mieux que les autres au calcul mental.

249. Méthode des parties aliquotes. — Cette méthode consiste à calculer d'abord le nombre de jours nécessaire pour que 1 franc, au taux donné, rapporte 1 centime. Par exemple, à 5 0/0 il faut $\frac{1}{5}$ de l'année, ou 72 jours (l'année étant supposée de 360 jours). Cela posé, on décompose le nombre de jours pendant lesquels on a à calculer l'intérêt en une somme ou en une différence de nombres qui soient des parties aliquotes ou des diviseurs de 72, ce qui permet de calculer aisément l'intérêt relatif à chacune de ces parties ; puis on fait la somme de tous ces intérêts partiels et l'on a l'intérêt total.

EXEMPLE I. — *Calculer l'intérêt de 3578 fr. à 5 0/0 pendant 32 jours.*

32 est la somme de 24, qui est le $\frac{1}{3}$ de 72 et de 8 qui en est le $\frac{1}{9}$. Or, en 72 jours 1 fr. rapportant 0^f,01, 3578 fr. rapporteront 35^f,78. Nous dirons donc :

Somme 3578. — Intérêts en 72 jours. . . . . 35^f,78
Intérêts pour 24 jours $\left(\frac{1}{3}\text{ de l'intérêt pour 72 jours}\right)$. 11^f,92
Intérêts pour 8 jours $\left(\frac{1}{9}\text{ de l'intérêt pour 72 jours,}\right.$
ou $\frac{1}{3}$ du précédent$\left.\right)$. . . . . 3^f,97

Intérêt cherché. . . . . 15^f,89

EXEMPLE II. — *Calculer l'intérêt de 893^f,75 pendant 42 jours, à 4 0/0.*

Pour avoir 1 centime à 4 0/0, il faut placer 1 franc pendant $\frac{1}{4}$ d'année ou 90 jours. D'ailleurs 42 est la différence entre 45, moitié de 90, et 3, qui est la trentième de 90. Donc :

Somme : 893^f,75. — Intérêts pour 90 jours . . . . 8^f,937

Intérêts pendant 45 jours $\left(\frac{1}{2}\text{ intérêt de 90 jours}\right)$ . . . . 4^f,47

Intérêts pendant 3 jours $\left(\frac{1}{30}\text{ de l'intérêt pendant 90 jours}\right)$,
à déduire . . . . 0^f,30

Intérêt cherché . . . . . 4^f,17

REMARQUE I. — On voit par ces exemples en quoi consiste cette méthode, et l'on conçoit qu'en la pratiquant souvent on puisse arriver à effectuer les calculs d'intérêt avec une extrême facilité.

REMARQUE II. — Les praticiens apportent encore à cette méthode une simplification notable. Ils raisonnent toujours sur le taux de 6 0/0, pour lequel 1 franc rapporte 0^r,01 en 60 jours, et par suite ils ont à décomposer le nombre de jours donné en une somme ou en une différence de diviseurs de 60, ce qui est très commode, à cause du grand nombre de diviseurs qu'admet ce nombre. Ayant obtenu ainsi l'intérêt à 6 0/0, ils calculent l'intérêt à un autre taux, en ajoutant ou en ôtant au premier une certaine fraction de lui-même.

EXEMPLE III. — *Calculer l'intérêt, à 5 0/0, de 8734 francs pendant 17 jours.*

Calculons l'intérêt à 6 % :
Somme 8734. Intérêts pour 60 jours 87,34

Intérêt pendant 12 jours $\left(\frac{1}{5}\text{ de l'intérêt pour 60 jours}\right)$. 17^f,47

Intérêt pendant 5 jours $\left(\frac{1}{12}\text{ de l'intérêt pour 60 jours}\right)$. 7^f,28

Intérêt à 6 % . . . . . . 24^f,75

L'intérêt à 5 0/0 sera évidemment égal au précédent

COMPTES D'INTÉRÊTS.

diminué de $\frac{1}{6}$ de sa valeur. On aura donc :

Intérêt à 6 %	24ʳ,75
$\frac{1}{6}$ de cet intérêt	4ʳ,12
Intérêt cherché	20ʳ,63

EXEMPLE IV. — *Calculer l'intérêt de 595ʳ,30, à 4 0/0, pendant 85 jours.*

Somme 595ʳ,30. — Intérêt à 6 % pour 60 jours	5ʳ,95
Intérêt pendant 20 jours (à ajouter)	1ʳ,98
	7ʳ,93
Intérêt pendant 5 jours (à ajouter)	0ʳ,49
Intérêt à 6 %	8ʳ,42
A déduire $\frac{1}{5}$ de cet intérêt	2ʳ,80
Intérêt à 4 %	5ʳ,62

QUESTIONNAIRE ET EXERCICES SUR LA 47ᵉ ET LA 48ᵉ LEÇON.

1. Quelles sont les principales formes des effets de commerce ?
2. Qu'est-ce qu'une lettre de change ? Qu'est-ce qu'un billet à ordre ?
3. Qu'appelle-t-on endosser un effet de commerce ?
4. Expliquer comment on calcule l'escompte ou l'intérêt par la méthode des diviseurs fixes.
5. Expliquer, sur un exemple, comment on établit un *bordereau d'escompte* par la méthode des diviseurs.
6. Un négociant présente à l'escompte, le 5 avril :

    1° Un billet de 783ʳ,75 payable le 12 mai.
    2° Une traite de 2554ʳ payable le 15 juin.
    3° Une traite de 958ʳ,70 payable le 31 mai.
    4° Un billet de 1253ʳ payable le 30 juin.

Établir le bordereau d'escompte.

7. Expliquer, sur un exemple, la méthode des parties aliquotes pour le calcul des intérêts.
8. Appliquer cette méthode aux calculs suivants :

    1° Intérêt de 6930ʳ à 5 % pendant 75 jours.
    2° Intérêt de 728ʳ,30 à 6 % pendant 23 jours.

3° Intérêt de 1517ᶠ,60 à 4 %   pendant 16 jours.
4° Intérêt de 2720ᶠ,45 à 4 1/2 % pendant 35 jours.

9. Vérifier les résultats obtenus dans l'exercice précédent en calculant ces mêmes intérêts par la méthode des diviseurs.

10. Établir, par la méthode des parties aliquotes, le bordereau d'escompte des effets suivants :

1° Un effet de 650ᶠ payable le 30 juin.
2° Un effet de 2728ᶠ payable le 15 juillet.
3° Une traite de 1192ᶠ payable le 10 juillet.

Les effets sont présentés à l'escompte le 12 juin. Le taux est de 6 %. Le banquier prend, en outre, pour les deux derniers, une commission de 1/2 % à titre de change, parce qu'ils sont recouvrables à l'étranger.

11. Établir le bordereau précédent par la méthode des diviseurs fixes.

12. Établir le même bordereau en supposant que l'escompte des trois billets soit pris à 7 1/2 %.

49ᵉ LEÇON.

NOTIONS SUR LES COMPTES COURANTS. — CHÈQUES. — CAISSES D'ÉPARGNE.

250. Comptes courants. — On appelle *compte courant* un compte qui mentionne, par doit et avoir, toutes les opérations que deux personnes font l'une avec l'autre pendant une période de temps déterminée.

En général, lorsque deux commerçants ont un compte courant, ce compte ne porte pas intérêt. Il se règle donc de la manière la plus simple : il suffit de faire la différence entre le doit et l'avoir. Supposons, par exemple, que le doit de la personne X.... soit supérieur à son avoir de 2500 francs ; le compte se règlera en inscrivant que X.... est débiteur de cette différence. On écrit alors sous l'avoir de X.... la mention suivante : *Solde débiteur...* 2500. Cela veut dire que lorsque X.... aura payé à Y.... 2500 francs, les deux ayants compte seront quittes l'un envers l'autre. Cette mention étant faite, la colonne du doit et celle de l'avoir doivent fournir le même total.

Les comptes courants entre banquiers et commerçants, et à plus forte raison entre banquiers et banquiers, sont productifs d'intérêts. (Il y a cependant des négociants qui ont avec la Banque de France des comptes courants sans intérêts.) On conçoit alors que la tenue de ces comptes se complique. Supposons, par exemple, qu'un négociant ait déposé de l'argent dans un établissement de banque qui lui paye l'intérêt à 2 0/0. Ce négociant prendra là de l'argent quand il en aura besoin, y déposera au contraire les sommes qu'il aura disponibles à certains moments, de telle sorte que les opérations à relever sur le compte pourront être très nombreuses. De plus, ce négociant donnera à cet établissement de crédit des *remises*, c'est-à-dire des effets à escompter, ce qui viendra encore compliquer le compte des capitaux et surtout le compte des intérêts.

La même chose a lieu dans un compte courant entre deux banquiers. La complication est même ici plus grande, parce que chacun des ayants compte donne des remises à l'autre. D'un autre côté, tandis que l'avoir du négociant chez le banquier est généralement supérieur à son doit, il n'en est pas de même entre un banquier et un autre banquier. Tantôt le débit de l'un est supérieur à son crédit, tantôt c'est le contraire qui arrive.

La tenue des comptes courants présente donc, en général, quelques complications. Plusieurs méthodes sont employées. Elles se réduisent, en définitive, à deux, que nous allons exposer sommairement.

251. Méthode des soldes. — Elle consiste essentiellement à relever le solde du compte chaque fois qu'on y inscrit une opération nouvelle.

Supposons d'abord, pour plus de clarté, que le compte courant ne comprenne pas de remises, mais seulement des versements en espèces et des retraits d'espèces. Imaginons, par exemple, qu'un particulier ait déposé le 1er janvier 1885 une somme de 5500 francs dans un éta-

228 NOTIONS SUR LES COMPTES COURANTS.

blissement de crédit, qui lui paye l'intérêt à 2 0/0. Il retire 720 francs le 15 janvier, puis 1250 francs le 31 janvier. Le 12 février il dépose au contraire 2450 francs. Il prend 1860 francs le 28 février, puis 1550 francs le 15 mars. On demande de régler le compte le 31 mars.

Établissons le solde du compte à chaque opération nouvelle :

1er janvier, dépôt	3500 fr.
Intérêt au 15 janvier (14 jours à 2 %) . .	2,72
	3502,72
Retrait au 15 janvier	720
Solde au 15 janvier. . . .	2782,72
Intérêt au 31 janvier.	2,47
Total.	2785,19
Retrait le 31 janvier	1250,00
Solde au 31 janvier. . . .	1535,19
Intérêt au 12 février.	1,02
Total	1536,21
Dépôt le 12 février	2450,00
Solde au 12 février . . .	3986,21
Intérêt au 28 février.	3,54
Total	3989,75
Retrait le 28 février..	1860,00
Solde au 28 février. . . .	2129,75
Intérêt au 15 mars	1,77
Total	2131,52
Retrait le 15 mars.	1550,00
Solde au 15 mars.	581,52
Intérêt au 31 mars.	0,52
Solde au 31 mars	581,84

REMARQUE I. — On abrège les calculs précédents en faisant, par doit et avoir, d'une part le solde des capitaux qui ont été déposés et retirés, d'autre part le solde des intérêts. Ainsi, le compte précédent s'établira de la manière suivante :

M. Z... *Son compte courant, réglé au 31 mars.* — *Intérêt 2 %.*

DATES 1885.	SOMMES.		SOLDES DES SOMMES.		JOURS.	INTÉRÊTS.		SOLDES DES INTÉRÊTS.	
	DOIT.	AVOIR.	DOIT.	AVOIR.		DOIT.	AVOIR.	DOIT.	AVOIR.
Janvier . 1	»	3500	»	»	»	»	»	»	»
» 15	720	»	»	2780	14	»	2,72	»	2,72
» 31	1250	»	»	1530	16	»	2,47	»	2,47
Février. 12	»	2450	»	3980	12	»	1,02	»	1,02
» 28	1860	»	»	2120	16	»	3,49	»	3,49
Mars. . 15	1550	»	»	570	15	»	1,77	»	1,77
			»	»	16	»	0,51	»	0,51
» 31	570	. . Solde créditeur.					11,98	11,98 — Solde créditeur.	

REMARQUE II. — Dans cette deuxième manière d'opérer on ne tient pas compte des intérêts produits par les soldes des intérêts; c'est une différence insignifiante.

Supposons maintenant que le compte courant soit celui d'un commerçant, qui donne à son banquier non seulement des sommes en espèces, mais des effets ou remises que le banquier se charge de recouvrer. Le compte s'établit de la même manière. Mais si l'ayant compte donne une remise qui ne doit échoir qu'au bout d'un certain temps, cette remise doit être portée à l'avoir du négociant non pas avec sa valeur nominale, mais avec sa valeur actuelle; il faut donc la compter comme un versement égal à la valeur du billet diminuée de l'escompte.

EXEMPLE : Un négociant donne à son banquier un effet de 540 francs payable dans 15 jours. Si le taux est de 6 0/0, on inscrira cette remise à l'avoir du négociant pour une somme de 540 francs, moins l'intérêt de 540 francs à 6 0/0 pendant 15 jours, c'est-à-dire pour une somme de $538^f,65$.

On pourrait aussi n'inscrire la remise à l'avoir du négociant qu'à la date de son échéance.

*252. **Méthode directe ou ancienne**. — Le principe

de cette méthode consiste à inscrire au compte toutes les sommes et toutes les remises échangées entre les deux parties, en faisant porter intérêt à chaque somme du jour où elle est versée jusqu'au jour où le compte est clos ou réglé, et pareillement à chaque remise du jour de son échéance jusqu'à la clôture du compte. L'application de ce principe suppose que l'intérêt court au même taux pour ou contre les deux ayants compte. Au contraire, la méthode des soldes s'applique à tous les cas.

REMARQUE. — Lorsque l'échéance d'un effet est postérieure au jour du règlement du compte, l'intérêt de cette

DOIT.   X... et C°, Banquiers à Z...,

DATES D'ENTRÉE	SOMMES.	DÉTAIL DES SOMMES	NATURE DES REMISES	ÉCHÉANCES	JOURS	NOMBRES
Nov. 1	2500	....	Solde ancien.	1ᵉʳ nov.	60	32400
— 6	1600	....	Espèces	6 id.	55	88000
— 15	1595	520	Sur Paris	15 décem.	16	8320
		345	Sur Lyon	31 id.	»	»
		730	Sur Paris	31 janv.	51	*22830*
....	....	....	....	....	.	....

NOTA. — Les intérêts ont été calculés par la méthode des nombres. Les nombres rouges ont été représentés en italiques.

*255. **Méthode indirecte ou nouvelle.** — Dans cette méthode, qu'on appelle aussi *méthode rétrograde*, on ramène tous les effets à la valeur qu'ils auraient s'ils avaient pour échéance une époque fixe, antérieure à la plus ancienne échéance, époque que l'on prend pour celle de l'*ouverture du compte*. Pour cela, on déduit de chaque article du compte les intérêts ou l'escompte nécessaires pour les porter en valeur à l'époque fixée.

Par exemple, supposons qu'un commerçant remette à

NOTIONS SUR LES COMPTES COURANTS.

remise est soustractif, c'est-à-dire qu'il ne doit pas figurer à l'avoir, mais bien au doit de celui qui a remis à l'autre cet effet. Comme d'ailleurs le capital de ce même effet doit figurer à l'avoir de la personne qui l'a donné, on porte encore cette remise et son intérêt à l'avoir de cette personne; mais on écrit l'intérêt à l'encre rouge, pour rappeler qu'il faudra l'ajouter au débit et non au crédit. Cette méthode porte, à cause de cela, le nom de *méthode des nombres rouges*.

Voici la disposition que présente un pareil compte supposé ouvert le 1er novembre et clos le 31 décembre de la même année.

Leur compte au 31 décembre.   AVOIR. Intérêt 5 %.

DATES D'ENTRÉE	SOMMES.	DÉTAIL DES SOMMES	NATURE DES REMISES	ÉCHÉANCES	JOURS	NOMBRES
Nov. 10	2340	....	Traite sur nous	10 nov.	50	117000
— 25	2300	770	Sur Toulouse	30 id.	31	23870
		1530	Sur Rouen	15 décem.	16	24480
Déc. 12	1460	....	Sur Saint-Étienne	15 janv.	15	*21900*
....	....	....	....	....	..	....
....	....	....	....	....	..	....

son banquier un effet de 500 francs payable le 15 juillet, et que l'ouverture du compte ait été fixée au 1er avril qui précède. Le banquier calculera l'intérêt de 500 francs au taux convenu, par exemple à 6 0/0, depuis le 15 avril jusqu'au 15 juillet. Il retranchera cet intérêt, qui est 8f,83, de 500 francs, et il inscrira à l'avoir du négociant la différence 491f,17, qui sera censée avoir été versée le 1er avril, jour de l'ouverture du compte.

De même, chaque article du débit et du crédit sera ainsi ramené à la valeur qu'il aurait eue s'il eût été versé le 1er avril. Cela étant, il suffira, pour régler le compte un jour donné, par exemple, le 31 décembre de la même année, de faire la balance des capitaux échangés le 1er avril, et de faire produire intérêt au solde du 1er avril au 31 décembre.

Tel est le principe de cette méthode, qui est très usitée.

254. Chèques. — Les comptes courants donnent lieu à un effet de commerce très répandu, qu'on appelle *chèque*.

Le *chèque* est un mandat tiré à vue sur une maison de banque où le tireur a un compte courant et des fonds disponibles.

Le chèque est souscrit en toutes lettres à une personne désignée, ou bien au porteur. Il doit être extrait d'un livre à souche qu'on appelle un *carnet de chèques*, et timbré à l'extraordinaire.

Le porteur d'un chèque doit en réclamer le payement dans un délai de 5 jours, y compris le jour de la date, si le chèque est payable sur la place même où il a été tiré. Le délai est de 8 jours, si le chèque est tiré d'une localité sur une autre. La loi punit d'une amende celui qui émet un chèque sans avoir chez le banquier des fonds disponibles, ou, comme on dit, une *provision*.

Voici un modèle de chèque, avec la souche du carnet.

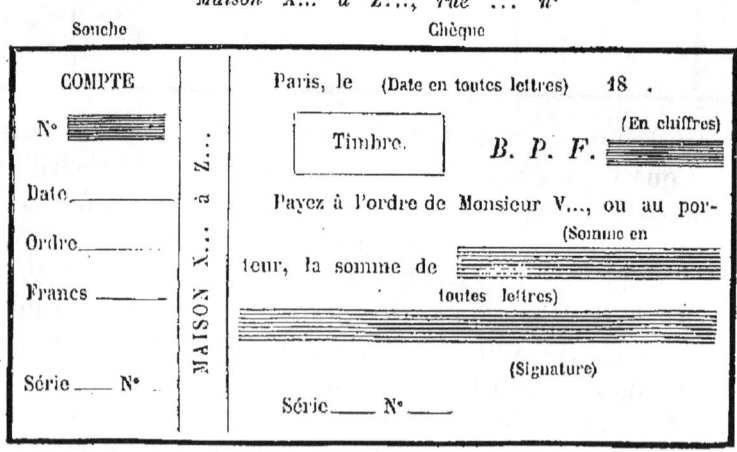

255. Caisses d'épargne. — Les Caisses d'épargne sont des établissements destinés à recevoir en compte courant les petites sommes économisées par les particuliers. Ainsi, un ouvrier qui a épargné dans le mois ou même dans la semaine une partie de son salaire, peut porter cette petite somme à la Caisse d'épargne, qui la tiendra à sa disposition et lui en payera l'intérêt à un taux convenu. Ce taux varie avec les Caisses d'épargne et avec les époques ; il est d'ordinaire de 3 0/0 ou de 3 1/2 0/0.

Les dépôts faits dans les Caisses d'épargne ne peuvent être inférieurs à 1 fr., ni supérieurs à 2000 fr. Ils sont inscrits sur un livret, qui est délivré gratuitement au déposant lors de son premier versement, et sur lequel on inscrit de même les sommes qu'il retire.

Parmi les institutions de ce genre, il faut citer aujourd'hui la *Caisse nationale d'épargne*, placée sous la garantie immédiate et absolue de l'État. Elle reçoit tous les dépôts et effectue les retraits par l'intermédiaire des agents des Postes ; d'où son nom de *Caisse d'épargne postale.*

Le compte courant établi pour chaque déposant se règle de diverses manières, suivant les cas, mais toujours par des méthodes qui se ramènent au fond à la méthode des soldes ou à la méthode indirecte que nous avons exposées plus haut. La Caisse d'épargne postale, par exemple, qui sert l'intérêt à 3 0/0, procède de la manière suivante : Elle fait courir l'intérêt du 1er ou du 16 de chaque mois, après le jour du versement. De même, l'intérêt d'une somme retirée cesse de courir à partir du 1er ou du 16 qui a précédé le jour où le retrait a été opéré. Au 31 décembre de chaque année, l'intérêt acquis s'ajoute au capital et devient lui-même productif d'intérêt. Un pareil compte pourra, par exemple, s'établir facilement comme le compte courant d'espèces du n° 251.

QUESTIONNAIRE ET EXERCICES SUR LA 49° LEÇON.

1. Qu'est-ce qu'un compte courant?
2. Expliquer la méthode des soldes sur l'exemple suivant : Un particulier a déposé chez un banquier : 2550 francs le 15 janvier, 570 francs

le 3 février, 2430 francs le 1ᵉʳ mars, 1590 francs le 15 avril, 800 francs le 10 mai et 1420 francs le 12 juin. Il a pris chez ce même banquier : 3700 francs le 1ᵉʳ avril, 2000 francs le 1ᵉʳ mai et 600 francs le 30 juin. Régler le compte le 1ᵉʳ juillet, le taux des intérêts étant de 2 pour 100.

3. Appliquer cette même méthode à l'exemple suivant : Un commerçant a donné à un banquier : 1° le 1ᵉʳ juillet, 6000 francs espèces ; 2° le 15 juillet, un billet de 1200 francs à l'échéance du 31 août ; 3° le 25 juillet, un billet de 850 francs à l'échéance du 20 août ; 4° le 5 août, une traite de 1580 francs, échéance fin septembre ; 5° le 1ᵉʳ septembre, une traite de 930 francs, échéance fin octobre ; 6° le 1ᵉʳ octobre, un billet de 2130 francs, échéance fin décembre ; 7° le 20 novembre, une traite de 720 francs, échéance fin janvier de l'année suivante ; 8° le 15 décembre, une traite de 1470 francs, échéance 20 janvier de l'année suivante.

Ce commerçant a pris chez son banquier : 1° 3000 francs le 30 juillet ; 2° 4500 francs le 31 août ; 3° 1500 francs le 5 novembre. De plus, il a donné à divers des chèques sur son banquier, savoir : 1° un chèque de 350 francs, qui a été payé le 25 août ; 2° un chèque de 790 francs, payé le 3 novembre ; 3° un chèque de 540 francs, payé le 15 décembre. Régler le compte au 31 décembre, les intérêts étant calculés à 6 %.

4. Expliquer la méthode directe sur l'exemple précédent.
5. Expliquer la méthode indirecte sur le même exemple.
6. Qu'est-ce qu'un chèque ?
7. Qu'est-ce qu'une caisse d'épargne ?
8. Un ouvrier a déposé à la Caisse d'épargne postale : 50 francs le 3 janvier, 45 francs le 15 février, 70 francs le 25 mars, 30 francs le 1ᵉʳ avril, 55 francs le 10 mai, 25 francs le 1ᵉʳ juin, 75 francs le 15 juillet, 45 francs le 8 août, 90 francs le 25 septembre, 20 francs le 1ᵉʳ octobre, 55 francs le 20 novembre et 60 francs le 18 décembre. Il a retiré : 120 francs le 25 avril et 100 francs le 31 octobre. Régler son livret au 31 décembre.

50ᵉ LEÇON.

PROBLÈMES RELATIFS AUX RENTES SUR L'ÉTAT. — NOTIONS SUR LES DEUX PRINCIPAUX TYPES DE VALEURS MOBILIÈRES, ACTIONS ET OBLIGATIONS.

256. Rentes sur l'État. — Lorsqu'un État contracte un emprunt, il donne aux particuliers qui lui prêtent certaines pièces appelées *titres de rente*.

Par le *titre de rente*, l'État se reconnaît débiteur, vis-à-vis du possesseur du titre, d'une rente annuelle déterminée, payable à des échéances trimestrielles ou semestrielles indiquées sur le titre. Il s'engage, en outre, à rembourser un capital de 100 fr. pour chaque somme de 3 francs de rente, ou de 4 fr. 50 de rente, ou de 5 francs de rente, suivant les cas. Tantôt il se réserve de ne rembourser ce capital qu'à une époque indéterminée et qu'il pourra différer autant qu'il le voudra; la rente s'appelle alors *rente perpétuelle*. Tantôt, au contraire, il fixe d'avance des époques où les titres seront remboursés; la rente est dite alors *rente amortissable*.

Ces titres qui sont ainsi créés et mis à la disposition du public lors de l'émission d'un emprunt, sont livrés à un prix déterminé, qu'on appelle le *cours d'émission*. Ils peuvent ensuite être revendus par leurs acquéreurs primitifs et deviennent une véritable marchandise qui se négocie sur des marchés appelés Bourses et par le ministère d'intermédiaires, qui s'appellent en France des *agents de change*.

Par exemple, au mois d'août 1872, l'État français a emprunté trois milliards pour la libération du territoire. Il a créé alors des titres de rente dont le cours d'émission était de 84 fr. 50 pour chaque rente de 5 francs, c'est-à-dire qu'en versant dans les caisses de l'État 84 fr. 50 on recevait un titre de 5 fr. de rente annuelle, payable à raison de 1 fr. 25 par trimestre. L'État se réservait d'ailleurs la faculté de rembourser le capital quand il le jugerait convenable; mais il devait alors rembourser, non pas le prix d'émission, c'est-à-dire 84 fr. 50, mais bien 100 fr. pour chaque rente de 5 francs. Ce fonds était par conséquent de la rente perpétuelle, et comme le capital *nominal* ou capital à rembourser était de 100 fr., pour lesquels il était payé 5 fr. de rente annuelle, on appelait ce fonds *du 5 0/0 perpétuel*. Plus tard, en 1883, le crédit de l'État étant devenu meilleur, et le 5 0/0 ayant dépassé *le pair*, c'est-à-dire se vendant à la Bourse plus de 100 francs, le gouvernement a *converti* le 5 0/0 en 4 1/2 0/0. Il a proposé aux possesseurs de cette rente de leur rembourser 100 fr. par 5 fr. de rente, comme cela était convenu, ou bien de ne plus leur payer que 4 fr. 50 de revenu annuel, au lieu de 5 fr. Presque tous les rentiers ont préféré cette réduction au remboursement, et le 5 0/0 est devenu le 4 1/2 0/0.

257. Fonds d'État français. — Les *fonds d'État* en France sont actuellement le 3 0/0 perpétuel, le 3 0/0 amortissable, le 4 1/2 0/0 ancien, et le 4 1/2 0/0 provenant de l'ancien 5 0/0 converti en 1883.

258. Problème I. — *Une personne achète de la rente 3 0/0 perpétuelle à un cours donné, par exemple à 79 fr. 60; à quel taux place-t-elle son argent?*

Il faut remarquer que, si cette personne désire plus tard réaliser son capital, comme elle ne pourra pas en demander le remboursement à l'État, elle sera obligée de revendre son titre de rente. Il faut admettre alors qu'elle le revendra au prix où elle l'a acheté, c'est-à-dire qu'il faut, dans le calcul suivant, faire abstraction des chances de perte ou de gain que le rentier peut avoir à courir. Dans ces conditions, le problème revient au suivant :

Une personne place un capital qui lui rapporte 3 fr. pour chaque somme de 79 fr. 60; quel est le taux de ce placement?

$$\begin{array}{l}79\text{ fr. }60\ldots\ 3\text{ fr.}\\ 100\text{ fr.}\ldots\ x\end{array} \quad x = \frac{5 \times 100}{79,60} = 5\text{ fr. }76.$$

Le taux du placement est donc de 3^f,76 0/0.

259. Problème II. — *Une personne veut acheter un titre de 90 fr. de rente perpétuelle 4 1/2 0/0 au cours de 108 fr. 20; combien le payera-t-elle?*

Cela revient à trouver le capital qui rapporte un revenu annuel de 90 fr., sachant que pour avoir 4 fr. 50 de revenu annuel il faut un capital de 108 fr. 20.

$$\begin{array}{l}4\text{ fr. }50\ldots\ 108\text{ fr. }20\\ 90\text{ fr.}\ldots\ x\end{array} \quad x = \frac{108\text{ fr. }20 \times 90}{4,50} = 2164\text{ fr.}$$

REMARQUE. — Dans la pratique, il faut ajouter à ces 2164 fr.

la commission ou le *courtage* de l'agent de change. Ce courtage est de $\frac{1}{8}$ pour 100 ou $\frac{1}{800}$ du prix d'acquisition du titre, ce qui fait, dans l'exemple actuel, 2 fr. 70. L'agent de change le fait payer à la fois à l'acheteur et au vendeur. Enfin, l'acheteur a aussi à payer un timbre qui est de 0 fr. 50 pour les achats qui ne dépassent pas 10 000 fr., et qui est de 1 fr. 50 au delà de cette limite.

260. **Problème III.** — *Un titre de rente perpétuelle 3 0/0 a coûté 5390 fr. (sans compter le courtage), au cours de 77 fr.; quel est le montant de la rente inscrite sur ce titre?*

Cette rente est d'autant de fois 3 fr. que 77 est contenu de fois dans 5390. On trouve 210 francs.

261. **Problème IV.** — *Une personne a fait acheter 120 francs de rente 3 0/0 amortissable, et l'agent de change lui présente un bordereau s'élevant, tous frais compris, à 3296 fr. 61; à quel cours la rente a-t-elle été achetée?*

Déduisons d'abord de 3296 fr. 61 les 0 fr. 50 du timbre. Le reste représente le prix d'achat plus le courtage, c'est-à-dire le prix d'achat plus $\frac{1}{800}$ du prix d'achat, soit les $\frac{801}{800}$ de ce même prix. Ce prix vaut donc les $\frac{800}{801}$ de 3296,11, soit 3292 fr. En divisant ce résultat par le nombre de titres de 3 fr. de rente qui constituent le titre de 120 fr., c'est-à-dire par 40, on aura le prix de 3 fr. de rente, c'est-à-dire le cours cherché. On trouve ainsi 82 fr. 30.

Remarque. — Si l'on veut résoudre le problème I dans le cas où la rente achetée est du 3 0/0 amortissable, il faut remarquer que le taux du placement dépend de l'époque à laquelle le titre sera remboursé. Il est clair en effet que si, par exemple, on achète un titre de 3 fr. de rente amortissable au cours de 82 fr., et si ce titre vient à être remboursé au bout de l'année, comme il est remboursé à 100 fr., on réalise un bénéfice ou *prime de remboursement* qui augmente le taux du placement. L'évaluation de ce taux se complique alors beaucoup, en ce sens surtout que, les titres devant être remboursés par voie de tirage au sort, on ne peut pas fixer d'avance l'époque où l'on réalisera cette prime de remboursement. Si donc on applique, comme on le fait souvent, les raisonnements et les calculs du problème I à la rente amortissable, on n'aura le taux du placement que d'une manière approximative.

262. Actions, obligations. — Les valeurs mobilières autres que les rentes sur l'État sont les *actions* et les *obligations* des grandes sociétés industrielles, commerciales ou financières, et notamment les actions et obligations des compagnies de chemins de fer.

Lorsqu'une compagnie se constitue pour la fondation et l'exploitation d'une grande entreprise, elle s'adresse au public pour se procurer le capital qui lui est nécessaire. Elle crée des titres appelés *actions*, qui sont généralement de 500 francs de capital nominal, c'est-à-dire qu'elles seront remboursées à 500 francs. Elle les vend aux particuliers moyennant un certain prix, et les preneurs de ces titres sont alors les *actionnaires* de l'entreprise. Cela posé, les actions donnent droit à une part des bénéfices réalisés dans cette entreprise. Lorsque le bénéfice net d'un exercice a été calculé, il est divisé par le nombre total des actions, et chaque actionnaire reçoit, pour chaque action qu'il possède, une somme égale au quotient ainsi obtenu. Cette somme porte le nom de *dividende*. Ainsi l'on dit, par exemple, que la Compagnie des chemins de fer de l'Ouest a distribué en 1884 à ses actionnaires un *dividende* de 37 francs, c'est-à-dire que la part de bénéfice revenant à chaque porteur d'une action a été de 37 francs.

En général, le *capital actions* d'une entreprise ne suffit pas pour la fonder et surtout pour l'étendre. La compagnie fait alors d'autres emprunts, pour lesquels elle émet des *obligations*. Ce sont des titres au capital nominal de 500 francs en général, remboursables par conséquent à 500 francs, par voie de tirage au sort et dans un délai déterminé, et qui donnent droit à un revenu fixe. Si, par exemple, comme cela arrive le plus souvent, ce revenu fixe est de 15 francs pour un capital nominal de 500 francs, les obligations sont dites *obligations* 3 0/0. Le revenu semestriel s'appelle *coupon*.

Les porteurs d'obligations ou *obligataires* ont une garantie particulière, en ce que, si l'entreprise vient à être désastreuse, la perte est subie tout d'abord par les actionnaires avant que les obligataires ne soient atteints. En revanche, la prospérité croissante de l'entreprise n'augmente pas leur revenu, tandis qu'elle accroît la part ou le dividende des actionnaires.

Les actions et les obligations donnent lieu à des problèmes analogues à ceux que nous venons de résoudre sur les rentes, mais qui sont loin de se résoudre d'une manière aussi simple.

Exemple. — *Une personne achète une action de la Compagnie d'Orléans à 1320 francs. Sachant que le dernier dividende a été de 57 fr. 50, on demande le taux du placement.*

Il est clair que l'on peut calculer ce taux comme au problème I sur la rente. Mais cela supposera d'abord que le dividende restera le même les années suivantes. De plus, on ne tiendra pas compte de ce que l'action peut être remboursée à 500 francs et remplacée par un titre d'une autre nature appelée *action de jouissance*. On n'aura donc fait ainsi qu'un calcul approximatif.

La même difficulté se présente pour évaluer le taux du placement que l'on fait en achetant une obligation à un cours déterminé. Ce taux dépend de l'époque du remboursement de l'obligation, et son calcul exact ne peut être fait comme lorsqu'il s'agit de la rente perpétuelle.

QUESTIONNAIRE ET EXERCICES SUR LA 50ᵉ LEÇON.

1. Qu'est-ce que la rente sur l'État? Comment se font les emprunts d'État? Qu'appelle-t-on cours d'émission?

2. Comment se négocient les rentes sur l'État?

3. Qu'est-ce qu'une action? Une obligation?

4. Qu'appelle-t-on dividende d'une action, coupons d'une obligation?

5. Un particulier achète du 3 0/0 perpétuel à 80^f,75. Quel est le taux de ce placement?

6. Une personne achète pour 4860 francs de 3 0/0 amortissable à 81 francs; quel revenu trimestriel ce titre lui donne-t-il?

7. Une personne a acheté un titre de 2700 francs de rente 3 0/0 à 78^f,40. Combien aura-t-elle à payer en tout chez l'agent de change?

8. Une personne a acheté 180 francs de rente 4 1/2 0/0, et a payé, courtage et timbre compris, 4305^f,95; quel était le cours?

9. Une personne a acheté du 3 0/0 perpétuel à 82,20 et du 4 1/2 0/0 à 112 francs; quel est le placement le plus avantageux?

10. Si l'on ne tient pas compte de la prime de remboursement, à quel taux place-t-on son argent lorsqu'on achète une obligation de chemin de fer à 378 francs? Cette obligation rapporte 7^f,275 par semestre, et non pas 7^f,50, à cause de l'impôt qui frappe les valeurs.

11. Un rentier avait un titre de 2000 francs de rente 4 1/2 0/0. Il l'a vendu au cours de 106^f,40 et a fait acheter des obligations de Paris-Lyon à 367^f,50. On demande: 1° combien il a eu de ces obligations; 2° combien il aura à payer à l'agent de change pour cette double opération; 3° ce qu'il a gagné ou perdu de revenu annuel. On sait que la rente ne paye pas d'impôt, et qu'au contraire les obligations payent 3 0/0 sur le revenu du titre, plus un droit proportionnel au cours moyen du titre pendant le trimestre précédent, droit qui est de 0^f,04 pour chaque somme de 20 francs contenue dans ce cours moyen. On supposera dans le calcul que le cours moyen des obligations pendant le trimestre précédent a été de 364^f,50.

12. Une personne avait une action du chemin de fer du Nord qui rapportait 64 francs, moins l'impôt calculé sur les bases indiquées dans l'exercice précédent et d'après un cours moyen de 1450 francs. Cette action lui a été remboursée à 500 francs, et avec ces 500 francs elle a acheté de la rente 3 0/0 amortissable à 82^f,80. De plus elle a reçu une action de jouissance qui lui rapporte 48 francs, moins l'impôt calculé sur les mêmes bases que plus haut et d'après un cours moyen de 1070 francs. Son revenu a-t-il varié, et de combien?

GÉOMÉTRIE

PREMIÈRE PARTIE · GÉOMÉTRIE PLANE

1re LEÇON.

RÉVISION ET COMPLÉMENT DES PREMIÈRES NOTIONS SUR LES ANGLES ET LES TRIANGLES. — CAS D'ÉGALITÉ DES TRIANGLES.

263. Ligne droite. — Tout le monde a la notion de la *ligne droite*. Entre deux points on ne peut tracer qu'une seule ligne droite, et cette ligne est plus courte que toute autre ligne joignant ces deux points.

On trace des lignes droites avec une règle que l'on a eu soin de vérifier. (Cours moyen, 210.)

264. Circonférence. — Une *circonférence* est une ligne courbe tracée sur un plan et telle que tous ses points soient à égale distance d'un point intérieur appelé le *centre* de la circonférence. (Cours moyen, 213.)

On trace les circonférences avec un compas. Sur le terrain on les décrit avec un cordeau. (Cours moyen, 214.)

265. Angle. — Un *angle* est la figure formée par deux droites AB et AC qui partent d'un même point (fig. 1). Ce point s'appelle le *sommet* de l'angle.

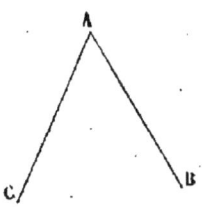

Fig. 1.

Deux angles sont *adjacents*, lorsqu'ils ont le même sommet et qu'ils sont situés de part et d'autre d'un côté commun. Tels sont les angles BAC et CAD (fig. 2).

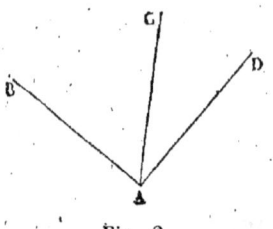

Fig. 2.

266. Angles égaux. — Deux angles sont *égaux* lorsqu'on peut les faire coïncider. En général, deux figures géométriques sont égales lorsque l'on conçoit qu'elles puissent être placées l'une sur l'autre de manière à coïncider dans toute leur étendue.

267. Angles opposés par le sommet. — Si l'on prolonge les deux côtés d'un angle AOC au delà de son sommet, on forme un deuxième angle BOD, qui a pour côtés les prolongements des côtés du premier. On dit que ces deux angles sont *opposés par le sommet* (fig. 3).

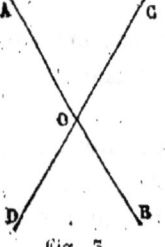

Fig. 3.

Nous admettrons comme évident que *deux angles opposés par le sommet sont égaux*.

268. Triangle. — Un *triangle* est la portion de plan comprise entre trois droites qui se coupent deux à deux. (Cours moyen, 220.)

Triangle isocèle, triangle équilatéral. — Un triangle est *isocèle*, lorsqu'il a deux côtés égaux; il est *équilatéral*, lorsqu'il a ses trois côtés égaux. (Cours moyen, 221.)

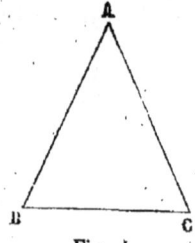

Fig. 4.

Soit un triangle isocèle ABC (fig. 4). Nous admettrons comme évident que *les angles B et C, opposés aux côtés égaux, sont égaux entre eux.*

Réciproquement, nous admettrons aussi que, *si dans un triangle deux angles* B *et* C *sont égaux, les côtés* AB *et* AC, *opposés à ces angles, sont égaux*.

Il résulte de là que dans un triangle équilatéral les

NOTIONS SUR LES ANGLES ET LES TRIANGLES.   243

trois angles sont égaux entre eux. Réciproquement, si un triangle a ses trois angles égaux, il est équilatéral (fig. 5).

269. Cas d'égalité des triangles. — Il y a quatre cas principaux dans lesquels on peut affirmer l'égalité de deux triangles.

270. 1° Théorème[1]. — *Deux triangles qui ont un angle égal compris entre deux côtés égaux chacun à chacun, sont égaux.*

Soient les triangles ABC, DEF (fig. 6), dans lesquels nous supposons l'angle C égal à l'angle F, le côté CA égal à FD

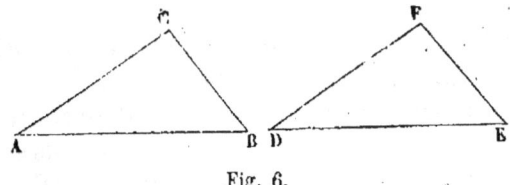

Fig. 6.

et CB égal à FE. Imaginons que l'on transporte le triangle FDE sur CAB, de manière à placer l'angle F sur l'angle égal C, le côté FD étant mis sur CA et FE sur CB. Le côté FD ayant même longueur que CA, le point D tombera en A. De même le point E tombera en B, et les deux triangles coïncideront exactement.

271. 2° Théorème. — *Deux triangles qui ont un côté égal adjacent à deux angles égaux chacun à chacun, sont égaux.*

Soient les triangles ACB et DFE (fig. 7), dans lesquels nous supposons DE = AB, angle CAB = angle FDE et angle CBA = FED. Ces deux triangles sont égaux; car, si l'on conçoit que le deuxième soit transporté sur le premier de manière que les deux côtés égaux DE et AB soient

---

1. Le mot *théorème* désigne en géométrie une propriété d'une figure, propriété qui n'est pas évidente et qui fait l'objet d'une démonstration.

244   GÉOMÉTRIE PLANE.

placés l'un sur l'autre, le point D étant en A et le point E en B, le côté DF prendra la direction AC, puisque l'angle

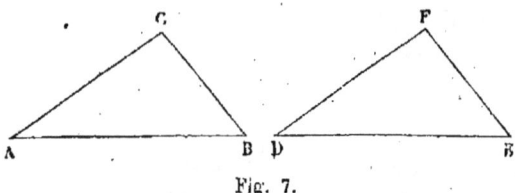

Fig. 7.

D est égal à l'angle A ; de même, le côté EF prendra la direction BC, puisque l'angle E est égal à l'angle B. Les deux triangles seront alors superposés; donc ils sont égaux.

272. 3° **Théorème.** — *Deux triangles qui ont les trois côtés égaux chacun à chacun, sont égaux.*

Soient les deux triangles CAB, C'A'B' (fig. 8), dans lesquels nous supposons : A'C' = AC, A'B' = AB et B'C' = BC. Ces deux triangles sont égaux. En effet, portons le deuxième triangle en CDB, c'est-à-dire de telle manière que son

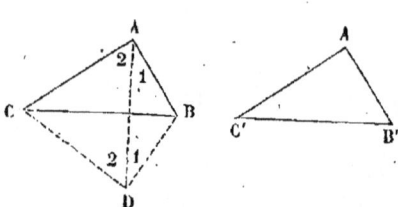

Fig. 8.

côté C'B' soit placé sur son égal CB, le point C' étant en C et le point B' en B, et que le triangle soit retourné. Joignons ensuite AD. Le triangle ABD est isocèle et par suite l'angle BAD = l'angle BDA. De même, angle CAD = angle CDA. Donc l'angle CAB est égal à l'angle CDB, et par suite les deux triangles CAB et CDB sont égaux, puisqu'ils ont un angle égal compris entre deux côtés égaux. Le triangle C'A'B' est donc égal au triangle CAB.

REMARQUE. — Il faut bien remarquer que, dans deux triangles égaux, les côtés qui sont égaux sont ceux qui sont opposés à des angles égaux, et réciproquement.

DROITES PERPENDICULAIRES.

2e LEÇON.

DROITES PERPENDICULAIRES. — REVISION ET COMPLÉMENT DE LEURS PRINCIPALES PROPRIÉTÉS. TRACÉ DES PERPENDICULAIRES.

273. Définitions. — On dit qu'une droite CD est *perpendiculaire* sur une autre AB, lorsque les deux angles adjacents qu'elle fait avec elle sont égaux (fig. 9).

274. Théorème. — *Par un point O pris sur une droite AB, on peut toujours mener une perpendiculaire à cette droite, et l'on n'en peut mener qu'une* (fig. 10).

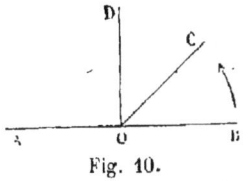

Fig. 9.

* Concevons en effet qu'une droite mobile, d'abord appliquée sur OB, tourne autour du point O dans le sens indiqué par la flèche. L'angle COB, d'abord nul, croîtra jusqu'à ce que ses deux côtés soient sur le prolongement l'un de l'autre. L'angle COA, au contraire, dont les côtés sont d'abord sur le prolongement l'un de l'autre, décroîtra jusqu'à zéro. Il y a donc une position OD de la droite mobile, et une seule, pour laquelle les deux angles DOB et DOA seront égaux. Il y a donc en O une perpendiculaire à AB, et il n'y en a qu'une.

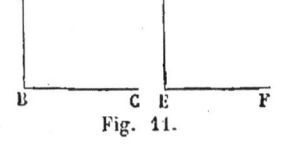

Fig. 10.

275. Angles droits. — Un angle est *droit* lorsqu'un de ses côtés est perpendiculaire sur l'autre.

Il résulte du théorème précédent que *tous les angles droits sont égaux* (fig. 11). Car si l'on transporte l'angle droit DEF de manière à placer EF sur BC, le point E étant en B, ED s'appliquera sur BA, puisque ED et BA sont toutes les deux perpendiculaires en B à la droite BC, et qu'en un même point d'une droite il n'existe qu'une seule perpendiculaire à cette droite. Les deux angles droits DEF et ABC peuvent donc coïncider; donc ils sont égaux.

276. Théorème. — *Lorsqu'une droite CD en rencontre une autre AB, les deux angles adjacents DCA et DCB qu'elle forme avec elle valent ensemble deux angles droits* (fig. 12).

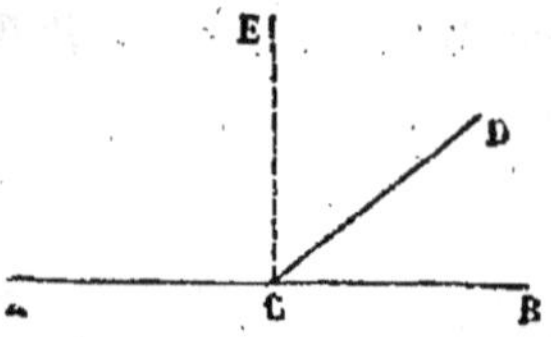

Car si l'on mène la perpendiculaire CE à AB, on voit que les angles DCB et DCA ont la même somme que les deux angles droits ECB et ECA.

Fig. 12.

COROLLAIRE I[1]. — *Si d'un point C pris sur une droite AB on mène plusieurs droites CD, CE, CF, du même côté de AB, la somme des angles consécutifs DCA, ECD, FCE, BCF formés par ces droites est égale à deux angles droits* (fig. 13).

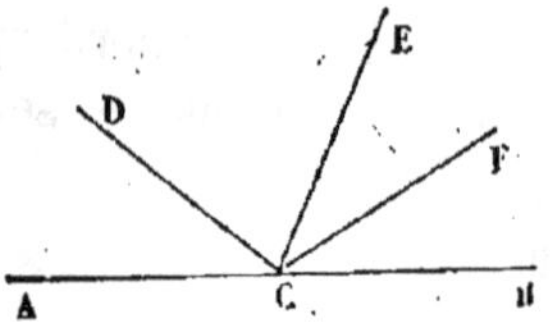

Fig. 13.

Car cette somme est la même que celle des deux angles ACD et DCB.

COROLLAIRE II. — *La somme des angles formés autour d'un point O* (fig. 14) *vaut quatre angles droits.*

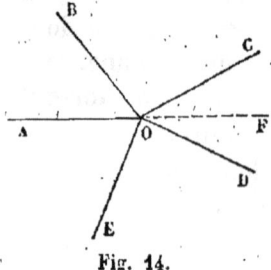
Fig. 14.

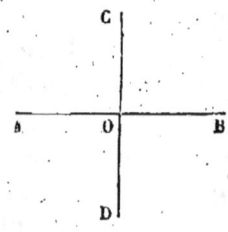
Fig. 15.

Car si l'on prolonge AO, la somme des angles donnés est la même que celle des angles formés de part et d'autre de AF; elle vaut donc quatre angles droits.

1. Le mot *corollaire*, en géométrie, signifie *conséquence* d'un théorème.

COROLLAIRE III. — *Quand une droite* CD *est perpendiculaire sur* AB, *la droite* AB *est, à son tour, perpendiculaire sur* CD (fig. 15).

En effet, la somme des angles COB et BOD valant deux angles droits, comme l'angle COB est droit, l'angle BOD vaut aussi un droit et OB est perpendiculaire sur CD.

277. Triangle rectangle. — Équerre. — Un triangle est *rectangle*, lorsqu'il a un angle droit.

On appelle *équerre* une planchette en bois qui a la forme d'un triangle rectangle (fig. 16).

Pour vérifier qu'une équerre est juste, il faut d'abord s'assurer que ses arêtes sont bien dressées, ce qui se fait comme pour la règle (Cours moyen, 210). Pour reconnaître

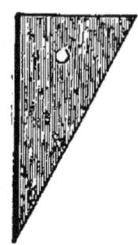
Fig. 16.

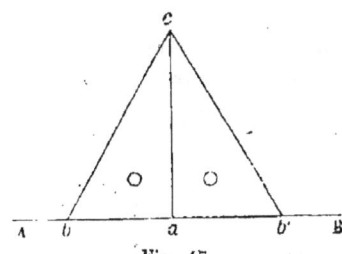
Fig. 17.

ensuite si l'angle *bac* est bien droit, on trace sur le papier une ligne droite AB (fig. 17). On place l'un des côtés de l'angle droit de l'équerre sur cette ligne, et l'on trace une ligne *ac* le long de l'autre côté. On retourne ensuite l'équerre de manière à lui faire prendre la position *cab'*, dans laquelle le côté *ab'* est toujours appliqué sur AB, tandis que l'autre côté passe toujours par le point *a*. On trace alors une droite le long de ce côté, et si cette droite coïncide avec la première droite *ac*, l'angle en *a* de l'équerre sera bien un angle droit. Car les deux angles *cab* et *cab'* seront égaux entre eux, et comme ils sont adjacents, le côté *ca* sera perpendiculaire sur *ab*.

278. Théorème. — *Par un point* O *pris hors d'une droite* AB' *on peut toujours mener une perpendiculaire* *à cette droite, et l'on n'en peut mener qu'une* (fig. 18).

Plaçons une règle CD le long de la droite AB, puis une équerre *abc* de manière qu'un de ses côtés de l'angle droit

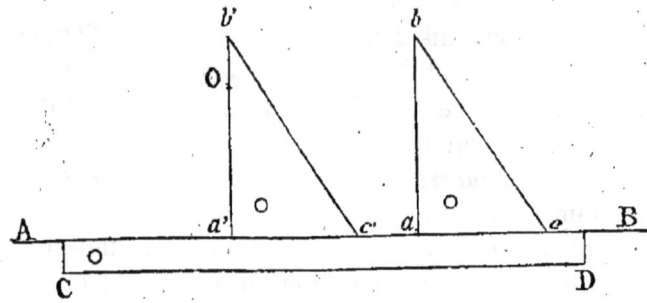

Fig. 18.

s'appuie sur AB. Faisons ensuite glisser l'équerre le long de la règle jusqu'à ce que le côté *ab* passe par le point O. Si l'on conçoit que la règle AB et le côté *ab* de l'équerre soient indéfiniment prolongés dans les deux sens, l'équerre pourra toujours être amenée dans une position *a'b'c'* dans laquelle le côté *a'b'* passera par le point O. On conçoit en outre que cette position sera unique. Si l'on trace alors une droite le long de *a'b'*, elle sera perpendiculaire à AB, puisque l'angle *a'* de l'équerre est droit, et elle passera par le point O.

279. Propriétés de la perpendiculaire et des obliques. — Soit OC la perpendiculaire abaissée d'un point O sur une droite AB (fig. 19). Toute autre droite OD menée de O à la droite AB est dite *oblique* à la droite AB. Cela posé, il est facile de voir :

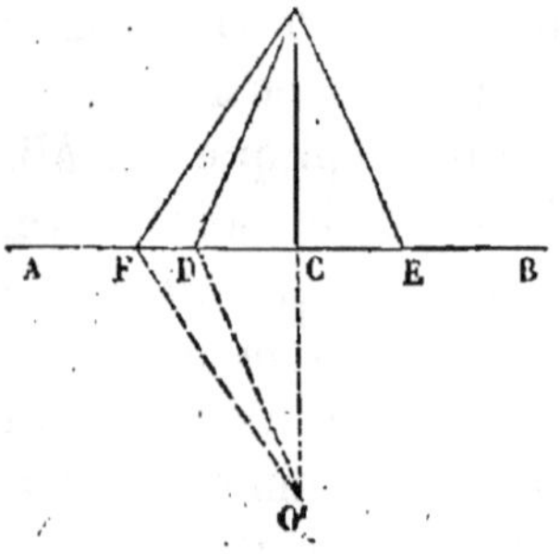

Fig. 19.

1° Que *la perpendiculaire* OC *est plus courte que toute oblique* OD. Car, si l'on prolonge OC d'une longueur CO' = CO et si l'on joint DO', les deux triangles OCD et O'CD seront égaux comme ayant les angles en C égaux et les côtés qui les comprennent respectivement égaux ; par suite, DO′ = DO. Mais la ligne droite OO′ est moindre que la ligne brisée ODO′. Donc OC, moitié de OO′, est moindre que OD, moitié de ODO′.

2° Que *deux obliques qui s'écartent également du pied de la perpendiculaire sont égales*. Soient OD et OE, telles que CD = CE. Les deux triangles OCD et OCE sont égaux comme ayant les angles en C égaux, et les côtés qui les comprennent sont égaux chacun à chacun. Donc OE = OD.

280. Théorème. — *Deux triangles rectangles sont égaux lorsqu'ils ont l'hypoténuse égale et un angle aigu égal* (fig. 20).

Soient les deux triangles rectangles BAC, EDF, dans les-

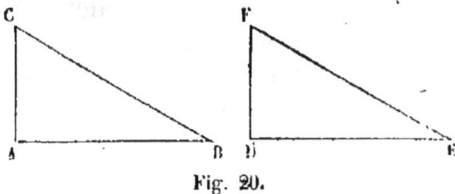

Fig. 20.

quels nous supposons BC = EF et l'angle F égal à l'angle C. Si nous plaçons le triangle EDF de manière que EF coïncide avec CB, les deux triangles étant du même côté de CB, le côté FD s'appliquera sur CA, puisque l'angle F = l'angle C. Alors le côté ED tombera sur BA, puisqu'on ne peut mener de B qu'une seule perpendiculaire à CA.

281. Théorème. — *Tout point M également distant de deux points donnés A et B est situé sur la perpendiculaire élevée sur le milieu de la droite* AB (fig. 21).

En effet, joignons le point M au milieu C de la droite AB. Les droites

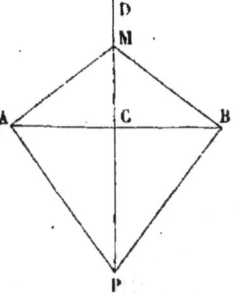

Fig. 21.

MA et MC étant égales, les deux triangles MCA et MCB sont égaux comme ayant les trois côtés égaux chacun à chacun. Donc les angles en C sont égaux, et comme ils sont adjacents, ils sont droits, et la droite CM est bien perpendiculaire sur le milieu de AB.

282. Tracé des perpendiculaires. — 1° *Tracer une droite qui soit perpendiculaire à une droite AB, et en son milieu (fig. 22).*

Des points A et B comme centres et avec un même rayon manifestement plus grand que la moitié de AB, décrivons des arcs de cercle qui se coupent en C et en D. La droite CD sera perpendiculaire sur le milieu de AB; car elle aura deux points C et D également distants de A et de B (281).

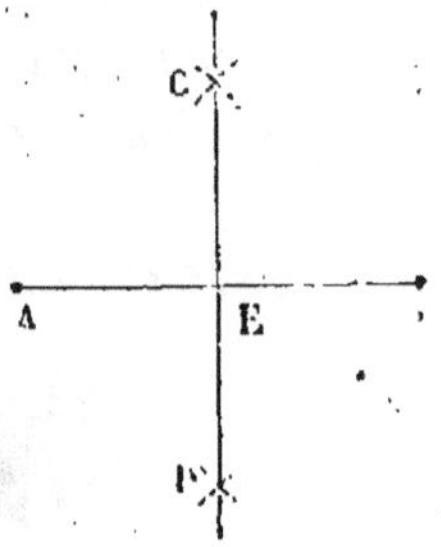

REMARQUE. — Cette construction déterminera le milieu E d'une droite donnée AB.

Fig. 22.

2° *Tracer une droite perpendiculaire à une droite donnée AB et passant par un point donné C de cette droite (fig. 23).*

Prenons de part et d'autre du point C deux longueurs égales CD et CE. Décrivons ensuite de D et de E comme centres deux arcs de cercle de même rayon qui se coupent en F. La droite FC sera perpendiculaire sur le milieu de DE; car deux de ses points F et C sont équidistants de D et de E.

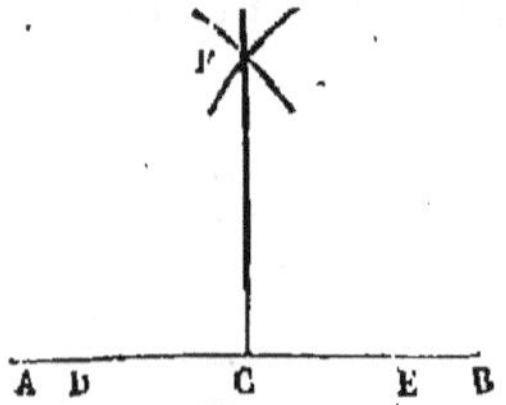

Fig. 23.

3° *Tracer une droite perpendiculaire à AB et passant par un point donné C situé hors de AB (fig. 24).*

Du point C comme centre je décris un arc de cercle avec un rayon suffisamment grand pour que cet arc coupe AB en deux points D et E. De ces deux points comme centres, avec un même rayon manifestement plus grand que la moitié de DE, je décris deux arcs de cercle qui se coupent en F. Les points D et F sont alors également distants de D et de E, et par conséquent CF est perpendiculaire sur le milieu de DE et par suite sur AB.

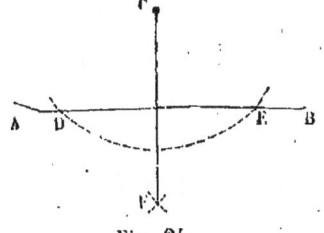

Fig. 24.

REMARQUE. — Les deux derniers problèmes peuvent être résolus avec la règle et l'équerre, et, non plus, comme nous venons de le faire, avec la règle et le compas.

Soit à tracer une droite qui soit perpendiculaire à AB et qui passe par le point M situé sur AB (fig. 25) ou situé hors de AB (fig. 26). On place l'équerre de manière que

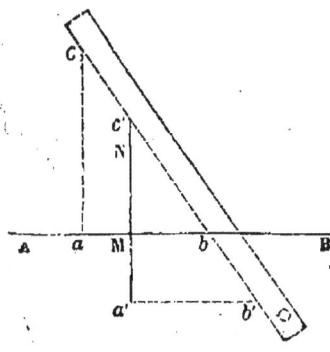
Fig. 25.

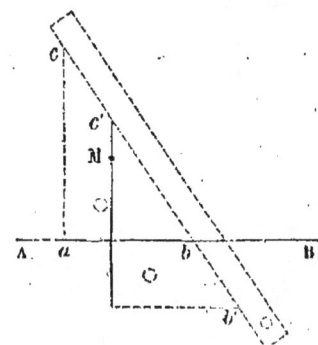
Fig. 26.

l'un des côtés de l'angle droit coïncide avec AB; puis on applique une règle le long de l'hypoténuse et on fait glisser l'équerre le long de la règle jusqu'à ce que l'autre côté de l'angle droit passe par le point M. On trace alors une ligne droite suivant cet autre côté, et cette droite est perpendiculaire à AB; car l'angle qu'elle fait avec elle est droit, puisque c'est l'angle de l'équerre.

3ᵉ LEÇON.

DROITES PARALLÈLES. — LEURS PRINCIPALES PROPRIÉTÉS. — TRACÉ DES PARALLÈLES. — DIVISION D'UNE DROITE EN PARTIES ÉGALES.

283. Définition. — Deux lignes droites sont *parallèles* lorsque, étant tracées sur un même plan, elles ne se rencontrent jamais, à quelque distance qu'on les prolonge. Telles sont AB et CD (fig. 27).

Fig. 27.

284. Théorème. — *Deux perpendiculaires à la même droite sont parallèles* (fig. 28).

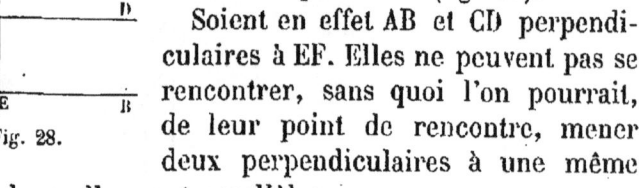

Fig. 28.

Soient en effet AB et CD perpendiculaires à EF. Elles ne peuvent pas se rencontrer, sans quoi l'on pourrait, de leur point de rencontre, mener deux perpendiculaires à une même droite; donc elles sont parallèles.

285. Théorème. — *Par un point pris hors d'une droite on peut mener une parallèle à cette droite, et l'on n'en peut mener qu'une* (fig. 29).

Soient AB la droite donnée et C le point donné. Menons de C la perpendiculaire CD sur AB, et élevons ensuite AB perpendiculaire sur CD. AB sera parallèle à CE, puisque AB et CE sont perpendiculaires à la même droite CD.

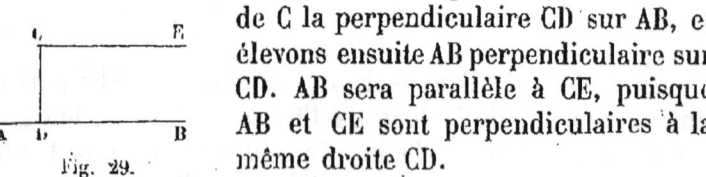

Fig. 29.

Nous admettrons comme évident qu'*on ne peut mener par un point C qu'une seule parallèle à une droite donnée* AB.

COROLLAIRE I. — Il résulte de là que, *si deux droites sont parallèles à une troisième, elles sont parallèles entre elles* (fig. 30); car si A et B, parallèles à C, allaient se rencontrer, on pourrait mener de leur point de rencontre deux parallèles à C, ce qui est impossible.

Corollaire II. — Il en résulte encore que *si deux droites sont parallèles, toute droite perpendiculaire à l'une d'elles est perpendiculaire à l'autre* (fig. 31).

Fig. 30.

Soit EF perpendiculaire à AB; EF est perpendiculaire à CD; car si CD et EF n'étaient pas perpendiculaires, on pourrait mener en F une perpendiculaire à EF, qui serait parallèle à AB. Il y aurait donc en F deux parallèles à AB, ce qui est impossible.

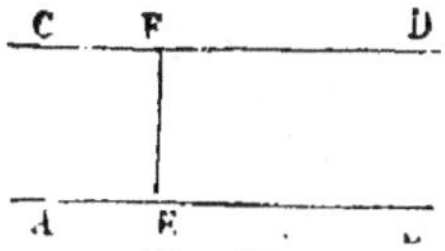

Fig. 31.

286. **Définition.** — Lorsque deux parallèles sont coupées par une sécante, ces droites forment entre elles divers angles (fig. 32). On appelle *alternes-internes* deux angles tels que LHG et HGK, dont l'ouverture est tournée vers l'intérieur des parallèles, et qui sont situés de part et d'autre de la sécante. On appelle angles *correspondants* deux angles tels que FHD et HGB, qui sont situés du même côté de la sécante sans être adjacents, et qui se trouvent l'un entre les parallèles et l'autre dehors.

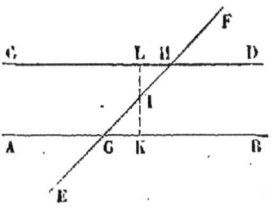

Fig. 32.

287. **Théorème.** — *Les angles alternes-internes sont égaux ainsi que les angles correspondants* (fig. 33).

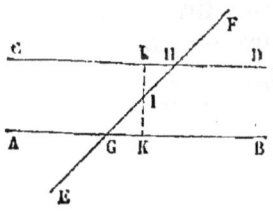

Fig. 33.

* En effet, si par le milieu I de GH nous menons une perpendiculaire à AB, cette droite LK sera aussi perpendiculaire à CD

(285). Les deux triangles rectangles IKG et ILH seront alors égaux comme ayant les hypoténuses IH et IG égales et les angles en I égaux. Donc l'angle LHI est égal à IGH.

En second lieu, l'angle FHD étant égal à LHI, les deux angles correspondants FHD et HGB sont égaux.

*288. **Théorème.** — *La somme des trois angles d'un triangle est égale à deux angles droits* (fig. 34).

Soit un triangle ABC. Prolongeons le côté AC et menons

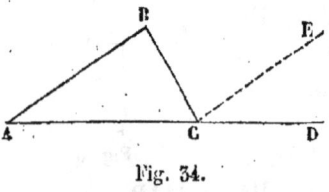

Fig. 34.

par le sommet C une parallèle CE à AB. L'angle A du triangle est égal à ECD, parce que ce sont deux angles correspondants formés par les parallèles AB, CE et la sécante ACD. L'angle B du triangle est égal à l'angle BCE, parce que ce sont deux angles alternes-internes formés par les parallèles AB, CE et la sécante BC. Donc la somme des trois angles du triangle vaut la somme des trois angles ACB, BCE et ECD, laquelle vaut deux angles droits (276).

289. **Théorème.** — *Lorsque deux droites AB et CD forment avec une sécante EF deux angles alternes-internes*

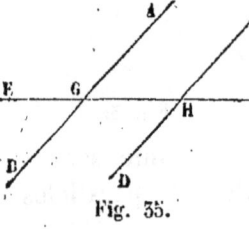

Fig. 35.

égaux, ou bien deux angles correspondants égaux, ces droites sont parallèles (fig. 35).

* Supposons, par exemple, que les angles correspondants AGE et CHE soient égaux. Menons par H une parallèle à BA. Elle devra faire avec HE un angle égal à AGE ; donc elle devra se confondre avec HC, qui déjà fait avec HE un angle égal à AGE. Donc la droite HC est parallèle à BA.

290. **Tracé des parallèles.** — Soit à mener par un point C pris hors d'une droite AB une parallèle à cette droite (fig. 36).

On applique l'un des côtés MN de l'équerre le long de AB, et l'on place une règle EF le long d'un autre côté MP.

Puis on fait glisser l'équerre le long de la règle E maintenue immobile, jusqu'à ce que le côté MN passe par le point C. On trace alors le long de M'N' une ligne CD qui est la parallèle demandée. En effet, les angles N'M'P' et NMP sont égaux, comme étant égaux chacun à l'angle en M de l'équerre. Or ils ont la position de correspondants par rapport à la sécante

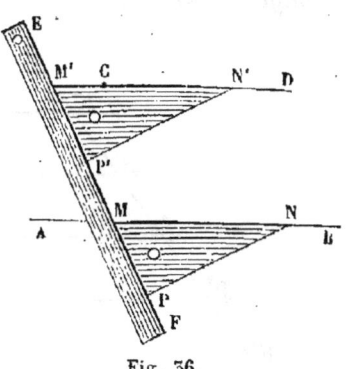

Fig. 56.

EF et aux droites M'N' et MN; donc ces deux dernières droites sont parallèles.

REMARQUE. — Cette construction ne suppose pas que l'équerre soit juste.

291. Théorème. — *Les portions* AB *et* CD *de deux droites parallèles comprises entre deux autres droites parallèles* xy *et* uv, *sont égales entre elles* (fig. 37).

En effet, si l'on mène AD, les deux triangles CAD et BDA sont égaux comme ayant le côté AD commun et les angles 1 et 2 égaux comme alternes-in-

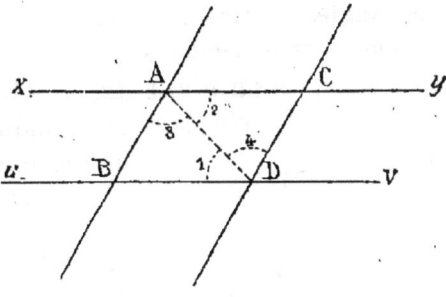

Fig. 37.

ternes, de même que les angles 3 et 4. Donc AB = CD.

COROLLAIRE. — *Deux droites parallèles sont partout également distantes.* Car deux perpendiculaires communes telles que EF et GH sont deux portions de droites parallèles comprises entre parallèles (fig. 38).

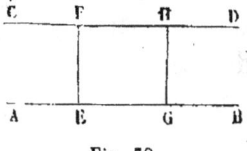

Fig. 38.

292. Théorème. — *Si sur une droite* xy *on a pris des longueurs égales* AB, BC, CD, DE, *et si par leurs extrémités on mène des droites parallèles entre elles, ces droites déterminent des longueurs égales sur une autre droite quelconque* uv (fig. 39).

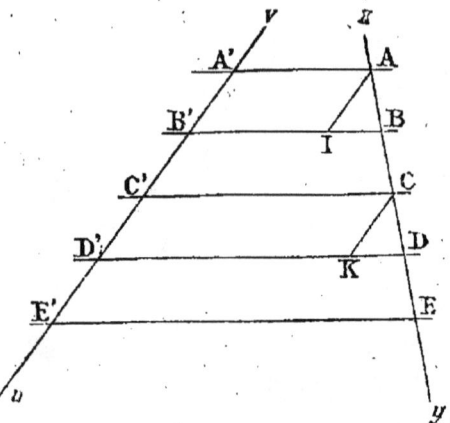

Fig. 39.

Démontrons, par exemple, que

$$A'B' = C'D'.$$

Pour cela, menons AI et CK parallèles à uv. Comme AI = A'B' et CK = C'D' (291), il suffit de montrer que AI = CK. Or les deux triangles ABI et CDK sont égaux; car ils ont les deux côtés AB et CD égaux, et les angles adjacents à ces côtés respectivement égaux comme correspondants.

293. Division d'une droite AB en parties égales. — Le théorème précédent nous donne le moyen de diviser une droite en un nombre quelconque de parties égales (fig. 40).

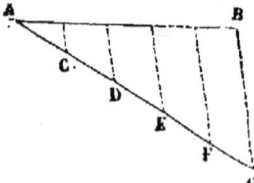

Fig. 40.

Soit à partager AB en cinq parties égales. Par l'une des extrémités A de cette droite, menons une droite indéfinie quelconque AC, et prenons sur elle, à partir de A, cinq longueurs égales entre elles, AC, CD, DE, EF et FG. Joignons GB et menons par les points de division C, D, E, F, des parallèles à GB. Ces parallèles détermineront sur AB cinq parties égales (292).

4ᵉ LEÇON.

QUADRILATÈRES. — PARALLÉLOGRAMME; SES PRINCIPALES PROPRIÉTÉS. — RECTANGLE, LOSANGE, CARRÉ.

294. Définitions. On appelle *polygone* (fig. 41) une figure limitée dans tous les sens par des portions de lignes droites qui s'appellent les *côtés* du polygone. Les points où ces droites se rencontrent consécutivement sont les *sommets*, les angles formés par les côtés consécutifs s'appellent les *angles* du polygone. Une droite qui joint deux sommets non consécutifs est une *diagonale*.

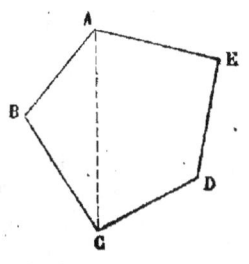

Fig. 41.

Un *parallélogramme* est un quadrilatère dont les côtés opposés sont parallèles. (Cours moyen, 228.)

295. Propriétés principales du parallélogramme.

1° *Les côtés opposés d'un parallélogramme sont égaux, ainsi que les angles opposés* (fig. 42). En effet, les côtés DC et AB, par exemple, sont des portions de droites parallèles comprises entre parallèles : ils sont donc égaux (291).

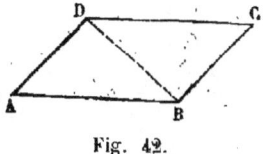

Fig. 42.

Deux angles opposés, A et C par exemple, sont égaux; car les triangles ABD et CDB sont égaux comme ayant le côté DB commun, et les angles DBA et BDC égaux comme alternes-internes, ainsi que BDA et DBC.

2° *Les diagonales d'un parallélogramme se coupent mutuellement en deux parties égales* (fig. 43). En effet, les triangles DOC et AOB sont égaux, comme ayant les côtés AB et DC égaux, et

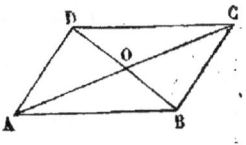

Fig. 43.

VINTÉJOUX. — COURS SUP. 17

les angles en D et en C respectivement égaux, comme alternes-internes, aux angles en B et en A; donc OD = OB et OA = OC.

296. Rectangle, losange, carré. — Parmi les parallélogrammes, il faut distinguer :

1° *Le rectangle.* C'est un parallélogramme ABCD, dont les angles sont droits (fig. 44). On le construit en menant deux parallèles AB et CD, puis deux droites AD et CB qui leur sont perpendiculaires. On l'obtient encore en faisant un angle droit DAB, prenant sur ses côtés deux longueurs AD et AB égales aux dimensions que doit avoir le rectangle, puis menant par D une parallèle à AB et par B une parallèle à AD.

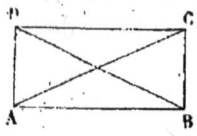

Fig. 44.

REMARQUE. — *Les deux diagonales du rectangle sont égales entre elles.* C'est ce qui résulte de l'égalité des triangles DAB et CBA, qui ont les angles DAB et CBA égaux comme droits, le côté AB commun et les côtés BC et DA égaux comme côtés opposés d'un parallélogramme.

2° *Le losange.* C'est un parallélogramme dont les quatre côtés sont égaux (fig. 45); on l'obtient en prenant sur les deux côtés d'un angle ABC des longueurs BA et BC égales entre elles, et en menant par le point A une parallèle à BC et par le point C une parallèle à BA.

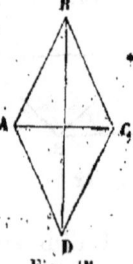

Le losange est formé, comme on le voit, de deux triangles isocèles BAC et DAC, accolés base à base.

Fig. 45.

REMARQUE. — *Les diagonales du losange se coupent à angle droit.* Car, puisque BA = BC, le point B appartient à la perpendiculaire élevée sur le milieu de AC; et, comme il en est de même du point D, BD est cette perpendiculaire.

3° *Le carré.* C'est un rectangle dont les dimensions sont égales (fig. 46). C'est aussi un losange dont les angles sont droits. On le construit donc comme le losange BADC, mais en prenant l'angle ABC droit au lieu de le prendre quelconque.

Remarque. — Le carré étant à la fois un rectangle et un losange, *ses diagonales sont égales entre elles et perpendiculaires l'une sur l'autre.*

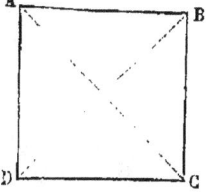

Fig. 46.

EXERCICES SUR LE PARALLÉLOGRAMME.

1. Soit un parallélogramme ABCD (fig. 47). Divisons les côtés adjacents AB et AD chacun en un certain nombre de parties égales, par exemple AB en 6 et AD en 4 parties égales. Si par les points de division de AB on mène des parallèles à AD et par les points de divi-

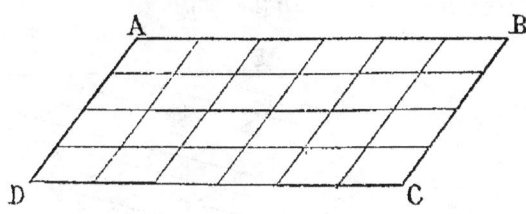

Fig. 47.

sion de AD des parallèles à AB, ces droites décomposent la figure en petits quadrilatères; montrer que ces petits quadrilatères sont des parallélogrammes égaux entre eux.

Si l'on applique cette construction à un rectangle, montrer que les parallélogrammes partiels sont des rectangles (fig. 48).

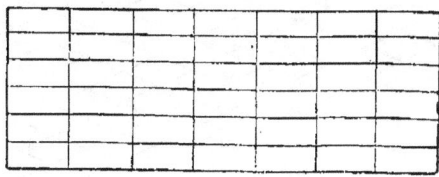

Fig. 48.

Si on l'applique à un losange, les petits quadrilatères seront encore des parallélogrammes (fig. 49). Ces parallélogrammes devien-

260   GÉOMÉTRIE PLANE.

dront des losanges, si les divisions égales sont en même nombre sur

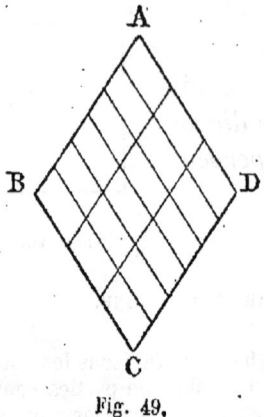

Fig. 49.

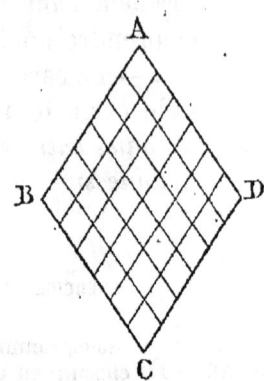

Fig. 50.

les deux côtés adjacents AB et AD (fig. 50).

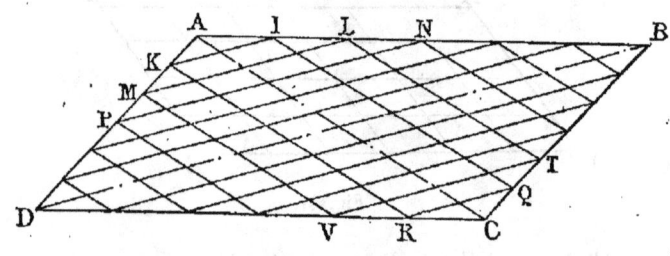

Fig. 51.

2. Considérons encore un parallélogramme ABCD (fig. 51). Parta-

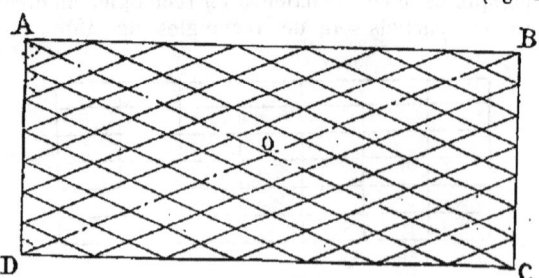

Fig. 52.

geons les deux côtés opposés AB et CD en un même nombre de parties égales, par exemple en 6 parties égales, et menons par les points de division des parallèles à la diagonale AC. Si maintenant on joint les points de division de AB et de AD qui se correspondent, c'est-à-dire IK, LM, NP, etc., montrer que les droites ainsi obtenues sont parallèles à la diagonale DB; montrer de même que les droites QR, TV, etc., sont parallèles à DB et par suite parallèles entre elles. En conclure que le parallélogramme ABCD est ainsi divisé en triangles et en parallélogrammes.

Si l'on applique cette construction à un rectangle ABCD (fig. 52), montrer que ce rectangle sera divisé en triangles isocèles et en losanges.

Enfin, si l'on applique cette même construction à un losange ABCD (fig. 53), montrer que la figure est décomposée en triangles rectangles et en rectangles.

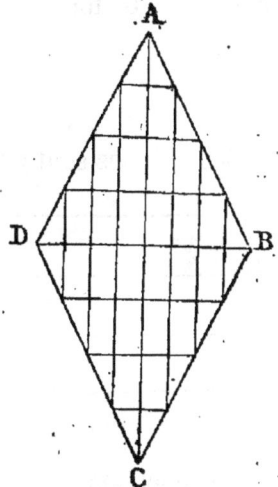

Fig. 53

5ᵉ LEÇON.

PREMIÈRES NOTIONS SUR LES LIGNES PROPORTIONNELLES. — DIVISION D'UNE DROITE EN PARTIES PROPORTIONNELLES A DES LIGNES OU A DES NOMBRES DONNÉS.

297. Rapport de deux lignes. Lignes proportionnelles. — Le *rapport* d'une ligne AB à une autre CD (fig. 54) est le nombre qui exprime la mesure de la longueur de la première, quand la longueur de la seconde est prise pour unité. Ainsi que nous l'avons vu (188), le rapport de ces deux longueurs s'obtient en évaluant chacune d'elles avec une même unité, et en divisant l'un par l'autre les deux nombres obtenus.

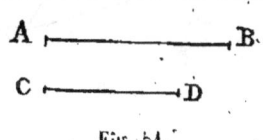

Fig. 54.

Par exemple, si AB contient 7 fois une unité de longueur

contenue 5 fois dans CD, le rapport de AB à CD sera $\frac{7}{5}$:

$$\frac{AB}{CD} = \frac{7}{5}.$$

Deux lignes sont *proportionnelles* à deux autres, lorsque leur rapport est égal à celui de ces deux autres lignes. Par exemple, AB et CD sont proportionnelles à A'B' et à C'D', si l'on a $\frac{AB}{CD} = \frac{A'B'}{C'D'}$ (fig. 55).

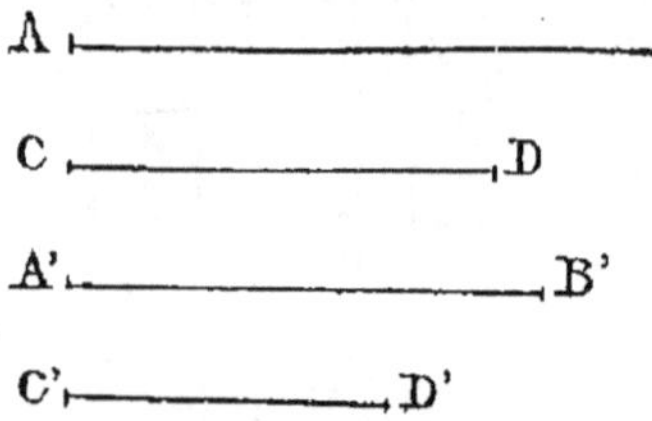

Fig. 55.

Il résulte des propriétés des proportions que l'égalité précédente entraîne plusieurs autres proportions, parmi lesquelles il faut citer :

$$\frac{AB}{A'B'} = \frac{CD}{C'D'} \quad \text{et} \quad \frac{AB + CD}{CD} = \frac{A'B' + C'D'}{C'D'}.$$

298. Théorème. — *Une droite* DE *parallèle à l'un des côtés* BC *d'un triangle* ABC *divise les deux autres côtés en parties proportionnelles* (fig. 56).

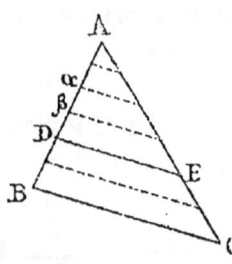

Fig. 56.

Supposons que AD et DB soient dans le rapport de 4 à 2, par exemple, c'est-à-dire qu'il y ait 4 fois dans AD une longueur αβ contenue 2 fois dans DB. Si par les points de division de AB on mène des parallèles à BC, ces parallèles détermineront sur AC des divisions égales (292). Il y aura 4 de ces divisions sur AE et 2 sur EC. Donc le rapport de AE à EC est aussi le rapport de 4 à 2. On a donc

$$\frac{AD}{DB} = \frac{AE}{EC}.$$

PREMIÈRES NOTIONS SUR LES LIGNES PROPORTIONNELLES. 265

299. Théorème. — *Réciproquement, si une droite DE divise deux côtés AB et AC d'un triangle en parties proportionnelles, cette droite est parallèle à la base BC* (fig. 57).

En effet, la parallèle à BC menée par le point D doit diviser AC dans le rapport de AD à DB; donc elle va passer en E, qui est le seul point divisant AC dans le rapport en question. Donc DE est bien parallèle à BC.

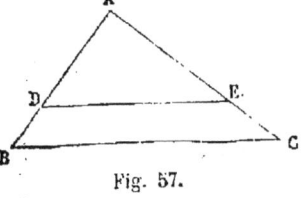
Fig. 57.

Corollaire. — *La droite MN, qui joint les milieux de deux côtés d'un triangle, est parallèle au troisième côté* (fig. 58).

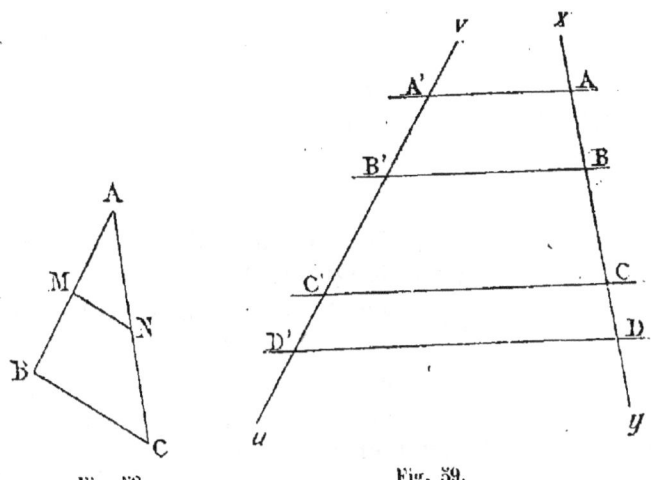

Fig. 58.   Fig. 59.

300. Théorème. — *Si sur une droite xy on a pris des segments consécutifs quelconques AB, BC, CD, etc., et si par leurs extrémités on mène des droites parallèles entre elles, ces parallèles déterminent sur une deuxième droite quelconque uv des segments proportionnels à ceux de xy* (fig. 59).

En effet, nous démontrerions comme plus haut (299) que

deux segments quelconques, A'B' et C'D', pris sur uv, sont dans le même rapport que les segments correspondants AB et CD ; on a donc

$$\frac{AB}{CD} = \frac{A'B'}{C'D'}, \quad \text{ou bien} \quad \frac{AB}{A'B'} = \frac{CD}{C'D'}.$$

De même $\dfrac{AB}{A'B'} = \dfrac{BC}{B'C'}$, et par conséquent

$$\frac{AB}{A'B'} = \frac{BC}{B'C'} = \frac{CD}{C'D'}.$$

301. Problème. — *Partager une droite en parties proportionnelles à des nombres donnés ou à des longueurs données.*

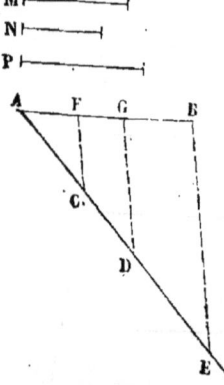

Fig. 60

Soit à partager AB proportionnellement aux longueurs données M, N et P (fig. 60).

Par le point A menons une droite indéfinie quelconque, et portons sur elle, à partir de A et à la suite les unes des autres, les trois longueurs AC, CD et DE, respectivement égales à M, N et P. Joignons EB et menons DG et CF parallèles à EB. Les trois longueurs AF, FG et GB divisent AB proportionnellement à M, N et P ; car l'on a (300)

$$\frac{AF}{AC} = \frac{FG}{CD} = \frac{GB}{DE}, \quad \text{c'est-à-dire} \quad \frac{AF}{M} = \frac{FG}{N} = \frac{GB}{P}.$$

302. Problème. — *Construire une quatrième proportionnelle à trois lignes données M, N et P (fig. 61).*

On appelle *quatrième proportionnelle* à trois quantités données une quantité qui forme le quatrième terme d'une proportion dont les trois autres forment les trois premiers, dans l'ordre où elles sont données.

Ainsi, il s'agit de construire une ligne x telle que

$$\frac{M}{N} = \frac{P}{x}.$$

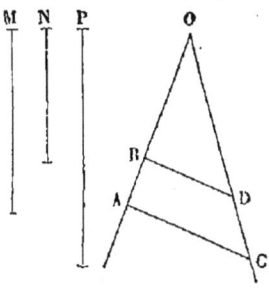

Fig. 61.

Pour cela, faisons un angle quelconque O et prenons sur ses côtés OA = M et OB = N, puis OC = P. En joignant AC et menant BD parallèle à AC, on aura $\frac{M}{N} = \frac{P}{OD}$; OD sera donc la quatrième proportionnelle cherchée.

6ᵉ LEÇON.

PROPRIÉTÉS PRINCIPALES DE LA CIRCONFÉRENCE. — ARCS, CORDES, TANGENTE. — CIRCONFÉRENCE PASSANT PAR TROIS POINTS.

303. Définitions. — On appelle *arc de cercle* une portion quelconque d'une circonférence. La *corde* d'un arc est la ligne droite qui joint les extrémités de cet arc (fig. 62). Ainsi, la portion BC de la circonférence O est un arc, et la droite BC est la corde de cet arc.

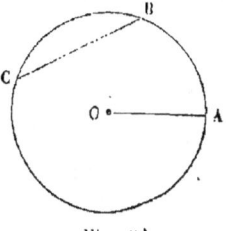

Fig. 62.

REMARQUE. — Le *cercle* est la portion de plan limitée par la circonférence. On emploie souvent le mot *cercle* pour désigner la circonférence elle-même. Ainsi l'on dit : traçons un cercle, pour dire : traçons une circonférence. De même, on dit un *arc de cercle*, au lieu de un *arc de circonférence*. Mais il ne faut pas perdre de vue qu'à proprement parler le cercle n'est pas la circonférence, mais bien la portion de plan limitée par cette ligne.

Un *segment de cercle* est la portion de plan comprise entre un arc et sa corde.

Une droite est *sécante* à une circonférence, lorsqu'elle la coupe en deux points.

Une droite qui n'a qu'un point commun avec la circonférence est dite *tangente* à la circonférence.

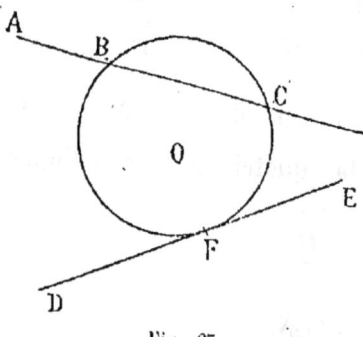

Ainsi la droite ABC est sécante au cercle O, et la droite DE lui est tangente (fig. 63). Le point F, où la tangente touche la circonférence, s'appelle le *point de contact*.

304. Propriétés fondamentales de la circonférence.

1° *Le diamètre est double du rayon*. Car BC = OB + OC (fig. 64).

2° *Le diamètre partage la circonférence et le cercle en deux parties égales*. Car si l'on imagine que la figure soit repliée suivant BC, les deux parties de la circonférence coïncideront, sans quoi il y aurait des points de cette ligne qui ne seraient pas à la même distance du centre (fig. 64).

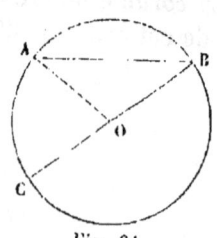

Fig. 64.

3° *Toute corde AB est moindre que le diamètre*. Car la ligne droite AB est moindre que AO + OB, ou bien que CO + OB (fig. 64).

4° Dans une même circonférence ou dans deux circonférences égales, *si deux arcs sont égaux, leurs cordes sont égales, et si deux arcs moindres chacun qu'une demi-circonférence sont inégaux, le plus grand a la plus grande corde* (fig. 65).

On le voit facilement en plaçant les deux circonférences égales l'une sur l'autre, le point C étant mis en coïncidence

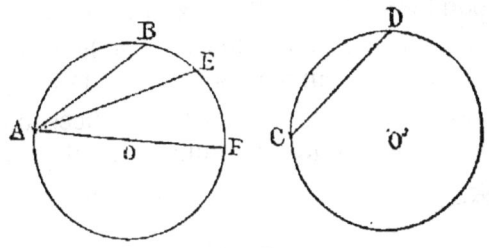

Fig. 65.

avec le point A. Il est alors évident que D tombe en B et que, par conséquent, les cordes CD et AB sont égales. On voit en même temps que, si les deux arcs AB et AE sont moindres chacun qu'une demi-circonférence, les deux extrémités B et E tombent du même côté du diamètre AOF, et il est évident que la corde AE est plus grande que la corde AB.

* 5° *La perpendiculaire élevée sur le milieu d'une corde AB passe par le centre O et divise chacun des arcs sous-tendus par la corde en deux parties égales* (fig. 66). En effet, O, étant à égale distance de A et de B, appartient à la perpendiculaire élevée sur le milieu de AB. De même, le point D étant le milieu de l'arc ADB, les cordes DA et DB sont égales, et le point D appartient par conséquent aussi à la perpendiculaire élevée sur le milieu de AB. Il en est encore de même du point C.

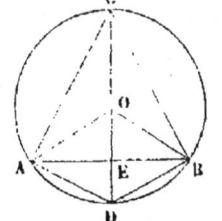

Fig. 66.

305. **Théorème.** — *Une perpendiculaire* AT *à l'extrémité d'un rayon* OA *est tangente à la circonférence* (fig. 67).

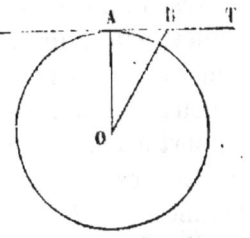

Fig. 67.

* En effet, toute ligne OB allant du centre à un point

268 GÉOMÉTRIE PLANE.

quelconque de AT autre que le point A est oblique à AT et par conséquent est plus grande que le rayon OA. Donc tous les points tels que B, c'est-à-dire tous les points de AT autres que A, sont extérieurs à la circonférence; donc cette droite est tangente à la circonférence.

306. Définition. — Deux circonférences qui se rencontrent ont deux points communs (fig. 68), ou un seul

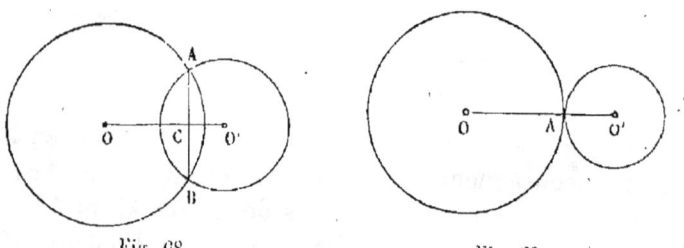

Fig. 68.   Fig. 69.

point commun (fig. 69 et 70). Dans le premier cas elles sont dites sécantes; dans le second elles sont tan-

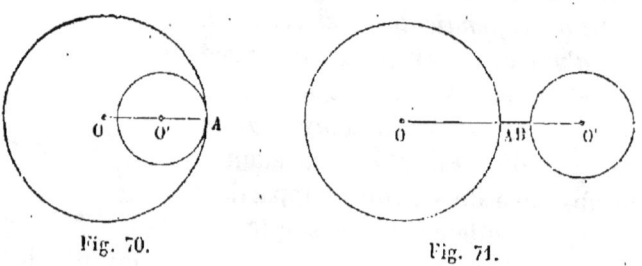

Fig. 70.   Fig. 71.

gentes. Enfin, dans le cas de la figure 69 elles sont tangentes extérieurement, et dans celui de la figure 70 elles sont tangentes intérieurement.

Deux circonférences peuvent encore occuper l'une par rapport à l'autre deux autres positions : elles peuvent être extérieures, comme dans la figure 71, ou intérieures, comme dans la figure 72.

507. Problème. — *Faire passer une circonférence par trois points donnés A, B, C, non situés en ligne droite* (fig. 73).

MESURE DES ANGLES.   269

Élevons une perpendiculaire DE sur le milieu de AB et une perpendiculaire FG sur le milieu de BC. Le point O où elles se coupent est également éloigné des points A et B,

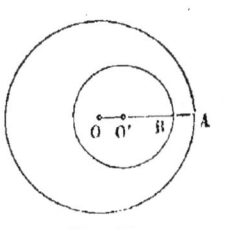
Fig. 72.

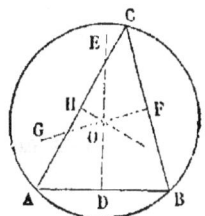
Fig. 73.

puisqu'il est sur la perpendiculaire DE, et aussi des points B et C, puisqu'il est sur la perpendiculaire FG (281). Ce point O est donc à égale distance des trois points A, B et C, et la circonférence qui aura ce point pour centre et pour rayon OA, passera par les trois points A, B et C.

REMARQUE. — La perpendiculaire élevée sur le milieu de CA doit aller passer en O, puisque ce point O est également éloigné de A et de C (303,5°).

7ᵉ LEÇON.

MESURE DES ANGLES. — RAPPORTEUR.

308. Mesure des angles. — Mesurer un angle, c'est le comparer à un autre angle pris pour unité. L'unité d'angle est ordinairement l'angle droit.

La comparaison de deux angles ne peut se faire commodément d'une manière directe. On lui substitue la comparaison de deux arcs décrits de leurs sommets comme centres avec le même rayon et compris entre leurs côtés. Le théorème suivant permet de remplacer ainsi la comparaison des angles par la comparaison des arcs.

309. Théorème. — *Dans une même circonférence, ou dans des circonférences égales, deux angles qui ont leurs* sommets *aux centres de ces circonférences sont entre eux comme les arcs qu'ils interceptent entre leurs côtés.*

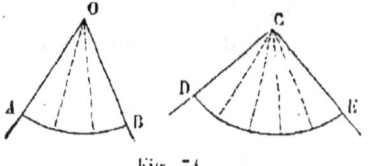

Fig. 74.

Soient deux cercles égaux O et C, AOB et DCE deux angles qui ont leurs sommets aux centres O et C de ces cercles (fig. 74). Il faut montrer que

$$\frac{AOB}{DCE} = \frac{\text{arc AB}}{\text{arc DE}}.$$

Supposons que les arcs AB et DE aient une commune mesure contenue 3 fois, par exemple, dans AB et 5 fois dans DE, en sorte que

$$\frac{\text{arc AB}}{\text{arc DE}} = \frac{3}{5}.$$

Joignons les centres aux points de division des arcs. Les angles partiels ainsi obtenus seront égaux entre eux; car il est facile de voir qu'on peut les faire coïncider. Or il y a 3 de ces angles égaux dans AOB et 5 de ces mêmes angles dans DCE. Donc le rapport $\frac{AOB}{DCE} = \frac{3}{5}$ et, par conséquent,

$$\frac{AOB}{DCE} = \frac{\text{arc AB}}{\text{arc DE}}.$$

COROLLAIRE. — Supposons maintenant qu'on ait à comparer deux angles O et O' (fig. 75). Décrivons de leurs sommets comme centres deux circonférences égales, et soient AB et A'B' les arcs compris entre leurs côtés. Il s'agit de comparer les longueurs de ces arcs, et leur rapport donnera le rapport des angles O et O'.

Pour comparer les longueurs de ces arcs, divisons chacune des circonférences en un même nombre de parties égales et voyons combien il y a de ces divisions dans AB et

MESURE DES ANGLES.   271

dans A'B'. Supposons qu'il y en ait 30 dans AB et 84 dans A'B'; le rapport de l'arc AB à l'arc A'B' sera égal à $\frac{30}{84}$, et l'angle O vaudra de même les $\frac{30}{84}$ de l'angle O'.

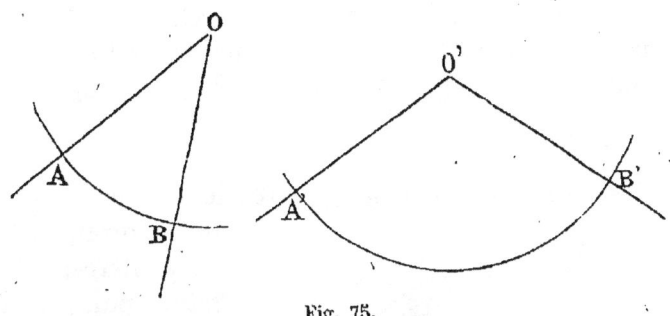

Fig. 75.

310. Rapporteur. — Lorsqu'on veut mesurer un angle, ou bien, ce qui revient au même, comparer deux angles comme nous venons de l'expliquer, il ne faut pas avoir à effectuer à chaque fois, avec la règle et le compas, la division d'une circonférence en un certain nombre de parties égales. Cette opération est très longue, et il importe de l'éviter. Pour cela, on construit un instrument appelé *rapporteur* (fig. 76) et qui n'est pas autre chose qu'un

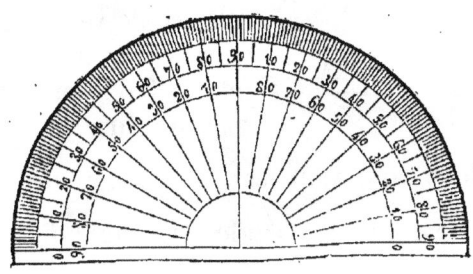

Fig. 76.

demi-cercle en corne ou en cuivre, dont la circonférence a été divisée une fois pour toutes en 360 parties égales appelées *degrés*. Pour comparer deux angles, AOB et A'O'B' (fig. 75), on placé le centre du rapporteur successivement en O et en O', ce qui revient à décrire de ces points comme centres deux cercles d'un rayon égal à celui du rapporteur, et l'on regarde combien de degrés sont tracés sur les arcs AB et A'B' compris entre les côtés des angles O et O'. S'il y a, par exemple, 30 degrés sur l'arc AB et 84 sur A'B', nous dirons que l'angle O est un angle de 30 degrés (30°) et que O' est un angle de 84 degrés (84°). Le rapport de ces angles est donc $\frac{30}{84}$.

REMARQUE I. — Si l'on applique le rapporteur sur un

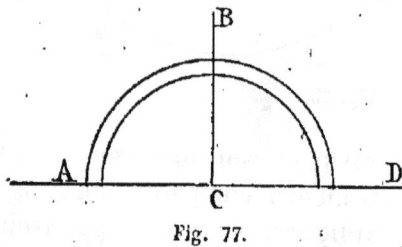

Fig. 77.

angle droit, cet angle y intercepte 90 degrés, puisque deux angles adjacents droits ACB et BCD interceptent ensemble la demi-circonférence (fig. 77). L'angle droit est donc un angle de 90 degrés (90°).

Cela posé, si l'on veut mesurer un angle AOB (fig. 78),

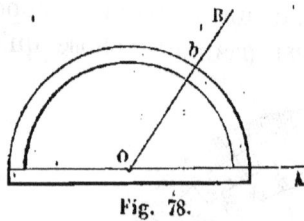

Fig. 78.

il suffit d'appliquer le rapporteur de manière que son centre soit situé au sommet O de l'angle, et de voir combien de degrés sont interceptés par OA et OB. S'il y en a 48, par exemple, on dira que l'angle est de 48°, ou bien qu'il vaut les $\frac{48}{90}$ ou encore les $\frac{8}{15}$ de l'angle droit. Si donc l'unité d'angle est l'angle droit, la mesure de l'angle AOB sera exprimée par le nombre $\frac{8}{15}$.

REMARQUE II. — Les rapporteurs ne donnent d'ordinaire que les degrés ou au plus les demi-degrés. Mais les instruments de précision permettent de subdiviser les degrés:

CONSTRUCTION DES ANGLES ET DES TRIANGLES.   273.

Nous avons vu (181) que théoriquement le degré se subdivise en 60 minutes (60′) et la minute en 60 secondes (60″).

8ᵉ LEÇON.

PROBLÈMES ÉLÉMENTAIRES SUR LA CONSTRUCTION DES ANGLES ET DES TRIANGLES.

511. Problème. — *Diviser un angle AOB en deux parties égales* (fig. 79).

Décrivons un cercle de O comme centre, avec un rayon quelconque. De A et de B comme centres, avec un même rayon quelconque, mais manifestement plus grand que la moitié de la distance AB, traçons deux arcs de cercle qui se coupent en C. La droite OC divisera l'angle BOA en deux parties égales. En effet, les points O et C sont chacun à égale distance de A et de B. La droite OC est donc la perpendiculaire élevée sur le milieu de la droite AB. Les cordes DA et DB sont donc égales,

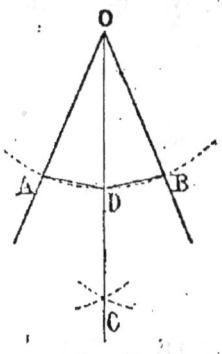

Fig. 79.

et par suite les arcs DA et DB sont aussi égaux. Donc l'angle BOD est égal à l'angle DOA.

512. Problème. — *En un point A d'une droite donnée AB, faire avec cette droite un angle égal à un angle donné NMP* (fig. 80).

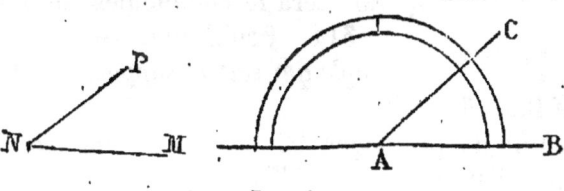

Fig. 80.

1° *Avec le rapporteur.* — On mesure avec le rapporteur

VINTÉJOUX. — COURS SUP.   18

274   GÉOMÉTRIE PLANE.

l'angle donné MNP. On place ensuite le rapporteur de manière que, son centre étant en A, son diamètre soit placé sur AB; on compte un nombre de degrés égal à celui qu'on avait trouvé comme mesure de l'angle M et l'on marque le point de division auquel on arrive ainsi; on joint enfin ce point de division au point A et l'on a une droite AC faisant avec AB un angle égal à MNP.

2° *Avec la règle et le compas.* — L'emploi du rapporteur ne donne pas une construction aussi précise que la suivante (fig. 81):

Décrivons un arc de cercle de M comme centre avec un rayon quelconque et un autre de A comme centre avec le même rayon. Du point C comme centre, avec un rayon égal à la corde de l'arc PN, décrivons un arc de cercle qui coupe l'arc CD au point D, et joignons AD. L'angle DAC est égal à l'angle NMP. Car, dans les circonférences égales qui ont M et A pour centre, la corde CD étant égale à la corde PN, les arcs CD et PN sont égaux, et les angles au centre CAD et NMP qui leur correspondent sont aussi égaux.

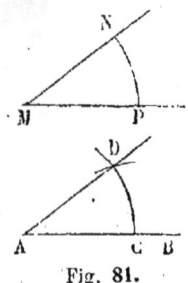

Fig. 81.

313. **Problème.** — *Construire un angle qui soit le complément d'un angle donné, c'est-à-dire qui, ajouté à celui-ci, donne un angle droit* (fig. 82).

Soit BOA l'angle donné. Menons en O la perpendiculaire OC à OA; l'angle CO sera le complément de BOA.

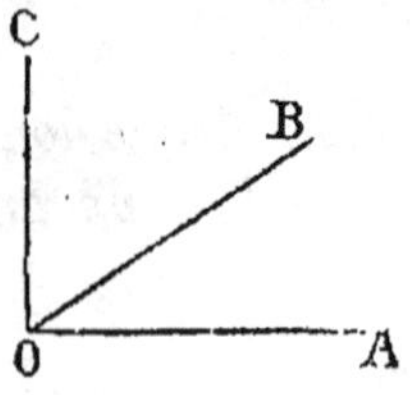

Fig. 82.

314. **Problème.** — *Construire un angle qui soit le supplément d'un angle donné* DCA (fig. 83).

Il suffit de prolonger AC au delà du sommet C; l'angle DCB sera l'angle cherché (276).

315. **Problème.** — *Connaissant deux angles d'un triangle, construire le troisième.*

CONSTRUCTION DES ANGLES ET DES TRIANGLES. 275

Soient A et B les deux angles donnés (fig. 84). Par un point O pris sur une droite indéfinie NM, menons OC qui fasse

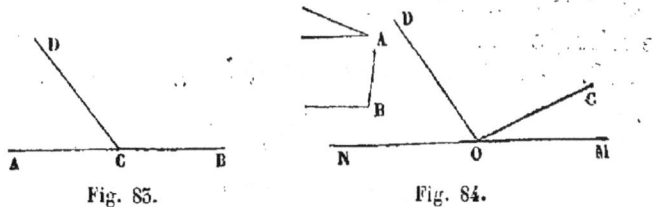

Fig. 83.   Fig. 84.

avec OM l'angle COM égal à A, puis OD, qui fasse avec OC l'angle DOC égal à l'angle B. L'angle DON est l'angle cherché; car la somme de cet angle et des deux angles COD et DON est égale à deux angles droits (276).

316. Problème. — *Construire un triangle, connaissant un de ses côtés et les deux angles qui lui sont adjacents.*

Soient c le côté, A et B les angles donnés (fig. 85). Sur une droite indéfinie je prends la longueur AB égale à c. Au point A, je fais avec AB un angle égal à l'angle donné A, et au point B, avec BA, un angle égal à l'angle donné B. Les deux droites

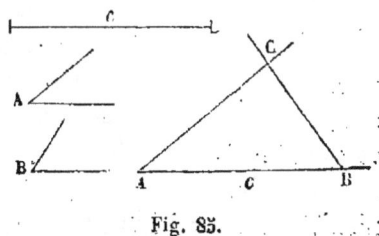

Fig. 85.

AC et BC étant prolongées jusqu'à leur rencontre C forment avec AB le triangle demandé.

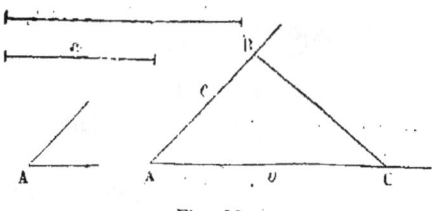

Fig. 86.

317. Problème. — *Construire un triangle, connaissant deux côtés b, c, et l'angle A qu'ils comprennent* (fig. 86).

Faisons un angle BAC égal à l'angle A et portons sur ses côtés deux longueurs AC et AB respectivement égales aux côtés donnés b et c. Joignons BC, et le triangle BAC est le triangle demandé.

318. Problème. — *Construire un triangle, connaissant ses trois côtés* a, b *et* c (fig. 87).

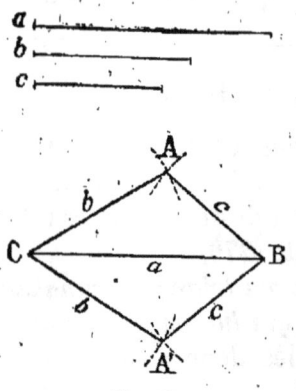

Fig. 87.

Sur une droite indéfinie je prends une longueur CB égale à a. Du point B comme centre, avec un rayon égal à c, je trace un arc de cercle d'un côté et d'autre de CB. De C comme centre, je trace de même, de part et d'autre de CB, deux autres arcs de cercle ayant b comme rayon. Ces arcs coupent les premiers en A et en A'. En joignant AC et AB, puis A'C et A'B, on a deux triangles ABC et A'BC qui ont chacun les trois côtés donnés. Ils sont donc égaux, et l'un quelconque d'entre eux est le triangle demandé.

REMARQUE. — Il est évident que le triangle cherché n'existera que si le plus grand des trois côtés donnés est moindre que la somme des deux autres.

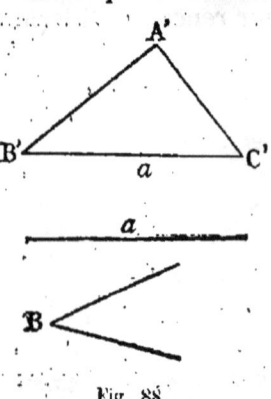

Fig. 88.

* **319. Problème.** — *Construire un triangle rectangle connaissant l'hypoténuse* a *et un angle aigu* B (fig. 88).

On fait un angle B' égal à l'angle B, et l'on prend sur un de ses côtés une longueur B'C' égale à a. On abaisse de C' une perpendiculaire sur l'autre côté de l'angle; le triangle B'A'C' est le triangle rectangle demandé.

* **320. Problème.** — *Construire*

CONSTRUCTION DES POLYGONES LES PLUS SIMPLES.   277

un triangle rectangle, connaissant l'hypoténuse a et l'un des côtés b de l'angle droit (fig. 89).

Traçons un angle droit A et prenons sur un de ses côtés une longueur AC égale au côté b. Du point C comme centre avec un rayon égal à l'hypoténuse a, traçons un arc de cercle qui coupe l'autre côté en B ; puis joignons CB. Le triangle CAB est le triangle demandé.

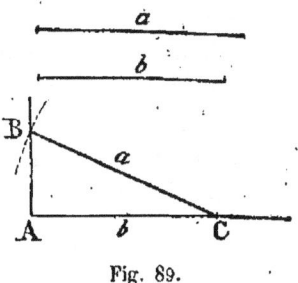

Fig. 89.

321. Problème. — *Construire un triangle équilatéral dont le côté ait une longueur donnée.*

Cela revient à construire un triangle dont on connaît les trois côtés (318).

9ᵉ LEÇON.

CONSTRUCTION DES POLYGONES LES PLUS SIMPLES.

*322. **Problème.** — *Construire un parallélogramme, connaissant deux côtés adjacents et l'angle qu'ils forment.*

Soient a et b les côtés donnés et O l'angle qu'ils comprennent. (fig. 90). Traçons un angle A égal à l'angle donné O, et prenons sur ses côtés deux longueurs AD et AB respectivement égales à a et b. Par le point B menons BC parallèle à AD, et par le point D menons

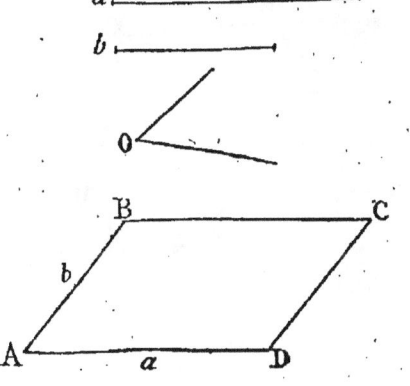

Fig. 90.

DC parallèle à AB. Nous formerons ainsi le quadrilatère ABCD, qui sera le parallélogramme demandé.

REMARQUE. — On construit de la même manière un rectangle dont on connaît le base et la hauteur, et de même un carré dont on connaît le côté.

Enfin on construirait encore de la même manière un losange dont on connaîtrait un angle et le côté.

323. Problème. — *Construire un quadrilatère quelconque ABCD, dont on connaît les côtés et la diagonale AC.*

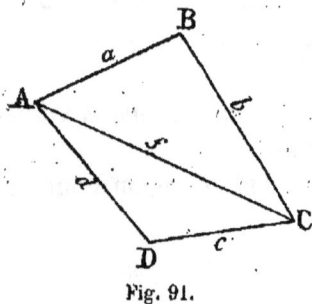

Fig. 91.

Soient a, b, c, d, les côtés consécutifs donnés et f la diagonale donnée (fig. 91). Construisons un triangle ayant pour côtés a, b et la diagonale f (318) ; soit ABC ce triangle. Construisons ensuite le triangle ACD dont les côtés sont $AC = f$, $CD = c$ et $DA = d$. Le quadrilatère ABCD sera le quadrilatère cherché.

324. Problème. — *Construire un polygone quelconque ABCDEF, connaissant ses côtés consécutifs* a, b, c, d, e, f, *et les diagonales* l, m, n *partant d'un sommet* A (fig. 92).

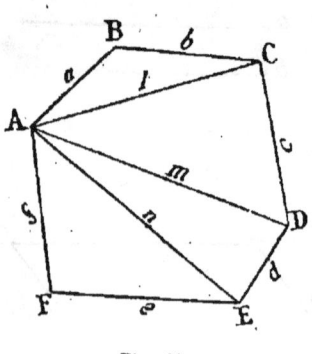

Fig. 92.

On construira successivement chacun des triangles ABC, ACD, ADE, AEF, dont on connaît les trois côtés. Le polygone ABCDEF ainsi obtenu sera le polygone demandé. Pour qu'il puisse être construit, il est nécessaire que dans chacun des triangles partiels le plus grand côté soit moindre que la somme des deux autres.

325. Problème. — *Construire un polygone quelconque*

ABCDEF *connaissant ses côtés consécutifs* a, b, c, d, e, f, *et ses angles consécutifs* A, B, C, D, E, F (fig. 95).

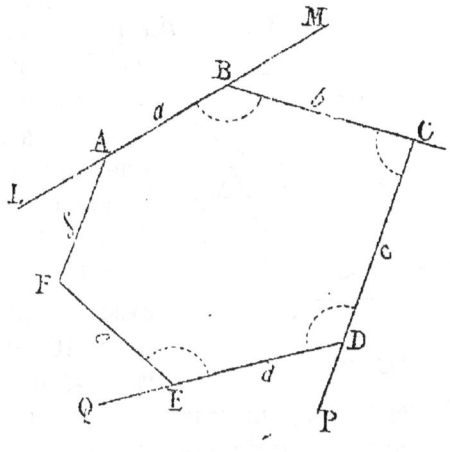

Fig. 95.

Prenons sur une droite indéfinie LM une longueur égale au premier côté *a*, et faisons en B avec BA un angle ABC égal à l'angle donné B que doit avoir le polygone. Prenons sur BN une longueur BC égale au côté donné *b*; puis menons CP qui fasse avec CB un angle égal à l'angle donné C. Prenons sur CP une longueur CD égale à *c*, et menons DQ qui fasse avec DC l'angle donné D. Et ainsi de suite, jusqu'à ce qu'on ait obtenu l'extrémité F de l'avant-dernier côté. En joignant FA, on aura le polygone demandé.

Remarque. — Il faudra, pour que la construction réussisse et par suite pour que le polygone cherché existe, que les angles F et FAB obtenus par la construction précédente soient égaux aux angles donnés F et A, et que le côté FA soit égal au côté donné *f*. Les angles et les côtés donnés devront satisfaire à ces trois conditions, qui proviennent de ce que le polygone est déterminé par les côtés *a*, *b*, *c*, *d*, *e* et les angles B, C, D, E. Lorsque le polygone à construire sera un polygone existant, déjà construit, et dont les côtés et les angles auront été mesurés, les conditions précédentes serviront à vérifier l'exactitude des mesures et des constructions effectuées.

326. Problème. — *Construire un polygone ABCDEFG, connaissant un côté AB et les distances de ses deux extrémités A et B à chacun des autres sommets* (fig. 94).

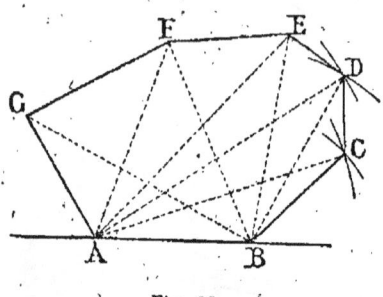

Fig. 94.

Après avoir pris sur une droite indéfinie la longueur AB, on tracera de A et de B comme centres deux arcs de cercle avec les distances données AC et BC comme rayons, ce qui donnera le point C. De même, on tracera de A et de B comme centres deux arcs de cercle avec AD et BD comme rayons, ce qui donnera le point D; et ainsi de suite.

REMARQUE I. — Si, en même temps que le côté AB, on connaissait, au lieu des distances AC et BC, les angles CAB et CBA, on déterminerait la position du point C en menant par le point A une droite faisant avec AB l'angle donné CAB, et par le point B une droite faisant avec BA l'autre angle donné CBA. De même, le point D peut être déterminé par les angles DAB et DBA, au lieu des distances DA et DB; et ainsi de suite.

REMARQUE II. — Les diverses constructions données dans les deux problèmes précédents correspondent à des méthodes employées dans le levé des plans.

10ᵉ LEÇON.

PROBLÈMES ÉLÉMENTAIRES SUR LE CERCLE.

327. Problème. — *Par un point A pris sur une circonférence O, mener une tangente à cette courbe* (fig. 95).

PROBLÈMES ÉLÉMENTAIRES SUR LE CERCLE.

Il suffit de mener en A une perpendiculaire au rayon OA. La figure 95 représente la construction effectuée avec la

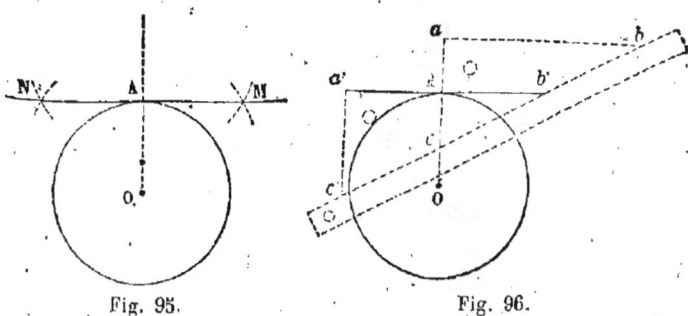

Fig. 95.   Fig. 96.

règle et le compas ; la figure 96 représente la construction faite avec la règle et l'équerre.

328. Problème. — *D'un point A situé hors d'une circonférence O, tracer une tangente à cette circonférence* (fig. 97).

On décrit deux arcs de cercle de O comme centres avec un rayon double de celui de la circonférence, de chaque côté de la droite OA. De A comme centre, avec AO comme rayon, on décrit deux autres arcs de cercle qui coupent les premiers en D et en E. On joint OD et OE ; ces droites déterminent deux points B et C qui, étant joints à A, donnent deux tangentes répondant à la question.

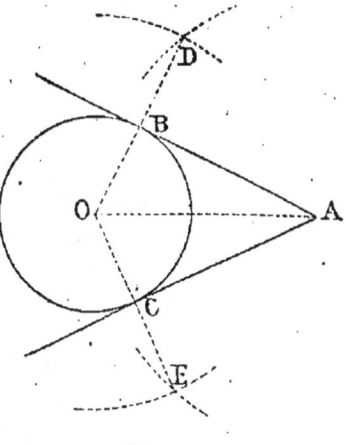

Fig. 97.

En effet, d'après la construction, le point A est également distant de O et de D, et il en est de même du point B. Donc AB est perpendiculaire sur le milieu de OD, c'est-à-dire à l'extrémité B du rayon OB ; donc AB est tangente au cercle en B. La même chose a lieu pour la droite AC.

282   GÉOMÉTRIE PLANE.

* **329. Problème.** — *Tracer un cercle ayant un rayon donné et passant par deux points donnés A et B* (fig. 98).

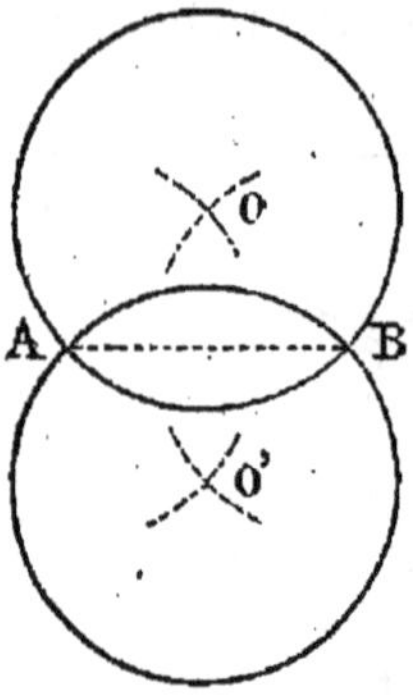

De A et de B comme centres avec un rayon égal au rayon donné je décris deux arcs de cercle qui se coupent en O et O', de part et d'autre de AB. Chacun de ces points O et O' est à une distance de A et de B égale au rayon donné et est par conséquent le centre d'une circonférence ayant ce rayon et passant par les points A et B.

Fig. 98.

* **330. Problème.** — *Tracer une circonférence de rayon donné qui soit tangente aux deux côtés OA et OB d'un angle donné BOA* (fig. 99).

En un point quelconque, par exemple au point O, pris sur OA, j'élève une perpendiculaire à OA et je prends sur elle une longueur OF égale au rayon donné. Au point O je mène de même une perpendiculaire à OB, et je prends sur elle une longueur OD égale au rayon donné. Par les points F et D je mène des parallèles respectivement à OA et à OB; elles se coupent en C, et ce point est le centre d'une circonférence ayant le rayon donné et tangente aux deux droites OA et OB. En effet, si de ce point je mène CI parallèle à FO et CK parallèle à DO, ces droites CI et CK seront égales au rayon du cercle cherché, puisqu'elles sont égales à OF et à DO comme portions de parallèles comprises entre parallèles. D'ailleurs elles seront perpendiculaires à OA et à OB. Donc la circonférence décrite de C comme centre avec le rayon

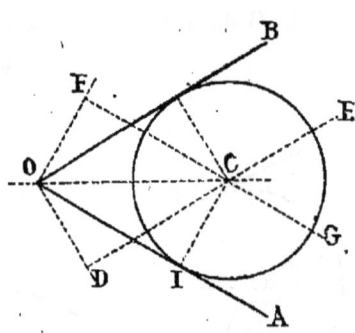

Fig. 99.

donné, c'est-à-dire avec un rayon égal à CI et à CK, aura bien les droites OA et OB pour tangentes en I et en K.

Remarque I. — Si l'on joint OC, les deux triangles rectangles COI et CKO sont égaux comme ayant l'hypoténuse OC commune et les côtés de l'angle droit CI et CK égaux. Les angles COI et COK sont donc égaux, c'est-à-dire que la droite OC est la bissectrice de l'angle des deux droites OA et OB. La construction précédente donne donc la bissectrice d'un angle BOA.

Remarque II. — Si l'on considère les droites OA et OB comme indéfinies, en les prolongeant au delà du point O,

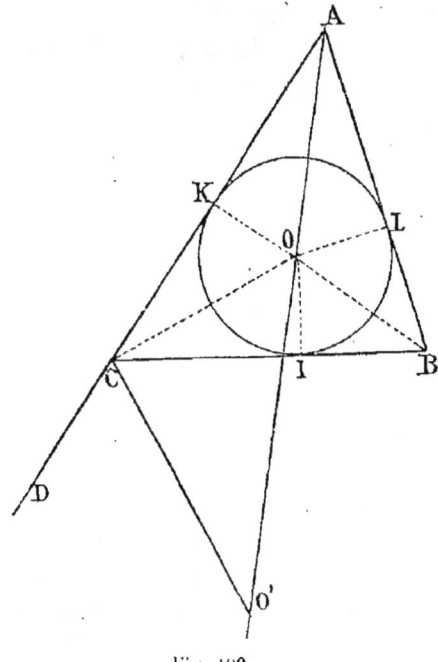

Fig. 100.

la même construction donnera trois autres cercles tangents à ces droites dans les trois autres angles qu'elles forment.

* 331. **Problème.**— *Inscrire un cercle dans un triangle donné* ABC (fig. 100).

Traçons la bissectrice de l'angle B et celle de l'angle C du triangle donné. Elles se coupent en un point O, qui est également distant de CB et de CA, à cause des triangles rectangles égaux CIO et CKO, et qui est aussi à égale distance de CA et de AB, à cause des triangles rectangles égaux AOK et AOL. Les trois distances OI, OK et OL étant égales, la circonférence décrite de O comme centre avec l'une d'elles comme rayon sera tangente aux trois côtés du triangle.

REMARQUE. — Si l'on considère les trois droites indéfinies AB, BC et CA, on trouve trois autres cercles tangents à ces droites. Les centres de ces cercles sont les points tels que O', obtenus en prolongeant les premières bissectrices et menant les bissectrices des angles extérieurs tels que BCD.

*352. **Problème**. — *Tracer une circonférence de rayon donné tangente à une circonférence donnée O en un point donné A* (fig. 101).

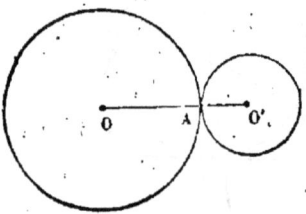
Fig. 101.
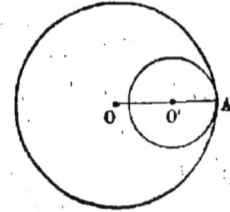
Fig. 102.

Joignons OA et prolongeons cette ligne d'une longueur AO' égale au rayon donné. Puis décrivons de O' comme centre une circonférence ayant ce même rayon donné. Elle sera tangente en A à la circonférence O.

REMARQUE. — On peut aussi porter le rayon donné non plus sur le prolongement de OA, mais en AO' (fig. 102), sur le rayon AO lui-même. On obtient ainsi une deuxième circonférence tangente à la circonférence O au point A. Elle est enveloppée par la circonférence O, si AO' est moindre que AO, et elle l'enveloppe dans le cas contraire.

TRIANGLES ET POLYGONES SEMBLABLES.

*333. Problème. — *Tracer une circonférence de rayon donné r qui soit tangente à deux circonférences données O et O'* (fig. 103).

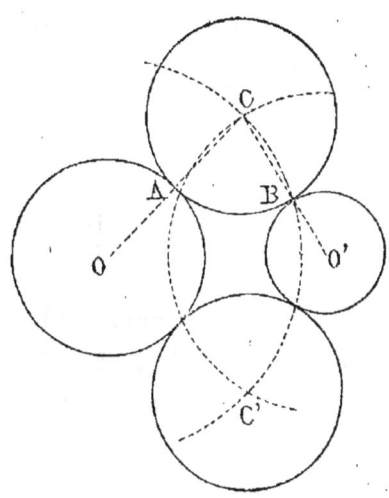

Fig. 103.

De O et de O' comme centres décrivons deux circonférences ayant pour rayons, l'une la somme du rayon OA et du rayon donné r, l'autre la somme du rayon O'B et du rayon donné. Ces deux circonférences se couperont en C et en C'. Si l'on joint CO et CO', les droites CA et CB seront égales au rayon donné. Donc la circonférence décrite de C comme centre avec ce rayon donné r sera tangente, en A et en B, aux circonférences O et O'.

Il y aura une autre solution, la circonférence dont le centre sera le point C'.

11e LEÇON.

TRIANGLES ET POLYGONES SEMBLABLES.

354. Théorème. — *Si l'on mène une parallèle* DE *à l'un des côtés d'un triangle, le rapport de la longueur de cette parallèle à la longueur de la base est égal au rapport des segments* AE *et* AD *aux côtés* AB *et* AC (fig. 104); *c'est-à-dire que l'on a*

$$\frac{DE}{BC} = \frac{AE}{AC} = \frac{AD}{AB}.$$

286   GÉOMÉTRIE PLANE.

* Menons EF parallèle à AB. Nous aurons (298)

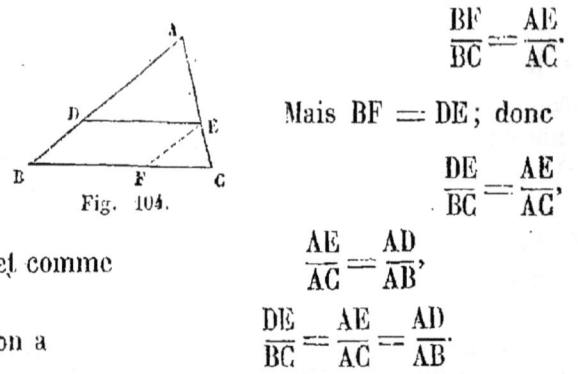

Fig. 104.

$$\frac{BF}{BC} = \frac{AE}{AC}.$$

Mais $BF = DE$; donc

$$\frac{DE}{BC} = \frac{AE}{AC},$$

et comme

$$\frac{AE}{AC} = \frac{AD}{AB},$$

on a

$$\frac{DE}{BC} = \frac{AE}{AC} = \frac{AD}{AB}.$$

535. Figures semblables. — Soit O un point quelconque pris dans le plan d'un polygone ABCDEF (fig. 105).

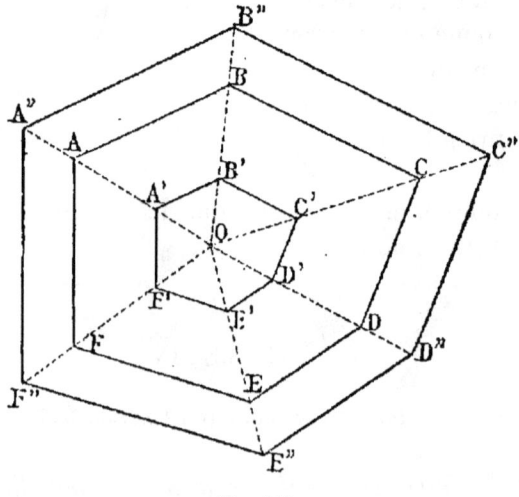

Fig. 105

Joignons ce point à tous les sommets, et sur l'une des droites ainsi obtenues, sur OA par exemple, prenons un point quelconque A'. Menons A'B' parallèle à AB, puis B'C' parallèle à BC, C'D' parallèle à CD, et ainsi de suite jusqu'en F; enfin joignons FA. Nous formons un polygone A'B'C'D'E'F' qui a les mêmes angles que le premier et dont les côtés sont proportionnels à ceux du premier.

*En effet, il est facile de voir d'abord que la droite F'A' est parallèle à FA. Car l'on a la suite de rapports égaux (298)

$$\frac{OA'}{OA} = \frac{OB'}{OB} = \frac{OC'}{OC} = \frac{OD'}{OD} = \frac{OE'}{OE} = \frac{OF'}{OF}.$$

Donc $\frac{OA'}{OA} = \frac{OF'}{OF}$, et par suite F'A' est parallèle à FA (299).

Cela posé, les angles A'B'O et ABO sont égaux comme correspondants : il en est de même des angles OB'C' et OBC. Donc les angles A'B'C' et ABC sont égaux. On verrait de même que les autres angles du polygone A'B'C'D'E'F' sont respectivement égaux aux angles de ABCDEF.

D'après le théorème précédent, on a

$$\frac{A'B'}{AB} = \frac{OB'}{OB}, \quad \frac{B'C'}{BC} = \frac{OC'}{OC}, \quad \frac{C'D'}{CD} = \frac{OD'}{OD}, \quad \text{etc.}$$

Et comme les rapports $\frac{OB'}{OB}, \frac{OC'}{OC}, \frac{OD'}{OD}$, etc. sont tous égaux entre eux, ainsi que nous l'avons démontré plus haut, les rapports

$$\frac{A'B'}{AB}, \quad \frac{B'C'}{BC}, \quad \frac{C'D'}{CD}, \text{etc.}$$

sont aussi égaux entre eux.

Les deux polygones A'B'C'D'E'F' et ABCDEF ont donc leurs angles égaux et leurs côtés dans le même rapport. Ils ont alors la même forme, et le premier n'est autre que le second *réduit* ou *amplifié:* réduit si, comme dans le cas actuel, la longueur OA' a été prise moindre que OA, amplifié si, comme dans le polygone A"B"C"D"E"F", OA" a été prise plus grande que OA.

On peut concevoir maintenant que les polygones A'B'C'D'E'F' et A"B"C"D"E"F" soient transportés d'une manière quelconque dans le plan. Ils n'en conserveront pas moins la forme de ABCDEF ; on dit alors que ces polygones sont semblables à ABCDEF, et l'on définit ainsi cette propriété :

Deux polygones sont semblables lorsqu'ils ont les angles respectivement égaux et les côtés homologues proportionnels. (Les côtés *homologues* sont ceux qui sont adjacents à des angles égaux.)

Le rapport de deux côtés homologues s'appelle le *rapport de similitude* des deux polygones.

336. Théorème. — *Deux triangles qui ont les angles égaux chacun à chacun ont aussi leurs côtés proportionnels et sont par conséquent semblables.*

Soient les triangles ABC et A'B'C' dans lesquels nous supposons $A = A'$, $B = B'$ et $C = C'$ (fig. 106). Portons le deuxième sur le premier en faisant coïncider les angles égaux A' et A, le côté A'B' étant placé sur son homologue AB. Le triangle A'B'C' prendra ainsi la position ADE. Or DE sera parallèle à BC ; car l'angle ADE est égal à ABC. Mais alors on aura (334)

$$\frac{DE}{BC} = \frac{AD}{AB} = \frac{AE}{AC},$$

ou bien

$$\frac{B'C'}{BC} = \frac{A'B'}{AB} = \frac{A'C'}{AC}.$$

Les deux triangles, qui ont déjà leurs angles égaux, ont donc aussi leurs côtés proportionnels et sont par conséquent semblables.

337. Théorème. — *Si deux triangles ont un angle égal compris entre des côtés proportionnels, ils sont semblables.*

Soient ABC et A'B'C', dans lesquels nous supposons $A = A'$ et $\frac{A'B'}{AB} = \frac{A'C'}{AC}$ fig. 107). Portons le triangle A'B'C'

POLYGONES SEMBLABLES.

sur ABC, en plaçant l'angle A' sur l'angle A, le côté A'B' étant sur AB et A'C' sur AC. Le triangle A'B'C' prend la position ADE. Or DE est parallèle à BC; car, par hypothèse,

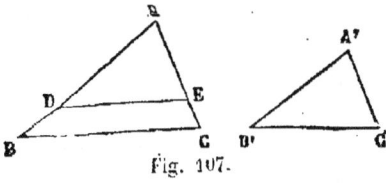
Fig. 107.

$$\frac{A'B'}{AB} = \frac{A'C'}{AC},$$

et par conséquent

$$\frac{AD}{AB} = \frac{AE}{AC}.$$

Mais alors, comme nous l'avons montré dans le théorème précédent, le triangle ADE est semblable à ABC, et A'B'C', qui est égal à ADE, est aussi semblable à ABC.

12ᵉ LEÇON.

CONSTRUCTION D'UN POLYGONE SEMBLABLE A UN POLYGONE DONNÉ.
PRINCIPALES MÉTHODES USITÉES DANS LE LEVÉ DES PLANS.

338. Problème. — *Construire un polygone semblable à*

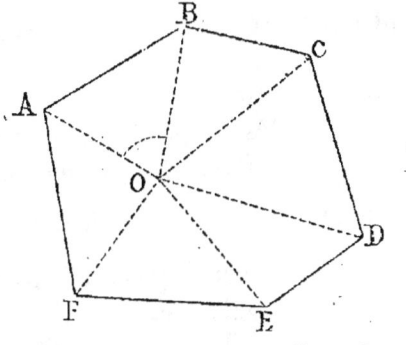 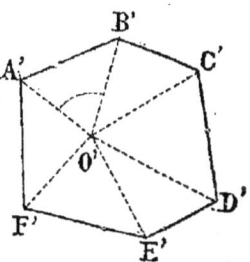

Fig. 108.

un polygone donné et dont les côtés aient avec ceux du premier un rapport donné (fig. 108).

339. **1ʳᵉ Méthode.** — Soit ABCDEF le polygone donné, et supposons que le rapport de similitude des deux polygones doive être égal au rapport de 2 à 3, par exemple, c'est-à-dire que chaque côté du polygone cherché doive être les $\frac{2}{3}$ du côté homologue du premier polygone.

Prenons un point quelconque O dans le plan du polygone donné et, pour simplifier, à l'intérieur de ce polygone, et joignons ce point à tous les sommets. Prenons dans le plan un point quelconque O' et menons par ce point les droites O'A', O'B', O'C', etc., faisant entre elles, dans le même ordre, des angles égaux à ceux qui sont formés autour du point O. Prenons enfin sur les droites ainsi obtenues des longueurs qui soient à OA, OB, OC, etc. dans le rapport de similitude donné, c'est-à-dire qui soient ici les $\frac{2}{3}$ de OA, les $\frac{2}{3}$ de OB, etc. Joignons enfin A'B', B'C', C'D', etc. Le polygone ainsi obtenu sera le polygone demandé.

En effet : les triangles A'O'B' et AOB sont semblables, puisqu'ils ont un angle égal compris entre côtés proportionnels. Donc A'B' vaut les $\frac{2}{3}$ de AB, et les angles O'A'B' et O'B'A' sont égaux respectivement à OAB et à OBA.

De même, tous les triangles partiels du deuxième polygone sont semblables aux triangles du premier. Il en résulte que tous les côtés A'B', B'C', C'D', etc. du deuxième valent les $\frac{2}{3}$ des côtés AB, BC, CD, etc., du premier, et que les angles du deuxième polygone sont égaux à ceux du premier, comme étant formés d'angles égaux. (L'angle A'B'C', par exemple, est formé de A'B'O' et de O'B'C', respectivement égaux à ABO et OBC qui forment l'angle ABC.) Donc enfin le deuxième polygone a les mêmes angles que le premier et ses côtés proportionnels à ceux du premier;

le rapport de similitude étant le rapport donné $\frac{2}{5}$; donc il est bien le polygone demandé.

Remarque I. — Dans la construction précédente, lorsqu'on a formé autour du point O' les angles consécutifs A'O'B', B'O'C', C'O'D', D'O'E', E'O'F', respectivement égaux aux angles AOB, BOC, COD, DOE et EOF, l'angle F'O'A' doit être de lui-même égal à l'angle FOA. Cela résulte de ce que la somme des angles formés autour de O' doit être égale à la somme des angles formés autour de O, puisque chacune de ces sommes vaut 4 angles droits (276). On a là une vérification de la construction des angles en O'.

Remarque II. Au lieu de prendre le point O quelconque dans le polygone, on peut le placer à l'un des sommets, A par exemple, du polygone donné ABCDE (fig. 109). Les droites telles que OA, OB, etc., deviennent alors les diagonales du polygone, et la construction du polygone A'B'C'D'E' s'effectue de la même manière.

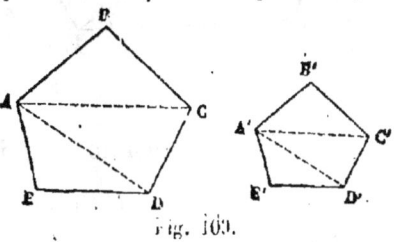

Fig. 109.

Remarque III. — La construction précédente montre que, si deux polygones sont formés d'un même nombre de triangles semblables et semblablement disposés, ces deux polygones sont semblables.

540. 2ᵉ Méthode. — Soit ABCDEF le polygone donné, et soit toujours à construire un polygone qui lui soit semblable et tel que le rapport des côtés soit $\frac{2}{5}$ (fig. 110).

Construisons une droite A'B', qui soit les $\frac{2}{5}$ de AB. Menons ensuite par le point B' une droite qui fasse avec B'A' un angle égal à l'angle B, et prenons sur cette droite une longueur B'C' qui soit les $\frac{2}{5}$ de BC. En C' menons une droite qui fasse avec B'C' un angle égal à l'angle C, et prenons sur cette droite une longueur C'D' égale aux $\frac{2}{3}$ de CD. En D' faisons un angle égal à D, et prenons

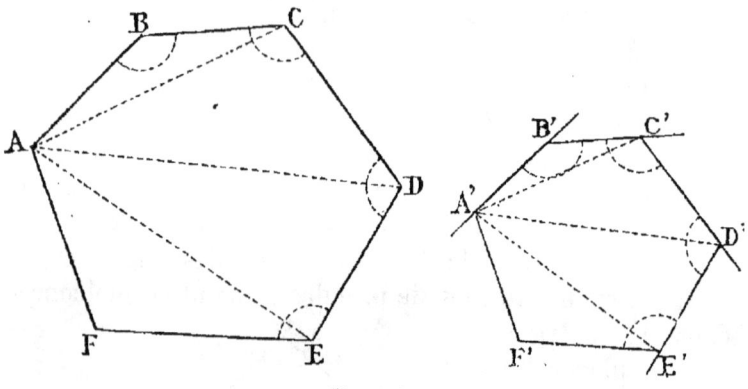

Fig. 110.

D'E' $= \frac{2}{3}$ DE; et ainsi de suite jusqu'en F'. Joignons enfin F'A'. Le polygone A'B'C'D'E'F' sera semblable à ABCDEF.

* En effet, les angles B', C', D', E' sont déjà égaux, par construction, aux angles B, C, D, E, et les côtés A'B', B'C', C'D', D'E', E'F' sont aussi, par construction, proportionnels à AB, BC, CD, DE, EF et dans le rapport donné avec ces côtés. Il reste à démontrer que les angles F' et A' sont égaux à F et à A, et que F'A' vaut les $\frac{2}{3}$ de FA. Or, si l'on mène les diagonales partant de A et de A', il est facile de voir que les triangles A'B'C' et ABC sont semblables, comme ayant les angles B' et B égaux et compris entre côtés proportionnels; d'où il résulte que $\frac{A'C'}{AC} = \frac{2}{3}$ et que l'angle A'C'D' $=$ ACD. Les triangles A'C'D' et ACD sont alors semblables pour la même raison; donc $\frac{A'D'}{AD} = \frac{2}{3}$ et l'angle A'D'E' $=$ ADE. En continuant ainsi, on trouve que le triangle E'F'A' est semblable à EFA; il en résulte que F'A' vaut les $\frac{2}{3}$ de FA, que l'angle F' = l'angle F, et que l'angle E'A'F' est égal à l'angle EAF. Les angles A' et A des deux polygones sont donc égaux comme formés d'angles égaux. Donc les deux polygones sont semblables.

Remarque. — Lorsque, dans la construction précédente, on a construit le côté E'F', l'égalité des angles F' et F, A' et A, constitue une vérification précieuse des constructions effectuées.

341. 3ᵉ Méthode. — Prenons deux points quelconques I et O dans le plan du polygone donné, et joignons chaque sommet de ce polygone à ces deux points (fig. 111). Prenons maintenant une droite I'O', qui soit à IO dans le rap-

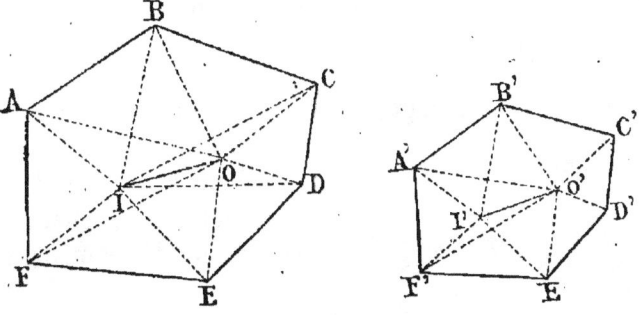

Fig. 111.

port de similitude donné, c'est-à-dire qui soit les $\frac{2}{3}$ de IO.

Menons I'A', qui fasse avec I'O' un angle A'I'O' égal à AIO, et O'A', qui fasse avec O'I' l'angle A'O'I' égal à AOI. Ces deux droites déterminent par leur rencontre le point A'. Construisons de même le triangle B'I'O', qui a I'O' pour base et dont les angles à la base B'I'O' et B'O'I' sont égaux respectivement à BIO et BOI; ce triangle détermine un second point B'. Les triangles C'I'O', D'I'O', E'I'O', F'I'O', construits de la même manière, déterminent les sommets C', D', E' et F'. En joignant A'B', B'C', C'D', D'E', E'F', F'A', on obtient un polygone qui est semblable à ABCDEF, le rapport de similitude étant le rapport donné $\frac{2}{3}$.

*En effet, le triangle A'I'O' est semblable à AIO, puisqu'ils ont les mêmes angles. Il en résulte que I'A' $= \frac{2}{3}$ IA. Le triangle B'I'O' est semblable à BIO; il en résulte que I'B' est les $\frac{2}{3}$ de IB. D'ailleurs les angles A'I'B' et AIB sont égaux, comme étant des différences d'angles égaux. Donc les triangles I'A'B' et IAB sont semblables, puisqu'ils ont un angle égal compris entre côtés proportionnels. On démontrerait de même que les triangles I'B'C', I'C'D', I'D'E', I'E'F' et I'F'A' sont semblables à IBC, ICD, IDE, IEF et IFA: donc enfin les deux polygones sont semblables, et le rapport de similitude est $\frac{2}{3}$.

REMARQUE. — On peut placer les deux points I et O en A et B, deux sommets consécutifs du premier polygone, en prenant ainsi le côté AB pour base des triangles qui déterminent les sommets du polygone. C'est ce qui a été fait dans la figure 112.

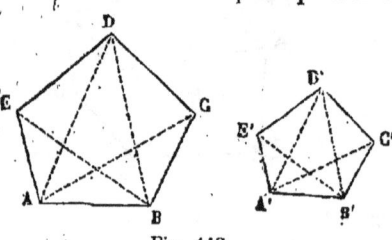

Fig. 112.

* 342. **Théorème.** — *Les périmètres de deux polygones semblables sont entre eux dans le rapport de similitude des deux polygones.*

En effet, supposons, par exemple, que le rapport de similitude soit $\frac{1}{500}$. Chaque côté du premier polygone est alors $\frac{1}{500}$ du côté homologue dans le second; la somme des côtés du premier est donc, elle aussi, $\frac{1}{500}$ de la somme des côtés du second.

13e LEÇON.

POLYGONES RÉGULIERS LES PLUS SIMPLES.

543. Définition. — Un polygone est *régulier* lorsque tous ses côtés sont égaux et tous ses angles égaux.

Un polygone est inscrit dans un cercle lorsque tous ses sommets sont situés sur la circonférence; il est circonscrit à un cercle lorsque tous ses côtés sont tangents à la circonférence.

544. Théorème. — *Tout polygone régulier peut être inscrit dans un cercle et circonscrit à un autre cercle de même centre que le premier.*

Soit le polygone régulier ABCDEFGH (fig. 113). Faisons passer une circonférence par trois sommets consécutifs A,B,C, et soit O son centre. Cette circonférence ira passer par le sommet suivant D. En effet, si l'on imagine qu'on fasse tourner le quadrilatère OABI autour de la perpendiculaire OI sur BC, de manière à le rabattre sur OICD, IB s'appliquera sur IC, BA prendra la direction CD, puisque l'angle B égale l'angle C, et le point A tombera en D, à cause de l'égalité de BA et de CD. Donc OD = OA, et par suite la circonférence qui a O pour centre et OA pour rayon va passer en D.

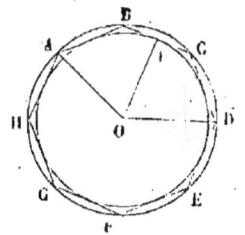

Fig. 113.

Il est ainsi démontré que la circonférence qui passe par trois sommets consécutifs d'un polygone régulier va passer par le sommet suivant; donc cette même circonférence passe par tous les sommets de ce polygone, qui est alors inscrit dans ce cercle OA.

En second lieu, les côtés AB, BC, CD, etc. étant des cordes égales dans un même cercle, leurs distances au centre, c'est-à-dire les perpendiculaires telles que OI, seront égales. Donc la circonférence décrite de O comme centre avec OI comme rayon sera tangente à tous les côtés du polygone, et ce polygone lui sera circonscrit.

On appelle *centre* d'un polygone régulier le centre commun à la circonférence circonscrite et à la circonférence inscrite à ce polygone. Le rayon OA de la première s'appelle le *rayon* du polygone, et le rayon OI de la deuxième s'appelle l'*apothème* de ce même polygone. L'angle AOB s'appelle l'*angle au centre* du polygone.

Remarque I. — Si un polygone régulier est inscrit dans un cercle, ses sommets divisent la circonférence en parties égales.

Il est facile de voir aussi que, réciproquement, si une circonférence a été divisée par un procédé quelconque en un certain nombre de parties égales, les droites qui joignent les points de division consécutifs forment un polygone régulier (fig. 114).

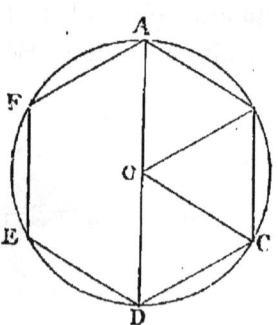

Fig. 114.

Il suit de là qu'inscrire dans un cercle un polygone régulier de n côtés, ou bien diviser la circonférence de ce cercle en n parties égales, sont deux problèmes identiques. On ne sait pas inscrire dans le cercle, avec la règle et le compas, un polygone régulier d'un nombre quelconque de côtés; on ne sait donc pas non plus diviser exactement une circonférence en un nombre quelconque de parties égales.

Remarque II. — Lorsqu'on a divisé une circonférence en un certain nombre de parties égales, on peut partager chaque arc en deux parties égales, et diviser par consé-

POLYGONES RÉGULIERS LES PLUS SIMPLES. 297

quent cette circonférence en un nombre de parties égales qui est double du premier.

545. Problème. — *Diviser une circonférence en quatre parties égales, ou inscrire dans un cercle un polygone régulier de quatre côtés* (fig. 115).

Traçons dans le cercle donné O deux diamètres rectangulaires quelconques AC et BD. Les quatre angles égaux formés ainsi autour du point O intercepteront sur la circonférence quatre arcs égaux; ils la diviseront donc en quatre parties égales.

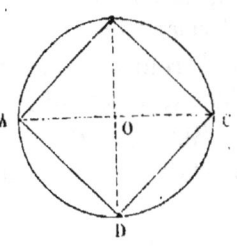

Fig. 115.

COROLLAIRE. — On sait, avec la règle et le compas, diviser une circonférence en 4, 8, 16, ... parties égales.

REMARQUE. — En menant des tangentes aux sommets du carré inscrit, on forme un carré circonscrit.

546. Problème. — *Diviser une circonférence en six parties égales ou bien inscrire dans un cercle un hexagone régulier.*

Prenons une ouverture de compas égale au rayon du cercle, et portons cette longueur six fois sur la circonférence à partir d'un point A (fig. 116). Nous aurons ainsi les cordes AB, BC, CD, etc., et je dis que l'extrémité de la sixième nous ramènera au point A. En effet, le triangle AOB est équilatéral, puisque AB est égal au rayon; donc l'angle AOB vaut le tiers de deux angles droits ou $\frac{1}{6}$ de quatre droits. L'arc AB vaut donc $\frac{1}{6}$ de la circonférence.

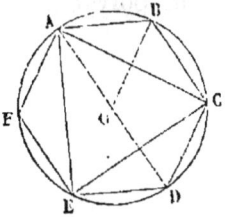

Fig. 116.

REMARQUE I. — En joignant les sommets de deux en deux, on obtient le triangle équilatéral inscrit ABC.

208   GÉOMÉTRIE PLANE.

Remarque II. — On peut diviser ainsi une circonférence en 3, 6, 12, 24, 48 parties égales.

Remarque III. — On apprend dans les traités de géométrie à diviser une circonférence en 5, 10, 20, 40 parties égales, puis en 15, 30, 60, 120 parties égales. Si l'on veut diviser une circonférence en un nombre de parties égales différent de ceux que nous venons d'énumérer dans cette leçon, on est obligé d'opérer par tâtonnements.

Remarque IV. — Si l'on a divisé une circonférence en un certain nombre n de parties égales, et si l'on joint les points de division de p en p, p étant un nombre entier premier avec n et inférieur à n, on montre en arithmétique qu'on revient au point de départ après avoir touché tous les points de division et après avoir fait p fois le tour de la circonférence. On obtient un polygone régulier *étoilé*.

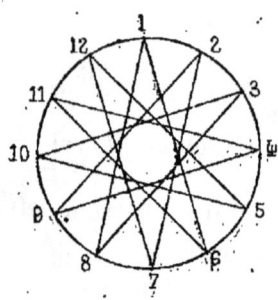

Fig. 117.

Exemple. — Soit une circonférence divisée en 12 parties égales (fig. 117). Si nous joignons les points de division de 5 en 5, nous formerons un polygone régulier étoilé de 12 côtés.

14ᵉ LEÇON.

MESURE DE LA CIRCONFÉRENCE.

347. Mesure de la longueur d'une circonférence. — Pour mesurer une circonférence, il faut la comparer à l'unité de longueur, qui est une ligne droite. Cette comparaison ne peut se faire géométriquement que de la manière suivante :

Inscrivons dans le cercle un polygone régulier d'un certain nombre de côtés (fig. 118). La longueur de son périmètre pourra être évaluée avec l'unité rectiligne. Concevons qu'on double indéfiniment le nombre des côtés de ce polygone régulier inscrit. Son périmètre pourra toujours être évalué avec l'unité rectiligne. Comme d'ailleurs ce périmètre tendra à se confondre avec la circonférence, la mesure de la circonférence sera *la limite vers laquelle tend la mesure du périmètre de ce polygone régulier inscrit, lorsque le nombre de ses côtés va en doublant indéfiniment.*

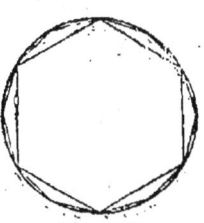

Fig. 118.

548. Théorème. — *Les périmètres de deux polygones réguliers d'un même nombre de côtés sont entre eux comme les rayons de ces polygones.*

Soient AB et A'B' les côtés de deux polygones réguliers d'un même nombre de côtés, par exemple de 10 côtés, et soient O et O' leurs centres (fig. 119). Les triangles OAB et O'A'B' sont semblables, comme ayant les mêmes angles. Le rapport des côtés AB et A'B' est donc égal à celui des rayons OA et O'A'. Mais le rapport des périmètres est évidemment le même que celui des côtés, puisque chaque périmètre vaut 10 fois le côté. Donc les périmètres sont entre eux comme les rayons.

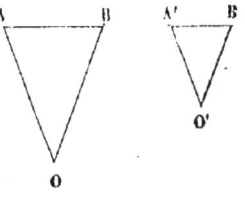

Fig. 119.

549. Théorème. — *Le rapport des longueurs de deux circonférences est égal au rapport de leurs rayons.*

Soient les deux circonférences O et O' (fig. 120). Inscrivons dans ces circonférences deux polygones réguliers ayant le même nombre de côtés. Leurs

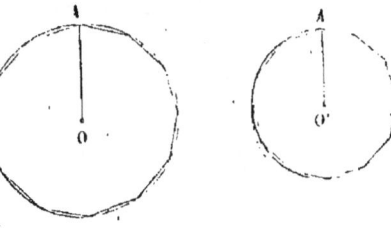

Fig. 120.

périmètres seront entre eux comme les rayons OA et O'A'. Si l'on conçoit qu'on double indéfiniment le nombre des côtés de ces deux polygones, leurs périmètres tendront à devenir égaux respectivement aux longueurs des deux circonférences; donc ces longueurs sont aussi dans le même rapport que OA et O'A'.

Corollaire I. — *Le rapport de la longueur d'une circonférence à la longueur de son rayon ou de son diamètre est un nombre constant, c'est-à-dire est le même pour toutes les circonférences.* En effet, appelons C et C' les longueurs de deux circonférences quelconques, dont les rayons sont R et R', et dont les diamètres sont, par conséquent, 2R et 2R'; nous avons

$$\frac{C}{C'} = \frac{R}{R'}, \text{ et par suite } \frac{C}{C'} = \frac{2R}{2R'}.$$

Si l'on change les moyens de place (194), ces proportions deviennent

$$\frac{C}{R} = \frac{C'}{R'} \text{ et } \frac{C}{2R} = \frac{C'}{2R'}.$$

Cette dernière proportion exprime que *le rapport de la longueur de la circonférence* O *à la longueur de son diamètre est le même que celui de la longueur de la circonférence* O' *à la longueur de son diamètre.*

Corollaire II. — On représente d'ordinaire le rapport constant de la circonférence au diamètre par la lettre grecque π. On a alors

$$\frac{C}{2R} = \pi; \text{ d'où } C = \pi \times 2R = 2\pi R. \qquad (1)$$

On en conclut aussi $R = \dfrac{C}{2\pi} = \dfrac{C}{2} \times \dfrac{1}{\pi}.$ \qquad (2)

Ces deux formules servent à calculer, l'une la longueur de la circonférence quand on connaît son rayon, l'autre le rayon quand on connaît la circonférence. Pour cela, il est nécessaire de connaître la valeur de π. Cette valeur ne peut être calculée qu'approximativement. Archimède, géomètre de l'antiquité, avait donné comme première valeur approchée de π le nombre $\frac{22}{7}$. Plus tard, Adrien Métius donna $\frac{355}{113}$ pour valeur de ce même rapport. Enfin, on a calculé π avec un grand nombre de décimales exactes :

$$\pi = 3{,}1415926535897\ldots$$

Dans la pratique, on prend dans cette valeur le nombre de chiffres nécessaire pour l'approximation qu'on veut obtenir.

On a calculé de même $\frac{1}{\pi}$ avec un grand nombre de chiffres

$$\frac{1}{\pi} = 0{,}318309886183\ldots$$

Exemple I. — *Calculer la longueur d'une circonférence de 1 mètre de rayon.*

$C = 2\pi \times 1^m = 2^m \times 3{,}1416 = 6^m,2832$. Nous avons pris pour π une valeur approchée par excès à un dix-millième. La valeur de la circonférence est donc approchée par excès à deux dix-millièmes près.

Exemple II. — *Calculer à $0^m,01$ près, par défaut, la longueur d'une circonférence dont le rayon est de $0^m,75$.*

$$C = 2\pi \times 0^m,75 = 1^m,50 \times \pi.$$

Pour avoir ce résultat à 0,01 près par défaut, il suffit évidemment de prendre pour π une valeur approchée elle-même par défaut à moins de 0,005. Car si l'erreur commise sur π est moindre que 0,005, l'erreur commise sur $\pi \times 1,50$ sera moindre que $0{,}005 \times 1{,}50$, c'est-à-dire moindre que 0,0075, et par suite moindre que 0,01. Le résultat sera donc

$$1^m,50 \times 3,140 = 4^m,71.$$

EXEMPLE III. — *Calculer à $0^m,001$ près le rayon d'un cercle dont la circonférence a une longueur de $0^m,92$.* — D'après la formule (2) établie plus haut,

$$R = \frac{0^m,92}{2} \times \frac{1}{\pi} = 0^m,46 \times 0,318 = 0^m,14628.$$

L'erreur commise sur $\frac{1}{\pi}$ étant moindre que $0,001$, celle qui est commise sur R sera moindre que $0,001 \times 0,46$ et, à plus forte raison, moindre que $0,001$. Si l'on néglige les deux dernières décimales du résultat, sur lesquelles on ne peut pas compter, on commettra une nouvelle erreur de $0,00028$. L'erreur totale sera donc moindre que $0,00046 + 0,00028$, c'est-à-dire encore moindre que $0,001$. Le rayon cherché sera donc $R = 0^m,146$, à $0,001$ près par défaut.

350. Problème. — *Trouver la longueur d'un arc de cercle, connaissant le rayon et le nombre de degrés de l'arc.*

Soit à calculer la longueur l d'un arc de 28 degrés dans une circonférence dont le rayon est de 350 mètres. Dire que l'arc a 28 degrés, c'est dire qu'il vaut les $\frac{28}{360}$ de la circonférence. Donc

$$l = \frac{28}{360} 2\pi \cdot 350^m = \frac{7}{90} 2\pi \cdot 350^m = \frac{7}{9} 2\pi \cdot 35^m.$$

En prenant pour π la valeur $\frac{22}{7}$, on a

$$l = \frac{7}{9} \frac{44}{7} 35^m = \frac{44}{9} \cdot 35^m = 171 \text{ mètres}.$$

EXERCICES SUR LA 14º LEÇON.

1. Un bassin circulaire a $12^m,40$ de diamètre. Quelle est la longueur du revêtement en maçonnerie qui couvre ses parois?

SURFACE DU RECTANGLE. — SURFACES POLYGONALES. 303

2. Un tonneau, mesuré à la bonde, a une circonférence de 2^m,60; quel est le rayon de la circonférence correspondante?

3. Une tour circulaire a 47^m,30 de circonférence; quel est son diamètre?

4. Sur une ligne de chemin de fer, une courbe a la forme d'un arc de cercle de 32 degrés, dont le rayon est de 240 mètres; quelle est sa longueur?

5. Dans un cirque, la longueur de la balustrade qui sépare les spectateurs de l'arène est de 72^m; quelle est la longueur de la partie de cette balustrade comprise entre deux rayons partant du centre de l'arène et faisant entre eux un angle de 45°?

6. La longueur du mètre est la dix-millionième partie du quart du méridien terrestre. Si ce méridien était exactement circulaire, quelle serait la longueur de son rayon?

7. La longueur du rayon de la terre ayant été calculée comme dans le problème précédent, quelle est la longueur de l'arc du méridien compris entre Paris et l'équateur terrestre, en supposant la latitude de Paris exactement égale à 48°50'?

8. Deux points situés sur le même méridien terrestre sont distants l'un de l'autre de 707 852 toises anciennes, et l'arc du méridien qui les joint est un arc de 12° 25'. Trouver en toises la longueur du rayon terrestre.

15e LEÇON.

SURFACE DU RECTANGLE. — SURFACES POLYGONALES.

551. Définitions. On appelle *surface, superficie, aire* d'une figure plane, la portion de plan limitée par le contour de cette figure.

Deux figures sont *équivalentes*, lorsqu'elles ont la même surface, sans être superposables.

552. Aire du rectangle. — *La surface d'un rectangle a pour mesure le produit de ses deux dimensions.* Cela veut dire que, si l'on mesure les deux dimensions du rectangle avec une certaine unité de longueur, le produit des deux nombres ainsi obtenus représentera la surface du rectangle *mesurée avec une unité de surface qui est la surface du carré construit sur l'unité de longueur.* (Cours moyen, 239.)

1ᵉʳ Cas. — Pour le démontrer, supposons d'abord que la base AB et la hauteur AD du rectangle contiennent chacune

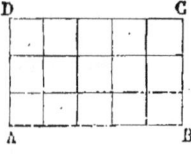

Fig. 121.

un nombre exact de fois l'unité de longueur. Soit, par exemple, AB=5 décimètres et AD=3 décimètres (fig. 121). Par les points de division de AB menons des parallèles à AD et par les points de division de AD des parallèles à AB. Ces lignes décomposent le rectangle en décimètres carrés. Or il y a 5 de ces carrés le long de AB, formant une bande rectangulaire qui se répète trois fois. La surface du rectangle contient donc trois fois 5 décimètres carrés.

Remarque. — Il résulte de là que si le côté d'un carré contient un nombre exact de fois l'unité de longueur, l'aire de ce carré sera représentée par le carré de ce nombre. Par exemple, si le côté d'un carré vaut 12 mètres, sa surface vaudra 12 fois 12 ou 144 mètres carrés. Inversement, si le côté d'un carré est divisé, par exemple, en 10 parties égales, le carré qui aura pour côté l'une de ces parties

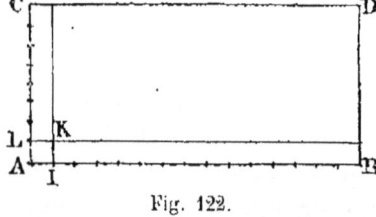

Fig. 122.

sera la centième partie du premier carré. C'est ce que nous avons déjà démontré dans le système métrique.

2° Cas. — Supposons en second lieu que les deux dimensions du rectangle soient des fractions quelconques de l'unité de longueur. Soit, par exemple, $AB = \frac{5}{4}$ de mètre et $AC = \frac{2}{3}$ de mètre (fig. 122). Réduisons ces fractions au même dénominateur : $AB = \frac{15}{12}$ et $AC = \frac{8}{12}$. Prenons comme unité $\frac{1}{12}$ du mètre. AB vaudra 15 et AC vaudra 8 de ces nouvelles unités. Le rectangle ABCD vaudra 15×8

fois le carré AIKL, qui a pour côté $\frac{1}{12}$ de mètre ; mais, d'après la remarque précédente, ce carré vaut $\frac{1}{144}$ du mètre carré. Donc l'aire du rectangle vaut 15×8 fois $\frac{1}{144}$ du mètre carré, c'est-à-dire $\frac{15 \times 8}{144}$ du mètre carré, ou encore $\frac{15 \times 8}{12 \times 12}$ de mètre carré. Cette surface est donc encore représentée par le produit des deux nombres $\frac{15}{12}$ et $\frac{8}{12}$, qui sont les mesures des deux dimensions du rectangle.

Corollaire. — *La surface d'un carré a pour mesure le carré du nombre qui exprime la mesure de son côté.*

Exemple I. — Les dimensions du parquet d'une salle rectangulaire sont $8^m,52$ et $6^m,30$; quelle est la surface de ce parquet ? — Cette surface est de $8,52 \times 6,30 = 53,6760$ mètres carrés, ou bien $53^{mq},6760$.

Exemple II. — *Évaluer en hectares la superficie d'un bois qui a la forme d'un carré et dont le côté est de 240 mètres.*

Cette surface est de $240 \times 240 = 57600$ mètres carrés, ou bien $5^{Ha},76$.

553. Aire du parallélogramme. — *L'aire d'un parallélogramme a pour mesure le produit de sa base par sa hauteur.*

La *base* d'un parallélogramme est l'un quelconque de ses côtés, et sa *hauteur* est la distance de ce côté à celui qui lui est opposé.

Soit le parallélogramme ABCD (fig. 125). Élevons en A et B deux perpendiculaires à AB, qui rencontrent en E et F le côté opposé. Nous formons ainsi un rectangle qui a même surface que le parallélogramme. En effet, il renferme en plus le triangle ADE et en moins le triangle BEC. Or

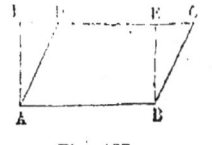

Fig. 125.

ces deux triangles sont égaux, comme étant rectangles et ayant les hypoténuses BC et AD égales et les côtés de l'angle droit AF et BE égaux. L'aire du parallélogramme a donc la même mesure que celle du rectangle, c'est-à-dire le produit de sa base AB par sa hauteur BE.

354. Aire du triangle. — *L'aire d'un triangle a pour mesure la moitié du produit de sa base par sa hauteur.*

La base d'un triangle est l'un quelconque de ses côtés, et sa hauteur est la perpendiculaire abaissée du sommet opposé sur ce côté.

Soit le triangle ACB (fig. 124). Menons par le point C une parallèle à AB et par le point B une parallèle à AC. Nous formons ainsi le parallélogramme ACDB, que CB partage en deux triangles égaux. Le triangle ACB vaut donc la moitié du parallélogramme, et, par conséquent, sa surface a pour mesure la moitié de la mesure de ABDC, c'est-à-dire la moitié du produit de AB par CE.

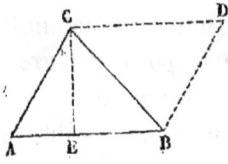

Fig. 124.

EXEMPLE. — *Un champ de forme triangulaire a un côté de 130 mètres de long, et la hauteur correspondant à ce côté a 76 mètres; quelle est sa surface?*

En la désignant par S, on aura

$$S = \frac{130 \times 76}{2} = 4940^{mq} = 49^a,40.$$

355. Aire du trapèze. — *L'aire d'un trapèze a pour mesure le produit de la demi-somme de ses bases par sa hauteur.*

Les bases du trapèze sont les deux côtés parallèles, et sa hauteur est la distance de ces deux bases.

Soit le trapèze ABCD (fig. 125), dont les bases sont AB et CD et dont la hauteur est DH. Je joins le sommet D au milieu F du côté CB, et je prolonge cette ligne jusqu'à sa rencontre E avec la base AB prolongée. Je forme ainsi le triangle DAE, qui est équivalent au trapèze donné. En effet, il a en moins le triangle DCF et en plus le triangle BFE. Or ces deux triangles sont égaux, comme ayant les côtés FB et FC égaux, et les angles adjacents à ces côtés pareillement égaux, savoir : DFC et BFE opposés au sommet, FCD et FBE alternes-internes.

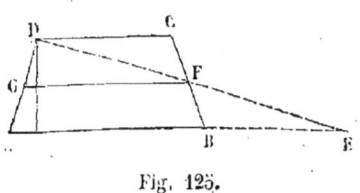

Fig. 125.

Le trapèze est donc équivalent au triangle DAE, et a pour mesure $\frac{1}{2}$ AE × DH. Mais AE = AB + BE = AB + DC; donc la surface du trapèze a pour mesure $\frac{AB+DC}{2}$ × DH.

COROLLAIRE. — Puisque DF = FE, la parallèle FG menée par F aux deux bases passe par le milieu G de DA et est égale à la moitié de AE (298); elle vaut donc $\frac{AB+BE}{2}$, ou bien $\frac{AB+CD}{2}$. On peut donc dire encore que *l'aire du trapèze a pour mesure la droite qui joint les milieux des côtés non parallèles multipliée par la hauteur du trapèze.*

EXEMPLE. — Quelle est l'aire d'un trapèze dont les deux bases sont 2^m,20 et 1^m,92, et la hauteur 24 centimètres ?

$$S = \frac{2^m,20 + 1^m,92}{2} \times 0,24 = 2,06 \times 0,24 = 0^{mq},4964.$$

356. Aire d'un polygone quelconque. — 1re MÉTHODE. — On décompose le polygone en triangles au moyen de diagonales menées d'un sommet, ou encore en prenant un point à l'intérieur et le joignant à tous les sommets, et l'on fait la somme des aires de ces triangles.

2e MÉTHODE. — On trace une diagonale AE dans le polygone, et on abaisse de chaque sommet une perpendiculaire sur cette diagonale. Le polygone est ainsi décomposé en triangles et en trapèzes que l'on évalue séparément et dont on fait la somme. C'est la méthode employée dans l'arpentage (354 et 355).

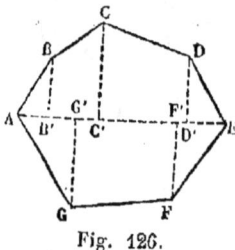
Fig. 126.

EXEMPLE. — Trouver l'aire d'un terrain polygonal ABCDEFG (fig. 126), en supposant qu'on ait trouvé :
AB′ = 12^m,50, B′C′ = 15^m,12, C′D′ = 31^m,04, ED′ = 14^m, EF′ = 16^m,20, F′G′ = 38^m,50, G′A = 18^m,40; BB′ = 17^m,30, CC′ = 31^m,70, DD′ = 20^m,10, FF′ = 25^m,30, GG′ = 30^m,40.

$$\text{Triangle ABB}' = \frac{17{,}30}{2} \times 12{,}50 \qquad = \qquad 108{,}125$$

$$\text{Trapèze B}'\text{BCC}' = \frac{17{,}30 + 31{,}70}{2} \times 15{,}12 = \quad 370{,}440$$

$$\text{Trapèze C}'\text{CDD}' = \frac{31{,}70 + 20{,}10}{2} \times 31{,}04 = \quad 803{,}936$$

$$\text{Triangle DD}'\text{E} = \frac{20{,}10}{2} \times 14 \qquad = \quad 140{,}700$$

$$\text{Triangle EF}'\text{F} = \frac{25{,}30}{2} \times 16{,}20 \qquad = \quad 204{,}930$$

$$\text{Trapèze FF}'\text{G}'\text{G} = \frac{25{,}30 + 50{,}40}{2} \times 38{,}50 = \ 1\,072{,}225$$

$$\text{Triangle GG}'\text{A} = \frac{30{,}40}{2} \times 18{,}40 \qquad = \quad 279{,}680$$

$$\text{Total :} \quad 2\,980{,}036$$

Le terrain a donc 2980^{mq},036, ou 29^{ares},8004.

16ᵉ LEÇON.

AIRE D'UN POLYGONE RÉGULIER. — AIRE DU CERCLE. — AIRE DU SECTEUR.

357. Aire d'un polygone régulier. — *L'aire d'un polygone régulier a pour mesure son périmètre multiplié par la moitié de son apothème* (fig. 127).

Décomposons ce polygone régulier en triangles au moyen des rayons OA, OB, OC... Les hauteurs de ces triangles, OG, OH, etc., sont toutes égales à l'apothème du polygone. La surface du polygone est donc égale à la moitié de cette hauteur commune à tous les triangles, multipliée par la somme de leurs bases, AB, BC, etc.,

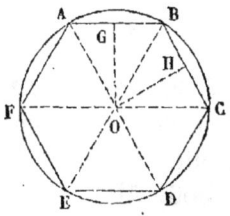

Fig. 127.

c'est-à-dire la moitié de l'apothème multipliée par le périmètre.

358. Aire du cercle. — *L'aire du cercle a pour mesure la circonférence multipliée par la moitié du rayon.*

Inscrivons dans le cercle un polygone régulier (fig. 128). L'aire de ce polygone sera évidemment moindre que celle du cercle. Mais si l'on double indéfiniment le nombre des côtés de ce polygone inscrit, son aire se rapprochera de plus en plus de celle du cercle et se confondra avec elle à la limite. L'aire du cercle aura donc pour mesure, comme celle du polygone régulier, son périmètre multiplié par la moitié

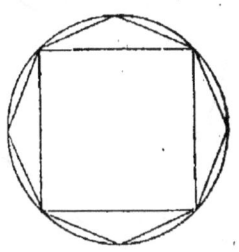

Fig. 128.

de son apothème, c'est-à-dire la longueur de la circonférence multipliée par la moitié du rayon.

CoROLLAIRE. — Appelons R le rayon, C l'aire du cercle,

et remarquons que la longueur de la circonférence a pour expression $2\pi R$. Nous aurons

$$C = 2\pi R \times \frac{R}{2} = \pi R^2.$$

On peut donc encore dire que *l'aire du cercle est égale au carré de son rayon multiplié par le nombre π.*

EXEMPLE. — *Trouver la surface d'un bassin circulaire dont le diamètre est de $14^m,20$.* Cette surface est égale à

$$\pi \times (7,10)^2 = 3,14 \times 50,41 = 158^{mq},29.$$

359. Définition. — On appelle *secteur de cercle* la portion de cercle comprise entre un arc et les rayons qui aboutissent à ses deux extrémités.

360. Aire du secteur circulaire. — *L'aire d'un secteur a pour mesure son arc multiplié par la moitié du rayon* (fig. 129).

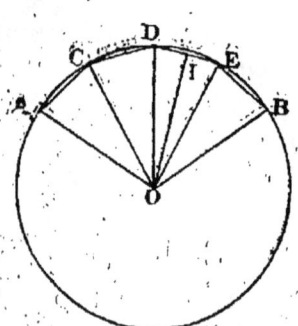

Fig. 129.

Concevons qu'on ait divisé l'arc AB en un certain nombre de parties égales (544) et joignons les points de division consécutifs. Traçons ensuite les rayons OC, OD, OE. Nous formons ainsi la figure OACDEB, qu'on appelle un *secteur polygonal régulier*, et dont la surface a évidemment pour mesure le périmètre ACDEB multiplié par la moitié de OI. Si l'on double indéfiniment le nombre des divisions de l'arc AB, cette surface devient, à la limite, celle du secteur circulaire, et OI devient le rayon. Donc le secteur circulaire a pour mesure son arc multiplié par la moitié du rayon.

EXEMPLE. — *Un terrain OAB* (fig. 130) *est limité en AB par une voie ferrée ayant en cet endroit la forme d'un arc* de cercle dont le centre est O. On a mesuré OA, qui est de 230 mètres, et l'angle AOB, qui est de 35 degrés. Quelle est la superficie de ce terrain ?

On a d'abord (350)

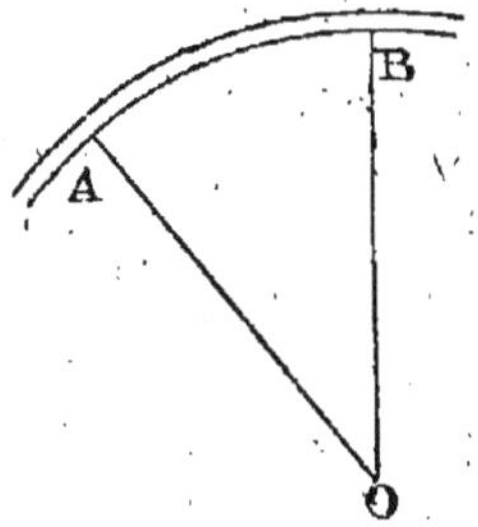

$$\text{arc AB} = \frac{35}{360}\, 2\pi.\, 230^m = \frac{7.\pi.250}{36}$$
$$= \frac{7.\pi.115}{18}.$$

Ensuite

$$\text{secteur AOB} = \frac{7.\pi.115}{18} \times \frac{230}{2} = \frac{7.\pi.115^2}{18}.$$

Fig. 130.

En prenant pour valeur de π la fraction $\frac{22}{7}$ (549), on a

$$\text{secteur AOB} = \frac{22.115^2}{18} = \frac{11.115^2}{9} = 1469^{mq} = 14^{ares},69.$$

17ᵉ LEÇON.

RELATIONS LES PLUS SIMPLES ENTRE LES AIRES PLANES.

561. Théorème. — *Les surfaces de deux triangles semblables sont proportionnelles aux carrés de leurs côtés homologues.*

Soient ABC et A'B'C' deux triangles semblables dans lesquels les côtés du premier sont, par exemple, doubles de ceux du second (fig. 131). Il est facile de voir que les triangles ABD et A'B'D' sont semblables, et que la hauteur BD est aussi le double de la hauteur B'D'. Cela posé, si le triangle ABC, dont la base est double de A'C', avait même hauteur que A'B'C', sa surface serait le double de celle de A'B'C'. Mais il a aussi une hauteur double de celle de A'B'C'; donc sa surface vaut quatre fois celle du deuxième

312   GÉOMÉTRIE PLANE.

triangle. Le rapport de ces deux surfaces est donc égal à quatre fois le rapport des côtés homologues.

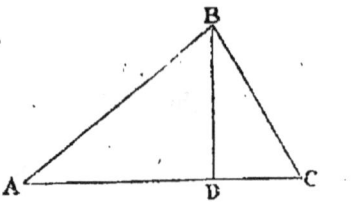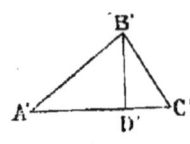

Fig. 131.

362. Théorème. — *Les surfaces de deux polygones semblables sont proportionnelles aux carrés des côtés homologues de ces polygones.*

* Soient les deux polygones semblables ABCDE et A'B'C'D'E' (fig. 132), dans lesquels les côtés du premier sont, par exemple, les $\frac{3}{2}$ des côtés du deuxième. Si l'on joint AC et AD, et de même A'C' et A'D', on décompose les

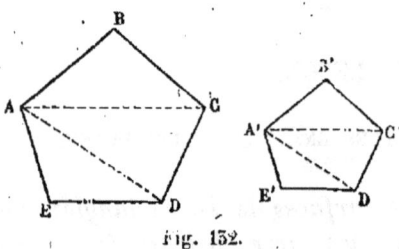

Fig. 132.

deux polygones en triangles qui sont respectivement semblables, et dont les surfaces sont, d'après ce qui précède, dans le rapport de 9 à 4. Les aires des deux polygones sont donc aussi dans le rapport de 9 à 4, c'est-à-dire dans le rapport des carrés des côtés homologues.

REMARQUE. — Le théorème précédent a, dans la pratique, de nombreuses applications. Supposons, par exemple, qu'on ait fait à une certaine échelle le plan d'un terrain, c'est-à-dire qu'on ait construit sur le papier un polygone semblable au terrain et dont les côtés soient à ceux du terrain dans un rapport donné, soit dans le rapport $\frac{1}{500}$. La surface du plan sera $\frac{1}{250\,000}$ de celle du terrain; de telle sorte que si, pour avoir la surface du terrain, on mesure celle du plan, on obtiendra la première en multipliant la seconde par 250 000.

Nous remarquerons aussi que, deux circonférences étant deux figures semblables (349), leurs surfaces sont entre elles comme les carrés de leurs rayons. Si l'on veut, par exemple, recouvrir de toile cirée deux tables rondes, dont l'une a un diamètre double de celui de l'autre, il faudra pour la première quatre fois plus de toile cirée que pour la seconde.

363. **Théorème.** — *La surface du carré construit sur l'hypoténuse d'un triangle rectangle est égale à la somme des surfaces des carrés construits sur les côtés de l'angle droit.*

Ce théorème, l'un des plus importants de la géométrie et l'un de ceux dont la découverte remonte le plus haut, peut être démontré simplement de la manière suivante :

Soit le triangle rectangle BAC (fig. 133), BDGC le carré construit sur l'hypoténuse. Prolongeons AC, et abaissons DI et GH perpendiculaires sur AC; menons ensuite BE et GF parallèles à AH. Il est aisé de voir que les trois triangles GCH, DFG et DEB sont égaux au triangle donné BAC; car ce sont des triangles rectangles qui ont les hypoténuses égales et un angle aigu égal. Cela posé, le carré BCGD se compose de la partie ombrée et des deux triangles BDE, DGF. Les carrés BEIA et FGHI, qui ont pour côtés les côtés de l'angle droit AB et AC, se composent aussi de la même partie ombrée et des

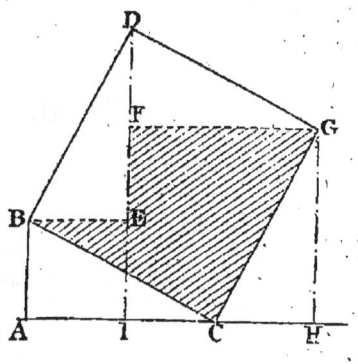

Fig. 133.

triangles BAC et GHC, égaux aux premiers. Donc enfin le carré BCGD est équivalent à la somme des carrés construits sur AB et AC.

Corollaire I. — Soient b et c les longueurs des côtés AC et AB, et a celle de BC. On aura, d'après ce qui précède, $a^2 = b^2 + c^2$. Si donc on connaît les côtés de l'angle droit d'un triangle rectangle, on connaît aussi l'hypoténuse, qui est $a = \sqrt{b^2 + c^2}$.

Corollaire II. — Soient a le côté d'un carré et d sa diagonale. d sera l'hypoténuse d'un triangle rectangle dont les côtés de l'angle droit seront a et a. Donc $d^2 = a^2 + a^2 = 2a^2$;
d'où $d = \sqrt{2a^2} = a\sqrt{2}$ (434).

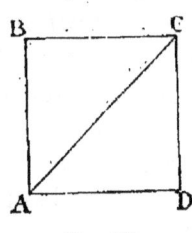

Fig. 134.

Exemple I. — Quelle est l'hypoténuse d'un triangle rectangle dont les côtés sont 3^m et 4^m ? En appelant a cette hypoténuse, $a^2 = 3^2 + 4^2 = 25$. Donc $a = \sqrt{25} = 5$.

Corollaire III. — La surface du carré qui a pour côté la diagonale AC d'un carré est double de celle de ce carré.

En effet, le triangle rectangle ABC (fig. 134) nous donne

$$\overline{AC}^2 = \overline{AB}^2 + \overline{BC}^2 = 2\overline{AB}^2.$$

PROBLÈMES SUR LA MESURE DES AIRES.

1. Les dimensions d'un champ rectangulaire sont $87^m,50$ et $53^m,20$. Quel est son prix, à raison de 1240 francs l'hectare ?

2. Un terrain à bâtir, de forme triangulaire, s'est vendu 5785 francs, à raison de 8 francs le mètre carré. L'un des côtés ayant $32^m,40$, quelle est la longueur de l'autre côté ?

3. Les feuilles d'un cahier sont des rectangles dont une des dimensions est les $\frac{2}{3}$ de l'autre. Sachant que la largeur est de 18 centimètres et qu'il y a 144 feuilles dans le cahier, trouver la surface qu'elles recouvriraient si elles étaient étalées les unes à côté des autres.

4. Un vestibule de forme rectangulaire, a $8^m,30$ de long sur $2^m,40$ de large. On veut en recouvrir le sol avec des dalles carrées de

de 0^m,52 de côté. Quelle sera la dépense, si chaque dalle toute posée revient à 4f,75 ?

5. Une chambre rectangulaire a 8^m,40 de long et 6^m,50 de large. On l'a parquetée avec des lames ayant la forme de parallélogrammes dont la longueur est de 0^m,90. Quelle est la largeur de ces lames, c'est-à-dire la distance des deux côtés parallèles qui forment la longueur, si le nombre des lames employées a été de 420 ? — Rép. 0^m,14.

6. Un triangle rectangle a pour côtés de l'angle droit 27 centimètres et 36 centimètres, et pour hypoténuse 45 centimètres. Calculer les surfaces des carrés construits sur ces trois côtés, et vérifier que le carré construit sur l'hypoténuse est égal à la somme des carrés construits sur les côtés de l'angle droit.

7. Un champ a la forme d'un quadrilatère. Une de ses diagonales a 234^m,70 de long, et les hauteurs abaissées des sommets opposés sur cette diagonale ont respectivement 112^m,40 et 96^m,50. Ce champ a été vendu 970 francs l'arpent de 42 ares. Quel est son prix ?

8. Un terrain a la forme d'un quadrilatère (fig. 135). On a pris un point O à l'intérieur, et l'on a mesuré les perpendiculaires abaissées de ce point O sur les quatre côtés, ainsi que ces quatre côtés eux-mêmes. On a trouvé AB = 75^m,45, BC = 152^m,07, CD = 175^m,80 et DA = 160^m,50 ; OI = 69^m,80, OK = 53^m,18, OL = 48^m,08 et OM = 53^m,90.

Calculer l'aire de ce polygone.

9. Dans un trapèze, les deux bases ont 28 centimètres et 35 centimètres, et leur distance est de 0^m,183. Quelle est la surface ?

10. Un champ a la forme d'un rectangle ABCD (fig. 136) dont la longueur AB est de 275 mètres et la hauteur BC de 190 mètres. On le partage en deux parties au moyen d'une ligne EF, qui joint le point E, situé à 73 mètres de A, et le point F, situé à 104 mètres de B. Quelle est la surface de chaque partie ?

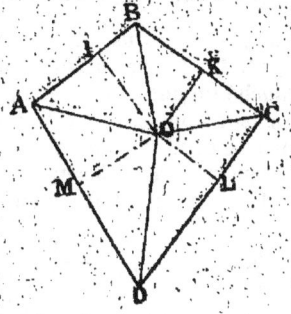

Fig. 135.

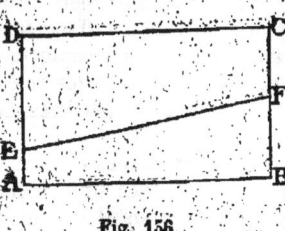

Fig. 136.

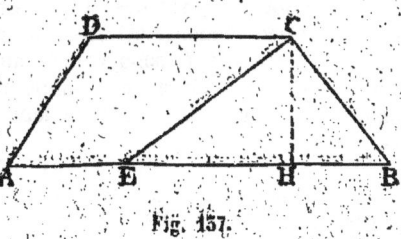

Fig. 137.

11. ABCD est un trapèze dans lequel AB = 0^m,28 et CD = 0^m,134

(fig. 137). Comment faudrait-il mener la droite CE pour diviser ce trapèze en deux parties équivalentes ? — Rép. AE = 0^m,073.

12. Le contour ou périmètre d'un champ rectangulaire a une longueur totale de 654 mètres, et l'on sait que la longueur du champ a 42 mètres de plus que sa largeur. Combien vaut le champ, à 1650 francs l'hectare ?

13. Deux champs rectangulaires ont pour longueurs 240 mètres et 162 mètres. Sachant que la largeur du second vaut 3 fois celle du premier, on demande le rapport de leurs superficies.

14. Deux champs sont à vendre. Le premier a la forme d'un rectangle ; ses dimensions sont 172^m,5 et 143^m,8, et on en demande 3400 francs. Le deuxième a la forme d'un trapèze dont les bases sont 130^m,4 et 215^m,8. Sachant que ce deuxième terrain ne coûte que 92 % du prix du premier, on demande la hauteur du trapèze.

15. Un toit rectangulaire dont les dimensions sont 12^m,30 et 7^m,20 a été recouvert avec des tuiles plates qui ont 0^m,18 de longueur sur 0^m,12 de largeur et qui coûtent 31 francs le mille. En supposant que les $\frac{2}{3}$ d'une tuile soient recouverts par celles qui sont immédiatement placées au-dessus, on demande ce qu'ont coûté les tuiles employées.

16. Un ouvrier a fauché un pré rectangulaire. Un autre ouvrier a fauché un autre pré rectangulaire dont les dimensions sont respectivement doubles de celles du premier. Sachant qu'ils travaillent aux mêmes conditions et qu'ils ont reçu ensemble 38 francs, on demande ce qui revient à chacun. — Rép. 7^f,60 et 30^f,40.

17. Le propriétaire d'un champ qui a la forme d'un trapèze ABCD (fig. 138) voudrait acheter deux parcelles DEA et CBF qui rendraient son champ rectangulaire. Combien lui coûteront-elles ensemble, à raison de 23 francs l'are, si DC = 220 mètres, AB = 131 mètres et si la hauteur h = 92 mètres ?

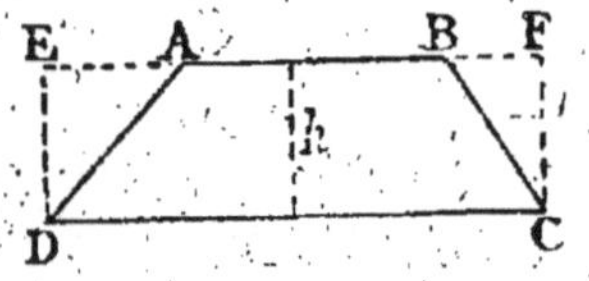

Fig. 138.

18. Les diagonales d'un losange ont 18 centimètres et 12 centimètres. Quelle est sa surface ?

19. La place des Victoires à Paris a la forme d'un cercle de 40 mètres de rayon. La place des Vosges est un carré de 140 mètres de côté. La place Vendôme est aussi un carré dont le côté a 140 mètres ; mais ce carré est à pans coupés aux quatre angles, et chaque pan coupé enlève à la place un triangle rectangle isocèle dont les côtés égaux ont chacun 20 mètres de long. Quelles sont les superficies de ces trois places ?

20. Un particulier a acheté et payé, à raison de 2800 francs l'hectare, un pré rectangulaire dont les dimensions, mesurées avec une chaîne d'arpenteur, sont de 235 mètres et de 110 mètres. Mais il découvre que la chaîne employée pour cette mesure est trop courte de 1 décimètre. Combien doit-il se faire rembourser par le vendeur ? — Rép. 144^f,10.

PROBLÈMES SUR LES AIRES.

21. Un propriétaire possède un champ rectangulaire ABCD (fig. 139) dont les dimensions sont : AD = 145 mètres et AB = 120 mètres. Un autre propriétaire possède le champ rectangulaire contigu CDEF qui a la même hauteur DC = 120 mètres et dont la base DF = 72 mètres. Ces deux propriétaires veulent faire un échange et tirer une ligne IL parallèle à BE qui détermine un rectangle FDKL équivalent au rectangle IKCB, de manière que le premier propriétaire prenant tout le haut du champ

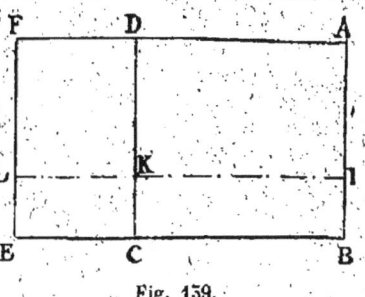

Fig. 139.

AFLI et le deuxième prenant tout le bas BILE, les contenances des deux propriétés restent les mêmes. Trouver à quelle distance de BE doit être menée la parallèle IL. — Rép. 39m,81.

22. Un bassin circulaire a 75 mètres de circonférence. Quelle est sa surface ?

23. Une toile cirée est carrée, et son côté est de 1m,70. On y découpe un cercle destiné à recouvrir exactement une table ronde de 0m,80 de rayon. Quelle est la surface de la toile qui reste ?

24. Le cercle ABCD (fig. 140) est la section droite d'un tronc d'arbre. Quand cet arbre sera équarri, cette section sera réduite au carré inscrit dans ce cer-

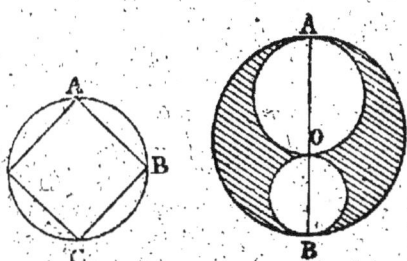

Fig. 140.   Fig. 141.

cle. Quelle sera alors la surface de la section, si la circonférence ABCD a 1m,80 de longueur ?

25. AB est un diamètre d'un cercle de 28 centimètres de rayon (fig. 141); on décrit un cercle sur OA et sur OB pris comme diamètres, OA valant les $\frac{4}{7}$ de AB. Si l'on enlève les deux cercles ainsi obtenus, quelle est la surface qui reste ?

26. AB et CD sont deux diamètres rectangulaires d'un cercle O, dont le rayon est de 6 centimètres (fig. 142). On trace un cercle de A comme centre avec AC comme rayon. Évaluer l'aire du secteur AC*m*D. En déduire celle du segment

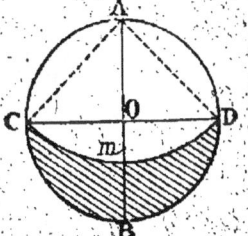

Fig. 142.

Em D, puis celle du croissant ombré CBDm. Vérifier que cette aire est équivalente au carré ayant pour côté le rayon OA. Montrer qu'il en sera toujours ainsi, quelle que soit la valeur du rayon OA.

27. Étant donné un cercle O dont le rayon est de 1 mètre (fig. 143), on trace un cercle concentrique ayant pour rayon $\frac{1}{3}$ du rayon du premier. On mène ensuite 6 rayons OA, OB, OC, OD, OE et OF faisant entre eux des angles de 60 degrés, et l'on décrit 6 cercles, tels que le cercle I, qui a pour centre le milieu I de KA et pour rayon $\frac{1}{3}$ de OA. Montrer que chacun de ces 6 cercles est tangent aux deux cercles O et à deux des autres. Évaluer ensuite l'aire qui reste, lorsqu'on a enlevé au cercle OA les 7 autres cercles de la figure.

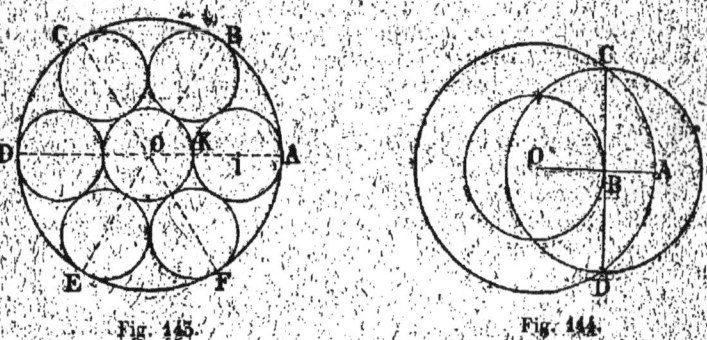

Fig. 143.   Fig. 144.

28. Deux cercles concentriques ont pour rayons $OA = 28$ millimètres et $OB = 16$ millimètres (fig. 144). Évaluer l'aire de la couronne comprise entre leurs deux circonférences. Vérifier qu'elle est équivalente à l'aire du cercle décrit sur la tangente CD comme diamètre.

DEUXIÈME PARTIE

GÉOMÉTRIE DE L'ESPACE

18ᵉ LEÇON.

PREMIÈRES NOTIONS SUR LES FIGURES DE L'ESPACE. PLANS ET DROITES PERPENDICULAIRES.

364. Les figures que nous avons étudiées jusqu'ici étaient des figures planes, c'est-à-dire tracées sur un plan. Nous allons nous occuper maintenant des figures *de l'espace*.

365. Angle de deux droites de l'espace. — Deux droites situées dans l'espace d'une manière quelconque ne se rencontrent pas en général. On appelle *angle* de deux pareilles droites, AB et CD par exemple (fig. 145), l'an-

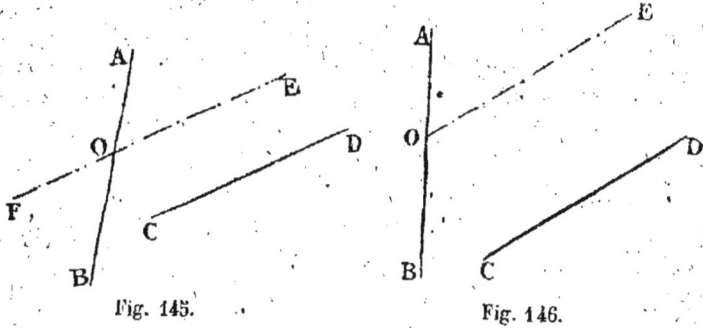

Fig. 145.   Fig. 146.

gle AOE que fait l'une d'elles avec une parallèle OE à l'autre menée par l'un de ses points. Nous admettrons que cet angle est toujours le même, quel que soit le point O.

Lorsque cet angle est droit (fig. 146), les deux droites sont dites *orthogonales*.

366. Droite perpendiculaire à un plan. — On démontre que, *si une droite* AB *est perpendiculaire à deux droites* PC *et* PD (fig. 147) *qui passent par son pied dans un plan, elle est perpendiculaire à toutes les autres droites tracées par son pied dans le plan; elle est, par suite, orthogonale à toutes les droites du plan.*

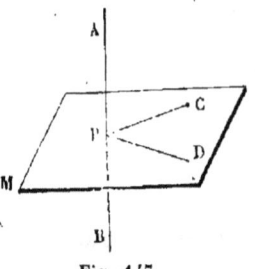

Fig. 147.

Une droite qui est ainsi orthogonale à toutes les droites d'un plan est dite *perpendiculaire* à ce plan. Le plan est dit, à son tour, perpendiculaire sur cette droite.

Remarque. — Il résulte de ce qui précède qu'une droite est perpendiculaire à un plan dès qu'elle est orthogonale à deux droites de ce plan.

367. Verticale, horizontale, plan horizontal, plan vertical. — La *verticale* d'un lieu est la direction de la pesanteur en ce lieu ; elle est donnée par le *fil à plomb*

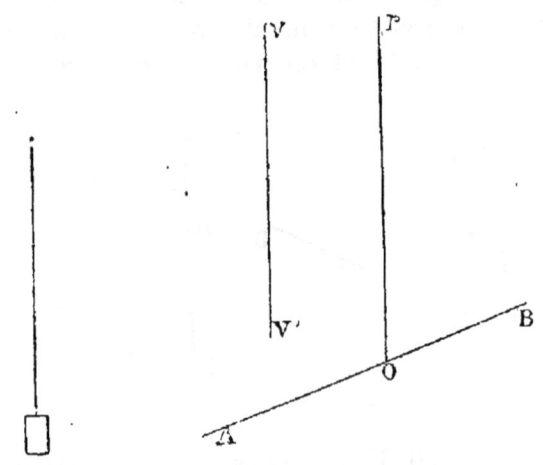

Fig. 148. Fig. 149.

(fig. 148). Toute droite parallèle à cette direction est une droite *verticale*.

Une ligne droite est *horizontale*, lorsqu'elle est orthogonale à la verticale. Ainsi AB est une horizontale (fig. 149).

PLANS ET DROITES PERPENDICULAIRES. 321

si elle est orthogonale à la verticale VV', c'est-à-dire si le parallèle à V'V menée par un point O de AB est perpendiculaire sur AB.

Un plan M est horizontal lorsqu'il est perpendiculaire à une droite verticale VV' (fig. 150).

REMARQUE. — Il résulte de ce qui précède que, pour reconnaître qu'un plan M est horizontal, il suffit de constater que deux droites AB et CD de ce plan, non parallèles entre elles, sont horizontales (fig. 150). L'emploi du *niveau de maçon* est fondé sur cette remarque.

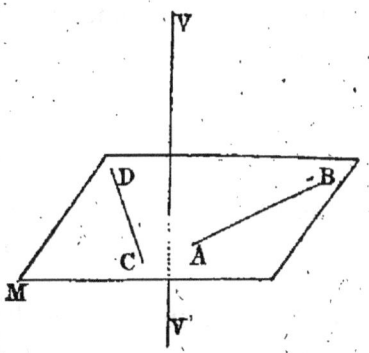

Fig. 150.

368. Niveau de maçon. — On appelle ainsi un châssis

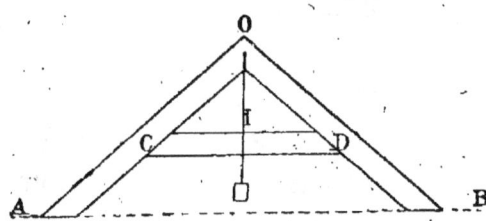

Fig. 151.

triangulaire (fig. 151) ou rectangulaire (fig. 152) portant un fil à plomb. Lorsque la ligne droite AB sur laquelle reposent les pieds du châssis est bien horizontale, le fil à plomb passe par un trait I marqué d'avance sur la traverse CD. On vérifiera donc commodément avec cet appareil qu'une ligne AB est horizontale. Par suite, on pourra s'en servir pour constater que la

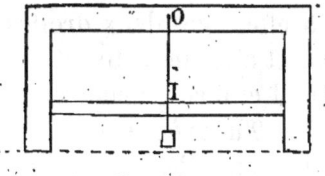

Fig. 152.

surface plane d'une pierre, d'une planche, etc. est bien horizontale. Il suffira de reconnaître l'horizontalité de deux directions différentes tracées sur la pierre ou sur la planche.

19ᵉ LEÇON.

NOTIONS SUR LES DROITES ET LES PLANS PARALLÈLES ET SUR LES PLANS PERPENDICULAIRES.

369. Définitions. — Une droite AB et un plan M sont parallèles lorsque, étant prolongés indéfiniment, ils ne se rencontrent pas (fig. 153).

Deux plans M et N sont parallèles lorsqu'ils ne se ren-

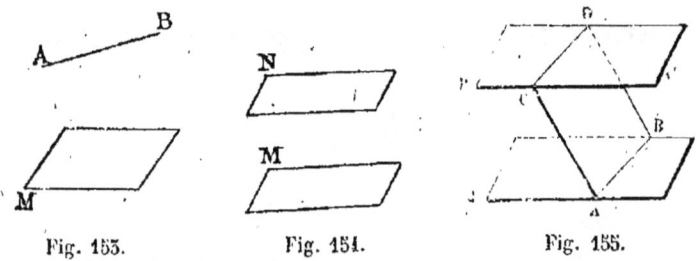

Fig. 153.   Fig. 154.   Fig. 155.

contrent pas, si loin qu'on les suppose prolongés dans tous les sens (fig. 154).

370. Théorème. — *Les intersections de deux plans parallèles M et P avec un troisième plan CDAB sont parallèles* (fig. 155).

En effet, ces deux droites AB et CD sont dans un même plan, et elles ne peuvent se rencontrer, sans quoi les deux plans M et P se rencontreraient.

371. Théorème. — *Les portions AB et CD de deux droites parallèles comprises entre deux plans parallèles P et Q sont égales* (fig. 156).

Car, d'après le théorème précédent, AC et BD sont pa-

NOTIONS SUR LES DROITES ET LES PLANS PARALLÈLES. 323

rallèles; donc AB et CD sont deux droites égales comme côtés opposés d'un parallélogramme.

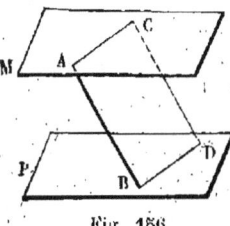
Fig. 156.

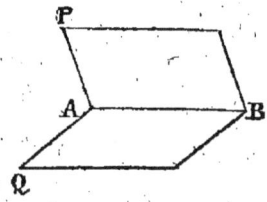
Fig. 157.

372. Définitions. — On appelle *angle dièdre* l'ouverture plus ou moins grande formée par deux plans qui se coupent. Telle est la figure formée par les deux plans P et Q, dont AB est l'intersection. Les plans P et Q sont les *faces* du dièdre, et AB en est l'*arête* (fig. 157).

Deux angles dièdres sont *adjacents*, lorsqu'ils ont même arête, une face commune et qu'ils sont placés de part et d'autre de cette face. Tels sont les deux angles dièdres formés, l'un par le plan ABN et le plan ABQ, l'autre par le plan ABQ et le plan ABP (fig. 158).

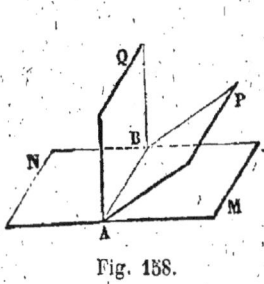
Fig. 158.

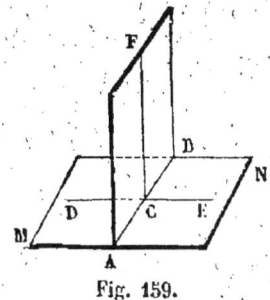
Fig. 159.

373. Plans perpendiculaires. — On dit que deux plans NM et ABF (fig. 159) sont perpendiculaires, lorsque les deux angles dièdres adjacents MABF et FABN qu'ils forment entre eux sont égaux.

REMARQUE. — On démontre dans les traités de géométrie

que si MN et BCA sont *deux plans perpendiculaires, toute droite PA, menée dans l'un d'eux perpendiculairement à l'intersection BC, est perpendiculaire à l'autre plan* (fig. 160).

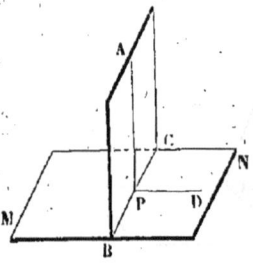

Fig. 160.

Il résulte de là que si l'on trace sur un plan vertical une perpendiculaire à l'intersection de ce plan et d'un plan horizontal, cette perpendiculaire CD sera une verticale (fig. 161).

On démontre aussi que *si deux plans qui se coupent sont perpendiculaires à un troisième plan* MN, *leur intersection AB est perpendicuaire à ce troisième plan* (fig. 162).

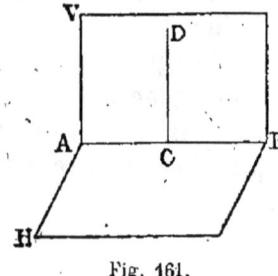 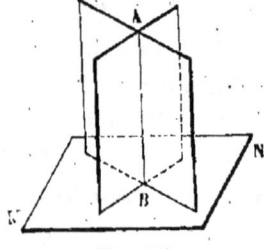

Fig. 161. Fig. 162.

Par exemple, deux murailles d'une salle se coupent suivant une perpendiculaire au plancher et par conséquent suivant une verticale.

20ᵉ LEÇON.

DES POLYÈDRES. — PROPRIÉTÉS ÉLÉMENTAIRES DES PRISMES ET DES PYRAMIDES.

374. Volume et surface d'un corps. — Tout corps occupe une certaine portion de l'espace, qu'on appelle son *volume*.

DES POLYÈDRES.   325

La surface d'un corps est ce qui limite son volume, ce qui le sépare de l'espace qui l'entoure.

375. Polyèdre. — Un *polyèdre* est un corps limité de tous côtés par des portions de plans qui sont des polygones. Ex. : Les pierres de taille, les poutres employées dans les constructions, les cristaux naturels, etc., sont des solides polyèdres.

Les *faces* d'un polyèdre sont les polygones plans dont l'ensemble forme la surface de ce solide. Les côtés de ces polygones s'appellent les *arêtes* du polyèdre ; les sommets de ces mêmes polygones sont les *sommets* du polyèdre.

376. Prisme. — Un *prisme* est un polyèdre ABCDEF A'B'C'D'E'F' (fig. 163) compris sous des faces latérales qui sont des parallélogrammes et terminé de part et d'autre

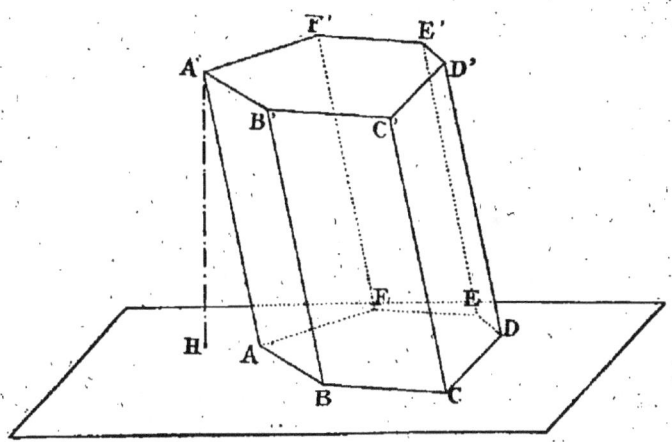

Fig. 163.

par deux polygones plans égaux et parallèles. Ces deux polygones s'appellent les bases du prisme. Les arêtes AA', BB', etc., sont les arêtes latérales du prisme.

La *hauteur* d'un prisme est la perpendiculaire A'H abaissée d'un sommet quelconque de la base supérieure sur le plan de la base inférieure.

Un prisme est *triangulaire, quadrangulaire, pentagonal,*

hexagonal, etc., suivant que sa base est un triangle, un quadrilatère, un pentagone, un hexagone, etc.

Un prisme est *droit* lorsque ses faces latérales et par suite ses arêtes latérales (373) sont perpendiculaires au plan de la base. Tel est le prisme ABCDEA'B'C'D'E' (fig. 164).

On appelle *section droite* d'un prisme la section faite dans ce solide par un plan perpendiculaire aux arêtes latérales.

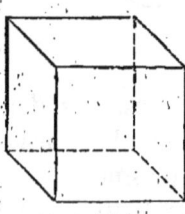

Fig. 164.

377. Parallélépipède. — On nomme *parallélépipède* un prisme dont la base est un parallélogramme. Les six faces de ce solide sont donc des parallélogrammes. Tel est le solide ABCDA'B'C'D' (fig. 165).

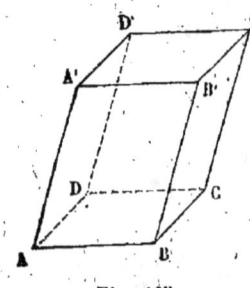 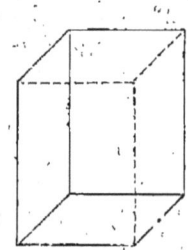

Fig. 165. Fig. 166.

Le parallélépipède est *droit* lorsque les arêtes latérales sont perpendiculaires au plan de la base (fig. 166). La hauteur d'un pareil prisme est égale aux arêtes latérales.

Un parallélépipède est *rectangle*, lorsqu'il est droit et que sa base est un rectangle (fig. 167). Toutes les faces de ce solide sont alors des rectangles, et sa hauteur est égale aux arêtes latérales.

Fig. 167.

Un *cube* est un parallélépipède rectangle dont la base est un carré, et dont la hauteur égale le côté de ce carré.

DES POLYÈDRES.   327

378. Pyramide. — La *pyramide* est un solide SABCDE (fig. 168), dont l'une des faces, appelées *base*, est un polygone plan, et dont les faces latérales sont des triangles

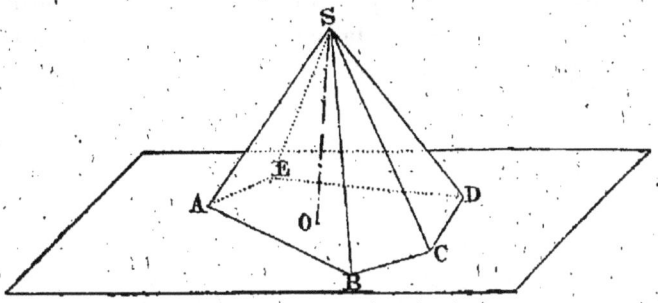

Fig. 168.

ayant pour bases les côtés de ce polygone plan et pour sommet commun un point S situé hors du plan de ce polygone. Ce point S s'appelle le *sommet* de la pyramide.

La *hauteur* d'une pyramide est la perpendiculaire SO abaissée du sommet sur le plan de la base.

Une pyramide est *triangulaire, quadrangulaire, pentagonale, hexagonale*, etc., suivant que sa base est un triangle, un quadrilatère, un pentagone, un hexagone, etc.

La *pyramide* triangulaire (fig. 169)) a pour faces quatre triangles. On l'appelle aussi *tétraèdre*.

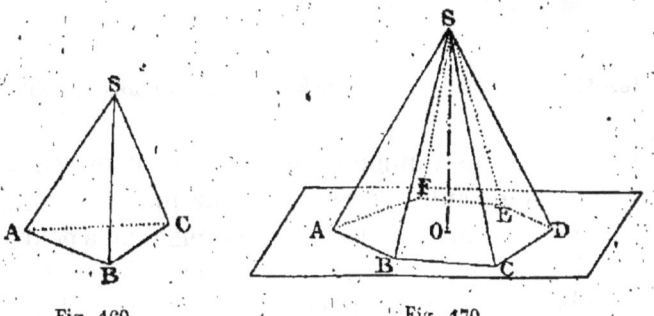

Fig. 169.   Fig. 170.

Pyramide régulière. — Une pyramide est *régulière*, lorsque sa base est un polygone régulier, et que son sommet est situé sur la droite menée au centre de ce polygone perpendiculairement au plan de la base. Telle est la pyramide SABCDEF (fig. 170).

Lorsqu'on coupe une pyramide par un plan parallèle à la base, et qu'on enlève la partie située du côté du sommet, ce qui reste forme ce qu'on appelle une *pyramide*

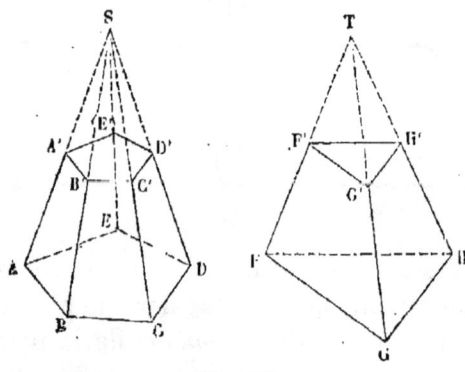

Fig. 171.

tronquée ou bien un *tronc de pyramide*. Tels sont les solides ABCDEA'B'C'D'E' et FGHF'G'H' (fig. 171). La *hauteur* du tronc est la distance des deux bases parallèles.

21ᵉ LEÇON.

MESURE DU VOLUME DES PARALLÉLÉPIPÈDES ET DES PRISMES.

579. *Mesurer* le volume d'un corps, c'est le comparer au volume d'un autre corps, pris pour unité de volume.

L'unité de volume est le volume du cube qui a pour côté l'unité de longueur. Ainsi, l'unité de volume sera le mètre cube, le décimètre cube, le centimètre cube, etc., selon que l'unité de longueur sera le mètre, le décimètre, le centimètre, etc.

580. Volume du parallélépipède rectangle. — *Le*

MESURE DU VOLUME DES PARALLÉLÉPIPÈDES.   529

volume d'un parallélépipède rectangle a pour mesure le produit de ses trois dimensions.

1ᵉʳ Cas. — Supposons d'abord que les dimensiones du parallélépipède rectangle ABCDA' (fig. 172) renferment chacune un nombre exact de fois l'unité de longueur. Soit, par exemple, AB = 4 décimètres, AD = 3 décimètres et AA' = 5 décimètres. La base ABCD du parallélépipède contient 12 centimètres carrés (352). Sur chacun de ces petits carrés on peut placer 5 petits décimètres cubes empilés les uns au-dessus des autres, ce qui fera en tout 5 fois 12 ou 60 décimètres cubes formant ensemble le volume du parallélépipède. Ce volume contient donc autant de fois le décimètre cube qu'il y a d'unités dans le produit de ses trois dimensions.

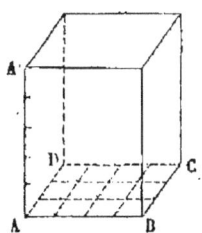

Fig. 172.

Remarque. — Il résulte de là que si l'arête d'un cube renferme un nombre exact de fois, 4 fois par exemple, l'unité de longueur, le volume de ce cube renfermera $4 \times 4 \times 4 = 4^3 = 64$ fois le cube construit sur l'unité de longueur. De même, si le côté d'un cube est divisé en 10 parties égales, par exemple, ce cube contiendra $10 \times 10 \times 10 = 1000$ fois le volume du cube qui aura pour côté l'une de ces parties. C'est ce que nous avons déjà vu dans le système métrique.

*2ᵉ Cas. — Supposons en second lieu que les dimensions du parallélépipède rectangle ne renferment pas un nombre exact de fois l'unité de longueur. Soit, par exemple,

$AB = \frac{1}{2}$ mètre, $AD = \frac{1}{3}$ et $AE = \frac{3}{4}$, ou bien $AB = \frac{6}{12}$, $AD = \frac{4}{12}$ et $AE \frac{9}{12}$ (fig. 173). Prenons pour unité $\frac{1}{12}$ de mètre; les dimensions seront AB=6, AD=4 et AE=9. Le volume du solide sera donc égal à $6 \times 4 \times 9$ fois le volume d'un cube ayant pour côté $\frac{1}{12}$ de mètre. Mais ce cube ayant pour côté $\frac{1}{12}$ de mètre vaut $\frac{1}{12 \times 12 \times 12}$ du mètre cube. Donc le volume du parallélépipède rectangle vaut $6 \times 4 \times 9$ fois $\frac{1}{12 \times 12 \times 12}$ du mètre cube, ou bien les $\frac{6 \times 4 \times 9}{12 \times 12 \times 12}$ du mètre cube. Il a donc pour mesure $\frac{6 \times 4 \times 9}{12 \times 12 \times 12} = \frac{6}{12} \times \frac{4}{12} \times \frac{9}{12} = \frac{1}{2} \times \frac{1}{3} \times \frac{3}{4}$, c'est-à-dire encore le produit des trois dimensions du parallélépipède rectangle.

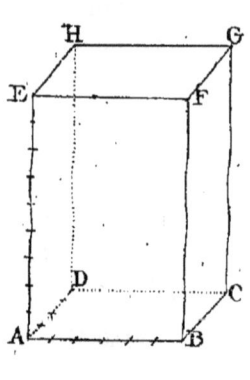

Fig. 173.

Corollaire. — Le volume d'un cube a pour mesure le cube du nombre qui exprime la mesure de son côté.

Exemple I. — Quel est le volume d'une salle de classe qui a 11 mètres de long, 8 mètres de large et 5 mètres de hauteur de plafond? — Rép. $11 \times 8 \times 5 = 440$ mètres cubes.

Exemple II. — Quel est le volume d'un bloc de pierre cubique dont le côté a $0^{mc},60$? — Rép. $0,60 \times 0,60 \times 0,60$, ou bien $(0,60)^3 = 0^{mc},216$, ou bien 216 décimètres cubes.

Remarque I. — Le produit des deux dimensions AB et AD (fig. 173) d'un parallélépipède représente l'aire de sa base. On peut donc encore dire que *le volume du parallélépipède rectangle a pour mesure le produit de la surface de sa base ABCD par sa hauteur AE.*

Exemple. — L'emplacement d'une maison est un rectangle de 120 mètres carrés de superficie. Pour faire les fondations et les caves, on creuse ce terrain, dans toute son étendue, à une profondeur de $5^m,20$. Quel est le volume des matériaux à enlever, ou, comme on dit, quel est *le cube du déblai?* — Rép. $120 \times 3,20 = 384$ mètres cubes.

381. Volume du parallélépipède oblique. — On démontre dans les traités de géométrie que *le volume d'un parallélépipède oblique a pour mesure l'aire de sa base multipliée par sa hauteur.*

Soit le parallélépipède oblique ABCDA' (fig. 174). La base

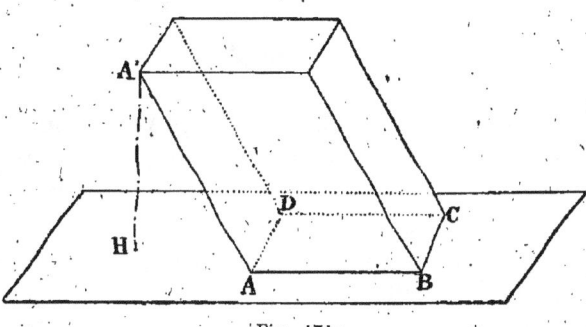

Fig. 174.

de ce solide est l'une quelconque de ses faces, ABCD par exemple, et sa *hauteur* est alors la perpendiculaire A'H abaissée d'un point quelconque A' du plan de la face opposée sur cette base.

382. Volume du prisme triangulaire droit. — *Le volume d'un prisme triangulaire droit a pour mesure le produit de sa base par sa hauteur.*

Soit ABCA'B'C' un prisme triangulaire droit (fig. 175). Il est facile de voir que ce volume est la moitié du parallélépipède rectangle ABCDA'B'C'D'. Il a donc pour mesure

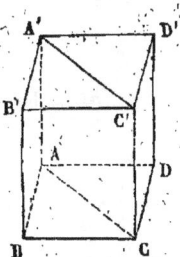

Fig. 175.

$$\frac{1}{2} ABCD \times BB', \text{ ou bien } ABC \times BB'.$$

383. Volume du prisme triangulaire oblique.

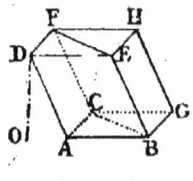

Fig. 176.

— *Le volume d'un prisme triangulaire oblique a pour mesure le produit de sa base par sa hauteur.*

On démontre en effet que le prisme triangulaire oblique ABCDEF (fig. 176) est la moitié du parallélépipède oblique ABGCDEHF. Il a donc pour mesure

$$\frac{1}{2} ABGC \times DO, \text{ ou } ABC \times DO.$$

384. Volume d'un prisme polygonal quelconque.

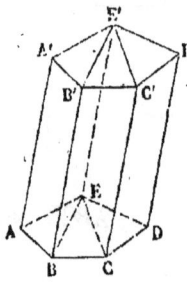

Fig. 177.

— *Le volume d'un prisme polygonal droit ou oblique a pour mesure le produit de la surface de sa base par sa hauteur.*

En effet, un pareil prisme ABCDE A'B'C'D'E' (fig. 177) est la somme de plusieurs prismes triangulaires. Et comme chacun de ces derniers prismes a pour mesure le produit de sa base par sa hauteur, qui est la même pour tous, savoir la hauteur même du prisme donné, la somme de ces prismes a pour mesure la somme de leurs bases, ou la base du prisme polygonal, multipliée par sa hauteur.

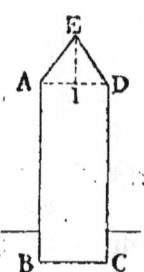

Fig. 178.

Exemple. — La section droite d'un mur de clôture a la forme d'un rectangle ABCD, surmonté d'un triangle isocèle AED (fig. 178). La base BC, qui est l'épaisseur du mur, est de $0^m,40$; la hauteur BA, qui est la hauteur du mur, depuis les fondations jusqu'au dos d'âne, est de $2^m,70$; la hauteur EI du dos d'âne est de $0^m,30$; enfin, la longueur du mur est de $86^m,40$. Quel est le volume de ce mur ?

Pour avoir ce volume, il faut remarquer que ce mur

a la forme d'un prisme droit dont la base est la figure ABCDE, et dont la hauteur est la longueur du mur. Or la surface de la base a pour mesure

$$BC \times BA + \frac{1}{2} AD \times EI = BC \times BA + BC \times \frac{EI}{2}$$
$$= BG \left(BA + \frac{EI}{2} \right).$$

En remplaçant ces lignes par leurs valeurs, on obtient
ABCDE $= 0{,}40 \times (2{,}70 + 0{,}15) = 0{,}40 \times 2{,}85 = 1^{mq},12$.

Multiplions cette surface par la longueur du mur, nous obtiendrons pour le volume du mur :

$$1{,}12 \times 86{,}40 = 96{,}768.$$

Ce mur renferme donc 96^{mc},768 de matériaux, ou, comme on dit, il *cube* 96^{m},768.

22ᵉ LEÇON.

VOLUME DE LA PYRAMIDE, DU TRONC DE PYRAMIDE, DU TRONC DE PRISME TRIANGULAIRE. — VOLUME D'UN POLYÈDRE QUELCONQUE.

385. Volume de la pyramide triangulaire. — *Le volume d'une pyramide triangulaire a pour mesure le tiers du produit de la surface de sa base par sa hauteur.*

Soit la pyramide triangulaire SABC (fig. 179). On démontre dans les cours de géométrie que son volume vaut le tiers de celui du prisme triangulaire ABCSDE, qui a la même base et la même hauteur. Or le volume de ce prisme a pour mesure la surface du triangle BAC multipliée par la hauteur, qui est la perpendiculaire abaissée du sommet S

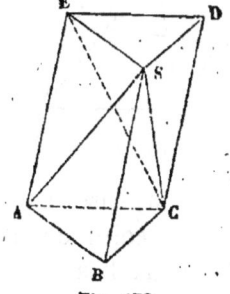

Fig. 179.

sur la base; donc le volume de la pyramide triangulaire a pour mesure le tiers de ce même produit, c'est-à-dire le tiers du produit de sa base par sa hauteur.

386. Volume de la pyramide polygonale. — *Le volume d'une pyramide polygonale a pour mesure le produit de la surface de sa base par le tiers de sa hauteur.* — On le voit en décomposant la pyramide polygonale SABCDE (fig. 180) en pyramides triangulaires.

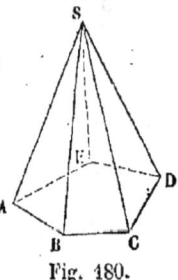

Fig. 180.

EXEMPLE. — Les pyramides d'Égypte sont des pyramides à bases carrées. La plus grande, celle de Chéops, a pour base un carré de 232 mètres de côté, et sa hauteur est de 147 mètres. Quel est son volume?

La surface de la base est de $232 \times 232 = 53\,824$ mètres carrés. Le volume cherché est donc

$$53\,824 \times \frac{1}{3}\,147 = 53\,824 \times 49 = 2\,637\,376 \text{ mètres cubes.}$$

387. Volume du tronc de pyramide. — On démontre dans les traités de géométrie qu'*un tronc de pyramide à bases parallèles* ABCDA'B'C'D' (fig. 181) *est équivalent à la somme de trois pyramides ayant pour hauteur commune la hauteur du tronc et pour bases, l'une la base inférieure, l'autre la base supérieure du tronc, et la troisième une moyenne proportionnelle entre les deux bases.*

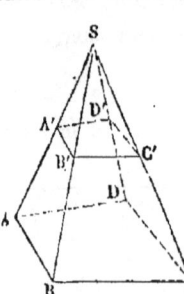

Fig. 181.

EXEMPLE. — L'obélisque de la place de la Concorde est un tronc de pyramide à base carrée. Le côté de la base inférieure a $2^m,40$, celui de la base supérieure $1^m,54$; la distance des deux bases, ou la hauteur du tronc, est de $21^m,60$. Quel est le volume de ce bloc de granit? — La surface de la base inférieure est de $2,40 \times 2,40 = 5^{mq},76$; celle de la base inférieure est de $1,54 \times 1,54 = 2^{mq},37$. La moyenne géométrique entre ces deux bases (438) est égale à : $\sqrt{5,76 \times 2,37} = 3^{mq},69$. Ajoutons ces trois surfaces : $5^{mq},76 + 2^{mq},37 + 3^{mq},69 = 11^{mq},82$. Multiplions ce résultat par le tiers de $21^m,60$, c'est-à-dire par 7,20 ; nous obtenons, pour le volume cherché, $85^{mc},104$.

388. Cubage d'un tronc d'arbre équarri. — Lorsqu'un tronc d'arbre a été équarri, il a la forme d'un tronc de pyramide très allongé, dont la base est un carré ou un rectangle (fig. 182). Pour en évaluer le volume, on n'applique pas d'ordinaire le théorème précédent, qui conduirait à un calcul trop long. On assimile le volume de la pièce de bois à celui d'un parallélépipède rectangle qui aurait pour hauteur la longueur de cette pièce et pour base le carré obtenu en la coupant parallèlement aux bases et en son milieu. On mesure donc au milieu de la pièce le côté du carré EFGH, ou les deux dimensions du rectangle EFGH si la base ABCD est un rectangle. On multiplie l'aire de cette section par l'arête AA', et le volume obtenu ainsi diffère d'autant moins du volume réel que la forme de la pièce se rapproche davantage du parallélépipède.

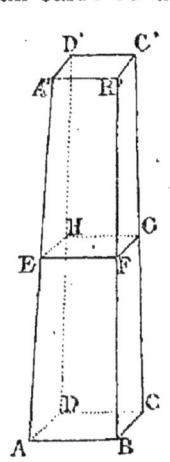

Fig. 182.

Exemple. — Un tronc d'arbre équarri a une longueur de $12^m,40$. Sa base est un carré, et le côté du carré qui formerait sa section moyenne, côté mesuré au milieu de la pièce, est de $0^m,45$. Quel est le volume de cette pièce ?

$$V = 0,45 \times 0,45 \times 12,40 = 2^{mc},521.$$

389. Volume du tronc de prisme triangulaire. — On appelle *tronc de prisme triangulaire* ou *prisme triangulaire tronqué* le solide obtenu en coupant un prisme triangulaire par un plan non parallèle aux bases et en enlevant l'une des parties.

Le volume d'un pareil solide ABCDEF (fig. 183) *s'obtient*

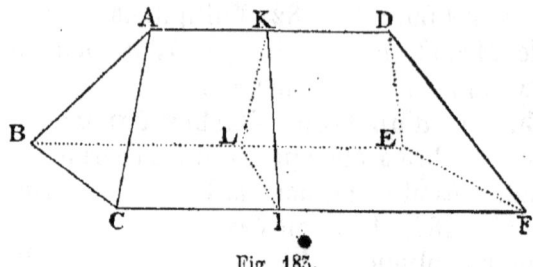

Fig. 183.

en évaluant l'aire d'une section droite IKL *et en multipliant cette aire par le tiers de la somme des trois arêtes latérales.*

EXEMPLE I. — Un magasin à fourrages est un bâtiment ayant la forme d'un parallélépipède rectangle ABCDEFGH, surmonté d'une toiture EFGHIK, qui a elle-même la forme d'un tronc de prisme triangulaire (fig. 184). AB = $21^m,30$, BC = $12^m,60$, et BF ou bien OM = $9^m,40$; la hauteur PO de la toiture est de $5^m,80$; enfin IK = $13^m,70$. Combien pourra-t-on loger de mètres cubes de foin dans le magasin?

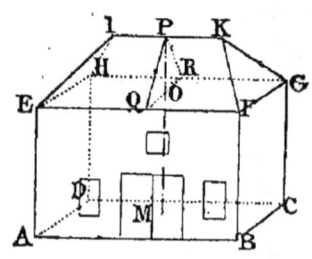

Fig. 184.

Le volume de la partie ABCDEFGH a pour mesure AB × BC × BF, ou bien $21^m,30 \times 12^m,60 \times 9^m,40 = 2522^{mc}$. Quant au volume de la partie FGKEHI, il est égal à $QR \times \dfrac{PO}{2} \times \dfrac{EF+HG+IK}{3} = 12,60 \times \dfrac{5,80}{2} \times \dfrac{2 \times 21,30 + 13,70}{3} = 12,60 \times 2,70 \times 18,70 = 683^{mc}$.

Le volume total est donc V = $2522^{mc} + 683^{mc} = 3205$ mètres cubes.

EXEMPLE II. — Les tas de pierres qui sont sur le bord

des routes, les fossés ou cuvettes des routes, certaines auges en bois ou en pierre, etc., ont la forme du solide ABCDEFGH (fig. 185), auquel on donne souvent le nom de

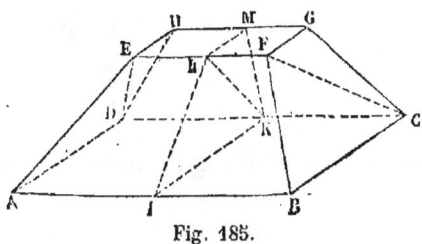

Fig. 185.

ponton. Ce solide est limité en haut et en bas par deux rectangles dont les côtés sont parallèles et qui ont leurs centres sur une même perpendiculaire à leurs plans ; ses faces latérales sont des trapèzes. Il peut être décomposé en deux troncs de prisme, que l'on obtient en menant le plan EFCD. Le volume de ce solide est donné par la formule suivante:

$$V = \frac{bh}{6}(2a + a') + \frac{b'h}{6}(2a' + a),$$

dans laquelle h désigne la hauteur du solide ou la distance des deux rectangles parallèles, a et b les deux côtés AB et AD, et a' et b' les deux côtés EF et EH.

Application : $h = 0^m,40$, $a = 2^m$, $b = 0^m,90$, $a' = 1^m,50$ et $b' = 0,50$.

$$V = \frac{0,90 \times 0,40}{6}(4 + 1,50) + \frac{0,50 \times 0,40}{6}(2,60 + 2),$$

$$V = 2,12 + 1,53 = 3^{mc},653.$$

390. Volume d'un polyèdre quelconque. — Si l'on prend un point à l'intérieur d'un polyèdre et si l'on joint ce point à tous les sommets, on décompose le volume du polyèdre en pyramides ayant ce même point pour sommet commun et ayant pour bases les diverses faces du polyèdre. En évaluant les volumes de ces pyramides et en en faisant la somme, on aura le volume du polyèdre.

25ᵉ LEÇON.

NOTIONS SUR LES CORPS RONDS. — LEURS SURFACES ET LEURS VOLUMES.

391. On désigne, en géométrie, sous le nom de *corps ronds*, les solides qui ont la forme de cylindres, de cônes ou de sphères.

392. Cylindre. — On appelle *cylindre circulaire droit*

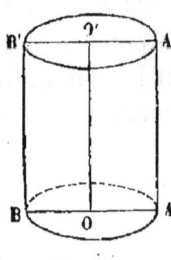

Fig. 186.

ou simplement *cylindre* de la géométrie élémentaire, un solide engendré par la révolution d'un rectangle OO'A'A tournant autour d'un de ses côtés OO' (fig. 186). Dans ce mouvement, les côtés O'A', OA décrivent deux cercles égaux et parallèles, qui sont les *bases* du cylindre. Quant au côté AA', il engendre une surface courbe convexe, qui est la *surface latérale* du cylindre.

La hauteur du cylindre est la distance OO' de ses deux bases ou l'axe de rotation du rectangle.

Si l'on inscrit un polygone régulier ABCDEF dans la cir-

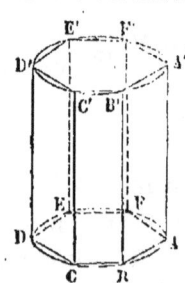

Fig. 187.

conférence de base (fig. 187), si l'on mène par les sommets des parallèles à la hauteur, et si l'on joint les points A'B'C'D'E'F' où ces droites rencontrent la base supérieure, on forme un prisme ABCDEFA'B'C'D'E'F', qui est inscrit dans le cylindre. Si l'on imagine ensuite que l'on double indéfiniment le nombre des côtés, le prisme diffère de moins en moins du cylindre, et tend à se confondre avec lui. De là résultent les deux mesures suivantes :

393. Surface latérale du cylindre. — *La surface latérale du cylindre a pour mesure la circonférence de base multipliée par la hauteur du cylindre.*

594. Volume du cylindre. — *Le volume d'un cylindre a pour mesure le produit de la surface du cercle de base par la hauteur du cylindre.*

APPLICATIONS. — 1° Trouver la surface de la tôle employée pour faire un tuyau de poêle de $3^m,50$ de long et dont le rayon est de $0^m,12$. Ce tuyau est un cylindre dont la surface latérale S est égale à $2\pi \times 0,12 \times 3,50 = 2^{mq},64$.

REMARQUE I. — La surface totale du cylindre s'obtiendrait en ajoutant à la surface latérale les surfaces des deux bases.

REMARQUE II. — Si l'on ouvrait la surface du cylindre suivant une arête $a\,a_1 a_2 a_3$ (fig. 188), on pourrait étendre cette surface sur un plan, et elle s'y développerait suivant un

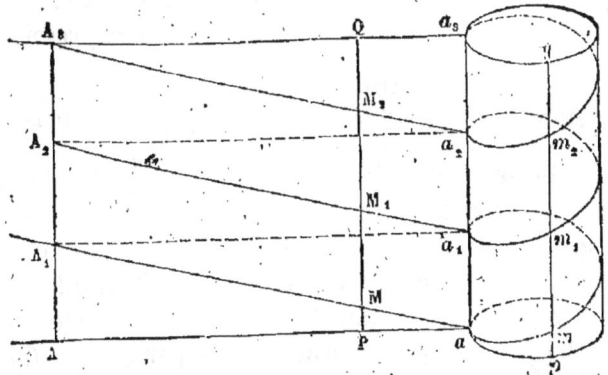

Fig. 188.

rectangle aAA_3a_3. Ce développement nous fait voir comment il faut prendre une feuille rectangulaire pour faire un cylindre. Si l'on trace sur le rectangle des droites telles que aA_1, a_1A_2, a_2A_3, ces droites formeront sur la surface du cylindre une courbe très remarquable, qu'on appelle *l'hélice*.

2° Trouver le poids d'une colonnette en fonte ayant la forme d'un cylindre dont la hauteur est de $3^m,20$ et dont la circonférence de base a $0^m,12$ de rayon, la densité de la fonte étant égale à 7,20.

Le volume de cette colonnette est $\pi \times (0{,}12)^2 \times 3^m{,}20$ $= 0^{mc}{,}046$. Son poids vaudra $46^{kg} \times 7{,}20 = 331^{kg}{,}2$.

3° Un particulier a fait creuser un puits qui est une cavité cylindrique (fig. 189) de $8^m{,}40$ de profondeur et de $2^m{,}20$ de diamètre. Il faut faire le long des parois un revêtement en maçonnerie de $0^m{,}30$ d'épaisseur. Combien cube cette maçonnerie? — Le volume cherché est évidemment la différence entre les volumes de deux cylindres ayant tous les deux pour hauteur la profondeur du puits et pour bases deux cercles dont les rayons sont $OA = 1^m{,}10$ et $OB = 1^m{,}10 - 0^m{,}30 = 0^m{,}80$. Ce volume V aura donc pour expression :

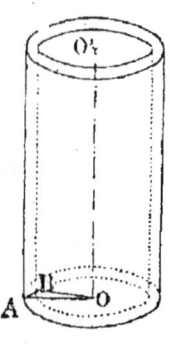

Fig. 189.

$$V = \pi \times (1{,}10)^2 \times 8^m{,}40 - \pi \times (0{,}80)^2 \times 8^m{,}40,$$
ou bien $V = \pi \times 8{,}40 \times [(1{,}10)^2 - (0{,}80^2)] = 15^{mc}{,}034$.

395. Cône circulaire droit. — On appelle *cône droit à base circulaire* le solide engendré par la révolution d'un triangle rectangle SOA (fig. 190) tournant autour d'un des côtés de l'angle droit. Ce solide est limité par une *base*, qui est le cercle engendré par le côté OA, et par une *surface latérale*, qui est la surface convexe engendrée par l'hypoténuse.

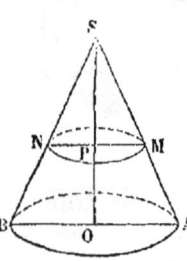

Fig. 190.

La *hauteur* du cône est le côté SO autour duquel a lieu la révolution; c'est la perpendiculaire abaissée du point S, qui est le sommet du cône, sur le plan de la base. L'hypoténuse SA est le *côté* ou encore l'*apothème* du cône.

Remarque. — Les sections telles que MN, faites dans le cône par des plans parallèles à la base, sont des cercles.

396. Tronc de cône. — On appelle *tronc de cône à bases parallèles* le solide qu'on obtient en coupant un cône

SAB (fig. 190 et 191) par un plan parallèle à la base en enlevant le cône SNM.

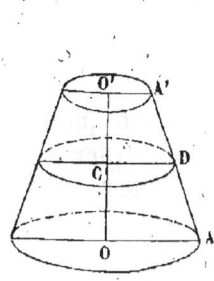

Fig. 191.

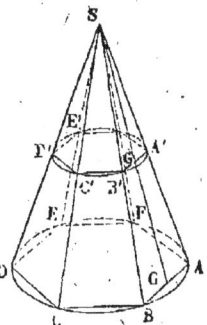

Fig. 192.

REMARQUE. — De même que le cylindre peut être assimilé à un prisme régulier, le cône peut être considéré comme une pyramide régulière d'un nombre infini de côtés infiniment petits (fig. 192). C'est en se fondant sur cette considération qu'on démontre les mesures suivantes :

397. **Surface latérale du cône.** — *La surface latérale du cône a pour mesure le produit de la circonférence de base par la moitié de l'apothème.*

EXEMPLE. — En supposant qu'un pain de sucre ait exactement la forme d'un cône, et que ce cône ait un rayon de base de $0^{dm},90$ et un apothème de $5^{dm},2$, trouver la surface du papier qui sert à l'envelopper exactement. Cette surface se compose du cercle de base, qui a pour mesure $\pi \times (0,90)^2$, puis de la surface latérale du cône, qui est $2\pi \times 0,90 \times \frac{1}{2} 5,2$. Elle est donc égale à $\pi \times (0,90)^2 + \pi \times 0,90 \times 5,2 = \pi \times 0,90 \times (0,90 \times 5,2) = 17^{dq},24$.

398. **Surface latérale du tronc du cône.** — *La surface latérale du tronc de cône a pour mesure la demi-somme des circonférences des bases multipliée par l'apothème du tronc.*

REMARQUE. — Si l'on ouvre le cône suivant une arête SA, et si l'on étale sa surface, elle pourra s'appliquer exactement sur un plan. Elle prendra alors la forme d'un secteur circulaire SAD (fig. 193), dont le rayon sera SA et dont la base AD sera un arc ayant la même longueur que la circonférence AB. Inversement, pour tailler une feuille métallique ou une feuille de papier de manière à en former, en l'enroulant, une surface conique, il faut lui donner la forme d'un secteur circulaire SAD.

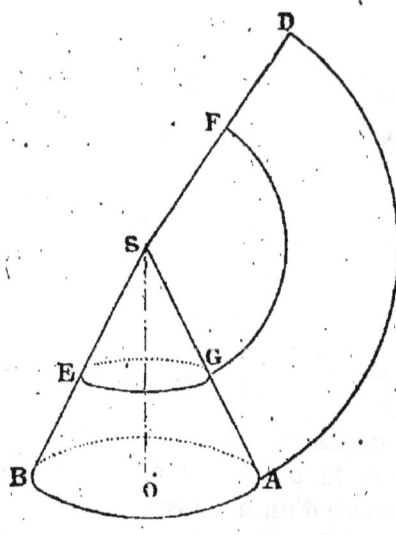

Fig. 193.

En même temps que la surface latérale du cône se développe suivant le secteur SAD, celle du tronc du cône GABE se développe suivant la portion de plan comprise entre les deux arcs AD et GF.

399. Volume du cône. — *Le volume d'un cône a pour mesure le produit de la surface de sa base par le tiers de sa hauteur.*

EXEMPLE. — Le rayon de base d'un cône est de $0^m,28$, et sa hauteur est de $0^m,57$; quel est son volume ?

$$V = \pi\,(0,28)^2 \times \frac{0,57}{3} = 0^{mc},046.$$

400. Volume du tronc de cône. — *Il est égal à la somme de trois cônes ayant pour hauteur commune la hauteur du tronc, et pour bases, l'un la base inférieure, l'autre la base supérieure, et le troisième une moyenne proportionnelle entre ces deux bases.*

EXEMPLE. — Un broc a la forme d'un tronc de cône ABDC (fig. 194). La circonférence AB a 67 centimètres, la

NOTIONS SUR LES CORPS RONDS.

circonférence CD 34 centimètres, et la hauteur OO' 33 centimètres. Quelle est la capacité de ce vase? — Calculons d'abord les deux rayons. Le rayon
$OA = \dfrac{\text{circ. AB}}{2\pi} = \dfrac{67^{cm}}{6,28} = 10^{cm},66$. De même, le rayon $O'C = \dfrac{34^{cm}}{6,28} = 5^{cm},41$.

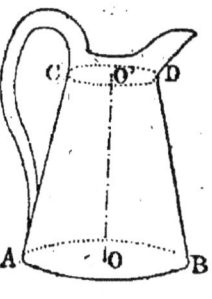

Fig. 194.

Les surfaces des deux bases sont : les cercles $AB = \pi \times (10,66)^2 = 356^{cmq},80$; 2° cercle $CD = \pi \times (5,41)^2 = 91^{cmq},88$. La moyenne proportionnelle entre les deux bases (458) sera $\sqrt{356,80 \times 91,88} = 181^{cmq},06$. On aura donc pour le volume cherché :

$$V = (356,80 + 91,88 + 181,06) \times \dfrac{33}{3} = 6927^{cmc} = 6^l,927.$$

401. Cubage des arbres en grume. — Lorsque les troncs d'arbre ne sont pas encore équarris, ils affectent d'ordinaire la forme de troncs de cône très allongés (fig. 195). Pour en évaluer le volume, on n'applique pas la règle précédente, qui conduit, comme nous venons de le voir, à des calculs un peu longs. On remplace le tronc de cône par un cylindre ayant la même hauteur que lui et ayant pour base le cercle moyen CD, c'est-à-dire dont le rayon est la demi-somme des deux rayons de A'B'. L'erreur que l'on commet ainsi sur l'évaluation du volume est généralement très petite, et d'autant moindre que le tronc de cône est plus allongé.

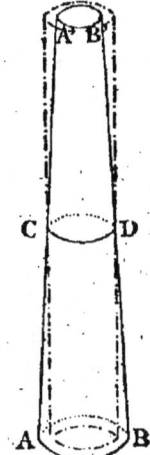

Fig. 195.

402. Sphère. — La *sphère* est un solide limité par une surface dont tous les points sont également distants d'un point intérieur appelé *centre*. Le rayon de la sphère est la distance du centre à un point quelconque de la surface sphérique. Le diamètre est le double du rayon.

On démontre facilement les propriétés suivantes :

Toute section plane de la sphère est un cercle.

REMARQUE. — Lorsque le plan de la section passe par le centre de la sphère, le rayon de la section EG (fig. 196) est celui de la sphère. La section est alors un *grand cercle*.

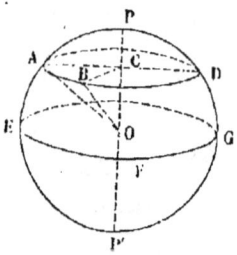

Fig. 196.

Le diamètre PP′ perpendiculaire au plan AB *d'un cercle perce la sphère en deux points* P *et* P′ *qui sont chacun également distants de tous les points de la circonférence* AB. On les appelle les *pôles* du cercle AB.

Si l'on fixe la pointe sèche d'un compas en un point P d'une sphère, et si avec l'autre on trace une ligne sur la sphère, cette ligne sera un cercle, dont P sera le pôle. On peut ainsi tracer des cercles sur une sphère comme sur un plan.

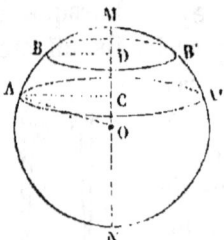

Fig. 197.

On appelle *zone* la portion de la surface de la sphère comprise entre deux cercles dont les plans sont parallèles. Telle est la portion ABB′A′ (fig. 197).

403. Surface de la sphère. — *La surface de la sphère est égale à quatre fois la surface d'un grand cercle*, c'est-à-dire à quatre fois la surface d'un cercle de même rayon que la sphère.

EXEMPLE I. — Trouver la surface d'un globe géographique dont le diamètre a une longueur de 40 centimètres. En désignant cette surface par S, on aura

$$S = 4\pi \times (20)^2 = 5024^{cq} = 0^{mq},5024.$$

EXEMPLE II. — Trouver la surface de la Terre. On sait qu'il

y a 10 000 000 de mètres du pôle à l'équateur. La circonférence du méridien terrestre vaut donc 40 000 kilomètres. Le rayon de la Terre vaut alors $\dfrac{40\,000^{km}}{2\pi}$ et sa surface est de $4\pi\dfrac{(40\,000)^2}{4\pi^2} = \dfrac{(40\,000)^2}{\pi} = 509\,554\,000$ kilom. carrés.

404. Volume de la sphère. — *Le volume d'une sphère a pour mesure le produit de sa surface par le tiers de son rayon.*

Il en résulte que, si l'on désigne par R le rayon de la sphère, comme la surface est représentée par $4\pi R^2$, le volume sera représenté par $4\pi R^2 \times \dfrac{1}{3} R = \dfrac{4}{3}\pi R^3$.

EXEMPLE I. — Trouver le volume d'un aérostat de forme sphérique dont le rayon est de 6 mètres. Ce volume sera $V = \dfrac{4}{3}\pi.6^3 = \dfrac{4}{3}\pi.216 = 904^{mc},32$.

EXEMPLE II. — Une chaudière à vapeur a la forme d'un cylindre ABCD terminé par deux hémisphères AEB, DFC, de même rayon que le cylindre (fig. 198). Trouver sa capacité, sachant que le rayon du cylindre est $0^m,80$, et que la longueur totale de la chaudière est de $5^m,10$. — Le

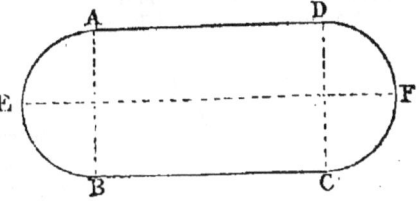

Fig. 198.

volume de la partie cylindrique est $\pi \times (0,80)^2 \times 3^m,50$. Celui des deux hémisphères est $\dfrac{4}{3}\pi \times (0,80)^3$. Donc

$$V = \pi \times (0,80)^2 \times 3,50 + \dfrac{4}{3}\pi \times (0,80)^3$$

$$= \pi \times (0,80)^2 \left(3,50 + \dfrac{4}{3}\times 0,80\right) = 9^{mc},185.$$

GÉOMÉTRIE DE L'ESPACE.

EXERCICES ET PROBLÈMES SUR LA MESURE DES VOLUMES DES SOLIDES POLYÈDRES ET DES CORPS RONDS.

1. Un madrier a $1^m,80$ de longueur sur $0^m,29$ de largeur et $0^m,50$ d'épaisseur. Combien cubent 32 madriers pareils ?

2. Des terrassiers doivent enlever, pour niveler un emplacement à bâtir, un bloc de matériaux qui a la forme d'un prisme droit dont la base est un trapèze ABCD, rectangle en D et en C (fig. 199). $BC = 6^m,50$, $AD = 11^m,20$, et la hauteur CD du trapèze est de $5^m,50$. La hauteur BE du prisme est de $1^m,60$. Quelle sera la dépense, si la journée d'un terrassier est de 3 francs, et si chaque ouvrier enlève par jour 4 mètres cubes ?

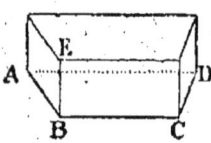

Fig. 199.

3. Un bloc de marbre a la forme d'un parallélépipède rectangle dont les dimensions sont : $0^m,60$, $0^m,32$ et $0^m,26$. Quel est son poids, la densité du marbre étant 2,73 ?

4. Des madriers ont la forme de parallélépipèdes rectangles, dont la base est un carré de $0^m,36$ de côté et dont la hauteur est de $5^m,40$. On les fait débiter en planches de $1^{cm},8$ d'épaisseur. On fait empiler ces planches les unes sur les autres, et on en forme un tas ayant pour largeur la longueur des planches, pour longueur 7 mètres et pour hauteur $1^m,80$. Combien y a-t-il de planches dans ce tas ? Combien a-t-il fallu de madriers pour les faire ?

5. Un canal doit avoir 72 kilomètres de long. Sa section droite a la forme d'un trapèze isocèle ABCD (fig. 200), dont les bases sont $AB = 14$ mètres et $CD = 10$ mètres, et dont la profondeur $IH = 4$ mètres. Quel sera le volume des matériaux à enlever ?

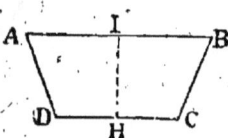

Fig. 200.

6. Un particulier veut faire creuser dans son jardin un bassin qui aura la forme d'un prisme droit dont la base sera un hexagone régulier de 6 mètres de côté. La profondeur du bassin sera de $0^m,80$. Les parois seront revêtues d'une maçonnerie de $0^m,35$ d'épaisseur. Quelle sera la dépense, si l'on doit payer : 1° $1^f,50$ pour chaque mètre cube de matériaux enlevés ; 2° 6 francs pour chaque mètre cube de maçonnerie ; 3° $3^f,50$ pour chaque mètre carré de dallage du fond ; 4° $5^f,50$ le mètre courant pour une bordure en pierre de taille courant tout le long du bord supérieur du bassin ?

7. Une plaque de cuivre ayant la forme d'un triangle équilatéral de 35 centimètres de côté a été argentée sur une de ses faces. Elle pesait $1^{kg},460$ avant d'être argentée et elle pèse $1^{kg},940$ après cette opération. Quelle est l'épaisseur de la couche d'argent qui y a été déposée, la densité de l'argent étant 10,4 ?

PROBLÈMES SUR LES VOLUMES. 347

8. Une masse de plomb pesant 175 kilogrammes a été transformée en feuilles de 1 millimètre d'épaisseur. Quelle surface pourrait-on recouvrir avec toutes ces feuilles? La densité du plomb est 11,55.

9. Un bloc de pierre dont la densité est 2,7 a été placé dans un bassin ayant la forme d'un parallélépipède rectangle dont la base a 0^m,80 de long sur 0^m,70 de large, et il plonge entièrement dans l'eau contenue de ce bassin. Sachant qu'il a fait monter de 0^m,28 le niveau de l'eau, trouver son poids.

10. Un vase en tôle a la forme d'un parallélépipède rectangle, dont les dimensions mesurées extérieurement sont 0^m,48, 0^m,72 et 0^m,30. Il pèse 8 kilogrammes, et l'on sait que la densité de la tôle est 7,60. Trouver la capacité de ce vase et l'épaisseur des parois supposée uniforme et la même pour toutes.

11. Un champ rectangulaire a 270 mètres de long sur 158 mètres de large. On répand sur sa surface une couche de marne d'une épaisseur qui est sensiblement uniforme. La marne coûte 2^f,40 le mètre cube, et on en met 70 mètres cubes par hectare. Quelle sera l'épaisseur de la couche de marne? Quelle sera la dépense?

12. Deux communes, l'une de 850 et l'autre de 1120 habitants, ont fait empierrer une route, à frais communs, en convenant que la dépense serait partagée proportionnellement aux deux populations. La longueur de la route est de 1500 mètres. La couche de pierre qui forme l'empierrement a une largeur de 3 mètres et une hauteur qui est de 0^m,25 au milieu et qui va en diminuant uniformément jusqu'aux bords où elle n'est plus que de 0^m,15. Sachant que la pierre une fois employée revient à 9^f,75 le mètre cube, on demande ce que chaque commune aura à payer.

13. Un fossé a la forme d'un prisme droit dont la base, ou la *section droite*, est un trapèze ayant 1^m,75 pour base supérieure (la largeur du fossé en haut), 0^m,80 pour base inférieure (la largeur du fossé en bas) et 1^m,10 pour hauteur (la profondeur du fossé). La longueur du fossé est de 250 mètres. Combien a-t-il coûté, à raison de 2^f,80 le mètre cube de terre enlevée?

14. Une salle de classe a 6^m,50 de long sur 5^m,50 de large et 4^m,30 de hauteur. Sachant qu'un élève peut vicier par la respiration, en moyenne, 6 mètres cubes d'air par heure, on demande pendant combien de temps 50 élèves auraient dans cette salle la quantité d'air nécessaire, si la salle était parfaitement close. On suppose ensuite que l'air pur entre par un vasistas et que l'air vicié sorte par un autre vasistas de mêmes dimensions que le premier, et l'on demande quelle surface doivent avoir ces deux ouvertures, pour que l'air de cette classe puisse être entièrement renouvelé en deux heures, en supposant que l'air pénètre par l'une et s'écoule par l'autre avec une vitesse de 0^m,40 par seconde.

15. Une tranchée dont les parois sont supposées verticales a été ouverte à travers une colline pour l'établissement d'une voie ferrée. Sa longueur est de 1650 mètres et sa largeur de 8 mètres. Quant à sa

profondeur, on suppose qu'elle est, au milieu de la longueur, de $7^m,50$, et qu'elle va en diminuant régulièrement jusqu'aux deux extrémités, où elle devient nulle. Calculer le cube du déblai.

16. Un réservoir de forme carrée, dont les parois sont inclinées, a 5 mètres de côté à sa surface et $3^m,70$ de côté au fond. Sa profondeur est de $2^m,10$. Ce réservoir étant plein d'eau, on veut le vider au moyen d'une pompe qui enlève, à chaque coup de piston, 4 lit. 5 d'eau. Combien faudra-t-il de coups de piston ?

17. Une tour carrée a une toiture en forme de pyramide ayant pour base le carré qui termine les quatre murs de la tour. Le côté du carré est de $6^m,20$; la hauteur des murs est de 15 mètres, et la hauteur de la pyramide formée par la charpente est de $4^m,30$. Les murailles ont une épaisseur moyenne de $0^m,75$. Trouver, d'après cela, le volume intérieur de cette construction, le volume de la maçonnerie et la surface de la toiture.

18. Un cultivateur fait creuser une fosse pour ensiler du maïs. Cette fosse a la forme du solide défini au n° 389. Les dimensions du rectangle supérieur sont : $22^m,50$ et 5 mètres. Celles du rectangle inférieur sont 20 mètres et $4^m,10$. La profondeur de la fosse est de $1^m,80$. Combien coûtera ce travail, à raison de $1^f,60$ par mètre cube de terre enlevée ?

19. Le piédestal d'une statue est une seule pierre taillée en forme de tronc de pyramide régulière à base carrée. La base inférieure a $1^m,25$ de côté, la base supérieure $0^m,95$, et la hauteur est de $1^m,60$. Quel est le poids de ce bloc, sachant qu'il est en granite, et que la densité de cette pierre est 2,70 ?

20. Pour se partager du blé, un propriétaire et son métayer se sont servis d'une vieille mesure en bois de forme cylindrique, et chacun d'eux a eu 230 fois cette mesure. Le partage fait, ils voudraient savoir combien ils ont eu d'hectolitres. Ils mesurent alors le diamètre intérieur du cylindre, qui est de $0^m,42$, et sa hauteur qui est de $0^m,16$. Trouver combien chacun d'eux a eu d'hectolitres.

21. Un fabricant de boîtes pour conserves alimentaires veut faire des boîtes cylindriques en fer-blanc, dont le diamètre sera de $0^m,12$ et la hauteur de $0^m,18$. Quelle sera en tout la surface du fer-blanc nécessaire à la fabrication d'un millier de boîtes, et quelle sera la capacité totale de ces 1000 boîtes ?

22. Un bidon d'huile à brûler a la forme d'un cylindre surmonté d'un tronc de cône. Le diamètre du cylindre est de $0^m,18$ et sa hauteur de $0^m,20$; le diamètre de la base supérieure du tronc de cône est de $0^m,05$ et sa hauteur de $0^m,12$. Quelle est la contenance du bidon ? Quel poids d'huile doit-il renfermer quand il est plein, la densité de l'huile étant de 0.920 ?

23. Un fermier veut faire refaire la couverture d'un pigeonnier, dont la toiture a la forme d'un cône ayant $2^m,20$ pour rayon de base et $3^m,30$ pour longueur de son arête ou de son côté. Quelle sera la dépense, à raison de $2^f,50$ le mètre carré ?

PROBLÈMES SUR LES VOLUMES.

24. Que coûtera la maçonnerie d'un puits de forme cylindrique, de $18^m,70$ de profondeur, si l'épaisseur du mur est de $0^m,50$, si le diamètre de l'excavation est de $2^m,40$ et si la maçonnerie coûte 14 francs le mètre cube?

25. On gonfle avec de l'hydrogène un aérostat de forme sphérique et dont le rayon est de 5 mètres. On propose de calculer sa force ascensionnelle, c'est-à-dire la différence entre le poids de l'air qu'il déplace et son propre poids. On suppose que l'étoffe qui forme son enveloppe pèse 50 grammes par mètre carré, et l'on sait que 1 mètre cube d'air pèse $1^{kg},3$ et qu'un mètre cube d'hydrogène pèse $0^{kg},090$.

26. Sachant que le quart du méridien terrestre a une longueur de 40 000 kilomètres, calculer en myriamètres carrés et en myriamètres cubes la surface et le volume de la Terre.

27. Une chaudière à vapeur a la forme d'un cylindre terminé par deux hémisphères de même diamètre que le cylindre. La longueur du cylindre est de $3^m,60$, et son rayon de $0^m,90$. Combien renferme-t-elle d'hectolitres d'eau lorsqu'elle est à moitié pleine?

28. Une pièce de canon en fonte a une longueur de $4^m,50$. Son diamètre extérieur est de $0^m,45$ à la culasse et de $0^m,30$ à la bouche. La cavité intérieure a la forme d'un cylindre terminé par un hémisphère de même rayon. La longueur totale de cette cavité est de $4^m,20$ et son diamètre de $0^m,14$. Calculer le poids de cette pièce, sachant que la densité de la fonte est $7^m,20$.

29. On peut assimiler un tonneau à l'ensemble de deux troncs de cône dont la grande base serait, pour les deux, la circonférence du tonneau mesurée à la bonde, et dont les deux petites bases seraient les deux cercles égaux qui forment les deux fonds. Calculer, d'après cela, la capacité d'un tonneau dont le diamètre, à la bonde, est de $0^m,70$, dont les fonds ont $0^m,52$ de diamètre et dont la longueur est de $0^m,90$.

L'évaluation précédente donne un résultat un peu trop faible. Pour calculer la capacité d'un fût, on l'assimile à un cylindre dont le rayon serait $\dfrac{5R+3r}{8}$ (R et r désignant respectivement les rayons du tonneau à la bonde et aux fonds), et dont la hauteur serait la longueur du tonneau. Calculer de cette manière la capacité d'un tonneau ayant les dimensions indiquées dans l'exercice précédent, et comparer les deux résultats.

COMPLÉMENTS DE GÉOMÉTRIE

24ᵉ LEÇON.

NOTIONS D'ARPENTAGE.

405. Arpentage. — *Arpenter* un terrain, c'est en mesurer la superficie.

Pour arpenter, il faut savoir exécuter trois opérations :

406. 1° Tracer une ligne droite sur le terrain. — On ne trace pas effectivement une ligne droite sur le terrain ; on se borne à la *jalonner*, c'est-à-dire à en marquer un certain nombre de points à l'aide de *jalons*.

Fig. 201.

Un *jalon* (fig. 201) est un piquet de bois, que l'on fiche en terre par une de ses extrémités, et qui porte à l'autre extrémité un petit carré de papier ou de fer-blanc, peint de deux couleurs, qui s'appelle *voyant*. Pour jalonner la droite AC (fig. 202), on en marque les deux extrémités par deux jalons bien plantés verticalement. L'arpenteur se place alors un peu en arrière du jalon A, et il envoie un aide, porteur de jalons, dans la direction AC. Lorsque l'aide est arrivé à une certaine distance, il lui fait planter un jalon, en lui faisant signe de la main de le placer plus à gauche ou plus à droite, jusqu'à ce que le jalon A lui cache les jalons B et C. En continuant ainsi, l'arpenteur fait planter entre A et C des jalons qui sont tous situés sur la ligne droite AC.

407. 2° Mesurer la longueur d'une ligne droite qui a été jalonnée. — Cette mesure se fait avec la *chaîne d'arpenteur* (fig. 203). C'est une chaîne qui se compose de 50 chaînons en gros fil de fer réunis par de petits anneaux en fer (ces anneaux sont remplacés de

NOTIONS D'ARPENTAGE.   551

cinq en cinq par des anneaux de cuivre). Le milieu de la chaîne est indiqué par un anneau qui porte un signe particulier. Les chaînons ont chacun 20 centimètres de long, et la chaîne, y compris les deux

Fig. 202.

poignées qui la terminent, a par conséquent une longueur de 10 mètres.

Pour mesurer une droite jalonnée, l'opérateur appuie l'une des poignées de la chaîne contre le jalon extrême A. Un aide tenant l'autre poignée marche dans la direction AB et tend la chaîne, autant que

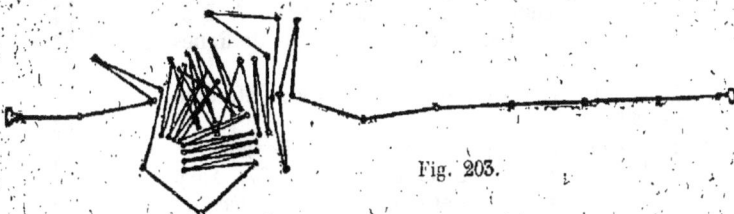

Fig. 203.

possible horizontalement, dans l'alignement AB. Quand la chaîne est tendue, il plante dans le sol, à l'extrémité de la chaîne et à l'intérieur de la poignée, un petit piquet en fer qu'on appelle une *fiche* (fig. 204). L'arpenteur et l'aide se remettent alors en marche, en continuant de la sorte, l'opérateur ayant le soin de ramasser les fiches laissées par l'aide à l'extrémité de la chaîne. Arrivé à la dernière fiche P, l'arpenteur l'enlève et compte toutes les fiches qu'il a dans la main. Il ajoute à la longueur que représente ce total la longueur PB, qu'il mesure sur la chaîne elle-même ou avec un décimètre de poche. Si, par exemple, l'opérateur a ramassé 8 fiches, et si la longueur PB est de $7^m,54$, la longueur AB est de $87^m,54$.

408. 3° **Tracer sur le terrain une perpendiculaire à une droite.** — On emploie pour cela un instrument appelé *équerre d'arpenteur*. C'est une sorte de boîte prismatique ou cylindrique en cuivre, dont la surface latérale est percée de fentes verticales opposées qui déterminent des lignes de visée. Les lignes de visée ainsi déterminées sont perpendiculaires deux à deux. Par exemple, dans une équerre prismatique à base d'octogone régulier (fig. 205), la face A est percée à sa partie inférieure d'une

Fig. 204.

fente verticale très étroite, et à sa partie supérieure d'une fenêtre rectangulaire, divisée dans le sens de sa hauteur par un fil très fin placé sur le prolongement de la fente. La face opposée A' est percée de la même manière; mais la fente étroite ou *œilleton* est en haut, tandis que l'ouverture rectangulaire ou *croisée* est en bas. Si l'on regarde par la fente A, le fil de la croisée A' placé devant l'œil détermine une ligne de visée suffisamment nette et précise pour ce genre d'opérations. De même, en regardant par la fente de la face A', on a, avec le fil de la croisée A, une ligne de visée qui se confond avec la première, mais qui est de sens contraire. Enfin, les deux faces opposées B' et B' déterminent une ligne de visée perpendiculaire à la précédente, et les faces C et C', D et D' donnent encore une couple de lignes de visée rectangulaires.

Fig. 205.

La boîte est portée par un pied que l'on plante dans le sol (fig. 206).

Pour élever avec l'équerre une perpendiculaire en A à une droite MN tracée sur le terrain (fig. 207), l'arpenteur plante l'équerre en A et la tourne de manière qu'en regardant par la fente A, par exemple, il aperçoive le jalon M derrière le fil de la croisée A', et qu'en regardant par la fente A' il aperçoive le jalon N derrière le fil de la croisée A. Quand cette double condition est remplie, l'équerre est bien placée sur la droite MN, et la ligne AA' coïncide bien avec la direction MN. L'arpenteur vise alors dans la direction BB' et fait planter des jalons dans cette direction.

Fig. 206.

Pour abaisser avec l'équerre une perpendiculaire d'un point A sur la droite MN (fig. 208), l'opérateur place l'équerre en un point O de la ligne MN qui lui paraît, à vue d'œil, être le pied de la perpendiculaire cherchée. Il tourne alors l'équerre, comme dans le cas précédent, jusqu'à ce qu'une ligne de visée coïncide avec MN, et il regarde si la ligne de visée perpendiculaire à celle-là passe bien par le point A. Si cela a lieu, le point O est le pied de la perpendiculaire abaissée de A sur MN, et il n'y a plus qu'à faire jalonner OA. Dans le cas contraire, l'arpenteur déplace l'équerre vers M ou vers N, suivant que la deuxième ligne de visée laissait le point A à sa gauche ou à sa droite, et il arrive ainsi par tâtonnements à déterminer le point A.

409. Arpenter un terrain polygonal. — Soit à trouver la superficie du terrain ABCDEFG (fig. 209). On plante des jalons à tous les

NOTIONS D'ARPENTAGE.

sommets, et l'on jalonne sur le terrain une ligne MN, autant que possible horizontale, et choisie de manière qu'en s'avançant sur elle on

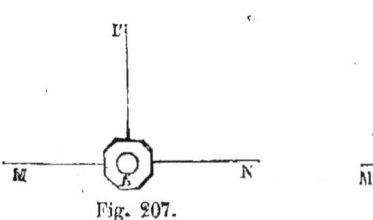

Fig. 207. 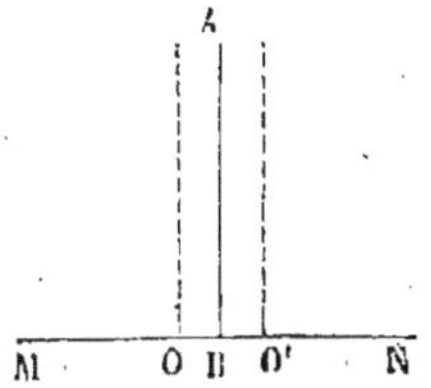 — Fig. 208.

aperçoive successivement tous les sommets. On abaisse alors les perpendiculaires AA′, BB′, CC′, etc., en les chaînant à mesure qu'on les détermine, et en chaînant en même temps les distances A′H, HG′, G′B′, B′F′, etc. On obtient alors l'aire du polygone au moyen des aires des triangles AA′H, GHG′, DD′K, EE′K, et des trapèzes AA′B′B, B′BCC′, etc., comme on l'a vu au n° 356.

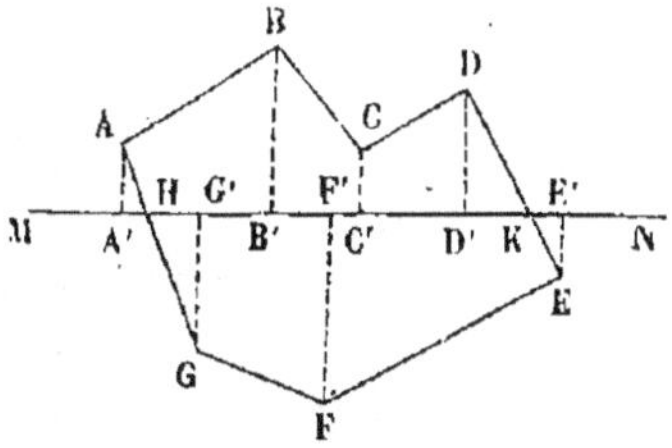

Fig. 209.

410. Arpenter un terrain limité par une ligne courbe. — Soit le terrain représenté par la figure 210. On marque sur la courbe des points P, Q, R, S... assez rapprochés pour que la figure polygonale PQRS... puisse, sans erreur sensible, remplacer la figure curviligne qu'on veut mesurer. On applique alors la méthode précédente à l'évaluation de l'aire polygonale ainsi obtenue.

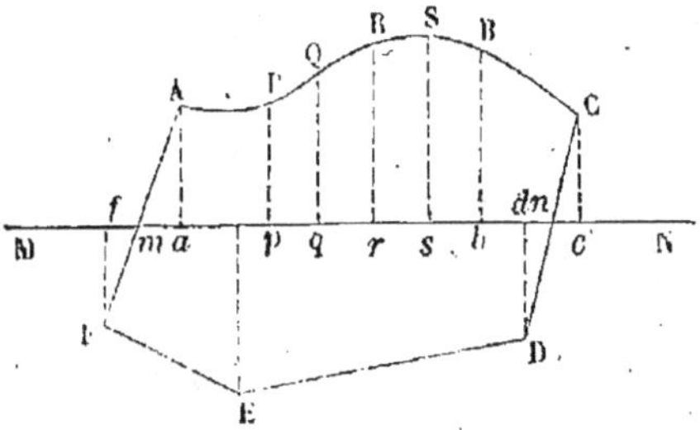

Fig. 210.

411. Arpenter un terrain à l'intérieur duquel on ne peut pas pénétrer. — Soit, par exemple, une pièce d'eau ABCDE... (fig. 211). On trace sur le terrain un polygone quelconque MNPQ, qui entoure l'étang, et dont la surface puisse se mesurer commodément. On mesure alors les portions telles que BMcC, CcdD, DdQd′..., et on les retranche de la surface du polygone MNPQ.

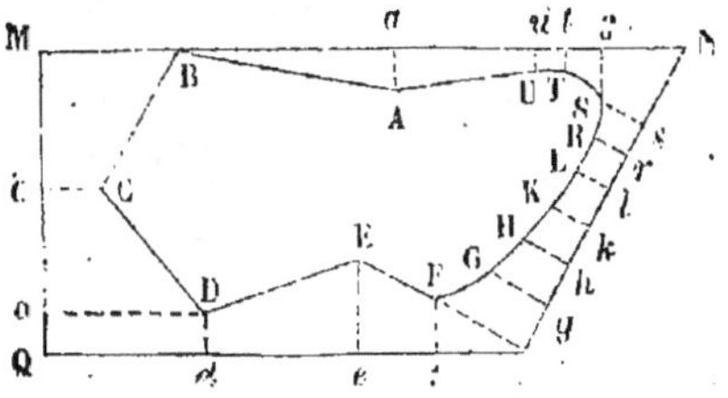

Fig. 211.

VINTÉJOUX. — COURS SUP.

25ᵉ LEÇON.

NOTIONS SUR LE LEVÉ DES PLANS. — INSTRUMENTS. — ÉCHELLE.

412. Notions préliminaires. — On appelle *projection* d'un point sur un plan le pied de la perpendiculaire abaissée de ce point sur le plan.

La projection d'une ligne est une deuxième ligne formée par les projections de tous les points de la première. Ainsi la projection de la ligne droite AB sur le plan MN (fig. 212) est la ligne formée par les projections des divers points de AB. On démontre que cette projection de AB est une autre droite CD.

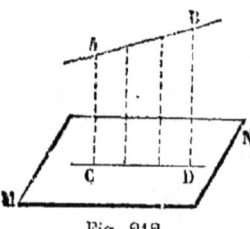

Fig. 212.

413. Plan d'un terrain. — Lorsqu'un terrain est horizontal, en faire le *plan*, c'est construire sur le papier une figure semblable à la figure formée par ce terrain.

Lorsqu'un terrain n'est pas horizontal, on imagine qu'il soit projeté sur un plan horizontal, et le *plan* de ce terrain est alors le plan de cette projection horizontale. Nous supposerons dans ce qui va suivre que le terrain dont nous voulons faire le plan soit horizontal. S'il ne l'était pas, il faudrait, pour en représenter la projection sur l'horizon, recourir à des méthodes que nous ne pouvons pas expliquer dans ces notions élémentaires. Toutefois, lorsque le terrain est à peu près horizontal, on peut encore procéder comme nous allons l'expliquer, et le plan qu'on fait ainsi ne diffère pas sensiblement du plan qui représenterait la projection sur l'horizon.

Lever le plan d'un terrain, c'est prendre toutes les mesures nécessaires pour pouvoir ensuite construire sur le papier une figure semblable à celle du terrain. *Rapporter le plan sur le papier*, c'est construire cette figure semblable au terrain. Le rapport de similitude du plan et du terrain qu'il représente s'appelle *l'échelle* du plan.

Pour lever des plans, il faut savoir mesurer sur le terrain des longueurs et des angles. Nous avons vu (406 et 407) comment on jalonne et comment on mesure des droites sur le terrain. La mesure des angles se fait avec des instruments divers ; nous décrirons les deux plus simples.

414. Pantomètre ou équerre graphomètre. — Cet instrument (fig. 213) est une boîte en cuivre formée de deux cylindres superposés. Le cylindre supérieur peut tourner sur le cylindre inférieur au moyen d'un engrenage intérieur, qui se manœuvre à l'aide d'un bouton situé au-dessous de la boîte. Les deux cylindres superposés sont percés de fentes étroites et de fenêtres opposées, comme dans l'équerre d'arpenteur. Enfin, le bord du cylindre inférieur porte une division en degrés, dont le zéro correspond à l'une des fentes étroites du même cylindre. Le cylindre supérieur porte, de son côté, un point de repère qui correspond à l'une des fentes du cylindre supérieur.

Lorsqu'on veut mesurer avec cet instrument l'angle de deux droites OX et OZ (fig. 214), on place l'instrument au sommet O de cet angle. On amène le point de repère du cylindre supérieur sur la division 0 du cylindre inférieur ; on tourne alors l'appareil tout d'une pièce de manière que le plan de visée qui,

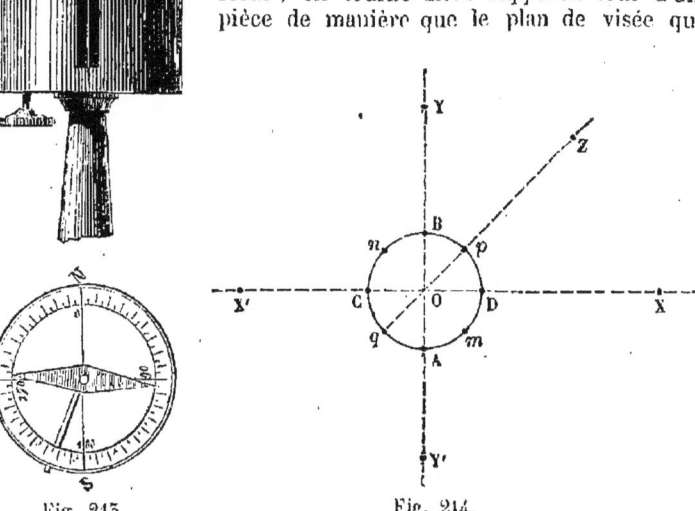

Fig. 213. Fig. 214.

dans le cylindre inférieur, correspond aux divisions 0° et 180°, coïncide avec la direction OX. Laissant alors l'appareil fixe, on manœuvre le bouton de manière à faire tourner le cylindre supérieur seulement, jusqu'à ce que le plan de visée de ce cylindre qui correspond au point de repère coïncide avec la direction OZ. On lit alors sur la graduation du cylindre inférieur la division sur laquelle tombe le point de repère, et l'on a l'angle dont a tourné le cylindre supérieur, c'est-à-dire l'angle des deux directions OX et OZ.

Cet instrument porté à sa partie supérieure, dans le cylindre du haut, une boussole, ce qui lui permet de fonctionner comme boussole, en même temps qu'il peut fonctionner comme équerre et comme graphomètre. Il est d'un usage commode et donne des résultats d'une exactitude suffisante.

415. Graphomètre. — Cet instrument (fig. 213) se compose d'un demi-cercle en cuivre ALB, porté par un pied à trois branches, auquel il s'articule par un *genou à coquilles*, ce qui permet de lui donner une inclinaison quelconque. Ce demi-cercle porte deux règles ou *alidades*, AB et CD, terminées par de petits montants où sont pratiquées des fentes étroites et des croisées correspondantes, comme dans l'équerre d'arpenteur et le pantomètre ; ce sont des *alidades à pinnules*. L'alidade AB fait corps avec le demi-cercle, tandis que l'autre, CD, est mobile autour du centre. L'angle formé par les deux plans

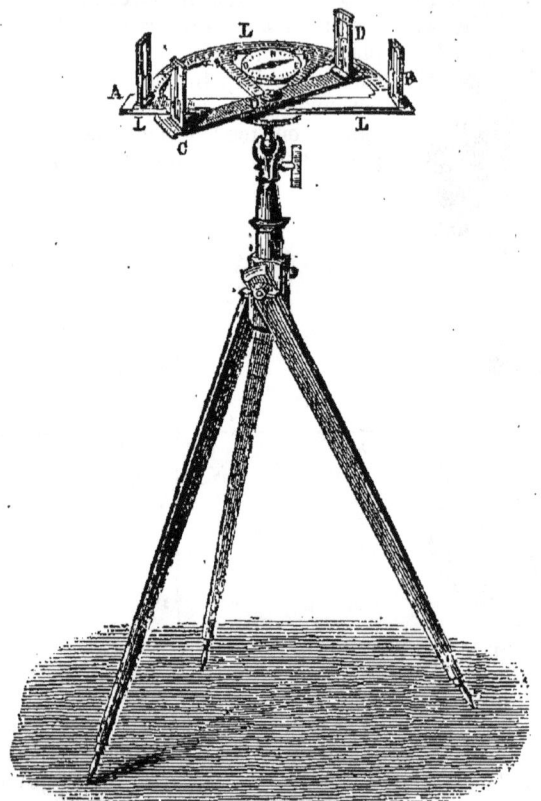

Fig 215.

de visée des alidades est mesuré sur le emi-cercle de la manière suivante : le bord ou *limbe* du demi-cerc e est divisé en degrés et demi-degrés, la ligne 0° — 180° coïncidant avec la ligne de visée de l'alidade AB; l'alidade CD se termine par des arcs de cercle taillés en biseau, qui s'appliquent sur la graduation du limbe et qui portent deux points de repère situés dans le plan de visée de l'alidade CD.

Pour mesurer l'angle de deux alignements OA et OB (fig. 216), tracés sur le terrain, on place le graphomètre en O, et, grâce à la mobilité du plan du limbe, on place ce plan de manière qu'il passe par les voyants des jalons A et B. On dirige alors le plan de visée de l'alidade fixe sur le jalon A, et l'on fixe le limbe dans cette position. On tourne ensuite l'alidade mobile CD jusqu'à ce que son plan de visée passe par le voyant du jalon B. On lit alors sur la graduation du limbe l'angle des *lignes de foi* des deux alidades, qui est l'angle des directions OA et OB, ou plutôt l'angle des droites qui joignent le centre du demi-cercle aux voyants des jalons placés en A et en B. Ces deux angles diffèrent en général très peu l'un de l'autre.

416. Rapporter le plan sur le papier. Échelle. — Pour rapporter sur le papier le plan d'un terrain, il faut savoir construire un angle égal à un angle donné, ce que nous avons expliqué au n° 312, et savoir réduire une longueur à une échelle déterminée.

Le rapport de similitude qu'on appelle *l'échelle* du plan, est d'ordinaire un rapport simple : $\frac{1}{1000}$, $\frac{1}{2000}$, $\frac{1}{2500}$, $\frac{1}{50000}$.

Supposons, par exemple, que l'on veuille construire un plan à l'échelle de $\frac{1}{5000}$, c'est-à-

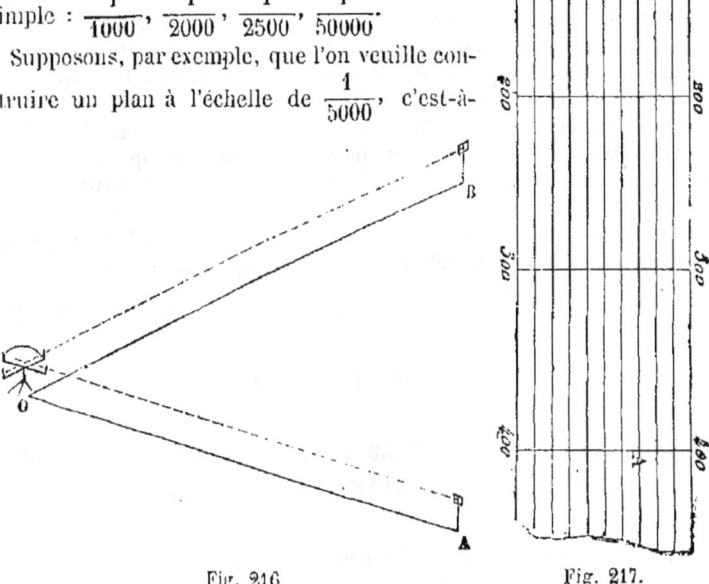

Fig. 216.   Fig. 217.

dire à l'échelle de 1 mètre pour 5 kilomètres, ou de 1 décimètre pour 500 mètres. 100 mètres seront alors représentés par $0^m,02$.

Pour construire la figure qu'on appelle *échelle de proportion*, on prend sur une ligne droite (fig. 217), à partir d'un point marqué 0, des longueurs successives de 2, 4, 6, 8..... centimètres, et l'on inscrit aux extrémités les nombres 100, 200, 300, 400,......, ce qui signifie que la longueur de 2 centimètres représente 100 mètres, que la longueur de 4 centimètres représente 200 mètres, etc. A gauche du point 0, on porte aussi 2 centimètres, et l'on divise cette longueur de 2 centimètres en 10 parties égales, ces divisions égales représentant des dixièmes de 100 mètres, c'est-à-dire des décamètres. On inscrit donc, à côté des points de division, les nombres 10, 20, 30,....., parce que les longueurs comptées depuis 0 jusqu'à ces divers points de division représentent effectivement 10 mètres, 20 mètres, 30 mètres, etc. Enfin, pour représenter les mètres, on trace au-dessous de la ligne ainsi divisée dix parallèles équidistantes. Par les points de division on mène des perpendiculaires à ces lignes, et l'on reproduit sur la dernière parallèle les divisions tracées et numérotées sur la première. Cela fait, on trace des obliques joignant respectivement les points de division 0 et 10, 10 et 20, 20 et 30, etc. Les portions des parallèles comprises entre la perpendiculaire qui joint 0 à 0 et l'oblique joignant 0 et 10, valent respectivement $\frac{1}{10}$, $\frac{2}{10}$, $\frac{3}{10}$, ... de la base du triangle, c'est-à-dire de la petite division 0 — 10 ; ces portions représentent donc 1^m, 2^m, 3^m, etc.....

Supposons maintenant qu'on veuille prendre avec cette échelle, sur le papier, une longueur de 473 mètres. On mettra la pointe d'un compas sur la perpendiculaire 400, au point A où cette perpendiculaire rencontre la 3ᵉ parallèle, et l'on ouvrira le compas jusqu'à ce que l'autre pointe tombe en B, point situé sur l'oblique 70—80. AB représentera bien 473 mètres, puisque $AO = 400^m$, $Bc = 70^m$, et $ab = 3$ mètres.

D'ordinaire on se dispense de construire une échelle : on se sert d'échelles toutes faites, gravées sur des plaques de cuivre.

26ᵉ LEÇON.

SUITE DES NOTIONS SUR LE LEVÉ DES PLANS. PRINCIPALES MÉTHODES.

417. Levé au mètre. — On peut lever un plan en mesurant des longueurs seulement, et par conséquent en se servant uniquement de la chaîne d'arpenteur.

Soit à lever le terrain ABCDEF (fig. 218). On chaîne tous les côtés de ce polygone. Puis, pour en avoir les angles, on mesure sur les côtés de chacun d'eux, sur AB et AF par exemple, à partir du sommet A, deux longueurs quelconques AA′ et AA″, et la longueur A′ A″ qui joint leurs extrémités. On peut alors construire, à l'échelle, le triangle AA′A″, dont on connaît les trois côtés, ce qui donne l'angle A. Connaissant les angles et les côtés du polygone ABCDEF, on peut le construire sur le papier, à une échelle déterminée.

REMARQUE I. — On peut encore, si le terrain s'y prête, mesurer tous les côtés du polygone et toutes les diagonales partant d'un sommet, le sommet A par exemple. On pourra alors construire un polygone semblable au polygone donné, en construisant, réduits à l'échelle, les triangles successifs ABC, ACD, ADE, etc.

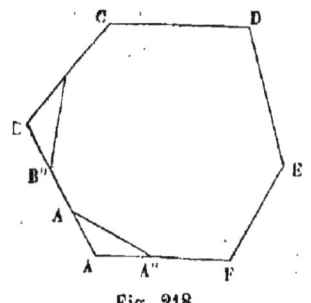

Fig. 218.

REMARQUE II. — Cette méthode est théoriquement très simple; mais elle conduit dans la pratique à des opérations très longues.

418. Levé à l'équerre. — Pour lever avec la chaîne et avec l'équerre le plan d'un polygone ABCD... (fig. 219), on procède comme pour en mesurer la surface (409 et 410). On jalonne une base MN, sur laquelle on détermine, avec l'équerre, les pieds des perpendiculaires Aa, Kk, Bb, etc. On chaîne ensuite la ligne MN à partir d'un point O, choisi de manière que les pieds de toutes les perpendiculaires soient d'un même côté de ce point. Pour

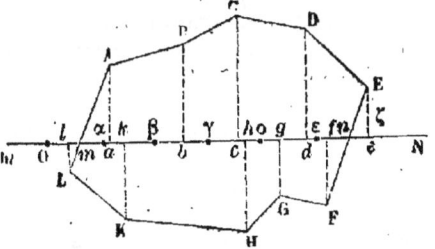

Fig. 219.

cela, la chaîne étant d'abord tendue de O en α, on mesure Ol et Om; puis, la chaîne étant transportée en α β, on détermine Oa et Ok, et ainsi de suite. On fait chaîner à mesure les perpendiculaires aA, kK, bB, etc., et l'on a ainsi les éléments nécessaires pour rapporter le plan sur le papier.

419. Levé au graphomètre ou au pantomètre. — Lorsqu'on dispose d'un instrument propre à mesurer les angles, d'un graphomètre ou bien, ce qui est plus facile, d'un pantomètre, on peut lever un plan plus rapidement. Il y a méthodes trois principales :

1° *Par cheminement.* — On chemine le long du périmètre du terrain, en chaînant tous ses côtés et en mesurant tous ses angles. On construit alors le polygone qui lui est semblable, comme il a été expliqué au n° 338.

2° *Par intersections.* — On choisit sur le terrain une base MN

560   COMPLÉMENTS DE GÉOMÉTRIE.

(fig. 220), telle qu'on puisse la chaîner exactement, et que de ses extrémités on puisse apercevoir les sommets A, B, C. — Après avoir chaîné cette base, on mesure les angles AMN et ANM, qui, avec la base MN, déterminent le triangle AMN. De même, on mesure les angles BMN et BNM, qui, avec la base, déterminent le triangle BMN; et ainsi de suite. On construit alors, comme cela a été exposé au n° 341, le polygone semblable au terrain ABCDEF.

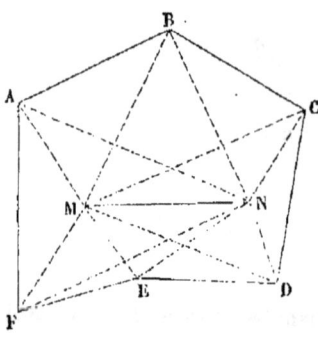

Fig. 220.

3° *Par rayonnement.* — On choisit un point duquel on puisse apercevoir les divers sommets du terrain, soit le point M (fig. 220). On s'y transporte et l'on y mesure les angles AMB, BMC, CMD, etc. En même temps, on fait chaîner les longueurs MA, MB, MC, etc., et l'on peut construire le polygone semblable au terrain, en procédant comme nous l'avons expliqué au n° 340.

420. Levé à la planchette. — Avec la planchette, on rapporte le plan sur le papier, en même temps qu'on lève ce plan.

La partie essentielle de cet instrument est une planche à dessiner PP, portée par un pied à trois branches (fig. 221), sur laquelle elle repose au moyen d'un mode de support qui permet de lui donner toutes les inclinaisons possibles. De plus, lorsque la planchette a été mise ainsi dans une certaine position, un autre mouvement lui permet, tout en restant dans son plan, de tourner autour de son centre, de manière à être orientée comme on le veut dans le plan en question. Deux rouleaux r, r' tendent une feuille de papier à dessin sur la planchette.

La deuxième partie de cet instrument est une règle ou alidade à pinnules (fig. 222), analogue à celles que nous avons vues sur le graphomètre. Elle est échancrée de manière que son bord, taillé en biseau, soit dans le plan de visée des deux pinnules; ce bord est la *ligne de foi* de l'alidade.

Lorsqu'on fait un levé à la planchette, on procède surtout par intersections. Après avoir choisi sur le terrain une base AB (fig. 223), on met la planchette en station au point A. On plante une aiguille sur le papier au point situé sur la verticale du point A, et l'on trace avec une règle une ligne droite passant en A, et sur laquelle on porte, à l'échelle du plan, la longueur *ab* représentant AB. On oriente alors la planchette de manière que la ligne droite *ab* soit bien dirigée suivant AB, ce que l'on obtient avec l'alidade. On fait alors tourner l'alidade autour de l'aiguille, en visant successivement les points C, D, E..., et l'on trace sur le papier les lignes *ac*,

SUITE DES NOTIONS SUR LE LEVÉ DES PLANS. 361

ad, ae, qui marquent ces directions. Cela fait, on se transporte en

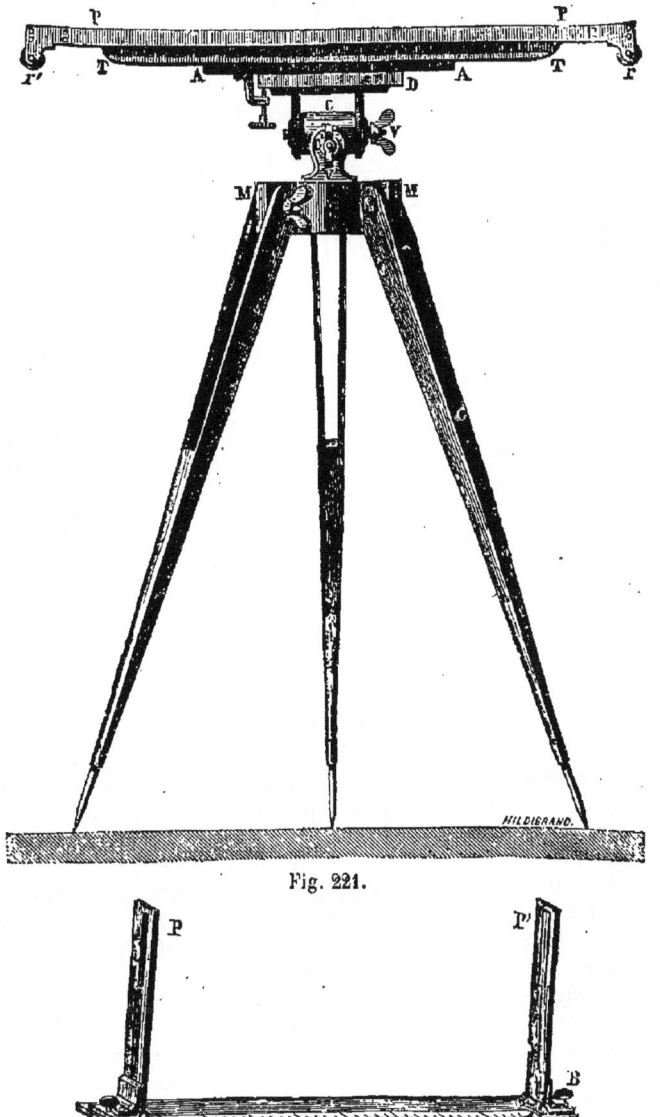

Fig. 221.

Fig. 222.

B, et l'on y met la planchette en station, de manière que le point

B soit sur la verticale de B et que la droite ba soit bien dans la direction BA. On opère en B comme on l'a fait en A, et les lignes $bc, bd, be...$ déterminent, par leurs intersections avec $ac, ad, ae...$, les sommets du polygone, qui se trouve ainsi à la fois levé et construit.

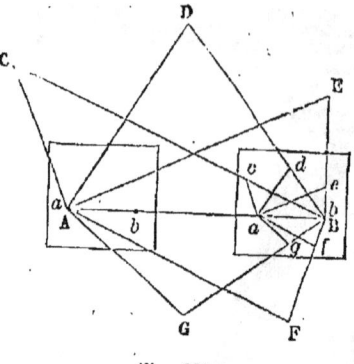

Fig. 223

Remarque. — Dans tout ce qui précède, nous avons supposé qu'il s'agissait seulement de lever le plan d'un terrain polygonal. Lorsqu'on veut lever le plan non seulement d'un terrain, mais d'un ensemble de figures formant, par exemple, une propriété, le territoire d'un hameau ou d'une commune, on détermine d'abord sur le terrain un ensemble de points remarquables formant ce qu'on appelle un *polygone topographique*. On relève ce polygone par les méthodes qui viennent d'être exposées sommairement, et l'on y rattache ensuite par la méthode d'intersections tous les points et tous les détails secondaires du plan.

27ᵉ LEÇON.

NOTIONS SUR LE NIVELLEMENT.

Pour représenter complètement un terrain, il ne suffit pas d'en faire le plan; il faut encore en indiquer le relief, c'est-à-dire représenter les accidents du sol; c'est l'objet principal du *nivellement*.

421. Nivellement. — Faire le *nivellement* d'un terrain, c'est déterminer les hauteurs des divers points de ce terrain au-dessus d'un même plan horizontal, qu'on appelle le *plan de comparaison*. La hauteur d'un point au-dessus de ce plan s'appelle la *cote* de ce point.

Il est clair qu'il suffit, pour niveler un terrain, de déterminer les différences entre la cote d'un certain point de ce terrain et de tous les autres. Lorsque cette différence sera connue, la cote du premier point pourra être prise arbitrairement, ce qui reviendra à choisir à volonté le plan de comparaison, et les cotes des autres points se déduiront facilement de celle du premier.

Les deux instruments essentiels du nivellement sont le *niveau d'eau* et la *mire*.

422. Niveau d'eau. — Le niveau d'eau (fig. 224) se compose d'un tube en fer-blanc ou en cuivre, de $1^m,40$ de longueur environ, recourbé à ses deux extrémités et portant deux petites fioles de verre

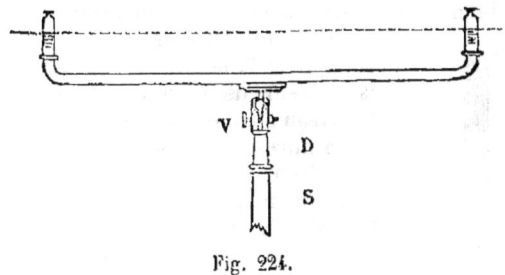

Fig. 224.

Cet instrument est porté par un pied à trois branches, sur lequel il est assujetti au moyen d'un *genou à coquilles*, comme nous l'avons vu pour le graphomètre. On verse dans le tube soit de l'eau pure, soit, ce qui est préférable, de l'eau colorée, et on en verse jusqu'à ce qu'elle monte dans les deux fioles environ aux deux tiers de leur hauteur. D'après un principe élémentaire de physique, la surface du liquide dans les deux fioles détermine un même plan horizontal.

423. Mire. — La *mire* (fig. 225) est une règle AB divisée en centimètres, qui peut être facilement placée et maintenue dans une position verticale. Le long de cette règle glisse une plaque V, peinte en deux couleurs, et qui s'appelle le *voyant*. Cette plaque peut être fixée dans une position donnée au moyen d'une vis de pression V. Le bord inférieur du *collier* qui porte le voyant et qui glisse le long de la règle, est à la même hauteur que la ligne horizontale V du voyant; il marque donc sur la mire la division à laquelle s'élève la ligne V, qui s'appelle la *ligne de foi* du voyant.

424. Problème fondamental. — Trouver la différence de niveau de deux points donnés A et B (fig. 226). Supposons d'abord que la distance AB ne soit pas très grande, ne dépasse pas une centaine de mètres environ. Supposons, en outre, que la différence de niveau de A et de B soit manifestement inférieure à la hauteur de la mire. On place le niveau d'eau en une station intermédiaire entre A et B, et l'on fait porter la mire au point A. L'opérateur se place alors à un mètre environ du niveau et regarde si le plan des deux surfaces du liquide passe par la ligne de foi du voyant: Il fait signe à l'aide, avec la main, de hausser ou de baisser le voyant, jusqu'à ce que cette coïncidence ait lieu. L'aide lit alors sur la mire la division par laquelle passe la ligne de foi. La mire est ensuite transportée en B, et l'opération précédente est renouvelée. La différence de niveau des deux points est évidemment la différence des hauteurs mesurées sur la mire.

L'opération précédente est un *nivellement simple*. Mais lorsque la distance AB est plus grande et que la différence des niveaux de A et de B surpasse manifestement la hauteur de la mire, il faut faire ce que l'on appelle un *nivellement composé*. On prend entre A et B plusieurs points intermédiaires tels que de chacun d'eux au suivant la différence de niveau puisse s'obtenir par un nivellement simple. On porte le niveau entre A et M, entre M et N, entre N et P, etc..., et à chaque fois on note la hauteur de la mire. Ainsi, par exemple, le niveau étant entre A et M, on note la hauteur de la mire en A; que l'on appelle le *coup arrière* (coup de niveau donné en arrière), puis la hauteur de la mire en M, le *coup avant*. On fait de même en N, en P, etc., et l'on dresse sur un carnet un tableau de ces opérations.

On obtiendra alors la différence de niveau au moyen de la règle suivante :

On fait la somme des coups arrière et la somme des coups avant. Si la première est la plus grande, le point d'arrivée B est plus haut que le point de départ A; si le contraire a lieu, c'est A qui est plus haut que B. Dans tous les cas, la différence de niveau est égale à la différence des deux sommes ainsi obtenues.

425. Nivellement général d'un terrain. Profil d'une ligne. — Pour représenter le relief d'un terrain, on détermine les cotes d'un grand nombre de points au-dessus d'un plan de comparaison arbitrairement choisi. Pour cela, on fait un nivellement simple ou composé, suivant les cas, entre les deux premiers points; puis on en fait un autre entre le deuxième et le troisième point, et ainsi de suite, en cheminant ainsi le long des lignes remarquables du terrain. On peut aussi placer le niveau à un point central, d'où l'on voit tous les autres points, et relever la différence de niveau de ce point et de chacun des autres, en *rayonnant* de ce point à chacun d'eux.

Il arrive très fréquemment qu'on a besoin de connaître le relief du sol le long d'une ligne donnée, qui est l'intersection de la surface du terrain et d'un plan vertical. On marque alors sur cette ligne un certain nombre de points, et l'on donne des coups de niveau entre les points consécutifs ainsi marqués. Lorsque l'on a obtenu les cotes de ces points, on trace sur une feuille de papier une ligne droite destinée à représenter l'intersection du plan horizontal de comparaison et du plan vertical qui détermine sur la surface du sol la ligne en question. On prend sur cette ligne des longueurs am, mn, np,...

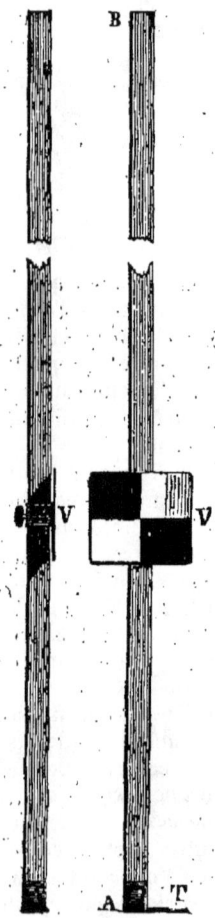

Fig. 225.

(fig. 227), représentant, à une échelle déterminée, les distances horizontales des points qu'on a choisis sur la ligne ; on élève aux points m, $n, p,...$ ainsi obtenus, des perpendiculaires à ab, sur lesquelles on prend

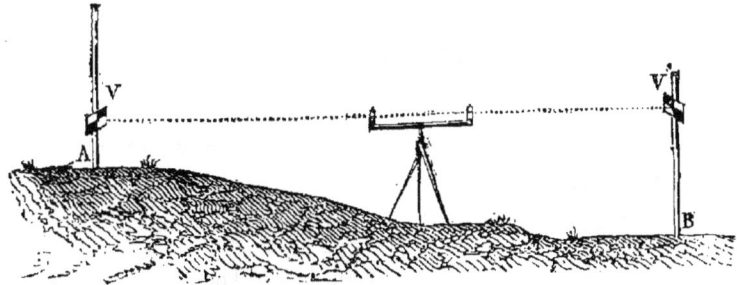

Fig. 226.

des longueurs aA, mM, nN, etc., qui représentent, à l'échelle choisie, les cotes des points en question. Enfin, on joint ces points par un trait continu, qui est la représentation du profil du terrain. On con-

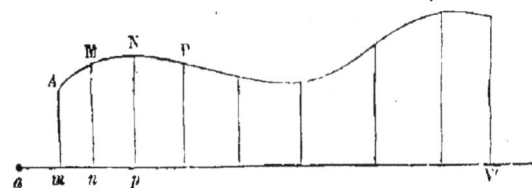

Fig. 227.

çoit qu'en multipliant les profils dans des directions convenablement choisies, on puisse obtenir des indications très précises sur les ondulations du terrain que l'on relève.

426. Courbes horizontales ou courbes de niveau. — On désigne ainsi les courbes dont tous les points ont la même cote. En d'autres termes, une courbe horizontale ou courbe de niveau est la courbe d'intersection de la surface du sol avec un plan horizontal. Pour tracer sur le sol une courbe de niveau, l'opérateur se place en une station O (fig. 228) et fait marcher l'aide, qui porte la mire dont

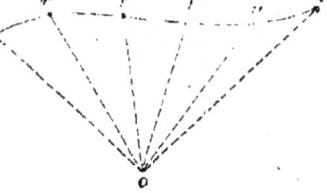

Fig. 228.

le voyant a été placé à la hauteur du niveau d'eau. L'aide s'avance en tâtonnant, et l'opérateur lui fait signe de monter ou de descendre jusqu'à ce que la ligne de foi du voyant soit située sur le plan du

566 COMPLÉMENTS DE GÉOMÉTRIE.

niveau d'eau. Lorsque cela a lieu, l'aide marque le point, qui appartient à la ligne de niveau déterminée par le plan du niveau d'eau. On cherche ainsi d'autres points r, s, t de la même ligne de niveau; on les relève sur le plan et, en les joignant par un trait continu l'on obtient sur le plan la ligne de niveau considérée.

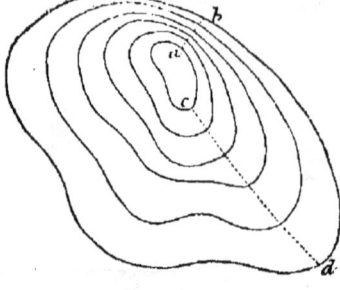

Fig. 229.

427. Plans ou cartes topographiques. — On appelle *plans* ou *cartes topographiques* des plans où l'on a représenté un

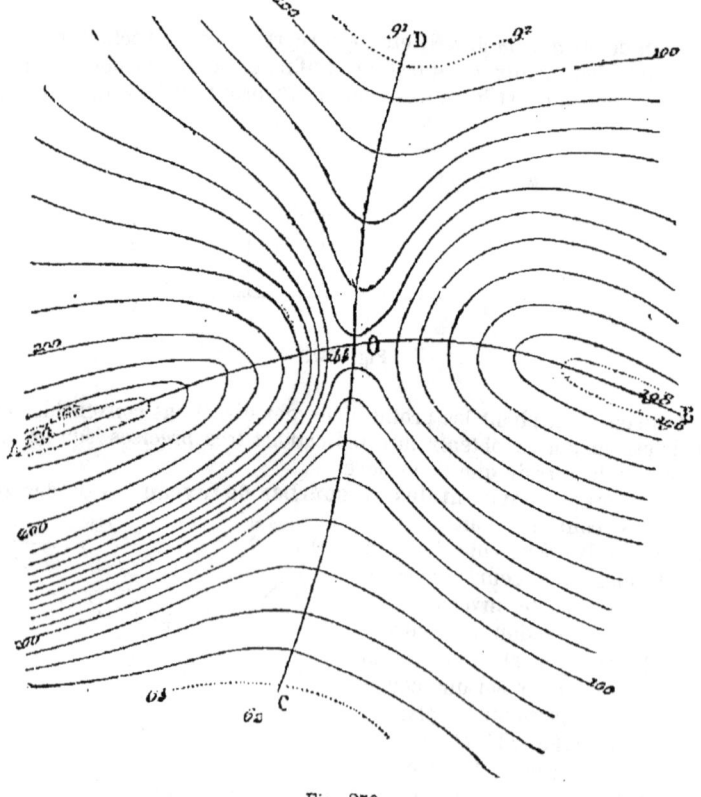

Fig. 230.

grand nombre de courbes de niveau équidistantes, par exemple les

NOTIONS SUR LE NIVELLEMENT.   367

courbes de niveau dont les cotes seraient exprimées par les nombres 10ᵐ, 20ᵐ, 50ᵐ, ou 100ᵐ, 200ᵐ, 500ᵐ, etc. Ces cartes topographiques permettent de construire les plans reliefs du terrain.

On montre aisément que si deux courbes de niveau se rapprochent l'une de l'autre, la pente est plus forte où cela arrive. On conçoit alors que la représentation des courbes de niveau permette à celui qui a la carte sous les yeux de se rendre compte du relief. Par exemple, sur la figure 229, on voit que la pente le long de ab est plus grande que le long de cd.

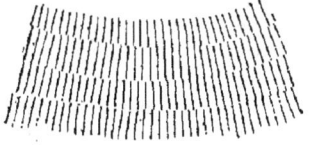

Fig. 231.

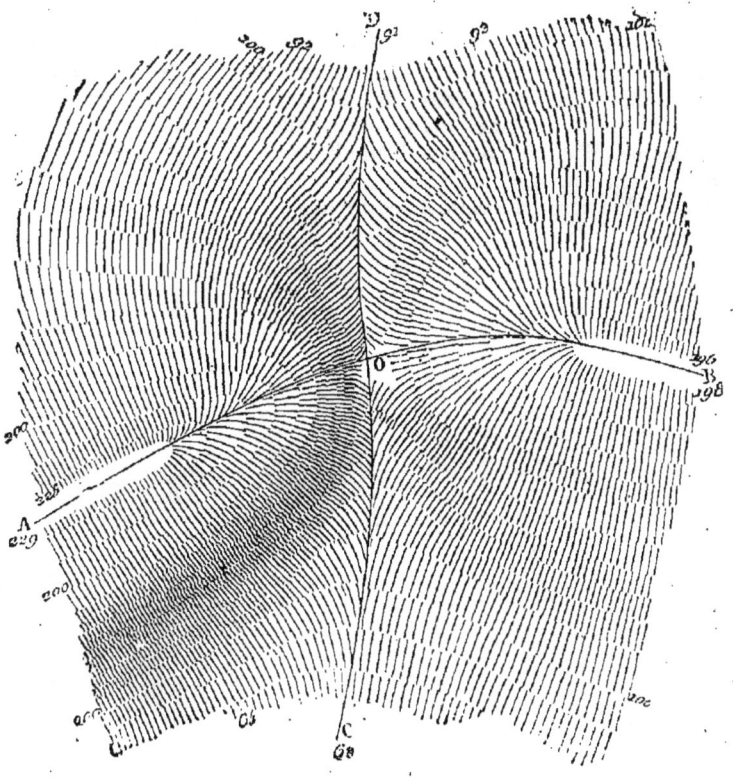

Fig. 232.

On voit donc que la figure représente un mamelon qui s'abaisse rapidement vers ab et beaucoup plus lentement vers cd.

428. Ligne de faîte. Thalweg. — Sur une carte topographique, on rend plus manifestes les accidents du sol en traçant deux lignes caractéristiques, la *ligne de faîte* et le *thalweg*. La première est une ligne telle qu'on ne peut s'en écarter, à droite ou à gauche, sans descendre. Le thalweg, au contraire, est une ligne telle qu'on ne peut s'en écarter sans monter. Sur une carte, une ligne de faîte est une ligne telle que, si on la suit en descendant, on atteint toutes les courbes de niveau par leur concavité. Telle est la courbe AOB (fig. 230). La ligne de thalweg COD est telle, au contraire, qu'en la suivant dans le sens de la descente on atteint toutes les courbes de niveau en venant du côté de leur convexité. La ligne de faîte marque généralement la ligne de partage des eaux, la séparation des versants. La ligne de thalweg marque au contraire le fond d'une gorge, d'une vallée, occupé le plus souvent par un cours d'eau. Le point où se coupent une ligne de faîte et un thalweg est un *col*.

REMARQUE. — Dans certaines cartes, notamment dans celle de l'État-major, les courbes de niveau sont remplacées par des hachures perpendiculaires à ces courbes (fig. 231) et comprises entre elles. Ces hachures sont d'autant plus fortes qu'elles sont plus courtes, et par conséquent d'autant plus fortes que la pente est plus rapide. Le relief du terrain est, dans ces cartes, beaucoup plus facile à saisir. La figure 232 représente cette disposition.

SUPPLÉMENT A L'ARITHMÉTIQUE

RACINE CARRÉE

429. Définitions. — Nous avons vu (36) que le *carré* d'un nombre est le produit de ce nombre par lui-même.

On appelle *racine carrée* d'un nombre un autre nombre qui, élevé au carré, reproduit le premier. Ainsi, 4 est la racine carrée de 16 ; 12 est la racine carrée de 144, puisque $12^2 = 144$; $\frac{3}{11}$ est la racine carrée de $\frac{9}{121}$, parce que $\frac{3}{11} \times \frac{3}{11} = \frac{9}{121}$.

Si l'on fait les carrés des nombres entiers successifs, on trouvera :

$$1 \quad 4 \quad 9 \quad 16 \quad 25 \quad 36 \quad 47 \quad 64 \quad 81 \quad 100 \quad 121.$$

Si l'on considère maintenant un nombre entier autre que ceux qui sont dans ce tableau, il ne sera pas le carré d'un nombre entier. Ainsi 8, qui est compris entre 4 et 9, n'a pas pour racine carrée un nombre entier. Un nombre entier qui a pour racine carrée un autre nombre entier est dit *carré parfait*.

430. Racine carrée entière d'un nombre entier qui n'est pas carré parfait. — On appelle *racine entière* ou racine à *une unité près* d'un nombre entier qui n'est pas carré parfait, *la racine du plus grand carré parfait entier contenu dans ce nombre*. Ainsi, 7 est la racine entière de 54, parce que 7 est la racine du plus grand carré parfait, 49, contenu dans 54.

On peut encore dire que la racine carrée d'un nombre entier qui n'est pas carré parfait, est *le plus grand nombre entier dont le carré soit contenu dans ce nombre*. Par exemple, 7 est la racine carrée de 54, parce que le carré de 7 est contenu dans 54 et que le carré de 8 surpasse 54. En général, si a est la racine carrée entière d'un nombre entier A, cette racine est définie par la double condition suivante :

a^2 doit être inférieur ou au plus égal à A,
et $(a+1)^2$ doit être supérieur à A.

Par exemple, 5 est la racine carrée de 31, parce que 5^2 est inférieur à 31 et que 6^2 surpasse 31.

431. Reste. — On appelle *reste* de l'extraction de la racine carrée d'un nombre qui n'est pas carré parfait, la différence entre ce nombre et le carré de sa racine entière. Ainsi 7 est le reste de l'extraction de la racine carrée du nombre 88, parce que la racine carrée entière de 88 est 9, et que $88 - 9^2 = 7$.

432. Extraction de la racine carrée entière d'un nombre entier. — Il y a deux cas à distinguer :

1° *Le nombre donné est moindre que* 100. La racine carrée entière s'obtient alors au moyen de la table des carrés des 9 premiers nombres entiers. Cette table n'est autre chose que la diagonale de la table de Pythagore ; elle doit être sue par cœur.

2° *Le nombre est plus grand que* 100. La théorie de cette opération est fondée sur les deux principes suivants :

*433. **Théorème I.** *Pour élever au carré un produit de deux facteurs, il suffit d'élever au carré chacun des facteurs de ce produit.* — Par exemple, $(5 \times 3)^2 = 5^2 \times 3^2$. En effet, le carré de (5×3) n'est autre chose que le produit $(5 \times 3) \times (5 \times 3)$. Mais, d'après les principes établis dans la théorie de la multiplication (28, 33), le produit de (5×3) par (5×3) est égal à $(5 \times 3) \times 5 \times 3$, ou bien à $5 \times 3 \times 5 \times 3$, ou encore à $5 \times 5 \times 3 \times 3$, c'est-à-dire à $5^2 \times 3^2$.

Il résulte de là que le carré de 6 dizaines, par exemple, ou de 60, ou encore de 6×10, est égal à $6^2 \times 100$, c'est-à-dire à 36×100 ou à 36 centaines.

*434. **Théorème II.** *Le carré d'un nombre qui est la somme de deux autres se compose :* 1° *du carré du premier ;* 2° *du double produit du premier par le deuxième ;* 3° *du carré du deuxième.* — Soit, par exemple, à élever au carré la somme $(7 + 6)$. D'après les principes établis aux n°s 24 et 25, le carré de $(7 + 6)$ s'obtient en multipliant d'abord cette somme par 7, ce qui donne $7 \times 7 + 6 \times 7$, puis en la multipliant par 6, ce qui fait $7 \times 7 + 6 \times 6$, et en ajoutant les résultats obtenus. On a donc

$$(7 + 6)^2 = 7^2 + 2 \text{ fois } (7 \times 6) + 6^2.$$

Il suit de là que le carré d'un nombre qui a des dizaines et des unités se compose : du carré des dizaines, du double produit des dizaines par les unités et du carré des unités. Par exemple, le carré de 53, c'est-à-dire de 5 dizaines plus 3 unités, se compose : du carré de 5 dizaines, ou de 25 centaines, de deux fois le produit de 5 dizaines par 3 unités, ou de 2 fois 15 dizaines, et enfin du carré de 3 unités.

*435. **Démonstration de la règle.** — Soit d'abord un nombre compris entre 100 et 10 000, par exemple 5948. Sa racine carrée est évidemment comprise entre 10 et 100 ; elle a par conséquent deux chiffres et renferme un certain nombre de dizaines et des unités. Le nombre 5948 contient alors : 1° le carré des dizaines de cette racine ; 2° le double produit de ces dizaines par les unités de cette racine ; 3° le carré des unités de cette même racine ; 4° le reste de l'extraction de la racine carrée (431), si le nombre 3948 n'est pas un carré parfait.

Cela posé, le carré des dizaines de la racine est un certain nombre exact de centaines, qui est tout entier contenu dans les 39 centaines de 3948, et je vais faire voir que la racine entière de ces 39 centaines est précisément le nombre des dizaines de la racine. En effet, cette

```
39.48 | 62
 348  |‾122
 104  |  2
```

racine de 39 étant 6, 6^2 est moindre que 39 et par suite $6^2 \times 100$ est moindre que 39×100 et à plus forte raison moindre que $3900 + 48$ ou 3948. Or $6^2 \times 100 = (6 \times 10)^2 = $ le carré de 6 dizaines. Donc le carré de 6 dizaines est moindre que 3948, ce qui prouve qu'il y a au moins 6 dizaines à la racine. Mais il n'y en a pas 7. Car 7^2 est supérieur à 39 et par suite $7^2 \times 100$ surpasse 39 centaines ; donc $7^2 \times 100$ est au moins égal à 40 centaines ; donc enfin il surpasse 3948, ce qui montre que la racine de 3948 n'a pas 7 dizaines. Le nombre des dizaines de la racine de 3948 est donc exactement 6, c'est-à-dire est égal à la racine carrée entière des 39 centaines de 3948.

Retranchons de ces 39 centaines le carré des 6 dizaines de la racine ; il restera 3 centaines, qui, avec les 48 unités de 3948, formeront 348. Ce nombre renferme encore les autres parties du carré de la racine et le reste. Or le double produit des 6 dizaines de la racine par les unités de cette racine est un nombre exact de dizaines, contenu dans les 34 dizaines de 348. En divisant 34 dizaines par le double des dizaines, ou par 2 fois 6 dizaines ou par 12 dizaines, c'est-à-dire en divisant 34 par 12, on aura le nombre des unités de la racine ou un nombre plus fort, mais on n'obtiendra pas un nombre plus faible. Or 34 divisé par 12 donne 2 ; 2 est donc le chiffre des unités de la racine ou bien un chiffre trop fort. Pour l'essayer, il faudra former le double produit de 6 dizaines par 2 unités et le carré de 2 unités ; si le résultat peut se retrancher de 348, 2 sera le chiffre des unités de la racine ; dans le cas contraire, 2 sera trop fort, et il faudra essayer le chiffre 1 ; et ainsi de suite, jusqu'à ce que l'essai réussisse.

Remarque. — Pour faire l'essai du chiffre 2, on écrit ce chiffre à la droite de 12, double des dizaines de la racine, ce qui donne 122, et l'on multiplie 122 par 2. Il est clair qu'on forme ainsi le produit de 12 dizaines par 2, ou le double produit de 6 dizaines par 2, et le carré de 2. Le produit de 122 par 2 peut se retrancher de 348 ; donc 2 est le chiffre des unités, et la racine carrée de 3948 est 62.

2° Soit enfin à extraire la racine carrée d'un nombre entier supérieur à 10000, de 549837 par exemple.

Ce nombre étant plus grand que 100, sa racine est supérieure à 10 et a, par conséquent, des dizaines et des unités. On prouverait, comme plus haut, qu'en extrayant la racine carrée des 5498 centaines de ce nombre, on obtient exactement les dizaines de la racine cherchée. Or 5948 est un nombre moindre que 10000, et nous aurons sa racine carrée en opérant comme nous venons de l'expliquer :

```
54.98 | 74
59.8  | 144
  22  |   4
```

Cette racine est 74, c'est-à-dire que la racine carrée de 549837 renferme exactement 74 dizaines. Le carré de 74 ayant été retranché de 5498 dans l'opération précédente, a laissé pour reste 22. Donc le carré de 74 dizaines, retranché des 5498 centaines de 549837, donne pour reste 22 centaines, qui, jointes aux 37 unités de ce nombre, donnent 2237 unités.

Ces 2237 unités renferment encore le double produit des 74 dizaines de la racine cherchée par les unités inconnues de cette même racine, le carré de ces unités, et le reste, s'il y en a un. On montrerait, comme dans le cas précédent, qu'en divisant par le double de 74 dizaines les 223 dizaines du nombre 2237, ou bien en divisant 223 par 2 fois 74, on aura le chiffre inconnu des unités de la racine, ou bien un chiffre trop fort, mais non pas un chiffre trop faible. On obtient pour quotient

```
223.7 | 148
  756 | 1481
      |    1
```

1, et l'on essaye ce chiffre en l'écrivant à droite de 148, ce qui fait 1481, multipliant 1481 par 1, et examinant si le résultat peut se soustraire de 2237. Cette soustraction étant possible, 1 est le chiffre des unités de la racine cherchée, qui est 741.

REMARQUE. — Cette deuxième opération s'enchaîne à la précédente, et la recherche de la racine carrée de 549837 donne le tableau d'opération que voici :

```
54.98.37 | 741
   59.8  | 144
   2237  |   4
    756  | 1481
         |    1
```

Il résulte de ce qui précède la règle suivante :

436. Règle pratique. — *Pour extraire la racine carrée d'un nombre entier, on le sépare en tranches de deux chiffres à partir de la droite, la dernière tranche à gauche pouvant n'avoir qu'un seul chiffre. On extrait la racine carrée entière du nombre contenu dans la première tranche à gauche, on l'écrit à la racine, on en fait le carré et l'on soustrait ce carré de la première tranche.*

On abaisse à la droite du reste la seconde tranche à partir de la gauche, on sépare le chiffre des unités dans le nombre ainsi formé, puis on divise la partie à gauche par le double de la racine trouvée. Le quotient est le deuxième chiffre de la racine ou un chiffre trop fort. Pour l'essayer, on l'écrit à la droite du double de la racine et l'on multiplie le nombre ainsi formé par le chiffre lui-même qu'on veut essayer. Si le produit peut se retrancher du premier reste suivi de la seconde tranche, le chiffre est bon. Dans le cas contraire, on diminue ce chiffre de 1 et l'on recommence l'essai ; et ainsi de suite, jusqu'à ce que l'essai ait réussi. Le chiffre essayé est alors le second chiffre de la racine.

A la droite du reste, on abaisse la tranche suivante, on y sépare un chiffre sur la droite, et l'on divise la partie à gauche par le double de la racine trouvée. On essaye le quotient en l'écrivant à la droite du double de la racine, en multipliant le résultat par ce quotient lui-même, et en retranchant le produit du nombre formé par le deuxième reste suivi de la troisième tranche.

On continue ainsi, jusqu'à ce qu'on ait épuisé toutes les tranches du nombre donné.

EXEMPLE :

7.65.28.09	2766
56·5	47
362·8	7
35209	546
2053	6
	5526
	6

REMARQUE. — Lorsqu'on a essayé un chiffre, le chiffre 7 par exemple, on a écrit 7 sous 47, on a multiplié 47 par 7 et retranché le produit de 365. Pour continuer l'opération, il faut diviser 562 par le double de la racine trouvée, c'est-à-dire par le double de 27. Or ce double de 27 s'obtient immédiatement comme somme de 47 et de 7. De même, le double de la racine 276 s'obtient en ajoutant 546 et 6. C'est pourquoi il convient de disposer ces résultats les uns au-dessous des autres, comme nous l'avons fait dans cet exemple.

457. Racine carrée d'un nombre entier ou décimal avec une approximation décimale donnée. — On appelle racine carrée $\frac{1}{100}$ près, par exemple, d'un nombre quelconque, entier ou décimal, le plus grand nombre de centièmes dont le carré soit contenu dans le nombre donné. Par exemple, 1,41 est la racine carrée de 2 à 0,01 près, parce que $(1,41)^2$ est moindre que 2, tandis que $(1,42)^2$ est supérieur à 2, ainsi qu'il est facile de le vérifier.

Nous donnerons, sans la démontrer, la règle générale suivante :

RÈGLE. — *Pour extraire, à une unité près d'un ordre décimal* donné, la racine carrée d'un nombre entier ou décimal, on avance la virgule vers la droite de deux fois autant de rangs qu'on veut avoir de chiffres décimaux à la racine (en écrivant des zéros à la droite du nombre, si cela est nécessaire). On extrait la racine carrée entière (456) de la partie entière du nombre ainsi obtenu (en négligeant la partie décimale du nombre s'il y en a une), et l'on sépare par une virgule, sur la droite de cette racine, le nombre de chiffres décimaux fixé par l'approximation.

EXEMPLE I. — Soit à extraire, à 0,001 près, la racine carrée de 12. Avançons la virgule, qui serait ici après le chiffre 2, de 6 rangs vers la droite, ce qui donne 12000000, et extrayons la racine entière du nombre ainsi obtenu :

12000000	3464
300	64
4400	4
28400	686
704	6
	6924
	4

La racine cherchée est 3,464.

EXEMPLE II. — Extraire, à 0,01 près, la racine carrée de 3,141592. Portons la virgule après le chiffre 5, ce qui donne 31415,92, et extrayons la racine carrée de la partie entière 31415 ainsi obtenue :

31415	177
214	27
2515	7
86	347
	7

La racine cherchée est 1,77.

458. **Moyenne proportionnelle.** — On dit qu'une quantité est *moyenne proportionnelle* ou *moyenne géométrique* entre deux autres, lorsqu'elle forme les deux moyens d'une proportion dont les deux autres forment les deux extrêmes. Ainsi, le nombre 6 est une moyenne proportionnelle entre 4 et 9, parce qu'on a la proportion : $\frac{4}{6} = \frac{6}{9}$.

La moyenne proportionnelle entre deux quantités est égale à la racine carrée de leur produit. En effet, de la proportion $\frac{4}{6} = \frac{6}{9}$ on tire : $6 \times 6 = 4 \times 9$, ou $6^2 = 4 \times 9$. Donc 6 est la racine carrée de 4×9.

EXEMPLE. — Trouver la moyenne géométrique entre les deux bases d'un tronc de pyramide triangulaire, dont les surfaces sont 24^{cmq} et 32^{cmq}. La moyenne cherchée est égale à $\sqrt{24 \times 32} = 27^{cmq}$, à une unité près.

RACINE CARRÉE.

EXERCICES ET PROBLÈMES SUR LA RACINE CARRÉE.

1. Extraire les racines carrées entières des nombres suivants : 58, 674, 1278, 1593, 2978, 64520, 170903, 6472849, 14893250.

2. Extraire la racine carrée : de 8 à 0,001 près ; de 65 à 0,01 près ; de 548 à 0,001 près ; de 7954 à 0,01 près ; de 8132 à 0,1 près ; de 3.28 à 0,01 près ; de 51,54 à 0,1 près ; de 0,4283 à 0,01 près ; de 2,674 à 0,01 près ; de 7,4835 à 0,1 près, de 0,07489 à 0,01 près ; de 1,734892 à 0,1 près ; de 54,728 à 0,01 près ; de 0,03456 à 0,001 près.

3. Trouver, à 1 mètre près, le côté d'un terrain carré dont la surface serait de 6349 mètres carrés.

4. Trouver le côté d'un champ de forme carrée, dont la superficie serait $4^{Ha},6725$. Calculer le résultat à 1 mètre près.

5. Trouver, à $0^m,01$ près, le côté d'un carré dont la surface serait 28 décimètres carrés.

6. Trouver, à 1 mètre près, le côté d'un carré ayant même surface qu'un rectangle de 28 mètres de long sur 16 mètres de largeur.

7. Un champ a la forme d'un rectangle dont la base est triple de la hauteur. Sa superficie étant de $142^{ares},26$, trouver, à 1 décimètre près, ses deux dimensions.

8. Calculer le rayon d'un cercle dont la surface serait de 1 mètre carré.

9. Calculer le rayon d'une sphère dont la surface vaudrait 6 mètres carrés.

10. Les rayons des bases d'un tronc de cône sont 20 centimètres et 32 centimètres. Quel est le rayon du cercle dont la surface est moyenne proportionnelle entre les surfaces de ces deux bases ?

11. Trouver les dimensions d'un rectangle dont la surface est de 28 ares, sachant que le rectangle est semblable à un rectangle qui a pour base 32 mètres et pour hauteur 25 mètres.

12. Calculer, à $0^m,01$ près, la diagonale d'un carré dont le côté est de 1 mètre.

13. Calculer, à 1 millimètre près, le côté d'un carré dont la diagonale est de $0^m,04$.

14. Calculer le rayon d'un cercle, sachant que le carré inscrit dans ce cercle a pour surface 1 mètre carré.

15. Si l'on fait les carrés des nombres entiers consécutifs, les différences entre les carrés successifs ainsi obtenus reproduisent la suite des nombres impairs. Expliquer pourquoi.

16. La surface totale d'un cylindre vaut $0^{mq},36$, et la hauteur de ce cylindre égale le diamètre de sa base. Trouver ses dimensions.

FIN

TABLE DES MATIÈRES

ARITHMÉTIQUE

Chapitre	I.	— Revision et complément de la numération et des quatre règles.	1
—	II.	— Caractères de divisibilité. — Preuves par 9. .	33
—	III.	— Plus grand commun diviseur. — Nombres premiers.	43
—	IV.	— Fractions ordinaires.	57
—	V.	— Revision et complément des nombres décimaux.	104
—	VI.	— Revision et complément du système métrique.	125
—	VII.	— Anciennes mesures françaises.— Mesures étrangères. — Nombres complexes.	138
—	VIII.	— Rapports. — Proportions. — Grandeurs proportionnelles. — Règles de trois et questions qui s'y ramènent.	158
—	IX.	— Applications les plus simples et les plus usuelles de l'arithmétique.	215

GÉOMÉTRIE

Première partie. — Géométrie plane. 241
Deuxième partie. — Géométrie de l'espace. 319

12851. — Imprimerie A. Lahure, 9, rue de Fleurus, à Paris

A LA MÊME LIBRAIRIE

NOUVEAU COURS D'INSTRUCTION PRIMAIRE
RÉDIGÉ CONFORMÉMENT
AUX PROGRAMMES DU 27 JUILLET 1882

LANGUE FRANÇAISE

Brachet, lauréat de l'Académie française, et **Dussouchet**, agrégé de grammaire, professeur au lycée Henri IV. Cours de grammaire française, fondé sur l'histoire de la langue. Théorie et exercices. 5 vol. in-16, cartonnés.

Cours élémentaire.
 Livre de l'élève. 1 vol. . . . 60 c.
 Livre du maître. 1 vol. . . . 90 c.
Cours moyen.
 Livre de l'élève. 1 vol. . . 1 fr. 25
 Livre du maître. 1 vol. . . 1 fr. 50
Cours supérieur.
 Livre de l'élève. 1 vol. . . 1 fr. 50
 Livre du maître. 1 vol. . . 2 fr. »

Littré et Beaujean. Petit dictionnaire universel. 1 vol. in-16, cartonné. . 3 fr.

HISTOIRE

Ducoudray, professeur à l'École normale primaire de la Seine, agrégé d'histoire. Cours d'histoire. 3 volumes in-16, cartonnés.
 Cours élémentaire. Récits et entretiens sur notre histoire nationale, jusqu'à la guerre de Cent ans (1328), avec un complément jusqu'à nos jours . 60 c.
 Cours moyen. Histoire élémentaire de la France. 1 vol. . . . 1 fr. 10
 Cours supérieur. Notions d'histoire générale et revision de l'histoire de France. 1 vol. . . . 1 fr. 50

GÉOGRAPHIE

Lemonnier, professeur au lycée Louis-le-Grand, et **Schrader**. Éléments de géographie. 3 vol. in-4, cartonnés.
 Cours élémentaire. 1 vol. avec 6 cartes et 61 gravures.
 Cours moyen. Géographie de la France et des colonies. 1 vol. avec 6 cartes et 9 gravures.
 Cours supérieur. Géographie des cinq parties du monde. Revision et développement de la Géographie de la France. 1 volume avec 44 cartes et gravures.

INSTRUCTION CIVIQUE. — DROIT USUEL
NOTIONS D'ÉCONOMIE POLITIQUE

Mabilleau, professeur à la Faculté des lettres de Toulouse, chargé de l'enseignement moral et civique aux instituteurs de la Haute-Garonne, lauréat de l'Institut. Cours d'instruction civique. 3 vol. in-16.
 Cours élémentaire et moyen. 1 vol.
 Cours supérieur, avec la collaboration de MM. Levasseur et Delaire. 1 vol. . . . 1 fr. 50

MORALE

Mabilleau. Cours de morale. 2 vol. in-16.
 Cours élémentaire et moyen. 1 vol. 60 c.
 Cours supérieur. 1 vol. . . . 90 c.

AGRICULTURE ET HORTICULTURE

Barral, secrétaire perpétuel de la Société nationale d'agriculture, et **Baguier**. Cours d'agriculture et d'horticulture. 3 vol. in-16, cartonnés.
 Cours élémentaire. 1 vol. . . . 60 c.
 Cours moyen. 1 vol. . . . 90 c.
 Cours supérieur. 1 vol. . . . 1 fr. 50

ARITHMÉTIQUE ET GÉOMÉTRIE

Vinteroux. Cours d'arithmétique et de géométrie. 3 vol. in-16, cartonnés.
 Cours élémentaire. 1 vol.
 Cours moyen. 1 vol.
 Cours supérieur. 1 vol.

LECTURE ET ÉCRITURE

Regimbeau, ancien instituteur, auteur du matériel des écoles de Paris. Syllabaire. 1 volume de 56 pages, avec 55 gravures. . . 30 c.
Premiers exercices d'écriture orthographique. 1 vol. in-16, cartonné.
Leçons simultanées de lecture et d'orthographe. 1 vol. in-16.

Manoury. Méthode d'écriture par les procédés du calque et des lignes. 12 cahiers gradués in-4 oblongs.
 Prix des cahiers numéros 1 à 6. Chaque cahier. . . .
 Prix des cahiers numéros 7 à 12. Chaque cahier. . . .

Pécaut (E.). Petit traité de lecture. 1 vol. in-16, cartonné.

DESSIN

Hanriot (J.). Cours de dessin.
 Cours élémentaire. 1 vol.
 Livre du maître.
 Cours moyen. 1 cahier.
 Livre du maître. 1 vol.
 Cours supérieur. 1 vol.
 Livre du maître.

SCIENCES PHYSIQUES ET NATURELLES

Boutroy (D.). Éléments des sciences physiques et naturelles. 3 vol. in-16, cartonnés.
 Cours élémentaire.
  Livre de l'élève. 1 vol.
  Livre du maître. 1 vol.
 Cours moyen.
  Livre de l'élève. 1 vol.
  Livre du maître. 1 vol.
 Cours supérieur.
  Livre de l'élève. 1 vol.
  Livre du maître. 1 vol.

Imprimerie A. Lahure, rue de Fleurus 9, Paris.

www.ingramcontent.com/pod-product-compliance
Lightning Source LLC
Chambersburg PA
CBHW060604170426
43201CB00009B/895